21 世纪应用型本科计算机案例型规划教材

计算机网络系统集成与工程设计案例教程

主 编 周俊杰

参 编 严耀伟 王 方

北京大学出版社
PEKING UNIVERSITY PRESS

内 容 简 介

本书以教育指导委员会的"计算机科学与技术专业发展战略、规范及认证"为指导，以"培养就业为导向的具备一定工作能力的高等技术应用型人才"为建设目标。本书强化 MCLA 案例式教学方法，以典型案例为主线，通过对案例的评析，串联介绍网络工程建设中所涉及的基本概念、主要技术原理和方法理论。

本书根据应用型计算机科学与技术专业的培养目标和"网络系统集成与工程设计"课程知识结构、专业技能与岗位素质等方面的要求，采取"面向应用、案例驱动"的模式编写而成。全书共分两部分。第 1 部分(第 1、2 章)总结回顾了"计算机网络"与"网络系统集成与工程项目管理"的基础课程知识，第 2 部分(第 3～11 章)选取网络系统集成与工程设计中主流的实际工程案例材料，内容涵盖大、中、小型网络系统，涉及学校、企业、政府、社区和金融等不同行业部门，包括有线、无线网及网络安全、网络存储、物联网新技术等特色案例部分。

本书可作为计算机科学与技术、网络工程和通信工程等专业"网络系统集成与工程设计"、"网络工程"、"计算机网络课程设计"等课程的使用教材，也可作为网络工作人员及系统集成商设计、管理和实施网络系统工程项目的参考用书。

图书在版编目(CIP)数据

计算机网络系统集成与工程设计案例教程/周俊杰主编. —北京：北京大学出版社，2013.7
(21 世纪应用型本科计算机案例型规划教材)
ISBN 978-7-301-22680-3

Ⅰ. ①计… Ⅱ. ①周… Ⅲ. ①计算机网络—网络集成—高等学校—教材 ②计算机网络—设计—高等学校—教材 Ⅳ. ①TP393

中国版本图书馆 CIP 数据核字(2013)第 136837 号

书　　　　名：	计算机网络系统集成与工程设计案例教程
著作责任者：	周俊杰　主编
策 划 编 辑：	郑　双
责 任 编 辑：	魏红梅
标 准 书 号：	ISBN 978-7-301-22680-3/TP·1293
出 版 发 行：	北京大学出版社
地　　　　址：	北京市海淀区成府路 205 号　100871
网　　　　址：	http://www.pup.cn　新浪官方微博：@北京大学出版社
电 子 邮 箱：	编辑部 pup6@pup.cn　总编室 zpup@pup.cn
电　　　　话：	邮购部 010-62752015　发行部 010-62750672　编辑部 010-62750667
印 刷 者：	北京虎彩文化传播有限公司
经 销 者：	新华书店

787 毫米×1092 毫米　16 开本　23.25 印张　540 千字
2013 年 7 月第 1 版　2024 年 1 月第 4 次印刷

定　　　　价：45.00 元

前　言

目前随着计算机网络与通信技术的发展，各行各业需要大量既懂规划、设计网络，又能熟练实施网络工程的应用型技术人才。本书可作为计算机或通信相关专业建设的一部分，既响应教育部号召，体现教改成果，以就业为导向，以培养大量应用型人才为目的，又使学生在毕业后能更快适应各自的工作岗位。

计算机网络系统集成与工程设计是一种实践性很强的技术，进行实际操作是非常必要的。如何建设计算机网络，如何明确和评估计算机网络需求，如何进行计算机网络规划，如何选择计算机网络设备和模式，如何提供全面的系统解决方案，以及如何选择合理的系统集成方案都是广大计算机通信类专业的学生、网络用户和计算机系统集成商非常关注的实际问题。

本书是为了适应网络技术发展的形势和社会对人才的需求，以及高等学校人才培养的定位需要而编写的。各学校课程组在人才培养计划的制订与特色定位时，需要科学分析社会对应用型 IT 人才在知识、能力和素质上的需求，以培养网络构建与系统集成技术应用能力为主线设计教学内容体系，构建一个包括理论教学和实践教学的教学内容体系。本书将作为"网络系统集成与工程设计"等课程教学计划的一部分，其作用与任务就是使学生在掌握计算机网络基本工作原理及相关概念的基础之上，结合实际案例，学会网络工程设计与系统集成的基本方法和技巧，具有较强的就业竞争能力和较强的从事网络设计、网络集成、网络管理的能力。

全书分为两部分，第 1 部分(第 1、2 章)总结回顾了"计算机网络"与"系统集成与工程项目管理"的基础课程知识，第 2 部分(第 3～11 章)选取当今网络系统集成与工程设计中主流应用技术的实际工程案例材料，着重介绍了校园网、生产型公司网络、财政办公网络、电子商务网络、智能社区网络、银行系统网络等综合性网络建设案例，以及银行灾难备份与恢复系统、高速宽带无线接入网、物联网新技术解决方案等案例。通过对案例的剖析，串联讲述网络工程所涉及的主流技术和系统集成的过程细节，指导学生、网络工作人员及系统集成商设计、管理和实施网络系统工程项目。

本书写作的特色和价值如下。

(1) 基于案例选材编写。本书在选材上突破了市面上的教材只介绍基本理论或技术方案的单一模式，从网络工程的整体出发，选取有代表性的网络工程应用案例，系统地介绍计算机网络系统集成涉及的各个方面。

(2) 强化案例式教学。以实际案例为主线串讲相关知识点。通过对典型案例的评析，串联介绍网络建设中所涉及的基本概念、主要技术原理和方法理论，在编写模式上突破传统教材"先讲理论、后讲应用"的模式，增强书籍的可读性与实用性，提高读者对理论学习的兴趣和效果，同时起到培养其职业工程意识和职业能力的作用。

(3) 案例选材上涉及面广泛。选择的案例涵盖大、中、小型网络，涉及学校、企业、政府等不同行业部门，包括有线、无线网及网络安全、网络存储、机房建设等特色案例部分。

(4) 以人为本，抓住读者的兴趣点。让教材为读者所用，而不让读者对教材产生畏难情绪。本书编写体例新颖活泼，学习和借鉴优秀教材，特别是国外精品教材的写作思路、写作方法及章节安排。"导入案例"部分注重融入人文知识，适当讲授一些历史、来源、理论出处等。

本书由华中科技大学文华学院周俊杰担任主编，严耀伟、王方参与编写。全书共 11 章，其中第 1～3 章、第 6 章、第 9 章、第 10 章、第 11 章由周俊杰编写，第 4、5 章由王方编写，第 7、8 章由严耀伟编写。全书由周俊杰统稿和定稿。

本书的出版得到了华中科技大学文华学院教改项目的资助，得到了杨坤涛、容太平、杨有安、丁忠俊等几位教授的指导，得到了北京大学出版社的大力支持，得到了华为、锐捷公司武汉办的帮助，还从某些站点和论坛上得到了很多知识和参考资源，在此一并表示衷心的感谢！

由于编者水平有限，书中难免存在疏漏之处，恳请广大同行、专家及读者批评指正。

编　者
2012 年 12 月

目　录

第1部分
基础知识

第1章

基础知识

第 1 章

计算机网络基础概述

内容要点

- 本章开篇通过引入一个基本的计算机网络系统集成项目——网络机房的基本设计，列举了计算机网络课程中的一些概念和与网络系统集成有关的元素，使读者对计算机网络系统集成与工程设计有一个初步的了解。本章主要回顾计算机网络基础知识，包括计算机网络的产生和发展历史；计算机网络的基本组成和拓扑结构；计算机网络的传输介质和连接设备；计算机网络的定义、分类和功能；计算机网络体系结构与基本性能指标。

学习目的和要求

- 感性认知计算机网络机房工程案例，初步了解计算机网络系统集成与工程项目设计的一些方法和内容。
- 熟悉计算机网络基础知识，了解计算机网络的产生和发展历史；理解并掌握计算机网络的基本组成和拓扑结构的设计；理解并掌握计算机网络的传输介质和连接设备；理解并掌握计算机网络的定义、分类和功能。

初识一个简单的局域网络工程设计——网络机房的基本设计

图 1.1 所示为某大学设计的一个 50 台学生机的网络机房。网络机房就是将一些计算机通过传输介质(常为双绞线)和网络通信设备(集线器或交换机)连接起来，构成一个局域网络供师生使用。这些计算机不联网也是可以用的，但联网之后使用更方便(如安装软件、复制文件)，而且便于维护和管理。20 世纪 90 年代初，由于硬盘比较贵，有的学校在建网络机房时为了节省资金，没有为学生机配置硬盘，当时称无盘工作站。但随着硬件价格的降低，现在的学生机大都配有硬盘。正如计算机系统是由硬件系统和软件系统构成一样，计算机网络也是由网络硬件和网络软件构成的。网络硬件包括计算机、网络设备和传输介质，网络软件包括操作系统、通信协议和应用软件。在图 1.1 中，我们看到网络硬件有计算机(学生机和服务器)、网线、交换机和机柜，还有安装在计算机主板上的网卡等。网络软件也是必不可少的，没有网络软件，即使将这些计算机连接起来也是无法工作的。就像你去买一台新计算机，没有安装操作系统(Operation System，OS)时(称裸机)什么事也做不了。

图 1.1　一个网络机房的组成

下面给出了这个网络机房的基本配置与设计方案。

1. 网络硬件

(1) 服务器：曙光天阔 i200-F2 服务器一台。

(2) 学生机：联想扬天 A4600R，60 台(带网卡)。

(3) 网线：AMP 超五类双绞线 3 箱、RJ-45 水晶接头 150 个。

(4) 网络设备：交换机 3 台(TP-LINK 10/100Mb/s 快速以太网交换机 24 口)。

2. 网络软件

(1) 操作系统：服务器安装 Windows 2000 Server 操作系统，各工作站安装 Windows XP

操作系统。

(2) 通信协议: TCP/IP 协议、IPX/SPX 协议。

(3) 教学软件、应用软件。

3. 组网拓扑结构

星型结构(或树型结构)。

4. 网络类型

客户机/服务器(Client/Server, CS)方式。

5. 其他

机房装修子系统、配电子系统、防雷接地子系统、安防子系统(略)。

 案例分析

1. 网络硬件配置

计算机包括工作站(学生机)和服务器。工作站是一台"自治"的计算机,即具有独立功能的计算机,现在普通配置的个人计算机(Personal Computer, PC)就可以充当工作站,但必须配置网卡,网卡可以是独立的网卡,也可以是主板集成网卡。50 台学生机均为工作站,本例中采用品牌机联想扬天 A4600R。服务器为整个网络所共享,提供共享资源并对网络进行管理。服务器的配置要求较高,要求配置高速 CPU、较大的内存、高速大容量的硬盘,本例采用曙光天阔 i200-F2 服务器一台。

传输介质包括有线传输介质和无线传输介质。有线传输介质包括双绞线、同轴电缆和光纤;无线传输介质包括无线电、微波、红外线和激光。本例中工作站、交换机、服务器之间采用超五类双绞线,双绞线两端接 RJ-45 水晶接头制成网线。

网络设备包括中继器、集线器、交换机、路由器等。本例中采用交换机,但是要求交换机接口数要满足要求。本例中,采用 TP-LINK 10/100Mb/s 快速以太网交换机。

2. 网络软件配置

网络操作系统实现对整个网络的软硬件资源的管理和控制,它是网络用户和局域网(Local Area Network, LAN)之间的接口。目前流行的网络操作系统有 Windows 系列的操作系统(如 Windows NT、Windows 2000/2003 Server、Windows XP)、NetWare、Linux、UNIX等。本例选用 Windows 2000 Server 作为服务器操作系统,选用 Windows XP 作为工作站操作系统。

局域网中最常见的 3 个协议是: Microsoft 的 NetBEUI(NetBIOS Extended User Interface)、Novell 的 IPX/SPX(Internet Packet Exchange/Sequenced Packet Exchange)和交叉平台 TCP/IP(Transmission Control Protocol/Internet Protocol)。NetBEUI 是为 IBM 公司开发的非路由协议,缺乏路由和网络层寻址功能,这既是最大的优点,也是最大的缺点。因为它不需要附加的网络地址和网络层头尾,所以快速、有效,且适用于只有单个网络或整个环境都连接起来

的小工作组环境。IPX/SPX 是 Novell 用于 NetWare C/S 的协议群组，用于网络服务器和工作站之间传输数据。TCP/IP 用于和广域网(Wide Area Network，WAN)的连接，具备可扩展性和可靠性的需求。本例采用 TCP/IP 协议和 IPX/SPX 协议进行网络通信。

应用软件包括教学用的各种软件，如 Office 2003、Visual Basic、Visual C++、Photoshop、Authorware 等。

3. 组成结构及通信方式

网络机房常采用星型结构组网，各工作站都接到交换机(或集线器)上。网络计算机之间的通信方式通常分为两大类：C/S 方式和对等方式(Peer-to-Peer，P2P)方式。C/S 方式所描述的是进程之间服务与被服务的关系，客户和服务器都是指通信中所涉及的两个应用进程，客户机是指服务请求方，服务器是服务提供方。P2P 方式是指两个主机在通信时并不区分哪一个是服务请求方或服务提供方，只要两个主机都运行了对等连接软件，它们就可以进行平等的对等连接通信。本例中，学生机与服务器之间可设置为 C/S 方式，学生机之间可设置为 P2P 方式通信。

计算机网络是一门发展迅速、知识密集，展现高新信息科学技术的综合学科，是当今计算机技术的主要发展趋势之一。随着计算机技术和通信技术的发展，计算机网络的应用遍及世界各地，深入每个角落，并以越来越快的速度大众化。目前，计算机网络的应用需求非常普遍，无论是企业商业的运作，还是个人信息的搜索、获取和发布，人们相互之间的即时沟通和交流，以及计算机硬件、软件、数据、存储和运算等资源的共享，都已经很难脱离网络，依靠单个计算机完成。计算机网络的出现，拉近了全世界人们之间的距离，改变了整个世界的面貌。人们已经习惯了网络时代的生活：信息发布、信息检索、上网聊天、电子邮件、网上银行、网上购物、无纸办公等。

因此，构造与组建各种类型的网络，是我们的应用所趋。我们需要将各个分离的设备(如个人计算机)、功能和信息等集成到相互关联的、统一和协调的系统之中，使资源达到充分共享，实现集中、高效、便利的管理。系统集成实现的关键在于解决系统之间的互连和互操作性问题，它是一个多厂商、多协议和面向各种应用的体系结构。这需要解决各类设备、子系统间的接口、协议、系统平台、应用软件等与子系统、建筑环境、施工配合、组织管理和人员配备相关的一切面向集成的问题。

前面已经列举了一个小网络的基本组成，完成了一个最简单的网络工程——网络机房的基本设计。初学者或许在计算机网络基础课程中学过上述提到的"网络机房"、"通信协议"、"拓扑结构"和"C/S 方式"，同时为方便读者查询计算机网络的基础概念知识，在本章中也进行了简要回顾和总结。作为一名网络学习或工作者，肯定想知道更多的网络知识，掌握必要的网络工程设计与系统集成的技术或方法，如怎样设计网络机房和配置基础硬件设备，选择和安装哪些应用软件，网络工作的原理是怎样的，网络机房适合的拓扑结构类型是怎样的，等等。这些在后面章节中将会就网络工程设计和系统集成的相关知识通过各应用领域的案例引出，并进行详细讲述。

本章导入案例中给出的是一个网络机房的基本配置方案，下面用前面所学的知识来进一步分析。

1.1　计算机网络概述

计算机网络是一些相互连接的、以共享资源为目的、自治的计算机集合。计算机网络是现代通信技术和计算机技术高速发展的产物，它可以使某一地点的计算机用户享用另一地点的计算机或设备所提供的数据处理等功能和服务，达到共享资源和相互通信的目的。

1.1.1　计算机网络的定义

计算机网络可以定义为：将地理位置不同的具有独立功能的多台计算机，连同其外部设备，通过通信线路连接起来，在网络操作系统、网络管理软件及网络通信协议的管理和协调下，实现资源共享和信息传递的计算机系统。

最简单的计算机网络就是两台计算机和连接它们的线路，即两个结点和一条链路。而当今世界上最庞大的计算机网络就是 Internet，或称为因特网、互联网。因特网由非常多的计算机网络通过许多"网络互联设备"互相连接而成，因此因特网也称为"网络的网络"。

1.1.2　计算机网络的功能

1.　资源共享

实现资源共享是计算机网络的主要目的。资源共享是指网络中的所有用户都可以有条件地利用网络中的全部或部分资源，包括硬件资源、软件资源和数据资源。

(1) 硬件资源共享：计算机网络可以在全网范围内提供对计算处理资源、存储资源和输入输出资源等昂贵设备的共享，如共享超大型存储器、特殊的外围设备及高性能计算机的 CPU 处理能力等，不仅为用户节省了投资，也便于集中管理和均衡分担负荷。

(2) 软件资源和数据资源共享：计算机网络允许用户远程访问各类大型计算机和数据库，给使用者提供网络文件传送服务、远地计算机管理服务和远程信息访问服务，从而避免了软件研制、硬件投资等活动上的重复与浪费，避免了数据资源的重复存储，也便于进行资源的集中管理。对于普通的网络用户，上网下载免费软件和音乐、视频等都是利用了计算机网络的此类功能。

2.　信息传输与集中处理

信息传输是网络的基本功能之一，分布在不同地区的计算机之间可以传递信息。地理位置分散的生产单位或业务部门可以通过网络将各地收集来的数据进行综合和集中处理。计算机网络为分布在各地的用户提供了强有力的通信手段。例如，用户可以通过计算机网络发布或浏览新闻消息，进行电子商务等活动。流行的 QQ、MSN 等网络即时通信工具和电子邮件等都体现了计算机网络信息传输的强大功能。

3.　均衡负荷与分布处理

网络中的多台计算机还可互为备用，一旦某设备出现故障或负荷过重，它的任务可转移到其他设备中去处理，从而极大地提高了系统的可靠性。另外，可对一些复杂的问题进行分解，通过网络中的多台计算机进行分布式处理，充分利用各地计算机资源，达到协同工作的目的。

4. 综合信息服务

计算机网络可向全社会提供各种经济信息、科技情报和咨询服务，如提供文字、数字、图形、图像和语音等，实现电子邮件、电子数据交换、电子公告、电子会议和 IP 电话的传真等业务。随着信息科学技术的不断发展，新型业务不断出现，计算机网络将为社会各个领域提供全方位的服务，功能将向着高速化、多元化、可视化和智能化的方向发展。百度、Google 等网络搜索引擎，新浪、搜狐等门户网站，是这一类服务的集中体现。

1.1.3 计算机网络的特点

计算机网络有着电话网和电视网等传统通信网络所不具备的特点，主要体现在以下几个方面。

(1) 开放式的网络体系结构。它使各种具有不同软硬件环境、不同通信规则的局部网络可以自由互联，真正达到资源共享、数据通信和分布处理的目标。

(2) 向高性能发展。追求高速、高可靠性和高安全性，采用多媒体技术，提供文本、声音、图像等综合性服务。

(3) 智能化。多方面提高网络的性能，更加合理地进行各种业务的管理，真正以分布和开放的形式向用户提供服务。

社会及科学技术的进步，给计算机网络的发展提供了更加有利的条件。计算机网络的四通八达，使众多的 PC 不仅能够同时处理文字、数据、图像和声音等信息，而且还可以使这些信息四通八达，及时地与全国乃至全世界的网络用户进行交换。

1.1.4 三网融合

如今是数字化、网络化、信息化，即以网络为核心的信息化时代，网络现已成为信息社会的命脉和发展知识经济的重要基础。

"三网融合"又称"三网合一"，指电信网、有线电视网和计算机通信网的相互渗透、互相兼容，并逐步整合成为全世界统一的信息通信网络。三网融合(见图 1.2)是指电信网、广播电视网、互联网在向宽带通信网、数字电视网、下一代互联网演进过程中，三大网络通过技术改造，其技术功能趋于一致，业务范围趋于相同，网络互联互通、资源共享，能为用户提供语音、数据和广播电视等服务。三合并不意味着三大网络的物理合一，而主要是指高层业务应用的融合。三网融合应用广泛，遍及智能交通、环境保护、政府工作、公共安全、平安家居等领域。例如，手机可以看电视、上网，电视可以打电话、上网，计算机也可以打电话、看电视。三者之间相互交叉，形成"你中有我、我中有你"的格局。

三网融合，在概念上从不同角度和层次上分析，可以涉及技术融合、业务融合、行业融合、终端融合及网络融合；从技术层面来看，包括基础数字技术、宽带技术、软件技术、IP 技术、光通信技术等。

1. 基础数字技术

数字技术的迅速发展和全面采用，使电话、数据和图像信号都可以通过统一的编码进行传输和交换，所有业务在网络中都将成为统一的"0"或"1"的比特流。所有业务在数字网中都将成为统一的 0/1 比特流，从而使得语音、数据、声频和视频各种内容(无论其特性如何)都可以通过不同的网络来传输、交换、选路处理和提供，并通过数字终端存储起来，或以视觉、听觉的方式呈现在人们的面前。目前，数字技术已经在电信网和计算机网络中得到了全面应用，并在广播电视网中迅速发展起来。数字技术的迅速发展和全面采用，为各种信息的传输、交换、选路和处理奠定了基础。

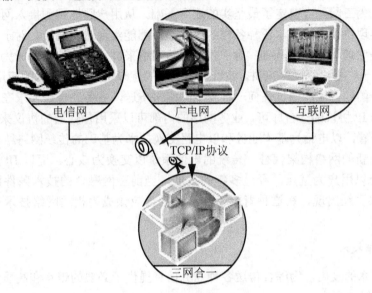

图 1.2　三网融合示意图

2. 宽带技术

宽带技术的主体就是光纤通信技术。网络融合的目的之一是通过一个网络提供统一的业务。若要提供统一业务，就必须要有能够支持语音、视频等多媒体(流媒体)业务传送的网络平台。这些业务的特点是业务需求量大、数据量大、服务质量要求较高，因此在传输时一般都需要非常大的带宽。另外，从经济角度来讲，成本也不宜太高。这样，容量巨大且可持续发展的大容量光纤通信技术就成了传输介质的最佳选择。宽带技术特别是光通信技术的发展为传送各种业务信息提供了必要的带宽、传输质量和低成本。作为当代通信领域的支柱技术，光通信技术正以每 10 年增长 100 倍的速度发展，具有巨大容量的光纤传输网是"三网"理想的传送平台和未来信息高速公路的主要物理载体。目前，无论是电信网，还是计算机网和广播电视网，大容量光纤通信技术都已经在其中得到了广泛的应用。

3. 软件技术

软件技术是信息传播网络的神经系统。软件技术的发展，使得三大网络及其终端都能通过软件变更最终支持各种用户所需的特性、功能和业务。现代通信设备已成为高度智能化和软件化的产品。今天的软件技术已经具备三网业务和应用融合的实现手段。

4. IP 技术

内容数字化后，还不能直接承载在通信网络介质之上，还需要通过 IP 技术在内容与传送介质之间搭起一座桥梁。IP 技术(特别是 IPv6 技术)的产生，满足了在多种物理介质与多样的应用需求之间建立简单而统一的映射需求，可以顺利地对多种业务数据、多种软硬件

环境、多种通信协议进行集成、综合、统一，对网络资源进行综合调度和管理，使得各种以 IP 为基础的业务都能在不同的网络上实现互通。IP 协议的普遍采用，使得各种以 IP 为基础的业务都能在不同的网上实现互通，具体下层基础网络是什么已无关紧要。IP 协议不仅已经成为主导地位的通信协议，而且人们首次有了统一的、为三大网都能接受的通信协议，从技术上为三网融合奠定了最坚实的连网基础。从用户驻地网到接入网再到核心网，整个网络将实现协议的统一，各种各样的终端最终都能实现透明连接。对于计算机网络来说，IP 技术是它赖以存在的基础；对于数据通信网络来讲，IP 协议已经成为占主导地位的通信协议；对于广播电视网络来讲，随着数字电视的逐渐推广，IP 技术的应用也越来越广。事实上，融合的业务应能通过任何一种基础网络来传送，业务融合仅要求在业务网的边缘采用基于统一 IP 协议的平台即可，业务网络的内部可以采用任何层的协议来运作。从技术发展的角度来看，以电话为基本业务和以电路交换技术为基础的传统网络结构，将被以 IP 技术为基础的新的网络构架代替。传统的电信系统以交换为核心，而以 IP 为基础的新一代宽带网将会以用户为重点。经过多年的发展，当前三网融合的技术条件已经具备，业务和市场需求已经出现，在这种背景下，三网融合应该成为相关网络技术和产业发展的共同方向。

5. 光通信技术

光通信技术的发展，为综合传送各种业务信息提供了必要的带宽和高质量的传输，成为三网业务的理想平台。

统一的 TCP/IP 协议的普遍采用，将使得各种以 IP 为基础的业务都能在不同的网上实现互通。

1.2　计算机网络的发展历程

计算机网络从 20 世纪 60 年代发展至今，已经从小型的办公局域网络发展为全球性的大型广域网的规模，对现代人类的生产、经济和生活等方面都产生了巨大的影响。以因特网为例，从最初连接了美国 4 个研究机构的简单网络，发展成为今天的横跨大洋、遍及全世界 100 多个国家和地区、拥有十几亿用户的巨大网络，彻底地影响了人们的工作、生活方式。

1.2.1　计算机网络的演变过程

事物的发展都是从简单到复杂，计算机网络也不例外。从技术上讲，计算机网络的演变可概括地分成以下 3 个阶段。

(1) 以单一主机为中心的联机终端系统。在 20 世纪 60 年代以前，因为计算机主机相当昂贵，而通信线路和通信设备相对便宜，为了共享计算机主机资源和进行信息的综合处理，形成了第一代的以单一主机为中心的联机终端系统。

在第一代计算机网络中，因为所有的终端共享主机资源，因此终端到主机都单独占一条线路，线路利用率低。主机既要负责通信，又要负责数据处理，因此主机的效率受到影响。因为这种网络组织形式是集中控制形式，所以可靠性较低：如果主机出问题，所有终端都会被迫停止工作。

(2) 以通信子网为中心的主机互连。随着计算机网络技术的发展，到 20 世纪 60 年代中期，计算机网络不再局限于单计算机网络，许多单计算机网络相互连接，形成了有多个单一主机系统互相连接的复杂网络系统。这样连接起来的计算机网络体系有以下两个特点。

① 多个终端联机系统互连，形成了多主机互联网络。

② 网络结构体系由"主机到终端"变为"主机到主机"。

后来，这样的计算机网络体系在慢慢地向两种形式演变。第一种就是把主机的通信任务从主机中分离出来，由专门的通信处理机来完成，通信处理机组成了一个单独的网络体系，称为通信子网，而在通信子网互联基础上接起来的计算机主机和终端则形成了资源子网，导致两层结构体出现。第二种就是通信子网规模逐渐扩大成为社会公用的计算机网络，原来的通信处理机成为了公共数据通用网。

(3) 具有统一的网络体系结构、遵循国际标准化协议的计算机网络。随着时间的推移，计算机网络逐渐普及，不但数量大大增加，而且种类也逐渐变得多样化，各种计算机网络的相互连接就显得相当复杂。为了使之更好地连接，计算机网络连接需要一个统一的标准，因此标准化工作就显得相当重要。在这样的背景下形成了体系结构标准化的计算机网络。

进行计算机结构的标准化有两个目的：第一，使不同设备之间的兼容性和互操作性更加紧密；第二，体系结构标准化是为了更好地实现计算机网络的资源共享。计算机网络体系结构的标准化对计算机网络的发展与普及产生了巨大的推动作用，计算机网络由此进入了蓬勃发展的因特网时代。

1.2.2　计算机网络在我国的发展

我国于 1989 年 11 月建成第一个公用分组交换网 CNPAC，随后陆续建造了多个全国范围的公用计算机网络。

(1) 中国公用计算机互联网 ChinaNET。

(2) 中国教育和科研计算机网 CERNET。

(3) 中国科学技术网 CSTNET。

(4) 中国联通互联网 UNINET。

(5) 中国网通公用互联网 CNCnet。

(6) 中国国际经济贸易互联网 CIETNET。

(7) 中国移动互联网 CMNET。

(8) 中国长城互联网 CGWNET。

(9) 中国卫星集团互联网 CSNET。

其他有关计算机网络在我国发展的最新状态信息，可登录中国互联网络信息中心网址：www.cnnic.net.cn，在此不再赘述。

1.3　因特网时代

以我国为例，越来越多的用户正在加入使用因特网的行列。近几年来，因特网在中国的普及日益广泛，各种应用也越来越多，促进了我国与国际间的信息交流、资源共享和技术合作，带动了经济和文化的发展。因特网的巨大商业潜能也逐渐在国内企业中释放，呈现

出广阔的发展前景。作为社会活动、沟通交流的一大工具，因特网成为继电话、电视之后的第三大公共系统。据中国互联网络信息中心(China Internet Network Information Center, CNNIC)最新统计报告显示，截至 2011 年 12 月 31 日，中国网民规模突破 5 亿人，达到 5.13 亿人，全年新增网民 5 580 万人。互联网普及率较 2010 年年底提升 4 个百分点，达到 38.3%。中国手机网民规模达到 3.56 亿人，占整体网民比例为 69.3%，较 2010 年年底增长 5 285 万人。2011年，网民平均每周上网时长为 18.7 小时，较 2010 年同期增加 0.4 小时。截至 2011 年 12 月底，中国域名总数为 775 万个，其中.cn 域名总数为 353 万个。中国网站总数为 230 万个。

可以看到，中国已成为因特网大国，Internet 已成为深入我国各行各业的社会大众网络。经过 10 多年的发展，因特网已经拓展到社会的各个方面。毫无疑问，中国已经跨入因特网时代。

1.3.1　因特网的相关概念

(1) 因特网(Internet)：因特网起源于美国，前身为 ARPNRT，即第一个计算机网络，已成为世界上最大的国际性互联网。

(2) 网络：网络由若干结点和连接这些结点的链路组成。

(3) 结点：结点可以是计算机、集线器、交换机、路由器等。

(4) 互联网：就是网络的网络，即 internet.

(5) 网络与因特网之间的关系：网络将计算机连接在一起；互联网将许多网络连接在一起。因特网由原来的三级结构[主干网、地区网、校园网(或企业网)]，发展成为现在的多层次 ISP 结构，如图 1.3 所示。

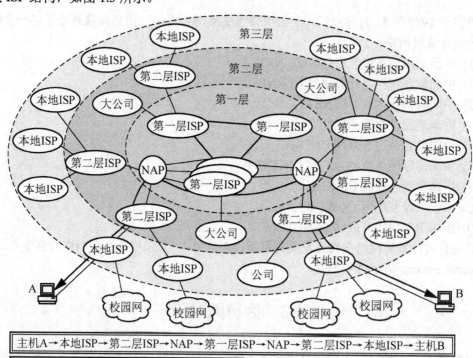

图 1.3　多层次 ISP 结构的因特网

 **注意**

internet 和 Internet 的区别

(1) 以小写字母 i 开始的 internet(互联网)是一个通用名词,它泛指由多个计算机网络互联而成的网络。

(2) 以大写字母 I 开始的 Internet(因特网)则是一个专用名词,它指当前全球最大的、开放的、由众多网络相互连接而成的特定计算机网络,它采用 TCP/IP 协议族作为通信的规则,且其前身是美国的 ARPNRT。

1.3.2 因特网的组成

因特网主要分两部分:因特网的边缘部分(资源子网)和因特网的核心部分(通信子网)。

1) 因特网的边缘部分

处在因特网边缘部分(资源子网)的是连接在因特网上的所有主机。这些主机又称端系统(End System)。

"主机 A 和主机 B 进行通信",实际上是指"运行在主机 A 上的某个程序和运行在主机 B 上的另一个程序进行通信",更具体而言,是"主机 A 的某个进程和主机 B 上的另一个进程进行通信",或简称"计算机之间通信"。

网络边缘端系统中运行的程序之间有 3 种主要通信方式。

(1) C/S 方式。服务器通常采用高性能的 PC、工作站或小型机,并采用大型数据库系统,如 Oracle、Sybase、Informix 或 SQL Server,客户端需要安装专用的客户端软件。

① 客户机程序:客户程序主动向服务器发起通信请求,客户程序必须知道服务器地址,不需要特殊硬件和复杂操作系统。

② 服务器程序:提供某种服务,可同时处理多个客户请求,系统启动后一直不断运行着,被动接受客户请求,一般需要强大的操作系统支持。

③ 服务器:是计算机的一种,它是网络上一种为客户端计算机提供各种服务(主要是共享服务)的高性能的计算机;它在网络操作系统的控制下,将与其相连的硬盘、打印机、调制解调器及昂贵的专用通信设备提供给网络上的客户站点共享,也能为网络用户提供集中计算、信息发表及数据管理等服务。

④ 客户机:又称用户工作站,是用户与网络互通信息的设备;一般是微型计算机,每一个客户机都运行在它自己的且为服务器所认可的操作系统环境中。客户机主要享受网络上提供的各种资源。

(2) P2P 方式是指两个主机在通信时并不区分哪一个是服务请求方或服务提供方。只要两个主机都运行了对等连接软件(P2P 软件),它们就可以进行平等的对等连接通信。双方都可以下载对方已经存储在硬盘中的共享文档。

P2P 方式的特点是,从本质上看仍然是使用 C/S 方式,只是对等连接中的每一个主机既是客户又同时是服务器。

(3) B/S(Brower/Server,浏览器/服务器)方式指客户机上只要安装一个浏览器(Browser),如 Netscape Navigator 或 Internet Explorer,服务器安装 Oracle、Sybase、Informix 或 SQL Server 等数据库,浏览器就可以通过 Web Server 同数据库进行数据交互。

B/S 最大的优点就是可以在任何地方进行操作，而不用安装任何专门的软件。只要有一台能上网的计算机就能使用，客户端零维护。系统的扩展非常容易，只要能上网，再由系统管理员分配一个用户名和密码，即可使用，甚至可以在线申请，通过公司内部的安全认证(如 CA 证书)后，不需要人为的参与，系统就可以自动分配给用户一个账号进入系统。

2) 因特网的核心部分

网络核心部分(通信子网)是因特网中最复杂的部分。网络中的核心部分要向网络边缘中的大量主机提供连通性，使边缘部分中的任何一个主机都能够向其他主机通信(即传送或接收各种形式的数据)。在网络核心部分起特殊作用的是路由器(Router)。

路由器是实现分组交换(Packet Switching)的关键构件，其任务是转发收到的分组，这是网络核心部分最重要的功能。

交换包括以下 3 种方式。

① 电路交换：100 多年来，电话交换机虽经多次换代，但仍然是电路交换。N 部电话机两两相连，不采用特殊方法则需要 $N(N-1)/2$ 对电线，显然太浪费，因此产生了交换机。在这里，"交换"的含义就是"转接"，即把一条电话线转接到另一条电话线，使它们连通起来。从通信资源分配角度来看，"交换"就是按照某种方式动态地分配传输线路的资源。

② 报文交换：采用存储转发技术。整个报文有一个报头，报头中含有目的地址和源地址等信息，通信前不像电路交换那样先建立连接，通信时整个报文先传送到相邻结点，全部存储下来后根据报头信息查找转发表，决定下一次转发到哪个结点，通信结束时也没有释放连接过程。

③ 分组交换：采用存储转发技术。首先在发送端，把较长的报文划分成较短的、固定长度的数据段，再加上必要控制信息组成的头部(头部中含有目的地址和源地址等信息)，即构成分组，各个分组可独立选路；为讨论方便，常把单个网络简化为一条链路，不必先建立链路。其优点是高效、灵活、迅速、可靠。其缺点是分组在各结点存储转发时需要排队，这就会造成一定的时延。分组必须携带的首部(里面有必不可少的控制信息)也造成了一定的开销。

下面的图 1.4 总结描述了电路交换、报文交换和分组交换 3 种交换方式的区别。

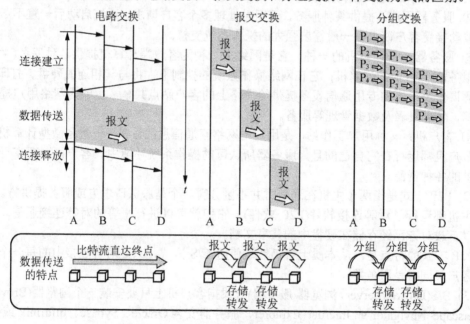

图 1.4 三种交换方式的比较图

1.4　计算机网络的分类

从不同的角度看，计算机网络的类型有着不同的分类方法。网络分类的重要性在于，有助于对网络进行描述、认识和学习。

计算机网络的常用分类方式有按地理覆盖范围分类、按拓扑结构分类、按通信介质和按使用范围分类。表 1-1 列出了目前常见的计算机网络的分类。

表 1-1　计算机网络的分类

分类标准	网络类别	特　征
按地理覆盖范围	局域网	作用范围一般在几千米到几十千米
	城域网	作用范围一般在一个城区范围，即几十千米
	广域网	作用范围一般在几十千米到几千千米
按使用范围	公用网	面向全社会，为所有人提供服务
	专用网	面向社会部分群体，为特定人群服务
按通信介质	有线网	采用同轴电缆、双绞线、光纤等介质传输数据
	无线网	采用微波、卫星等介质传输数据
按通信传播方式	点对点网络	以点对点方式把各个计算机连接起来，包括拓扑结构为星形、树形、环形、网状结构的网络
	广播式网络	用一个共同的传输介质把各个计算机连接起来，包括共享总线型、无线传播的广播网络
按通信速率	低速网	数据传输速率在 300b/s～1.4Mb/s 之间
	中速网	数据传输速率在 1.5Mb/s～45Mb/s 之间
	高速网	数据传输速率在 50Mb/s 以上
按网络控制方式	集中式网络	处理控制功能高度集中在一个或少数几个结点上
	分布式网络	不存在一个处理控制中心
按网络环境	部门网	局限于一个部门的局域网
	企业网	在一个企业中配置的覆盖整个企业的计算机网络
	校园网	在一所学校中配置的覆盖整个学校的计算机网络
按拓扑结构	总线型网	各结点均挂在一条总线上，地位平等，无中心结点控制，其传递方向总是从发送信息的结点开始向两端扩散
	环形网	网络中若干结点通过点到点的链路首尾相连形成一个闭合的环
	星形网	以星型方式连接，有中央结点，其他工作站、服务器等结点都与中央结点直接相连
	树形网	分级的集中控制式网络，与星形网相比，它的通信线路总长度短，成本较低，结点易于扩充
	分布式网	网络的每台设备之间均有点到点的链路连接，这种连接不经济，配置也很复杂，但系统可靠性高，容错能力强

知识链接

拓扑(Topology)是将各种物体的位置表示成抽象位置,是一种研究与大小、形状无关的线和面的特性的方法。拓扑不关心事物的细节,也不在乎相互的比例关系,只是将讨论范围内的事物之间的相互关系表示出来,一般用图表示。

用拓扑的观点研究计算机网络,就是抛开网络中的具体设备,把网络中的计算机等设备抽象为点,把网络中的通信介质抽象为线。拓扑形象地描述了网络的安排和配置,拓扑图中各种结点和结点的相互关系,清晰地提示了这些网络设备是如何连接在一起的。这种采用拓扑学方法描述的各个网络设备之间的连接方式称为网络的拓扑结构,如图 1.5 所示。

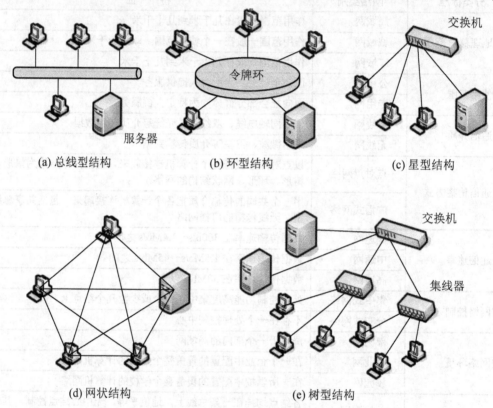

图 1.5　网络的拓扑结构

1.5　网络连接设备与传输介质

1.5.1　网络连接设备

网络中的各种连接设备很多,主要负责控制数据的接收、发送和转发。把常用的网络连接设备在网络模型中所在的层从低到高排序,有中继器、集线器、调制解调器、网卡、网桥、交换机、路由器和网关等。其中，中继器、集线器和调制解调器这 3 种设备工作在物理层，网卡、网桥和普通的交换机工作在数据链路层，路由器是网络层设备，而网关则可以工作在更高的应用层。

1. 中继器

中继器(Repeater，见图 1.6)的概念较为宽泛，工业中很多地方都会用到这种设备。一般来讲，只要是将线路中已经衰减的信号进行放大，使其传送更远的距离，这样的设备都称为中继器。中继器的主要优点是：安装简便，使用方便，价格便宜。

图 1.6 中继器外观

2. 集线器

集线器(见图 1.7)的英文为"Hub"，即"中心"的意思。集线器的主要功能是对接收到的信号进行再生整形放大，以扩大网络的传输距离，这一点和中继器功能类似，但集线器同时以自己为中心，集中其他所有的结点，这是它与中继器不同的地方。集线器工作时对信号也只是进行简单转发，因此它和中继器一样，也是工作在网络体系的第一层：物理层。集线器与网卡、网线等传输介质一样，属于局域网中的基础设备。集线器的使用示例如图 1.8 所示。

图 1.7 集线器外观

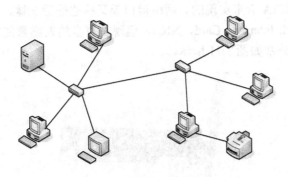

图 1.8 集线器的使用示例

3. 调制解调器

调制解调器英文为 Modem，是 Modulator/Demodulator(调制器/解调器)的缩写，这种网络设备更为普通大众所了解。这是因为，计算机网络在很长一段时间内，是依赖于电话网发展的。例如，很多居民用户上网，必须使用电话线接入因特网。这就意味着需要用电话网络传递计算机的数字信号。然而数字信号和普通电话线路所能传输的模拟信号完全不同，因此，为了能够实现用电话网上传输计算机数字信号，必须把数字信号转换为模拟信号，这称为调制。当模拟信号传递到目的地时，再把这个信号反过来转换成原来的计算机数字信号，这个逆向的转换过程称为解调。调制解调器的工作原理如图 1.9 所示。

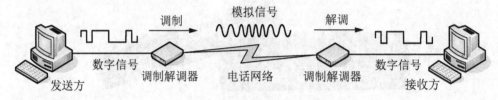

图 1.9 调制解调器的工作原理

调制解调器(见图 1.10)是可以同时完成上述"调制"和"解调"两种功能的设备。根据 Modem 的谐音，很多用户称之为"猫"。

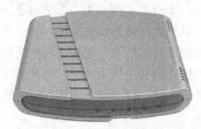

图 1.10 调制解调器外观(宽带外置型)

一般来说，根据调制解调器的形态和安装方式，可以大致地将其分为 4 类：外置式调制解调器、内置式调制解调器、插卡式调制解调器和机架式调制解调器。

4. 网卡

计算机与局域网的连接，是通过在主机箱内插入一块网络接口板或者是在笔记本式计算机中插入一块 PCMCIA 卡来实现的。网络接口板又称通信适配器、网络适配器(Adapter)或网络接口卡(Network Interface Card，NIC)，但现在更多的人愿意使用更为简单的名称：网卡。独立 PCI 网卡外观如图 1.11 所示。

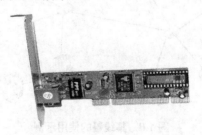

图 1.11 独立 PCI 网卡外观

5. 网桥

网桥(Bridge，见图 1.12)又称桥接器，类似于中继器。中继器从一个网络电缆里接收信号，经放大，将其送入下一个电缆，而与所转发消息的内容无关。相比较而言，网桥对传过来的信息更敏锐。

图 1.12　网桥的外观

网桥将两个相似的网络连接起来，并对网络数据的流通进行管理。在图 1.13 中，网络 1 和网络 2 通过网桥连接后，网桥接收网络 1 发送的数据帧，检查数据帧中的地址，如果地址属于网络 1，就将其放弃；相反，如果是网络 2 的地址，就继续发送给网络 2。可以看到网桥工作时处理的对象是数据链路层的协议数据单元(Protocol Data Unit，PDU)，即数据帧，因此网桥是数据链路层的设备。它不但能扩展网络的距离或范围，而且还可以提高网络的性能、可靠性和安全性。网桥隔离信息，将网络划分成多个网段，隔离出安全网段，防止其他网段内的用户非法访问。网络被分段后，各网段之间相对独立，一个网段的故障不会影响到另一个网段的运行。

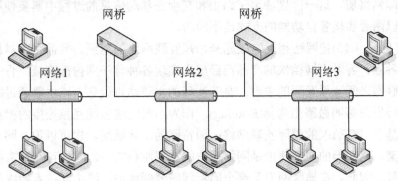

图 1.13　网桥的工作原理

网桥可以是专门的硬件设备，也可以由计算机加装的网桥软件来实现，这时计算机上需要安装多个网卡。

6. 交换机

所谓交换，就是按照通信两端传输信息的需要，用人工或设备自动完成的方法，把要传输的信息传送到符合要求的相应通路上的技术的统称。广义的交换机(Switch，见图 1.14)就是一种在通信系统中完成信息交换功能的设备；而狭义的交换机，就是交换式集线器，或称为以太网交换机、第二层交换机。它也工作在网络体系结构的第二层——数据链路层，实际上就是一个多端口的网桥。

图 1.14　交换机外观

交换机是智能设备，对收到的每一个数据帧，都能够进行判断，决定是把这个帧丢弃，还是把它交给正确的端口转发出去。因此交换机的各个端口可以并行工作，即所谓的每个端口"独享带宽"。用户会感觉它比集线器传输数据的速度快很多。又因为交换机自面世以来，技术日趋成熟，它的价格也越来越逼近集线器的价格，因此有彻底取代集线器的趋势。现在在各种使用局域网的场合，如寝室、办公室、家庭，看到的局域网连接设备几乎都是交换机。以太网交换机已成为普及最快的网络设备之一。

7. 路由器

说到路由器，就不得不解释"路由"的概念。所谓路由就是指通过相互连接的网络把信息从源地点移动到目标地点的活动。一般来说，在路由过程中，信息至少会经过一个或多个中间结点，路由机制就是要决定信息到底从哪些结点经过。通常，人们会把路由和交换进行对比，这主要是因为在普通用户看来两者所实现的功能是极其类似的。其实，路由和交换之间的主要区别就是交换发生在 OSI 参考模型的第二层：数据链路层，而路由发生在第三层，即网络层。这一区别决定了路由和交换在移动信息的过程中需要使用不同的控制机制，所以两者实现各自功能的方式是不同的。

路由器(见图 1.15)把网络相互连接起来，是互联网络的枢纽。目前路由器已经被广泛应用于各行各业，各种不同档次的产品已经成为实现各种骨干网内部连接、骨干网互联和骨干网与互联网之间互联互通的主力，是互联网的主要结点设备。路由器通过路由决定数据的转发，转发策略叫做路由选择(Routing)。作为不同网络之间互相连接的枢纽，路由器系统构成了基于 TCP/IP 的国际互联网络：因特网的主体脉络。也可以说，路由器构成了因特网的骨架。路由器的处理速度是网络通信的主要瓶颈之一，它的可靠性直接影响着网络互联的质量。因此，在地区网乃至整个因特网研究领域中，路由器技术始终处于核心地位，其发展历程和方向，成为整个因特网研究的一个缩影。

图 1.15　路由器外观

路由器的主要工作就是为经过路由器的每个数据包寻找一条最佳传输路径，并将该数据包有效地传送到目的站点，如图 1.16 所示。由此可见，选择最佳路径的策略——路由算法，是路由器的关键所在。为了完成这项工作，在路由器中保存着各种传输路径的相关数据。数据存放在路由表(Routing Table)当中，供路由选择时使用。路由表中保存着子网的标志信息、网上路由器的个数和下一个路由器的名字等内容。路由表可以是由系统管理员固定设置好的，也可以由路由器自动调整，这两种方式分别称为静态路由和动态路由。

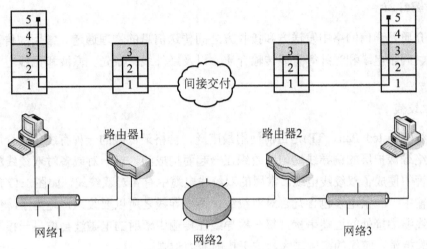

图 1.16　路由器工作过程

通过对上述几种网络设备的介绍，可以注意到，很多网络设备在外形上都有相似之处。例如，网络中继器、集线器、交换机和很多种类的路由器，看起来仿佛区别只是插口的数目不同。但实际上，这几种设备的工作原理大不相同，各自的适用范围和性能差异也很大。例如，与中继器、集线器等"哑"设备不同，路由器属于智能设备，有其自身的操作系统，硬件端口有复杂的设置。值得一提的是，现在市场上所谓的"宽带路由器"，实际上并不是真正的路由器，只是一种网络地址转换器，因为它不具备上述路由器的功能。

8. 网关

从一个房间走到另一个房间，必然要经过一扇门。同样，从一个网络向另一个网络发送信息，也必须经过一道"关口"，这道关口就是网关(Gateway)。顾名思义，网关就是一个网络连接到另一个网络的"关口"。

网关又称网间连接器、协议转换器。网关在传输层以上实现网络互联，是最复杂的网络互联设备，仅用于高层协议不同的网络之间的互联。网关的结构也和路由器类似，不同的是在网络体系结构中所处的层次。网关既可以用于广域网互联，也可以用于局域网互联，是一种充当转换重任的计算机系统或设备。在使用不同的通信协议、数据格式甚至体系结构完全不同的两种系统之间，网关是一个翻译器。与网桥只是简单地传达信息不同，网关把收到的信息重新打包，以适应目的系统的需求。同时，网关也可以提供过滤和安全功能。大多数网关运行在 OSI 七层协议的最顶层：应用层。

利用局域网连接因特网时，需要设置所谓的"默认网关"。如果弄清了什么是网关，默认网关也就好理解了，就好像一个房间可以有多扇门一样，一台主机也可以有多个网关。默认网关的意思是一台主机如果找不到可用的网关，就把数据发给默认指定的网关，由这个网关来处理数据。

网关是一个广泛的概念，是一类而不是一种设备的称谓。例如，路由器就经常被称为网关，因为它确实经常扮演着网关的角色。

1.5.2 传输介质

传输介质是通信网络中发送方和接收方之间传送信息的物理通道。常用的传输介质包括双绞线、同轴电缆和光纤等有线传输介质，以及红外线、激光、微波和无线电波等无线传输介质。

1. 双绞线

双绞线(Twisted Pair，TP)是目前使用最广泛、价格最低廉的一种有线传输介质。它由两根具有绝缘保护层的铜导线均匀地绞织在一起而构成的，把一对或多对双绞线放置在一个绝缘套管中便成了双绞线电缆。常用的双绞线电缆中有 4 对双绞线，如图 1.17 所示。在长距离传输中，一条电缆包含几百对双绞线。两根导线之所以要绞织，是为了降低信号干扰并减少线缆端接处的近端串扰，每一根导线在传输中辐射的电磁波会被另一根导线上发出的电磁波抵消，绞织的密度越大，抗干扰的能力越强。

双绞线按照是否有屏蔽层又可以分为屏蔽双绞线(Shielded Twisted Pair，STP)和非屏蔽双绞线(Unshielded Twisted Pair，UTP)。

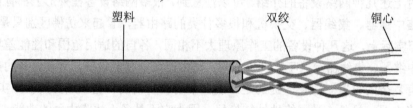

图 1.17　非屏蔽双绞线结构示意图

屏蔽双绞线电缆的外层由铝箔包裹着，抗干扰性较好，但它的价格相对要高一些，安装时要比非屏蔽双绞线困难，必须使用特殊的连接器。非屏蔽双绞线外面只需一层绝缘胶皮，易弯曲，易安装，组网灵活，非常适用于结构化布线，无特殊要求的计算机网络常使用非屏蔽双绞线电缆。

双绞线主要用来传输模拟信号，但也可用于传输数字信号，特别适合短距离的信号传输。传输数字信号时，它的数据传输速率与电缆长度有关，距离短时，数据传输速率较高。典型的数据传输率为 10Mb/s、100Mb/s、1 000Mb/s。

2. 同轴电缆

同轴电缆在 20 世纪 80 年代初的局域网中使用最为广泛。进入 21 世纪后，随着以双绞线和光纤为基础的标准化布线的推广，同轴电缆已逐渐退出布线市场。

同轴电缆由绕在同一轴线上的两种导体组成。最内层是内导体，内导体是一根单股实心或多股绞合铜导线；外层由一层绝缘材料包裹；在绝缘材料外面又是一层编织成网状的导体，用于屏蔽电磁干扰；最外层由较硬的绝缘塑料包住，如图 1.18 所示。

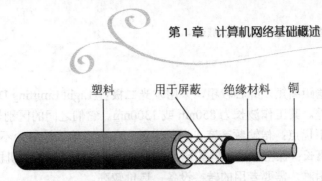

图 1.18　同轴电缆结构示意图

同轴电缆可分为基带同轴电缆和宽带同轴电缆，其特性如表 1-2 所示。同轴电缆的价格随直径及导体的不同而不同，常介于双绞线与光纤之间。同轴电缆抗干扰能力比双绞线强。

表 1-2　同轴电缆的类型

类型	阻抗特性	传输特性
基带同轴电缆	阻抗为 50Ω，如以太网粗缆 RG-8 和以太网细缆 RG-58	可直接传输数字信号(基带信号)，数据传输率一般为 10Mb/s，最大数据传输率可达 100Mb/s
宽带同轴电缆	阻抗为 75Ω，如公用电视 CATV 电缆 RG-59	用于传输模拟信号，带宽为 300~400MHz，传输速率为 100Mb/s~150Mb/s

3. 光纤

光纤目前应用广泛，主要用于长距离的通信干线，也用于城域网(Metropolitan Area Network，MAN)及园区网中。光纤是利用光的全反射原理传输信号的一种介质，它是细如头发般的透明玻璃丝，主要成分为石英。

光纤的结构示意如图 1.19 所示，它由纤芯、反射包层和塑料外套组成。

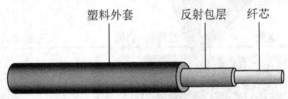

图 1.19　光纤结构示意图

由于纤芯的折射率要大于反射包层的折射率，根据全反射原理，可以形成光波在纤芯与包层界面上的全反射，从而使光信号被限制在纤芯中向前传输。

光纤可分为单模光纤(Single Mode Fiber)和多模光纤(Multi Mode Fiber)两大类。其结构如图 1.20 和图 1.21 所示。

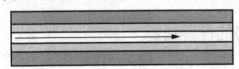

图 1.20　单模光纤结构示意图

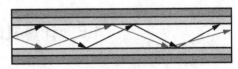

图 1.21　多模光纤结构示意图

单模光纤只能传输一种模态(主模态)，其传输距离较长，成本较高，纤芯小，需要激光光源，工作波长为 1 310nm 或 1 550nm；多模光纤可同时传输多种模态，能承载成百上千

的模式,但其传输距离短,纤芯较粗,采用发光二极管(Light Emitting Diode,LED)作为光源,光的定向性差。其工作波长为850nm或1300nm。它们之间的区别如表1-3所示。

光纤具有如下优点:传输频带宽,通信容量大;电磁绝缘性好,不受电磁干扰;信号衰减小,传输距离长;保密性高。但其也存在一些缺点:质地较脆,机械强度低,易折断;安装和连接相对困难,需要专用的转换设备;造价较高。

表1-3 单模光纤与多模光纤的比较

光纤类型	传输距离	数据传输率	使用光源	信号衰减	端口连接	造价
单模光纤	长	高	激光	小	较难	高
多模光纤	短	低	发光二极管	大	较易	低

4. 无线传输介质

无线传输实际上就是在自由空间利用电磁波信号进行通信。地球上的大气层为大部分电磁波传输提供了物理通道,这就是常常说的无线传输介质。无线传输的频段很广,如图1.22所示。人们现在已经利用了很多个波段进行通信,包括无线电波、微波和红外线等,紫外线和更高的波段目前还不能用于通信。

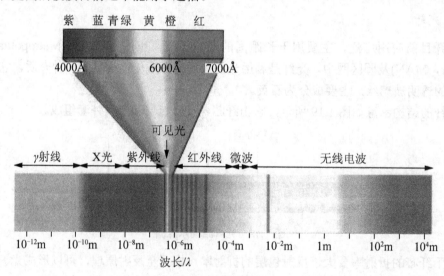

图1.22 电磁波谱图

注:1Å=10^{-10}m。

1.6 计算机网络的性能指标

衡量计算机网络性能的指标有很多,包括网络速率、带宽、吞吐量、时延、往返时间、信道利用率等。为了便于网络工程设计的理解,下面简单介绍计算机网络的各种性能指标。

(1) 速率:计算机网络中主机在数字信道上传输数据的速率。单位为b/s,1Kb/s=2^{10}b/s;1Mb/s=2^{20}b/s; 1Gb/s=2^{30}b/s; 1Tb/s=2^{40}b/s。

(2) 带宽：本来是指信号具有的频带宽度，如电话信号带宽为 3.1kHz(300Hz～3.4kHz)，单位是赫、千赫、兆赫、吉赫等；而在计算机网络中带宽表示网络通信线路传送数据的能力，即单位时间内从网络的某一点到另一点所能通过的"最高数据率"，单位为 b/s，$1Kb/s=10^3$ b/s；$1Mb/s=10^6 b/s$；$1Gb/s=10^9 b/s$；$1Tb/s=10^{12} b/s$。

(3) 吞吐量：单位时间内通过某个网络的实际数据量。

(4) 时延：主要分为以下几部分。

① 发送时延：主机线路由发送数据帧所需的时间。

$$发送时延 = \frac{数据帧长度(b)}{信道带宽(b/s)}$$

② 传播时延：电磁波在信道中传播一定距离所需的时间。

$$传播时延 = \frac{信道长度(m)}{电磁波在信道上的传播速度(m/s)}$$

③ 处理时延：主机线路由分析首部、提取数据部分、差错检测、路由选择等需要花费的时间。

④ 排队时延：在路由输入队列中等待的时间长度。

$$总时延 = 发送时延 + 传播时延 + 处理时延 + 排队时延$$

注意

图 1.23 所示为计算机网络中 4 种时延所产生的地方。

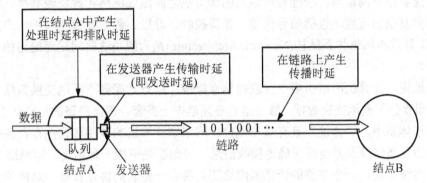

图 1.23　时延所产生的地方

【例 1.1】收发两端之间的传播距离为 1 000km，信号在媒体上传播速率为 $2×10^8$ m/s。试计算以下两种情况下的发送时延和传播时延。

① 数据长度为 10^7b，数据发送率为 100kb/s。

② 数据长度为 10^3b，数据发送率为 1Gb/s。

解：传播时延均为 $10^6 m/(2×10^8)m/s = 5×10^{-2}(s)$。

① 发送时延为 $10^7 b/10^5 b/s = 1×10^2(s)$。

② 发送时延为 $10^3 b/10^9 b/s = 1×10^{-6}(s)$。

(5) 时延带宽积：表示发送的第一个比特到达终点时已发送的比特数。

$$时延带宽积 = 传播时延 × 带宽$$

(6) 往返时间：从发送方发送数据开始，到发送方收到来自接收方的确认为止，共经历的时间长度。

(7) 利用率：主要是指"信道利用率"和"网络利用率"。

① 信道利用率指出某信道有百分之几的时间是被利用的(有数据通过)。完全空闲的信道的利用率是零。

② 网络利用率则是全网络的信道利用率的加权平均值。

① 信道利用率并非越高越好。

② 时延 D 与网络利用率 U 之间存在以下关系。

若令 D_0 表示网络空闲时的时延，D 表示网络当前的时延，则在适当的假定条件下，可以用下面的简单公式表示 D 和 D_0 之间的关系：$D=\dfrac{D_0}{1-U}$。

(8) 非性能指标：主要有费用、质量、标准化、可靠性、扩展性、易于维护和管理等方面。

1.7 计算机网络体系结构

为了能够使不同地点、功能相对独立的计算机之间组成网络实现资源共享，需要涉及并解决许多复杂的问题，包括信号传输、差错控制、寻址、数据交换和提供用户接口等一系列问题。计算机网络体系结构(Network Architecture)是为解决这些问题而提出的一种抽象结构模型。

简单地说，计算机网络由多个互联的结点组成，结点之间要不断地交换数据和控制信息。要做到有条不紊地交换数据，每个结点必须遵守一整套合理而严谨的结构化管理体系。在这个管理体系中，"协议"具有重要地位。网络中计算机的硬件和软件存在各种差异，为了保证相互通信及双方能够正确地接收信息，必须事先形成一种约定，即网络协议。

除了网络协议，一个完整的计算机网络还需要有一整套的协议集合，这就涉及如何组织管理这些复杂的协议。当前管理计算机网络协议的最好形式，就是将协议划分到不同的层次中。因此，计算机网络体系结构可以定义为计算机网络层次模型和各层协议的集合。相互通信的两台计算机系统必须高度协调工作，而这种"协调"是相当复杂的。"分层"可将庞大而复杂的问题，转化为若干较小的局部问题，而这些较小的局部问题就比较易于研究和处理。计算机网络结构采用结构化层次模型的优点如下。

(1) 分层之间相互独立：无须知道下层如何实现。

(2) 灵活性好：对本层修改只要保持接口不变，上下层不受影响。

(3) 结构上可分割开：各层都可采用最合适的技术实现。

(4) 易于实现和维护：系统被分解成若干独立子系统。

(5) 能促进标准化工作：每一层功能都做出精选说明。

1.7.1　协议

只要遵循 OSI 标准，一个系统就可以和位于世界上任何地方的、也遵循同一标准的其他任何系统进行通信。

法律上的国际标准 OSI 并没有得到市场的认可，而非国际标准 TCP/IP 却获得了最广泛的应用。

协议：进行网络中数据交换而建立的规则标准或约定。协议三要素如下。

(1) 语法：数据交换的格式与信息结构。

(2) 语义：需要发出何种控制信息，完成何种动作。

(3) 同步：事件实现顺序详细说明。

1.7.2　体系结构

在计算机网络体系结构模型中，特别适用于网络工作和学习的有 OSI 国际参考标准七层体系结构和 TCP/IP 五(或四)层体系结构。表 1-4 所示为计算机网络的各层及其协议的集合。

表 1-4　OSI 与 TCP/IP 参考模型各分层

OSI 七层体系结构	TCP/IP 五(或四)层体系结构	
⑦ 应用层	应用层：各种应用层协议	
⑥ 表示层		
⑤ 会话层		
④ 运输层	运输层	
③ 网络层	网络层	
② 数据链路层	数据链路层	网络接口层
① 物理层	物理层	

从本质上讲，TCP/IP 只是最上面的 3 层，网络接口层没有具体内容，学习时往往综合这两种体系结构的优点，采用五层结构。从上往下依次是应用层、运输层、网络层、数据链路层、物理层。

1.7.3　各层主要功能简介

(1) 应用层：直接为用户应用进程服务。

(2) 运输层：为两个主机中进程之间通信提供服务。

(3) 网络层：将运输层报文封装后进行传送，并选择路由。

(4) 数据链路层：在相邻两个主机间点对点传送。

(5) 物理层：透明传输比特流。

数据在各层之间传递过程示意(假定两点直连)如图 1.24 所示。

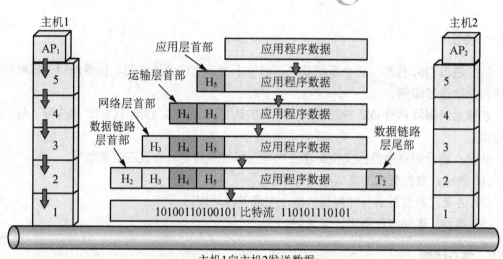

主机1向主机2发送数据

图 1.24　数据在各层之间传递过程示意图

注：注意观察加入或剥去首部(尾部)的层次。

1.7.4　协议与服务的区别

实体：任何可发送或接收信息的硬件或软件进程。

协议：控制两个对等实体进行通信的规则的集合。

协议与服务的区别如下。

(1) 协议的实现保证了向上层提供服务，下面的实体是透明的，上层只能看到下层的服务，看不到协议。

(2) 协议是水平的，而服务是垂直的。

值得一提的是，在 TCP/IP 网络协议族中，IP 协议是在现代 Internet 网中处于核心地位的一种协议。IP 协议可以应用到各式各样的网络层次上(IP over Everything)，同时也可以为各式各样的应用提供服务(Everything over IP)，形成沙漏计时器形状的 TCP/IP 协议，如图 1.25 所示。

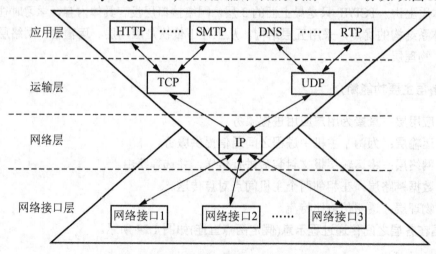

图 1.25　沙漏计时器形状的 TCP/IP 协议族示意图

本章小结

本章主要介绍了计算机网络的定义、功能和特点，并详细讲述了计算机网络的发展历程、计算机网络的分类、网络连接设备与传输介质、计算机网络的性能指标、计算机网络体系结构。

习题

1．什么是计算机网络？计算机网络的主要功能包括哪些方面？

2．计算机网络的发展经历了哪几个阶段？

3．计算机网络系统的组成包括哪些方面？

4．资源子网与通信子网在功能上有哪些差异？

5．ARPANET 对发展计算机网络技术有哪些贡献？

6．计算机网络常用的传输介质包括哪些？其传输特性如何？

7．常用的网络通信设备有哪些？简述其功能特性。

8．简述计算机网络操作系统的种类和适用范围。

9．计算机网络的传输介质有哪几类？有什么特点？

10．评价计算机网络的性能指标有哪些？简述其概念。

第 2 章

网络系统集成与工程项目管理概述

内容要点

- 本章先介绍了网络系统集成的基础概念，然后提出为什么需要网络系统集成的问题，从而围绕网络系统集成的主要解决的问题，详细描述了网络系统集成的工作内容和网络系统集成的体系框架，以及网络工程项目的实施管理。

学习目的和要求

- 了解网络、系统、集成、系统集成及网络系统集成的基础概念；理解网络系统集成的目的；熟悉网络系统集成的工作内容；熟悉网络系统集成的体系框架，掌握网络工程项目的实施管理各阶段的工作内容。

导入案例

通过下面的几张图(图 2.1～图 2.6),回顾计算机技术的发展历程,思考系统集成思想对计算机与网络系统的作用。

图 2.1　第一台电子计算机"埃尼阿克"(ENIAC)

众所周知,1945 年由美国生产了第一台全自动电子数字计算机"埃尼阿克"(ENIAC),如图 2.1 所示。它是美国奥伯丁武器试验场为了满足计算弹道需要而研制成的。这台计算机采用电子管作为计算机的基本元件,每秒可进行 5 000 次加减运算。它使用了 18 000 只电子管,10 000 只电容,7 000 只电阻,体积为 3 000 立方英尺(1 立方英尺≈0.028m³),占地 170m²,质量 30t,耗电 140～150kW,是一个名副其实的"庞然大物"。

1947 年,晶体管诞生。晶体管与电子管相比,其体积比电子管小很多,耗电大大降低,稳定性有很大提高。1959 年,集成电路诞生。集成电路的应用,IBM 360 计算机的问世,标志着第三代集成电路计算机的全面登场,如图 2.2 所示。

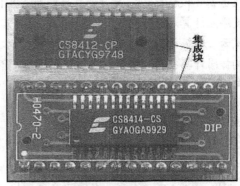

(a) 晶体管　　　　　　　　　　(b) 集成电路块

图 2.2　晶体管与集成电路块

1971 年,Intel 公司首创了一种"开启集成电路新纪元"的半导体芯片,即第一块微处理器芯片 4004。4004 微处理器芯片将 CPU 集成之后,基于"图灵"的可计算性理论模型及冯·诺依曼的计算机结构思想,逐渐开启了 PC 的风行时代。IBM 360 计算机与计算机的部件集成如图 2.3 所示。

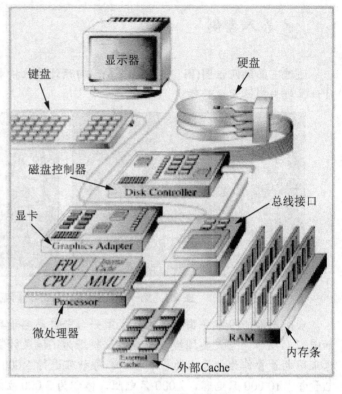

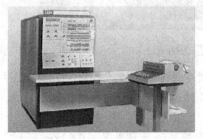

(a) IBM 360 计算机　　　　　　　　(b) 计算机的部件集成

图 2.3　IBM 360 计算机与计算机的部件集成

图 2.4 所示的"曙光星云"坐落于我国深圳国家超级计算机中心。"曙光星云"系统运算峰值达到 3 petaflop/s，最大计算性能为 1.271 petaflop/s，是中国第一台、世界第三台实现双精度浮点计算超千万亿次的超级计算机，且其单位耗能所提供的性能达到了 4.98 亿次/瓦。"曙光星云"超级计算机采用自主设计的 HPP 体系结构，由 4 640 个计算单元组成，采用了高效异构协同计算技术。系统由 9 280 颗通用 CPU 和 4 640 颗专用 GPU 组成。计算网络采用了单向 40Gb/s QDR InfiniBand 技术，核心存储采用了自主涉及的 ParaStor 高速 IO 系统。

(a) 银河-Ⅱ十亿次巨型计算机　　　　　(b) 曙光星云高性能计算机

图 2.4　银河-Ⅱ十亿次巨型计算机与"曙光星云"高性能计算机

　　图 2.5(a)所示为某大学宿舍网络系统集成项目的拓扑结构图。它由服务器、交换机、路由器、防火墙等硬件设备与网络通信介质组成。图 2.5(b)所示为普适计算系统示意图，包含各种人机交互设备及无线传感器网络等系统。图 2.6 所示为 Microsoft PowerPoint 和 Microsoft Visual Studio 2005 软件系统界面图，包含"文件"、"编辑"等功能菜单组件。

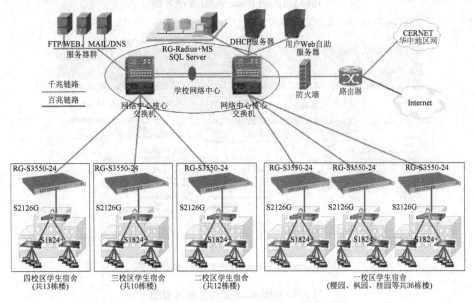

(a) 某大学宿舍网络系统集成拓扑结构图

(b) 普适计算系统示意图

图 2.5　某大学宿舍网络系统集成拓扑结构图与普适计算系统示意图

(a) Microsoft PowerPoint 系统界面

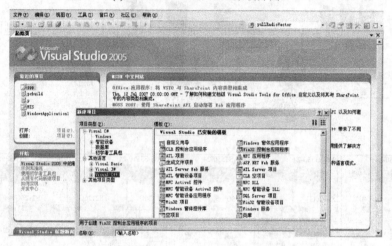

(b) Microsoft Visual Studio 2005 系统界面

图 2.6　Microsoft 软件系统界面图

　　无论是现代计算机的硬件、软件系统，还是各种超大型计算机集群，网络系统工程都是将各种不同的操作组件、设备备件或功能模块彼此有机地组合集成在一起，解决大而复杂的问题。随着计算机与网络技术的发展，计算机网络已经广泛渗透到人类生活的方方面面。网络软件、硬件种类繁多，发展也非常快，如何充分发挥计算机与网络系统应有的价值，最大程度地保持系统的畅通和稳定，就是计算机网络系统集成所要解决的问题。

 知识结构

　　通过你熟悉的"工程项目"，设想计算机网络工程设计与系统集成包含的内容有哪些？如图 2.7 所示为网络工程与系统集成内容结构图。

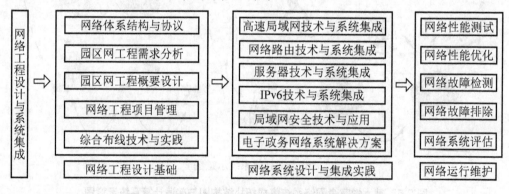

图 2.7　网络工程设计与系统集成内容结构图(部分)

2.1　网络系统集成基础

2.1.1　网络系统集成的相关概念

1. 系统

所谓系统(System)，是指由相互作用和相互依赖的若干组成部分，按一定的关系组成的具有特定功能的有机整体，其本质在于描述事物的组织构架和事物间的相互联系。系统特别强调"有机整体"。系统有些场合的意思是"体系、制度、体制、秩序、规律、方法"。系统有大有小，大系统比小系统更复杂。

2. 网络

网络是指将若干部件单元连接在一起成为一个整体的系统。举例如下。

(1) 将位于不同位置的计算机结点设备(PC、路由器等)，通过互连设备与通信传输介质连接在一起，并基于一定的通信协议规程构成计算机网络。

(2) 部件为各类电气设备，使用输供电线路将它们连接在一起，构成供电配电网。

(3) 将大量的晶体管等电子元器件按照某种规则，在电路板上有机地组合成一个电子元件网络或集成电路。

(4) 各种不同的电话座机、手机终端设备及电话通信设备，使用用户线或中继线将它们连接在一起，构成电话网络。

(5) 我们还可以更加抽象化网络的概念，包括交通网络、社会网络、人际关系网络等，只是这些网络的构成部件或元素结点属于不同类别而已。

3. 系统与网络的关系

网络是一个系统，但系统并不一定是网络，但系统正向网络化方向发展。例如，后面第 5 章中介绍的办公自动化系统就正在向网络化发展。

4. 集成

集成(Integration)可理解为"一个整体的各部分之间能彼此有机且协调地工作，以发挥整体效益，达到整体优化的目的"。集成可以表示将单个元件组装成一台设备或一种结构的过程。例如，将计算机部件组装在计算机主机箱内(见图 2.3(a))；将大量的晶体管组成一个集成电路(见图 2.8)。

图 2.8 "龙芯 1 号"集成电路

集成也可以表示由某种规则的相互作用形式而联结的部件组合体，即有组织的整体。例如，将软件的多个功能模块组合成"一体化"系统，使整体系统从一个程序到另一个程序能够共享命令和信息流。这种软件被称为集成软件。

5. 系统集成

系统集成(System Integration，SI)是在系统工程科学方法的指导下，根据用户需求，优选各种技术和产品，将各个分离的子系统连接成为一个完整、可靠、经济和有效的整体，并使之能彼此协调工作，发挥整体效益，达到整体性能最优的目标。

系统集成一般采用功能集成、网络集成、软件集成等集成技术。系统集成实现的关键在于解决系统之间的互连和互操作性问题，它是一个多厂商、多协议和面向各种应用的体系结构。这需要解决各类设备、子系统间的接口、协议、系统平台、应用软件等与子系统、建筑环境、施工配合、组织管理和人员配备相关的一切面向集成的问题。

系统集成作为一种新兴的服务方式，是近年来国际信息服务业中发展最快的一个行业。系统集成的本质就是最优化的综合统筹设计，对于一个大型的综合计算机网络系统，系统集成包括计算机软件、硬件、操作系统技术、数据库技术、网络通信技术等的集成，以及不同厂家产品选型、搭配的集成，系统集成所要达到的目标——整体性能最优，即所有部件和成分合在一起后不但能工作，而且全系统是低成本的、高效率的、性能匀称的、可扩充的和可维护的系统。为了达到此目标，系统集成商的优劣是至关重要的。

2.1.2 网络系统集成的产生背景

自 20 世纪 80 年代末以来，由于计算机的迅速发展和广泛应用，许多企业和政府部门都建立了计算机局域网应用系统。虽然各种系统的使用，使得工作效率有了不同程度的提高，但这些独立的、分散的小系统，由于没有连网，不能信息共享，大量冗余的数据重复保存于各系统内，决策层很难提取准确且有效的数据决策和分析，从而影响了整个效益的提高和企业的发展。网络系统集成技术较好地解决了结点之间信息不能共享、没有统一管理、整个系统性能低下的"信息孤岛"问题，真正地实现了系统的信息高度共享、通信联络通畅、彼此有机协调，达到了系统整体效益最优的目标。

1. 网络系统集成要解决的问题

网络系统集成是指：根据应用的需要，将硬件设备、网络基础设施、网络设备、网络系统软件、网络基础服务系统和应用软件等组织成能够满足设计目标、具有优良性能价格比的计算机网络系统的全过程。

网络系统集成后，各种计算机硬件、软件、网络、通信及人机环境，系统性地集合在一起，成为满足用户需求的、具有较高性价比的计算机网络系统。它通过综合利用计算机技术、现代控制技术、现代通信技术及现代图形显示技术，实现语音、数据、图像、视频等信息传输与播放多种业务的功能。

系统集成不是各种硬件和软件的堆积，而是一种在系统整合、系统再生产过程中为了满足客户需求的增值服务业务，是一个价值再创造的过程。系统集成不仅涉及各个局部的技术服务，一个优秀的系统集成商更加注重整体系统的、全方位的无缝整合和规划。这就对系统集成技术人员提出了很高的要求：不仅要精通各个厂商的产品和技术，能够提出系统模式和技术解决方案，更要对用户的业务模式、组织结构等有较好的理解，同时还要能够用现代工程学和项目管理的方式，对信息系统各个流程进行统一的进程和质量控制，并提供完善的服务。

计算机网络系统集成一般有 3 个主要层面，即技术集成、产品集成、应用集成，如图 2.9 所示。

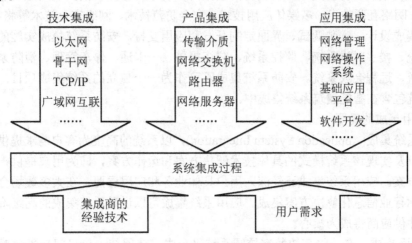

图 2.9　网络系统集成的层面

2. 为什么需要网络系统集成

1) 技术集成的需要

近年来，计算机网络已经在各行业广泛应用起来。相应地，网络系统集成也就变成网络系统推广应用中一项极其重要的工作。而在网络系统集成中，网络工程中的各种技术可谓至关重要。通过各种技术的融合加上一些创新的思维最后组成了现在所使用的庞大的网络。网络工程中的各种技术层出不穷，仅最近几年出现的技术就有综合布线技术、局域网技术、广域网技术、网络服务器技术、网络存储备份技术、Internet/Intranet 相关服务技术、网络安全技术、网络管理技术等。这就要求必须有一种角色，能够熟悉各种网络技术，完全从客户应用和业务需求方面充分考虑技术发展的变化，帮助用户分析网络需求，根据用户需求的特点选择所采用的各项技术，为用户提供解决方案和网络系统设计方案，而这个角色就是系统集成商。

2) 产品集成的需要

产品集成主要是网络系统软硬件集成，在大多数场合简称系统集成，或称为弱电系统集成，以区分于机电设备安装类的强电集成。它是指以搭建组织机构内的信息化管理支持平台为目的，利用综合布线技术、楼宇自控技术、通信技术、网络互联技术、多媒体应用技术、安全防范技术、网络安全技术等将相关设备、软件进行集成设计、安装调试、界面定制开发和应用支持。设备系统集成分为智能建筑系统集成(Intelligent Building System Integration)、计算机网络系统集成、安防系统集成(Security System Integration)。

智能建筑系统集成指以搭建建筑主体内的建筑智能化管理系统为目的，利用综合布线技术、楼宇自控技术、通信技术、网络互联技术、多媒体应用技术、安全防范技术等将相关设备、软件进行集成设计、安装调试、界面定制开发和应用支持。智能建筑系统集成实施的子系统包括综合布线、楼宇自控、电话交换机、机房工程、监控系统、防盗报警、公共广播、门禁系统、楼宇对讲、一卡通、停车管理、消防系统、多媒体显示系统、远程会议系统。对于功能近似、统一管理的多幢住宅楼的智能建筑系统集成，又称智能小区系统集成。

安防系统集成指以搭建组织机构内的安全防范管理平台为目的，利用综合布线技术、通信技术、网络互联技术、多媒体应用技术、安全防范技术、网络安全技术等将相关设备、软件进行集成设计、安装调试、界面定制开发和应用支持。安防系统集成实施的子系统包括门禁系统、楼宇对讲系统、监控系统、防盗报警、一卡通、停车管理、消防系统、多媒体显示系统、远程会议系统。安防系统集成既可作为一个独立的系统集成项目，也可作为一个子系统包含在智能建筑系统集成中。

3) 应用集成的需要

应用系统集成(Application System Integration)，以系统的高度为客户需求提供应用的系统模式，以及实现该系统模式的具体技术解决方案和运作方案，即为用户提供一个全面的系统解决方案。应用系统集成已经深入用户具体业务和应用层面，在大多数场合，应用系统集成又称行业信息化解决方案集成。应用系统集成可以说是系统集成的高级阶段，独立的应用软件供应商将成为核心。

(1) 页面集成。在一些高校数字校园系统平台中，使用统一信息门户平台对高校已有应用软件进行页面集成，包括 3 个步骤：注册应用服务、配置集成页面地址与访问参数、配置页面访问权限。页面集成采用 Portlet 和 Iframe 等技术实现，能够集成采用 HTML、Java、C#、ASP、PHP 等语言开发的任何 Web 页面；对于需要验证访问者身份的页面，还需要认证集成。对于集成后的页面，既可通过统一信息门户平台访问，又可通过原有应用软件访问。

(2) 认证集成。在网络应用系统中使用统一身份认证平台对已有应用软件进行认证集成，包括 3 个步骤：开发身份认证集成接口、部署身份认证集成接口和注册身份认证服务。认证集成采用单点登录技术、基于 Web 服务协议实现，能够集成采用 Java、C#、ASP、PHP 等语言开发的任何应用软件。

对于集成后的应用软件，既可实现统一的访问入口和统一的身份认证，又可保留原有应用软件的用户管理、访问入口和认证方式，不影响原有应用软件的独立运行。

(3) 数据集成。应用软件系统中进行数据集成，包括 6 个步骤：确定信息标准、配置数据提供者和数据使用者、设置数据转换规则、设置数据交换计划、抽取数据、同步数据。数据集成采用标准的服务接口，依据信息标准，使用数据集成中间件实现，能够集成 Oracle、SQL Server、DB2、Sybase、MySQL 等关系数据库的数据，还能够集成 DBF 或 Excel 文件中的数据；可以通过 JDBC、ODBC、Web Service 接口等方式实现数据抽取与数据同步。数据集成后，既可实现应用软件之间的数据实时交换，又可通过中心数据库提供数据服务、实现数据共享。

(4) 业务集成。业务集成一般采用中间件对已有应用软件进行业务集成。业务集成依赖于认证集成与数据集成，包括 4 个步骤：定制业务流程、部署业务集成接口、同步用户权限，定制应用服务。业务集成采用面向服务架构(SOA)与 Web Service 等技术实现，能够集成已有应用软件提供的各种应用服务，去除重复功能，实现松散耦合，优化业务流程。业务集成后，既可实现应用软件之间的功能共享与流程统一，又可为用户提供更加丰富的应用服务。

　　系统集成还包括构建各种 Windows 和 Linux 的服务器，使各服务器间可以有效地通信，给客户提供高效的访问速度。

2.2　网络系统集成概述

　　设计人员分析用户的需求，依据计算机网络系统集成的 3 个层面进行方案设计，所设计的方案由专家和客户进行论证，然后对设计方案进行修正，方案论证通过后得到解决方案，依据解决方案进行工程施工，施工完成后进行验收，如果验收过程中发现错误，则再纠正错误给出解决方案，再实施，直到测试通过。最后为保证系统可靠、安全、高效地运行，对系统进行维护和必要的服务。

　　网络系统集成的实施过程如图 2.10 所示。

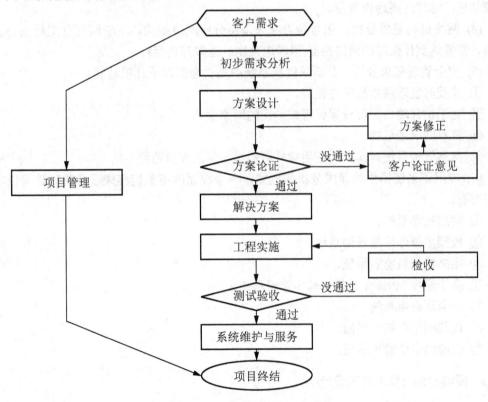

图 2.10　系统集成的实施过程

　　网络系统集成实施的具体内容按照每个项目的要求不同而不同，一般包括以下几个方面。

2.2.1　客户需求分析

　　网络系统集成工作的实施首先从用户的需求分析开始，找出"需"与"求"的关系，

从当前业务中找出最需要重视的方面，从现有的网络中找出需要改进的地方，满足客户提出的合理要求。客户需求分析主要包括网络需求调查和需求分析两部分工作。网络需求调查的方法一般有用户访谈、实地考察、问卷及调查、向同行咨询、建立原型以得到潜在用户的反馈等方式、方法。网络需求调查的内容包含业务需求、用户需求、应用需求、计算机平台需求等方面，主要包括以下几个方面。

(1) 网络应用需求：包括用户各种应用的需求。例如，政府网络的需求分析中必定会考虑办公自动化的应用方面，校园网络系统的需求分析中必定会考虑多媒体教学的应用方面。

(2) 网络管理需求：包括虚拟网的划分、虚拟网管理、设备及端口管理、网络检测等方面的网络系统管理的需求。

(3) 网络安全需求：网络安全的保障是网络系统集成非常重要的部分，可以采取各种不同的安全解决方案来设计。

① 划分内部网和外部网。

② 内部网的各个子网之间的互访可以控制，杜绝非授权的访问。

③ 校园主干网广域网能够与 Internet、CERNET 及 ChinaNET 连接，与国内各个单位交流信息；能够开展远程教育。

(4) 网络结构需求分析：包含是否考虑采用分级网络结构，主干网与分支结点会怎么分布，需要达到什么样的网络性能(可考虑带宽、速率等指标)。

(5) 安全管理需求分析：分析该网络系统中是否需要以下几项功能。

① 能及时发现网络故障并报警。

② 对于访问端口，可设置许可或禁止的网络服务。

③ 具有防火墙机制。

④ 网络管理系统对其上的应用软件应通过一定的安全监测。

(6) 应用子系统模块的需求分析。例如，一个校园网络系统集成项目的设计可以考虑以下方面。

① 网络教学系统。

② 校园多媒体信息查询系统。

③ 图书馆资料检索系统。

④ 基于学校 Intranet 的教务基本管理系统。

⑤ 一卡通应用系统。

⑥ 校园网用户统一界面。

⑦ 校园网安全管理系统。

2.2.2　网络规划与技术方案设计

1. 网络规划与设计

网络规划与设计应遵循先进性、实用性、可扩充性、可维护性、可靠性、安全保密、经济性的原则。网络技术方案的设计，需要确定网络主干和分支采用的网络技术、传输介质和拓扑结构、协议类型及网络资源配置和接入外网的方案等。网络规划与设计的过程一般包括以下内容。

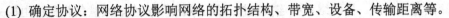

(1) 确定协议：网络协议影响网络的拓扑结构、带宽、设备、传输距离等。

① 确定数据链路层协议：带宽、距离、费用、新技术。

② 确定传输层和网络层协议：TCP/IP、IPX/SPX、NetBEUI。

(2) 确定网络拓扑结构：分析原有系统的拓扑结构，自上而下、先整体后部分设计。

(3) 确定网络类型。

(4) 确定服务器位置。

(5) 确定连接介质：电缆、光缆。

(6) 确定结点：集线器、交换机、路由器等结点设备。

(7) 确定网络的性能：吞吐量、响应时间、资源的可利用度等。

(8) 确定可靠性措施：冗余线路、冗余接口、冗余通路、备用设备、设备保护、子网分离等。

(9) 确定安全性措施与系统容错设计。

(10) 选择网络的相关设备(选型设计)，包含网络安全设备选型及服务器设备选型等。

(11) 确定机房工程设计。

2. 逻辑网络设计

逻辑网络设计是根据用户网络需求中描述的网络行为、性能等要求，选择选定的技术，形成特定的网络结构，大致描述了网络设备的互连及分布，不确定具体的物理位置和运行环境。

1) 逻辑网络设计的主要步骤

(1) 确定逻辑设计目标：合适的应用运行环境、成熟的技术选型、合理的网络结构、合适的运营成本、可扩充性、易用性、可管理性、安全性。

(2) 网络服务评价：网络管理服务和网络安全服务。

(3) 技术选项评价：考虑通信带宽、技术成熟性、连接服务类型、可扩充性、高投资产出等因素。

(4) 进行技术决策：为所设计的网络系统确定技术路线方案。

2) 逻辑网络设计的具体工作内容

(1) 网络结构的设计。网络结构是对网络进行逻辑抽象，描述网络中主要连接设备和网络计算机结点分布而形成的网络主体框架。它与网络拓扑结构的区别是：只有点(网络设备和结点)和线(网络线路和链路)，不会出现任何设备和结点。

在逻辑网络设计中，为了降低网络成本，便于理解和识别，以及对后期的网络改变和调整等，通常会将网络设计模型层次化、模块化。其中典型的层次结构就是"三层网络设计模型"，即包括核心层、汇聚层、接入层 3 个层次。

① 核心层主要功能：提供不同区域或者下层的高速连接和最优传送路径，通常由高端路由器和核心交换机组成，其设计要点如下。

● 冗余组件设计。

● 避免使用数据包过滤、策略路由。

● 具有有限的和一致的覆盖范围。

● 一条或多条到外部网络的连接。

② 汇聚层主要功能：将网络业务连接到接入层，实施与安全、流量负载和路由相关的策略，通常由用于实现策略的路由器和交换机组成，其设计要点如下。

- 尽量将出于安全性原因对资源访问的控制、出于性能原因对通过核心层流量的控制等放在本层实施。
- 向核心层隐藏接入层的详细信息。
- 路由汇聚。
- 完成各种协议的转换。

③ 接入层主要功能：为局域网接入广域网或者终端用户访问网络提供接入，通常由用于连接用户的低端交换机组成，其设计要点如下。

- 提供在本地网段访问应用系统的能力，解决相邻用户之间的互访需要，并提供足够带宽。
- 适当负责一些用户管理功能，如地址认证、用户认证、计费管理等。
- 用户信息收集工作，如 IP 地址、MAC 地址、访问日志等。

④ 层次化设计原则如下。

- 尽量控制层次化的层次，大多数情况只需核心层、汇聚层和接入层 3 个主要层次。
- 在接入层保持对网络结构的严格控制。
- 不允许随意加入额外连接。
- 首先设计接入层，根据流量负载、流量和行为的分析，对上层进行更精细的容量规划，再依次完成各上层的设计。

接入层的以外层次，应尽量采用模块化方式，每个层次由多个模块或者设备集合构成，各模块间的边界应非常清晰。

(2) 物理层的技术选择与设计。物理层的技术选择与设计应该考虑可扩展性和可伸缩性、可靠性、可用性和可恢复性、安全性(屏蔽与非屏蔽性，有线与无线)。

(3) 局域网技术选择与应用。

① 生成树协议：STP 协议、IEEE 802.1D。

② 扩展生成树协议：RSTP 协议、IEEE 802.1W。

③ 虚拟局域网(Virtual Local Area Network，VLAN)技术：用来划分方法、方案、跨设备互连、实现虚拟局域网间路由。

④ 无线局域网：定位 AP 实现最大覆盖率、虚拟局域网设计、冗余无线接入点、网络 SSID。

⑤ 线路冗余和负载分担：备份方式和负载分担方式。

⑥ 交换机设备应用：链路聚合、冗余网关[虚拟路由器冗余协议(Virtual Router Redundancy Protocol，VRRP)、热备份路由器协议(Hot Standby Router Protocol，HSRP)、网关负载均衡协议(Gateway Load Balancing Protocol，GLBP)]、以太网供电(Power Over Ethernet，POE)、多业务模块。

⑦ 服务器冗余和负载均衡：负载均衡服务器、网络地址转换(Network Address Translation，NAT)、DNS、高可用技术 HA。

　　(4) 广域网技术选择与应用。

　　① 城域网远程接入技术。

　　② 传统的 PSTN 接入技术。

　　③ 综合业务数字网(Integrated Services Digital Network ， ISDN)。

　　④ 电缆调制解调器远程接入。

　　⑤ 数字用户线路远程接入技术。

　　(5) IP 地址设计和命名模型。分配网络层地址，使用结构化网络层编址原则，并确定编址的分布授权是集中授权还是分布授权。

　　① 通过中心授权机构管理地址。

　　② 是否需要公有地址和私有地址。

　　③ 只需要访问专用网络的主机分布。

　　④ 需要访问公网的主机分布。

　　⑤ 私有地址和公有地址如何转换。

　　⑥ 私有地址和公有地址的边界。

　　(6) IP 路由设计。

　　(7) 网络管理设计。

　　(8) 网络安全设计。

　　(9) 逻辑网络设计文档。编写逻辑网络设计文档前，需收集需求说明书、通信规范说明书、设备说明书、设备手册、设备售价、网络标准及其他相关信息等资料、准备数据。找出逻辑网络设计文档的主要元素。

　　① 主管人员评价：主管人员对项目进行概述。

　　② 逻辑网络设计讨论：着眼于通信规范中的设计目标，并给出每个目标实现的技术方案。

　　③ 新的逻辑设计图表：清晰地表示新网络与现有网络的区别。

　　④ 总成本估测：考虑一次性成本和需要重复支出的成本，新的培训成本、咨询服务费用及雇用新员工等在内的成本。预算超支时，列出方案优点，提出符合预算的替代方案；不超出预算时，不用缩减预算，但提醒管理者控制成本。

　　⑤ 审批部分：在物理设计阶段开始前，逻辑设计方案须经高层人员审批。各个管理者在逻辑设计文档说明书上签名，网络设计组代表签名。

　　⑥ 修改逻辑网络设计方案：保存每次修改的备份和后继版本号。

　　3. 物理网络设计

　　物理网络设计的前提条件是需求说明书、通信规范说明书、逻辑网络设计说明书都存在。本阶段的主要任务是为所设计的逻辑网络设计特定的物理环境平台。物理化过程包括综合布线系统设计、网络设备选型和物理网络设计文档。

　　(1) 综合布线系统设计。现代网络系统设计与施工管理中，一般需要采用结构化综合布线系统(Premises Distribution System，PDS)。如图 2.11 所示，综合布线系统设计包含以下子系统的设计。

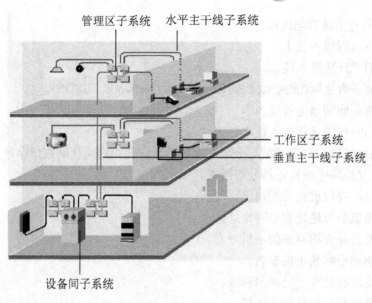

图 2.11 综合布线系统结构

① 垂直主干线子系统布线设计。

② 水平主干线子系统布线设计。

③ 工作区子系统布线设计。

④ 设备间子系统设计。

⑤布线产品选择。

⑥ 供电、防雷和接地保护系统建设。

(2) 网络设备选型。

① 产品技术指标。

② 成本因素。

③ 原有设备的兼容性。

④ 产品的延续性。

⑤ 设备可管理性。

⑥ 厂商的技术支持。

⑦ 产品的备品备件库。

⑧ 综合满意度分析。

(3) 物理网络设计文档。物理网络设计文档的作用在于说明在什么样的特定物理位置实现逻辑网络设计方案中的相应内容，怎样有逻辑、有步骤地实现每一步的设计。主要文档内容如下。

① 主管人员评价：简要描述项目，列出设计过程中各个阶段的内容、项目各个阶段目前的状态(已完成和正在进行的)。

② 物理网络设计图表：线缆类型、布放位置、设备类型、安装位置及连接方式。

③ 注释和说明：具体说明设备连接的方式和安装的位置。

④ 软硬件清单：新的工具和零件、现有设备、未应用的设备。

⑤ 最终费用估计。

⑥ 审批部分：物理设计方案实施前，须经高层人员审批，各个主管人员及网络设计组代表在物理设计文档说明书上签字。

⑦ 物理网络设计的修改。

2.2.3　网络工程实施

1. 网络设备的安装、配置与调试

网络设备包括网络连接设备、服务器、用户终端。网络设备的安装、配置与调试内容多，专业性、技术性非常强，工作量比较大。局域网的硬件设备安装时，应注意以下方面。

(1) 阅读设备手册和设备安装说明书。

(2) 设备开箱要按装箱单进行清点。

(3) 逐一接好电缆。

(4) 将逐台设备分别进行加电，做好自检。

(5) 将逐台设备分别连到网络或服务器上，进行联机检查。

(6) 安装系统软件，进行主系统的联调工作。

(7) 安装各工作站软件，使各工作站可正常上网工作。

网络设备安装完成后，还要对其进行相应的设置。

(1) 交换机的连接及配置。

① 设置设备名称。

② 访问口令。

③ 分配设备的 IP 地址。

④ 设置默认网关。

⑤ 虚拟局域网的划分命名。

⑥ 端口配置到相应的虚拟局域网。

⑦ 设置快速以太通道。

⑧ 配置生成树协议。

⑨ 配置虚拟局域网之间的通信。

⑩ 网络管理配置，主要是将交换机的管理信息送到网络管理工作站。

⑪ 路由功能设置。

⑫ 备份与恢复运行配置。

(2) 路由器的配置。

① 定义路由器机器名。

② 设置特权模式密码。

③ 配置局域网端口(以太网端口)。

④ 配置广域网端口(同步端口)。

⑤ 配置路由协议。

⑥ 配置默认路由。

⑦ 保存配置。

(3) 防火墙的连接与配置。

为了保护内部网段中提供 Internet 业务的服务器的安全,在防火墙上为它们配置了网络地址转换和安全访问规则。

① 定义防火墙名。

② 设置密码。

③ 定义端口,指定端口的安全级别,配置防火墙内、外部网卡的 IP 地址。

④ 定义时钟。

⑤ 地址转换。

⑥ 配置访问规则。

⑦ 管理员对防火墙的远程管理。

⑧ 配置保存。

(4) 其他联调与配置管理,如内部网络用户访问 Internet 设置、网络防病毒管理等。

2. 网络系统集成配套工程实施

在网络设备进场的安装调试之前或之中,为了保证网络设备的安置环境良好,一般还需要建设网络工程配套项目,包括各个楼层、各个房间的局域网的综合布线系统施工建设,还有防火系统、供电系统、空调系统、通风系统、照明系统、机房环境的建设。

综合布线系统施工中,综合布线系统设计规范中强调管理,要求对设备间、管理间和工作间的配线设备、线缆、信息插座等设施,按照一定的模式进行标示和记录。TIA/EIA-606 标准对布线系统各个组成部分的标示管理做了具体要求。布线系统中有 5 个部分需要标示:线缆(电信介质)、通道(走线槽/管)、空间(设备间)、端接硬件(电信介质终端)和接地。

配套工程实施需要明确网络工程的要求和方法。施工负责人和技术人员要熟悉网络施工要求、施工方法、材料使用,并能向施工人员说明网络施工要求、施工方法、材料使用,而且要经常在施工现场指挥施工,检查质量,随时解决现场施工人员提出的问题。掌握网络工程的相关环境资料,尽量掌握网络施工场所的环境资料,根据环境资料提出保证网络可靠性的防护措施。

3. 网络工程项目的设计/施工依据及注意事项

1) 网络工程项目的设计/施工依据

(1) 设计单位提供甲方认可的施工图纸。

(2) 甲方要求变更的其他往来文件。

(3) 需要遵循的相关标准规范(按优先级排列如下)。

① 国际标准、规范。

② 国家标准、规范。

③ 部颁标准、规范。

④ 行业标准、规范。

⑤ 地方标准、规范。

⑥ 制造商使用的标准、规范。

2) 网络工程项目的施工注意事项

① 施工现场督导人员。

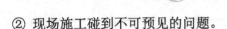

② 现场施工碰到不可预见的问题。

③ 工程单位计划不周。

④ 新增加的网络需求与工程任务。

⑤ 阶段检查验收，确保工程质量。

⑥ 制定工程进度表。

2.2.4 软件系统平台配置与应用软件开发

确定网络基础应用平台方案，网络操作系统、数据库系统、基础服务系统的安装配置。以根据用户要求做应用软件，外购市场中已有产品或已进行开发设计，这需要根据系统集成商情况和用户的要求而定。

2.2.5 网络系统测试及使用培训

网络系统测试是设备和软件系统都安装配置完成后，进行网络设备测试、综合布线系统测试、软件应用系统测试和网络运行测试。网络系统所有单元测试和整体测试都成功后，可以准备交付给用户使用前，还需为用户做网络应用和技术培训。这是一个使用户熟悉系统，进而能够掌握、管理、维护系统的过程，需要为用户不同部门的人员提供不同内容和方式的培训。

2.2.6 网络工程验收

这是网络实施过程的最后步骤，产生各类技术文档，协助用户验收鉴定等。

(1) 开工报告。

(2) 综合布线工程图。

(3) 物理网络拓扑图。

(4) 机柜设置安装图。

(5) 施工过程报告。

(6) 网络设备的主要配置清单。

(7) 测试报告。

(8) 使用报告。

(9) 工程验收所需的验收报告。

(10) 其他。

2.3 网络系统集成的体系框架

由于计算机网络集成不仅涉及技术问题，而且还涉及企事业单位的管理问题，因此比较复杂，特别是大型网络系统。从技术上说，因为会涉及很多不同的厂商、不同标准的计算机设备、协议和软件，也会涉及异质和异构网络的互联问题。从管理上来说，不同的单位有不同的实际需求，管理思想也千差万别。所以，计算机网络设计者一定要建立起计算机网络系统集成的体系框架。本节将从系统工程的角度，提出系统集成的体系结构，并对其各组成部分做简单描述。图2.12给出了计算机网络系统集成的一般体系框架。

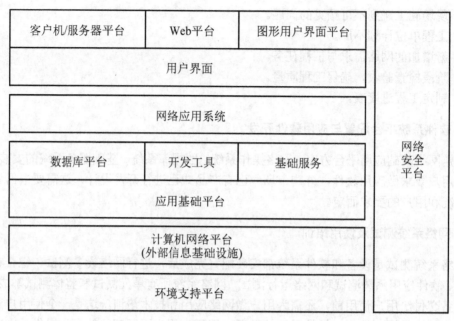

图 2.12 计算机网络系统集成的一般体系框架

2.3.1 环境支持平台

1．机房

机房包括位于网络管理中心或信息中心用以放置网络核心的交换机、路由器、服务器等网络要害设备的场所，还有各建筑物内放置交换机和布线基础设施的设备间、配线间等场所。机房和设备间对温度、湿度、静电、电磁干扰、光线等要求较高，在网络布线施工前要先对机房进行设计、施工和装修。

2．电源

电源为网络关键设备提供电力供应，一个良好的电源系统是网络可靠运行的保证。理想的电源系统是不间断电源(Uninterruptible Power System，UPS)，它有 3 项主要功能，即稳压、备用供电和智能电源管理。有些单位供电电压长期不稳，对网络通信和服务器设备的安全和寿命造成严重威胁，并会损害宝贵的业务数据，因此必须配备稳压电源或带整流器和逆变器的 UPS 电源。

2.3.2 计算机网络平台

1．网络传输基础设施

网络传输基础设施是指以网络为目的铺设的信息通道。根据距离、带宽、电磁环境和地理形态的要求，其可以是室内综合布线系统、建筑群综合布线系统、城域网主干光缆系统、广域网传输线路系统、微波传输和卫星传输系统等。

2．网络通信设备

网络通信设备是指通过网络基础设施连接网络结点的各类设备。它包括网卡、集线器、

交换机、网络机柜、转换器、切换器、无线网卡、调制解调器、路由器等。

3．网络服务器硬件和操作系统

服务器是组织网络共享核心资源的宿主设备。网络操作系统则是网络资源的管理者和调度员。二者是构成网络基础应用平台的基础。

4．网络协议

网络协议是用来描述进程之间信息交换数据时的规则术语。在计算机网络中，两个相互通信的实体处在不同的地理位置，其上的两个进程相互通信，需要通过交换信息来协调它们的动作达到同步，而信息的交换必须按照预先共同约定好的规则进行。网络协议使网络上各种设备能够相互交换信息。常见的协议有 TCP/IP 协议、IPX/SPX 协议、NetBEUI 协议等。

5．外部信息基础设施的互联和互通

目前，互联互通已成为建网的出发点之一。几乎所有的网络系统集成项目都会遇到内联(Intranet)和外联(Extranet)的问题。

2.3.3　应用基础平台

1．数据库平台

数据库系统(Database Systems)是由数据库及其管理软件组成的系统。它是为适应数据处理的需要而发展起来的一种较为理想的数据处理的核心机构。它是一个实际可运行的存储、维护和应用系统提供数据的软件系统，是存储介质、处理对象和管理系统的集合体。可以说，"哪里有网络，哪里就有数据库"。目前流行的数据库系统有 Oracle、MySQL、SQL Server、DB2 等。根据网络不同的适用范围需要选择合适的数据库。

2．Internet/Intranet 基础服务

从网络通信技术的角度看，Internet 是以 TCP/IP 网络协议连接各个国家、各个地区及各个机构的计算机网络的数据通信网；从信息资源的角度看，Internet 是集各个部门、各个领域的各种信息资源为一体，供网上用户共享的信息资源网。Intranet 是 Internet 技术应用于企业内部的信息管理和交换平台。Intranet 又称内联网、企业内部网或企业内联网，是利用 Internet 各项技术建立起来的企业内部信息网络。Internet 能够提供电子邮件、WWW、FTP、BBS、Netnews、信息查询等服务。

3．网络管理平台

网络管理平台根据所采用网络设备的品牌和型号的不同而不同。但大多数都支持简单网络管理协议(Simple Network Management Protocol，SNMP)，建立在 HP OpenView 网络管理平台基础上。为了网络管理平台的统一管理，习惯上大家都在组建一个网络时尽量使用同一家网络厂商的产品。

4．开发工具

开发工具是指为建造具体网络应用系统所采用的软件通用开发工具，主要有数据库开发工具、Web 平台应用开发工具、标准开发工具。

2.3.4 网络应用系统

网络应用系统是指以网络基础应用平台为基础，为满足建网单位要求，由系统集成商为建网单位开发，或由建网单位自行开发的通用或专用系统，如财务管理系统、ERP-II 系统、项目管理系统、远程教学系统、股票交易系统、电子商务系统、CAD/CAM 系统和视频点播(Video On Demand，VOD)系统等。

网络应用系统的建立，表明网络应用已进入成熟阶段。

2.3.5 用户界面

在网络中，基础服务程序和网络应用系统程序一般都处于服务器端。用户端的操作界面有 3 种情况：C/S 平台界面、Web 平台界面、图形用户界面(Graphical User Interface，GUI)。

2.3.6 网络安全平台

网络安全贯穿系统集成体系架构的各个层次，网络安全的主要内容是防止信息泄漏和黑客入侵。主要措施有：通过用户身份认证来授予其对资源的访问权；使用防火墙技术，分割内外网，使用包过滤技术，跟踪和隔离有不良企图者；使用信道或数据加密传输技术来传送主要信息；实施内外网物理隔离。

2.4 网络工程项目管理

任何工程技术项目的实施都离不开管理。系统集成是一种占用资金较多、工程周期较长的经营行为，尤其离不开优秀的管理。本节将介绍如何实施网络工程全过程的项目管理，以及如何应对网络工程验收与测试。

2.4.1 网络工程概述

广义的网络工程：一门研究网络系统的规划、分析、设计、开发、实现、应用、测评、维护、管理等的综合性工程科学，涉及系统论、控制论、管理学、计算机技术、网络技术、通信技术、数据库技术和软件工程等领域。

狭义的网络工程：从整体出发，合理规划、设计、实施和运用计算机网络的工程技术。根据网络组建需求与目标，综合应用计算机科学和管理科学中有关的思想、理论和方法，对网络系统结构、要素、功能和应用等进行分析，以达到最优规划、最优设计、最优实施和最优管理的目的。

2.4.2 网络工程项目管理基础

1. 项目、项目管理和项目生产周期的基本概念

美国项目管理协会(Project Management Institute，PMI)定义：项目指在一定的资源约束下完成既定目标的一次性任务(一定的资源约束、一定的目标和一次性任务)。项目是为创建某一独特产品、服务或成果而临时进行的一次性努力或工作。

在工程技术领域，项目具有临时性、独特性、目标导向性、渐进明细的特点。一般而言，项目的管理目标包括成果性(管理性)目标和约束性目标。成果性(管理性)目标是指在预算范围内按时提交满足要求的产品、服务或成果。约束性目标是指完成项目成果性目标需要的时间、成本及要求满足的质量。

项目管理：在确定的时间范围内，为完成一个既定的目标，并通过特殊形式的临时性组织运行机制和有效的计划、组织、领导与控制，充分利用既定有限资源的一种系统管理方法。项目管理通过综合运用知识、技能、工具和方法来组织、计划、实施并监控项目活动，使之满足项目需要。项目管理既是管理科学，也是管理艺术，项目管理涉及较广的知识范围。

(1) 核心知识域：整体管理、范围管理、进度管理、成本管理、质量管理、信息安全管理等。

(2) 保障域：人力资源管理、合同管理、采购管理、风险管理、信息(文档)与配置管理、知识产权管理、法律法规标准规范和职业道德等。

(3) 伴随域：变更管理和沟通管理等。

(4) 过程域：科研与立项、启动、计划、实施、监控、收尾等。

项目生命周期：定义了从项目开始直到结束的项目管理阶段。在网络工程项目管理定义项目生命周期各阶段，有利于进行计划和对项目进行控制。在各阶段定义和描述项目的检查点和项目不同时段的主要焦点，便于阶段点评审，确保前一阶段的正确性和完整性，为开展下一阶段的工作做好准备。项目管理知识体系(Project Management Body of Knowledge，PMBOK)是美国项目管理协会对项目管理所需的知识、技能和工具进行的概括性描述。其定义的项目管理过程，包含启动、计划、执行、监控、收尾 5 个管理过程组和44 个管理过程，如表 2-1 所示。

表 2-1　PMBOK 五大管理过程组

	PMBOK 2004	启动(2)	计划(21)	执行(7)	监控(12)	收尾(2)
九大知识领域	整体管理(7)	制定项目章程，制定项目初步范围说明书	制订项目管理计划	指导与管理项目执行	监控项目工作、整体变更控制	项目收尾
	范围管理(5)		范围规划、范围定义、制作工作分解结构		范围核实、范围控制	
	时间管理(6)		活动定义、活动排序、活动资源估算、活动持续时间估算、制定进度表		进度控制	
	费用管理(3)		费用估算、费用预算		费用控制	
	质量管理(3)		质量规划	实施质量保证	实施质量控制	
	人力资源管理(4)		人力资源规划	项目团队组建、项目团队建设	项目团队管理	

续表

	PMBOK 2004	启动(2)	计划(21)	执行(7)	监控(12)	收尾(2)
九大知识领域	沟通管理(4)		沟通规划	信息发布	绩效报告、利害关系者管理	
	风险管理(6)		风险管理计划、风险识别、定性风险分析、定量风险分析、风险应对规划		风险监控	
	采购管理(6)		采购规划、发包规划	询价、卖方选择	合同管理	合同收尾

2. 网络工程项目管理的基本概念

网络工程项目：在一定的进度和费用约束下，为实现既定的建网任务并达到一定质量要求，所进行的一次性任务。

网络工程项目管理：按照项目管理的思想和过程要求，采用系统集成方法，建设一个满足一定质量要求的计算机网络系统的过程。即项目经理在有限的资源约束下，运用系统观点、方法和技术，对网络项目的全过程，进行计划、组织、指挥、协调、控制和评价，实现项目的目标。

网络工程项目管理比其他工程项目管理更复杂，它由多种业务组成，需要运用多种学科的知识和技术来解决问题，管理过程中还需要创造性，如优化组合网络系统的性能，突出"实用、好用、够用"。网络工程项目管理实行项目经理负责制，把一项时间有限和资金预算有限的工程委托给项目经理或负责人，其有权独立地对网络项目进行计划、资源分配、协调和控制。网络工程项目管理需要在一定的进度和成本约束下，实现既定的目标并达到一定的质量要求。所以一般来讲，目标(任务多、质量好)、成本、进度三者互相制约，其关系如图 2.13 所示。

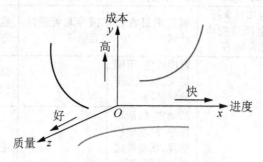

图 2.13　目标、成本、进度三者的关系

2.4.3　网络工程项目管理的主要内容

网络工程师一项投资较大的计算机网络工程，无论是一个大型系统，还是一个中小型的工程，甚至是一项工作量很小的工作包，都可以作为一个完整的项目来进行管理。作为一个项目，都会在范围、时间、成本、质量、人力资源、沟通、风险、采购等不同方面进

行约束，有的约束在项目开始阶段重要性比较高，有的约束在项目完成验收阶段的重要性比较高，有的约束则贯穿项目各阶段，它们不断循环、相互制约，为能够更好地完成项目提供更为全面的保障。网络工程项目管理的工作任务分解如图 2.14 所示。

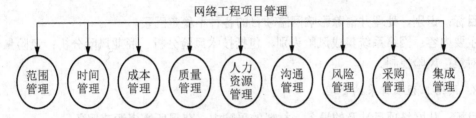

图 2.14　网络工程项目管理的工作任务分解

1．网络工程项目范围管理

目标：实现网络工程项目的目标，对网络项目的工作内容进行控制。

主要内容：界定(定义)网络范围；网络范围规划；网络范围调整等。

2．网络工程项目时间管理

目标：确保网络项目最终按时完成。

主要内容：具体网络系统集成活动界定；网络系统集成活动排序；网络系统集成时间估计；网络系统集成安排及时间控制。

其中，网络工程项目进度时间表应包括如下几项内容。

(1) 网络系统集成各项工作内容及其时间安排。

(2) 月度和年度工作内容及其时间安排。

(3) 网络系统集成工作人员的工作内容及其时间安排。

(4) 网络系统集成工作人员讨论交流会时间安排。

3．网络工程项目成本管理

目标：保证完成网络项目的实际成本和费用不超过预算成本和费用。

主要内容：网络资源的配置；网络软/硬件成本；系统集成费用预算及费用控制。

4．网络工程项目质量管理

目标：确保网络项目达到行业标准和合同书中所规定的质量要求。

主要内容：网络系统集成质量规划；网络系统集成质量控制；网络系统集成质量保证。

5．网络工程项目人力资源管理

目标：保证所有与网络系统集成项目有关人员的能力和积极性都能得到最有效地发挥和利用。

主要内容：网络系统集成组织的规划；团队的组建、人员的选聘；网络项目班子的组建。

6．网络工程项目沟通管理

目标：确保网络项目信息的合理收集和传输。

主要内容：网络需求分析沟通；网络工程方案设计与论证沟通；网络系统集成施工沟通；网络系统集成信息传输和工程进度报告。

7. 网络工程项目风险管理

目标：识别、处理并消除影响网络项目的各种不稳定因素。

主要内容：网络系统集成风险识别，包括技术风险分析、商业风险分析；风险量化；制定对策；风险控制。

8. 网络工程项目采购管理

目标：从网络项目涉及的设备、材料的采购中，获得所需资源或服务。

主要内容：网络设备和软件系统的采购计划；网络资源的选择；合同管理。

9. 网络工程项目集成管理(整体、综合管理)

目标：确保网络项目各项工作能够有机地协调和配合。

主要内容：网络项目集成计划的制订；网络项目集成计划的实施；网络项目变动的总体控制。

2.4.4 网络工程项目的质量管理

网络工程项目质量管理是为保证网络系统集成质量所进行的调查、计划、实施、协调、控制、检查、处理、信息反馈等活动的总称。网络项目总体目标：网络功能多、项目进度快、项目质量好和节省项目成本。按照 ISO 9001 质量管理标准对网络工程项目进行实施，是实现多、快、好、省协调一致的法宝。国际标准化组织 ISO 负责制定全世界产品、技术及管理等方面的国际标准。

1. 网络工程项目质量控制方法

网络工程项目质量控制方法有很多，可以根据实际实施的网络工程采取不同的控制管理方法，如下所示。

(1) 工程化方法：探索复杂系统开发过程的程序、网络系统集成工具作用的规程。

(2) 阶段性冻结与改动控制。

(3) 里程碑式审查与版本控制。

(4) 面向用户参与的原型演化。

(5) 强化项目管理，引入外部监理与审计。

(6) 全面测试：对系统调查、系统分析、系统设计、系统实现和文档进行全面测试。

2. 网络工程项目的成本控制及效益测算

网络工程项目质量管理，还需要在合理测算的基础上严格控制成本。

测算方法：根据待建的网络基础设施和网络信息系统的成本特征，以及当前能够获得的有关数据和情况，运用定量和定性分析方法，对网络项目生命周期各阶段的成本水平和变动趋势做出尽可能科学的预测，对网络项目的时间进度做出尽可能准确的估计。

网络成本测算：建立在以往项目成本数据分析的基础上，考虑市场及网络组建环境因素，分别进行硬件、材料、软件及开发、工程人力与时间等方面的各项成本的测算。

3. 网络工程项目时间估算

(1) 制定网络项目进度时间表,包括:网络系统集成各项工作内容及其时间安排;月度和年度工作内容及其时间安排;网络系统集成工作人员的工作内容及其时间安排;网络系统集成工作人员讨论交流会时间安排。

(2) 考虑活动时间的影响因素,包括:参与人员的熟练程度;突发事件;工作效率;误解和错误。

(3) 计算有效工作时间:需要考虑到真正有效的工作时间和自然流逝的时间之间的差异,工作时间长短影响效率。

① 活动时间估算方法:经验类比、历史数据、专家意见。

② 时间估算的作用:可在此基础上进行工作计划的制订与控制,并给各种活动分配相应的资源(人力和物力),此外还要考虑项目成本。

③ 绘制网络工程项目进度图表。

4. 网络工程项目成本效益与风险分析

1) 成本效益分析

成本效益分析的目的:帮助网络设计和实施人员、企业决策者从经济角度分析建立一个企业网络是否合算。其主要估算系统集成项目实施、能够给用户和集成商产生的经济利益。

2) 分析方法

(1) 成本估计:估算企业安装网络所需的直接费用,包括购买网络软、硬件产品的费用、网络设计和开发的费用。

(2) 估计网络运行费用:包括网络运行、技术支持、维护和管理等费用。

(3) 估计网络将来带来的经济效率:投资者最关心。其计算方法如下。

因使用企业网而增加的营业收入+使用企业网可以节省的业务处理费=企业网带来的经济效益

3) 网络风险分析

(1) 技术风险分析:分析网络系统外在的危险,估计这些危险的严重性;然后计算网络服务失效带来的损失,以便网络设计者在网络设计阶段考虑预防和补救措施。

(2) 商业风险分析:商业风险分析比技术风险分析复杂。如果一个企业使用网络反而降低了企业的生产力或生产效率,那么这个企业网络就是不成功的。

2.4.5　网络工程项目的招投标

1. 招标与投标

(1) 网络工程通常涉及大量资金,《中华人民共和国招标投标法》规定,用户方寻找集成商要通过招标方式(公开招标或邀请招标),而集成商寻找用户方要通过投标方式。

(2) 对于大型网络系统,招投标过程可分为如下两步:①为用户方招总包单位(代表用户方对本网络系统全面负责);②总包单位单独或与用户方联合招分包单位。

2. 招投标程序

(1) 编制招标文件：投标须知、专门规定、技术规格及要求等。

(2) 公开招标时发布招标公告，邀请招标时，向 3 个以上具备承担招标项目的能力、资信良好的法人或其他组织发出投票邀请标书。

(3) 投标人购买标书。

(4) 投标人与用户方交流，进行需求分析、现场勘察，设计初步的技术方案，撰写投标方案书。

(5) 投标人投标：投标人根据招标公告要求递交投标方案书。

(6) 开标、评标：招标方组织投标的系统集成商进行述标，并回答专家组提出的问题。

(7) 确定中标人。

(8) 签订合同：与用户方关于价格、培训、服务、维护期及付款方式等进行商务洽谈，最终达成一致后签订合同。

2.4.6 网络工程项目监理

网络工程项目监理：在网络建设过程中，给用户提供建设前期咨询、网络方案论证、系统集成商的确定、网络质量控制等一系列的服务，帮助用户建设一个性价比最优的网络系统。

网络工程项目监理人员组成一般有总监理工程师、监理工程师、监理人员。主要内容是帮助用户做好需求分析，帮助用户选择系统集成商，帮助用户控制工程进度，严把工程质量关，帮助用户做好各项测试等工作。最重要的内容是"三控、三管、一协调"，即"质量控制、进度控制、投资控制"，"合同管理、信息管理、安全与知识产权管理"和"组织协调"。

 **本章小结**

本章主要介绍了网络系统集成的概念、内容、方法和业务流程，并描述了网络系统集成的体系框架，随后对如何实施网络工程项目全过程的项目管理进行了简要说明。

网络系统集成基础一节介绍了网络、系统、系统集成、网络系统集成与工程管理的相关概念；网络系统集成的工作内容一节介绍了网络系统集成的具体内容，从客户需求分析开始，分别介绍了方案设计、产品选型、项目工程实施、软件开发网络系统调试、使用培训与工程验收；网络系统集成的体系框架一节介绍了网络系统集成自下而上的几个层面：环境支持平台、计算机网络平台、应用基础平台、网络应用平台；网络工程项目管理一节介绍了网络工程项目管理的一些基本概念、网络工程项目管理的主要内容、质量管理和招投标。

 习题

1．什么是网络系统集成？计算机网络系统集成的功能是什么？

2．简述网络系统集成的步骤。

3．网络系统集成的应用基础平台包括哪些内容？

4．网络系统集成所使用的主要技术有哪些？网络系统集成实际上是可以归纳为哪 3 个层上的集成？

5．试了解工业与信息化部对网络系统集成项目管理的要求。

6．阅读以下关于项目团队建设的论述，并回答问题。

马先生是 XYZ 信息系统集成公司的项目经理，负责一电子政务项目的管理。刘先生是甲方负责该项目的项目经理。一次，马先生邀请刘先生出去吃饭，同行的还有双方的部分团队成员。几杯酒过后，马先生团队有两名成员就项目的技术架构开始争论，进而抱怨项目的激励政策，最后开始攻击 XYZ 公司，指出其人力资源管理方面的诸多问题。马先生感到非常没面子，认为在外人面前贬低团队和公司是一种非常恶劣的行为。事后，这两名队员打电话给刘先生，声称他们负责的模块含有"逻辑炸弹"代码。这件事给马先生负责的项目造成了不良的影响。

(1) 请用 200 字以内的文字说明这件事为什么会发生。团队建设出了哪些问题？

(2) 如何解决这件事情？

(3) 如果马先生同时负责多个同样的电子政务项目，这些项目只是甲方不同，他应该怎样组织多个电子政务项目的团队建设？

7．阅读下述此说明，并回答问题。

A 公司是从事粮仓自动通风系统开发和集成的企业，公司内的项目管理部作为研发部与外部的接口，在销售人员的协助下完成与客户的需求沟通。

某日，销售人员小王给项目管理部提交了一条信息，说明客户甲要求对"JK 型产品的 P1 组件更换为另外型号的组件"的可行性进行技术评估。项目经理接到此信息后，发出正式通知让研发部门修改 JK 型产品并进行了测试，再把修改后的产品给客户试用。但客户甲对此非常不满，因为他们的意图并不是要单一改变 JK 产品的这个 P1 组件，而是要求把 JK 产品的 P1 组件放到其他型号产品的外壳中，上述技术评估只是他们需求的一个方面。

经项目管理部了解，销售部其实知道客户的目的，只是认为 P1 组件的评估是最关键的，所以只向项目经理提到这个要求，而未向项目经理说明详细情况。

(1) 请分析上述案例中 A 公司在管理中主要存在哪些导致客户非常不满意的问题。

(2) 请简述需求管理流程的主要内容。

(3) 请简述上述案例中，项目经理在接到销售部的信息后应该如何处理。

第2部分
工程案例

第 3 章

大学校园网络系统集成方案设计

内容要点

- 本章介绍了一个关于大学校园网络系统集成方案设计的典型案例。该项目案例依次阐述了大学校园网络系统建设的概况、目的与意义，从分析校园网络的现状和存在问题着手，根据其建设目标与设计原则，提供了该校园网络的系统集成设计方案，并完成了设备材料的配置与经费预算，以及工程项目的实施与组织过程。

学习目的和要求

- 校园网系统集成方案的设计，是一个整体规划、分步实施，充分考虑现有设备与实际资金情况的建设与规划过程，先建立网络中心和主干网，然后建立学校的信息管理网络、教学网络、图书管理网络和电子阅览室等应用子系统，并进行教学楼、办公楼、图书馆等建筑群结构化布线，将网络扩展到整个校园，实现校园网的全部功能，最后可通过路由器与 CERNET 和 Internet 接入。
- 通过对本项目案例设计内容的学习，使读者了解大学校园网络系统集成的全过程，熟悉网络系统集成的体系结构，对网络系统集成方案的原则、方法、内容和步骤有彻底的了解，掌握校园网络工程总体方案书的设计方法与实施管理过程。

导入案例

案例 1: 北京外国语大学校园网络(见图 3.1)全网采用华为 3COM 网络设备。整个网络分为核心层、汇聚层、接入层、出口层。在核心层与汇聚层之间、核心层与出口层之间都采用双归属的方式进行组网,确保网络的安全、稳定。核心层采用两台华为 3COM 万兆核心交换机 S8512,出口层采用两台 NE20 路由器。区域汇聚层采用 S6500 交换机,小汇聚层采用 S3552 交换机,接入层采用 E 系列交换机。

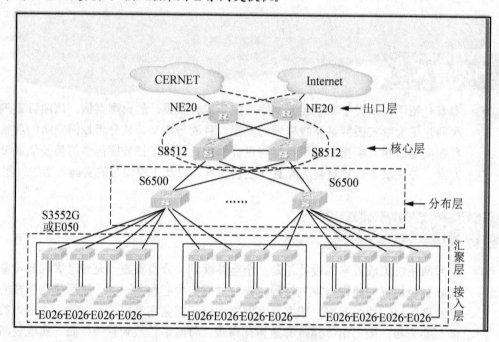

图 3.1 北京外国语大学校园网

案例 2: 北京大学南湖校区一期校园(其拓扑图见图 3.2)是集有线、无线、万兆、IPv6于一体的前瞻性的核心网络,中心一台 Cisco 6513 设备通过 Cisco 6503 分别接入中国电信网、教育网,在路由器与防火墙上配置计费网关、Trunk、虚拟专用网络(Virtual Private Network,VPN)等确保网络的安全、稳定,Cisco 6513 与老校区 Cisco 6509 之间以 10Gb/s高速连接,区域汇聚采用锐捷 S6806,小汇聚层采用锐捷 S2126/2150G,接入层采用锐捷 S2024M 系列交换机。同时配备 WWW,FTP,VOD,电子邮件等服务器存储系统设备,满足北京大学高带宽、多业务的需求。

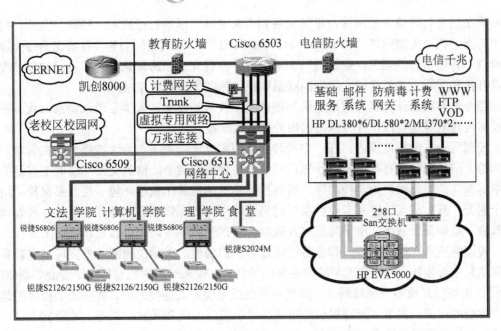

图 3.2　北京大学南湖校区一期校园拓扑图

3.1　校园网络系统概述

科学技术的发展日新月异，20 世纪 90 年代，计算机技术和通信技术相结合，计算机网络技术得到了飞速的发展。如今，网络技术已经成为现代信息技术的主流，人们对网络的认识也随着网络应用的逐渐普及而迅速改变。现在网络已经成为和电话一样通用的工具，成为人们生活、工作、学习中必不可少的一部分。

Internet，即国际互联网，是现在网络应用的主流，从它最初在美国诞生至今已经经历了 40 多年。这个以 TCP/IP 协议为主体的国际互联网络已经成为覆盖全世界 150 多个国家和地区的大型数据通信网络。最初的 Internet 是由科研网络形成的，主要由一些大学和研究所等科研教育单位连接而成，逐渐发展到今天的规模。而进入 20 世纪 90 年代后，由于各种商业信息进入了 Internet，使得 Internet 得到了极大的发展。其拥有的主机数、连接的网络数及覆盖面一直呈指数形式上升。现在在 Internet 上可以提供或者获得各种各样的服务。例如，通过电子邮件进行合同的起草和签订，或利用 Internet 直接挑选商品和购物。

Internet 是一个资源的网络，其中拥有的信息资源几乎覆盖所有的领域。Internet 面向社会，世界上数以亿计的人们利用它进行通信和信息共享，通过发送和接收电子邮件，或和其他人的计算机建立连接、参加各种讨论组并免费使用各种信息资源实现信息共享。

Internet 也是一个服务的网络。在 Internet 上，许多单位、公司和组织提供了各种各样的服务，如环球信息网(World Wide Web, WWW)服务、信息查询服务等，向网络上的其他用户展示自己各方面的情况，并帮助这些用户找到需要的信息。将来的网络在 Internet 的基础上进一步发展，其功能、速度、适用范围等必将全面超过现有的 Internet。

我国对计算机网络的建设投入了大量的人力和物力，在短短的几年中，已经从最初仅

仅局限在教育科研单位的网络，迅速发展到今天遍及全国的包括教育、科研、商业、民用各个方面的数个大型网络，如 ChinaNet、CERNET、Gbnet(金桥网)等。目前在网络上提供有价值、有吸引力的信息，能够对一个单位或学校树立自己的形象，提高自己的知名度，以及开拓和国际上其他学校、组织的联系和往来起到很显著的作用。

当今世界随着计算机、网络通信等现代科学技术的发展，人类正迈入信息时代，在大学校园内建立覆盖全校，并可以与国内外著名的学校互联。

校园网是在学校范围内，在一定的教育思想和理论指导下，为学校师生提供教学、科研和综合信息服务的宽带多媒体计算机网络，达到资源共享、信息交流和协同工作目的的网络。首先，校园网应为学校教学、科研提供先进的信息化教学环境。这就要求校园网是一个宽带，具有交互功能和专业性很强的局域网络。多媒体教学软件开发平台、多媒体演示教室、教师备课系统、电子阅览室及教学、考试资料库等，都可以在该网络上运行。其次，校园网应具有教务、行政和总务管理等方面的功能。大学校园网对外实现与省教育科研网信息中心相连；对内实现与校内各部门的通信。如果一所学校包括多个专业学科(或多个系)，也可以形成多个局域网络，并通过有线或无线方式连接起来。各院校的校园网建设将为学校的科研、教学、管理提供必要的技术手段，为研究开发和培养人才建立平台，为学校师生提供更好的服务。

3.2　校园网络系统建设的意义与要求

3.2.1　系统建设的意义

目前，我国教育信息化发展相对滞后，大学校园网的建设与西方国家相比差距很大，直接制约了我们高校教育的发展。实施"大学校园计算机网络工程"建设项目，是推动教育信息化建设、贯彻"科教兴国"战略、实现西部高等教育跨越式发展的必然要求。实施大学校园网建设工程，不仅可以全面提高大学校园网的水平和规模，扩大校园网的应用范围，为高校教师教学和科研及大学生进入网络平台提供基本保证，而且将会对国民经济和社会信息化的发展、全面提高经济的发展水平提供人才支持和贡献。

3.2.2　系统建设的要求

本方案设计学校以下简称"X 大学"。该大学在这次项目中主要的建设内容为：建设大学校园网网络基础设施；实现校园网与 CERNET 高速互联；建设一批基于校园网的教学、科研和管理的应用系统。

其系统建设功能要求如下。

(1) 与 CERNET 高速互联，为学校和全国其他教育机构架起学术交流的桥梁，增强学校教学与科研的实力，使该大学的教师家庭和学生宿舍都能使用 Internet。

(2) 实现全校教学活动、学术动态、办公文件的浏览和交流，如通知安排、信息检索、网上自学、电子公告、电子新闻发布等内容。

(3) 提供数据库应用平台，实现教育信息管理系统和数据库服务系统，如教务综合管理系统、办公自动化系统、校园网管理信息系统。

(4) 能够支持宽带多媒体业务，如交互式自学系统、远程教育系统、视频点播系统等多媒体教学系统。

(5) 能够与外界进行广域网的连接，提供、享用各种信息服务(与各级教育信息中心相连、与国内外著名站点相连)。共享网络上各种软、硬件资源，快速、稳定地传输各种信息，并提供有效的网络信息管理手段。

(6) 采用开放式、标准化的系统结构，以利于功能扩充和技术升级；具有完善的网络安全机制；能够与原有的计算机局域网络和应用系统平滑地连接，调用原有各种计算机系统的信息。

3.3　X大学校园网现状和问题分析

3.3.1　校园网现状

"X 大学校园计算机网络建设工程" 项目是一个经国务院批准，国家计划委员会(现名：发展和改革委员会)批复立项，由教育部组织实施的重点建设项目。学校现占地近 1200 亩(1 亩≈667 平方米)，有 3 个校区，校本部占地 860 亩，北校区占地 250 亩，学生园占地 60 亩。目前，学校办公教学科研楼 26 栋，总面积 14.5 万 m^2；学生宿舍楼 19 栋，总面积 11.1 万 m^2；教师住宅楼 47 栋，总面积 18.3 万 m^2。

学校现设 16 个二级学院，35 个系，7 个院系级教学培训中心；现有 24 个科研中心(所)。其中，教育部直属研究中心 1 所，省级人文科学研究基地 1 个，校级研究所 7 个，院级研究所 15 个。20 世纪 80 年代中期以来，教育部先后设立了"培训中心"、"研究中心"等机构。

2000 年 8 月，该校以 X.25 方式接入 CERNET，2001 年改造为 64Kb/s 数字数据网(Digital Data Network，DDN)，后升级到 128Kb/sDDN。2003 年学校利用银行贷款，先后投资 300 万元开始校园网建设，先后完成了校园网光缆埋地铺设工程、办公楼综合布线工程、校园网络中心建设等校园网一期建设工程。

校园网一期建设工程中，光纤接入局域网的单位有：学校办公楼、计算中心、图书馆、经济管理学院、文学院、教育技术与传播学院、教育科学学院、数学与信息科学学院、政法学院、地理与环境科学学院、物理与电子工程学院、化学化工学院、生命科学学院、省高等学校师资培训中心、成教学院、附属小学、一附中、二附中 18 个单位，共计 13 栋楼。光纤总长 18km。

校园网建成后构建了 WWW 网站，开通了教师家庭拨号上网、全校电子邮件服务、FTP、视频点播、自行开发网络收费系统等网络应用项目，并在校园网平台上开始进行网上教学的实验工作，开通了网络中心与 Y 中学的远程教育系统，实现了该地区利用现代远程教育技术进行交互式教学的梦想。

已建设的管理信息系统有：

① 财务处：天财财务管理系统。

② 教务处：教务综合管理系统。

③ 图书馆：图书借阅管理信息系统。

④ 国资处：国有资产管理系统。

经过这一系列的建设，X 校园网已具有较大的规模。

X 大学现有的网络拓扑图如图 3.3 所示。

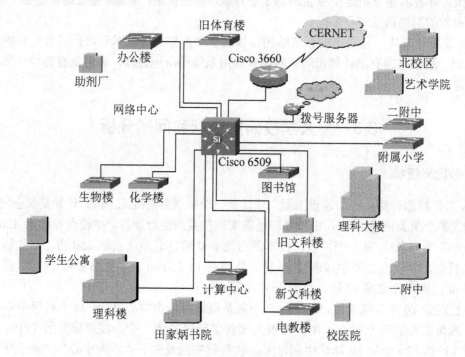

图 3.3　X 大学现有网络拓扑图

3.3.2　网络存在的问题

1) 信息点范围不足

X 大学目前楼宇综合布线，除图书馆、办公楼、网络中心、二附中楼内结构化布线已完成外，其余教学科研楼、家属楼、学生宿舍等均未做结构化布线。在这次项目中，将对所有的办公楼、学生宿舍、家属楼进行综合布线。与 CERNET 高速互联，为学校和全国其他教育机构架起学术交流的桥梁，增强学校教学与科研的实力，使 X 大学的教师家庭和学生宿舍都能使用 Internet。

2) 应用系统的规模不能适应学校的发展

校园网建成后构建了 WWW 网站，开通了教师家庭拨号上网、全校电子邮件服务、FTP、视频点播、自行开发网络收费系统等网络应用项目。

校园网规模大幅度增加，需要扩大应用软件的规模和增加新的应用，实现全校教学活动、学术动态、办公文件的浏览和交流，如通知安排、信息检索、网上自学、电子公告、电子新闻发布等内容。

提供数据库应用平台，实现教育信息管理系统和数据库服务系统，如教务综合管理系统、办公自动化系统、校园网管理信息系统。

提供网上教学平台，能够支持宽带多媒体业务，如交互式自学系统、远程教育系统、视频点播系统等多媒体教学系统。

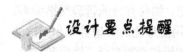
设计要点提醒

在设计大学校园网络系统集成方案过程中，我们往往会忽视学校的现有网络状况和存在的问题分析，这部分是非常必要的。在以下 3.4 节中，将清楚地指出设计网络系统时要有针对性，需充分考虑学校现有设备的利用与实际投资资金情况，遵循一定的原则。

3.4　系统设计原则与设备选择原则

3.4.1　系统设计原则

进行校园网络总体方案设计时，遵循"满足需求、统筹规划、分步实施、性能稳定、技术成熟、安全可靠、适当领先"的总体原则。并且根据学校校园网络的现状与需求分析，有针对性地制定以下系统设计的原则。

1. 先进性与现实性

作为 CERNET 的一部分，校园网网络系统处理的信息量将会十分庞大，要求计算机网络有很高的工作效率。而且随着教学科研任务工作的迅速开展，系统面临的任务也越来越艰巨，所以，我们设计的网络在技术上必须体现高度的先进性。技术上的先进性将保证处理数据的高效率，保证系统工作的灵活性，保证网络的可靠性，也使系统的扩展和维护变得简单。我们将在网络构架、硬件设备、传输速率、协议选择、安全控制和虚拟网划分等方面充分体现 X 学校校园网网络系统的先进性。

在考虑系统先进性的同时，也要考虑实效、兼顾现实，建设不仅先进而且合适的系统，在系统建设中坚持"边实施、边发展、高起点、早收益"的原则。由于 X 学校大部分还处于规划阶段或基础建设阶段，因此建议实施分期建设的方法，先根据目前的需要建设第一期工程，但为以后的建设提供一定的可扩展空间。

2. 系统与软件的可靠性

在学院校园网网络系统设计中，很重要的一点就是网络的可靠性和稳定性。在外界环境或内部条件发生突变时，怎样使系统保持正常工作，或者在尽量短的时间内恢复正常工作，是校园网网络系统所必须考虑的。在设计时对可靠性的考虑，可以充分减少或消除因意外或事故造成的损失。我们将从网络线路的冗余备份及信息数据的多种备份等方面保证 X 学校校园网网络系统的可靠性。

3. 系统安全性与保密性

随着计算机技术的发展，尤其是网络和网络间互联规模的扩大，信息和网络的安全性面临十分严峻的挑战。在网络设计时，将从内部访问控制和外部防火墙两方面保证校园网网络系统的安全。系统还将按照国家相关的规定进行相应的系统保密性建设。

4. 易管理与维护

校园网网络系统的结点数目大，分布范围广，通信介质多种多样，采用的网络技术也较

先进，尤其引入交换式网络和虚拟网之后，网络的管理任务加重。如何有效地管理网络关系，是否充分有效地利用网络的系统资源等问题就摆在我们面前。用图形化的管理界面和简洁的操作方式，可以提供强大的网络管理功能，使网络日常的维护和操作变得直观、简便和高效。

5. 易扩充性

随着教学科研的快速发展，校园网网络系统面临的任务将越来越艰巨，越来越复杂。为了适应这个变化和日新月异的计算机技术的发展，本网络十分注重扩充性。无论是网络硬件还是系统软件，都可以方便地扩充和升级。

上述系统设计的原则将自始至终贯穿整个系统的设计和实现。

3.4.2 主要网络设备的选择原则

根据已制定的网络系统设计原则，我们所选择的网络设备必须具有以下特点。

1. 安全、稳定、可靠

作为整个校园网络系统的硬件基础，网络设备必须具备安全性、稳定性和可靠性的特点。这是网络系统稳定运行的最基本条件。网络设备最好是经过相当长的时间，在世界范围内被广泛应用的网络产品。为此，建议选择国际知名厂商的产品。

2. 技术先进

网络设备仅仅具有安全、稳定和可靠的特点是不够的。作为高科技的产品，还应该具有的特点就是技术的先进性。我们所选择的网络设备应该采用当今较先进的技术，能够保持该设备在相当长的一段时间内不会因为技术落后而被淘汰。同时，在网络规模进一步扩大、该设备不能承担繁重的负荷时，能够降级使用。

3. 便于扩展

由于信息技术和人们对于新技术的需求发展都非常迅速，为了避免不必要的重复投资，必须选择具有一定扩展能力的设备，能够保证在网络规模逐渐扩大时，不需要增加新的设备，而只需要增加一定数量的模块即可。最好能够做到在网络技术进一步发展、现有模块不支持新技术的情况下，只需要更换相应模块，而不需要更换整个设备。

4. 管理和维护方便

先进的设备必须配合先进的管理和维护方法，才能够发挥最大的作用。所以，选择的设备必须能够支持现有的、常用的网络管理协议和多种网络管理软件，便于管理人员的维护。

3.5 系统集成设计方案概述

3.5.1 网络系统

考虑到网络结点和上网人数的增加及越来越多的网络应用，针对该项目的网络建设，提出以下建议。

(1) 提高网络的可靠性。主干网络拓扑结构为星形，几乎所有的应用系统都连接在一台核心交换机上。当主结点异常时，可能导致整个网络的瘫痪，建议将主结点的交换机由一台增加到两台(核心交换机的选型见 3.7 节)。

主要的服务器采用两条链路分别连接到两台核心交换机上，这样当一台核心交换机出现异常时，网络上的所有应用不会出现应用停止的情况。

对于主要的部门和院系也采用两条链路分别连接到两台核心交换机上。

(2) 提高网络的整体带宽。

(3) 整个网络的所有交换机需要支持下列技术。

① 支持服务质量(Quality of Service，QOS)。交换机应能通过专门的 QOS 策略管理软件，精确地划分 IP 网上数据包的类型及应用的端口来建立网络内部的规则，使得数据流的传送变得有序，能够在逐个应用/流量的基础上实施带宽管理/带宽分配。对关键业务设置比普通业务更高的优先等级，对时间敏感的流量设置比普通流量更高的优先等级，确保在网络拥塞、过载的时候，重要业务不会延迟，保证网络的高效性。

② 支持 IP 多点组播(Multicast)。IP 多点组播通过将一个地址数据包发送给所有的接收者，并在网络中的每个关键点上复制该包，使信息可以快速有效地到达用户手中，提高了带宽利用率，减轻了主机/路由器的负担，避免了目的地址不明确所引起的麻烦。

③ 支持 IP 虚拟专用网络。IP 虚拟专用网络用隧道技术在无连接的 IP 网上为用户建立安全的数据通路。

按照网络分级设计模型，本网络系统分为 3 层：核心层、汇聚层(又称分布层)和接入层。

 知识链接

注意计算机网络中有关"网络三层分级模型"与"三层交换技术"的区别。

"网络三层分级模型"是指通常在网络系统设计模型中，把网络设计分为 3 层，即核心层、汇聚层和接入层。每一级层次中分别配置不同的交换机设备，其交换能力不一样，功能差别很大，尤其是背板带宽这一技术指标。接入层交换机一般直接连接计算机，一般每台设备负责几十个以内用户连网；汇聚层用来连接交换机和路由器，一般负责各建筑楼与核心交换设备的连接；核心层是核心骨干设备，负责整个园区较大面积交换设备的连接与信息交互。

"三层交换技术"(又称多层交换技术或 IP 交换技术)是相对于传统交换概念而提出的。众所周知，传统的交换技术是在 OSI 网络标准模型中的第二层——数据链路层进行操作的，而三层交换技术是在网络模型中的第三层实现数据包的高速转发。简单地说，三层交换技术就是：二层交换技术+三层转发技术。三层交换技术的出现，解决了局域网中网段划分之后，网段中子网必须依赖路由器进行管理的局面，解决了传统路由器低速、复杂所造成的网络瓶颈问题。

"网络三层分级模型"中的接入层交换设备的设计与实现，采用了 OSI 网络标准模型中的第二层技术，汇聚层的交换设备可以是第二层或三层技术，核心层的交换设备采用三层交换技术，可以使用路由功能，速度比路由更快，但是价格也更高。

1. 核心层

由于校园网的交换中心在网络中心，如果核心交换机有问题，将会导致校园网的瘫痪，并且所有院系间的信息交换也要通过中心交换机，所以要对核心交换机做冗余配置和负载均衡操作，由于 X 大学已有一台 Cisco Catalyst 6509，为了提高网络的性能，增加可靠性，方便管理与维护，再选用两台高性能 IP 路由交换机，这 3 台交换机之间采用 3 条 1 000Mb/s 的光纤连接，构成一个环形结构，实现负载均衡，提高网络可靠性。核心交换机应使用高性能、高可靠性，能够冗余备份，方便管理与维护。中心交换机由 3 台高性能 IP 交换机组成，这 3 台交换机之间采用 3 条 1 000Mb/s 的光纤连接，构成一个环形结构。主干交换机应具有虚拟局域网的路由功能，能通过给予高速路由连接各交换子网，对全网统一进行虚网划分与管理。每个核心交换机配置双交换处理引擎、两个以上电源、48 个 10/100Mb/s RJ-45 接口、32 个以上千兆光纤以太网接口，还要具有足够的扩充能力。

2. 汇聚层

校园网在汇聚层设计 4 个中心，通过两条 1 000Mb/s 的光纤连接到核心层。4 个中心分别为北校区、图书馆、家属区、校办公楼。其中北校区、图书馆、家属区需要具有很强的扩展能力。

3. 接入层

接入层设置 10/100Mb/s 交换机，采用 100Mb/s 光纤连接到大楼。大楼内根据需要设置多个 10/100Mb/s 交换机。

3.5.2　服务器系统

在考虑主机平台时，一方面从业务需求入手，要求平台能够稳定、高效地运行现有的各项业务；另一方面也要能够满足未来发展所带来的新需求。基于此，选择的服务器机型，要求无论在处理能力、可靠性，还是在高可用性、扩展性、系统整体性能和抗高负载能力等方面，都能适应 X 大学业务量及业务种类的发展。

1. 可缩放性

目前 X 大学无论网络规模，还是用户数，都发展较快。这就要求主机系统应具有良好的可扩展能力，满足不同规模计算环境的要求，并且能提供多种升级途径，给业务的不断发展创造条件。缩放性是企业网站结构要求中最重要的一个方面。业务的快速变化及用户不可预测的需求都要求系统结构能适应这种情况。这就意味着在最初设计中，投资重点要放在一个可缩放的结构及支持它的相关软硬件上。

纵向缩放性是指单个服务器处理能力的可增长性。这可以通过增加服务器的 CPU 和内存来得到，当然也可以从一个平台升级到一个能力更强的平台。一个好的缩放性主机应具有 CPU 扩充性和升级能力、内存的扩充性、I/O 的扩充性。

2. 高性能

鉴于业务所涵盖的业务种类多样、数据格式复杂等情况，要求主机平台能够支持大规模批量处理，尤其在高峰期间能够与磁盘系统配合，使整个系统性能平衡，不会出现系统瓶颈，保证系统响应大压力的数据负载。

系统应采用开放式的体系结构，总线及 I/O 带宽达到 Gb/s 级的数据传输速率和先进的高速联网技术。总之，主机系统要有很高但又十分平衡的系统性能，表现在与 CPU 的高速相适应的系统总线带宽、内存延迟、I/O 吞吐量和联网能力上，均达到很高而又匹配的性能。主机系统的性能要充分满足 X 大学目前建设的要求及今后的增长。

3. 高可靠性和高可用性

高可靠性与高可用性能够通过对服务器系统增加冗余分量加以改善，冗余包括数据存储、系统部件、应用服务等。主机系统的硬件及软件在质量上必须是可靠的，主机系统在运行时必须是安全的，应采取具体合理的措施使运行中的系统意外停机时间尽可能缩短。

4. 可维护性

热插拔更换硬件可缩减服务器必须脱机进行升级或维修的时间，并能方便而迅速地接触硬件，具有更长的可用时间及良好的可维护性。

5. 方便管理

主机的管理技术是整个系统中必不可少的关键组成部分，要求管理工具不但用于日常的系统管理工作，而且尽可能地简洁易用，简化系统管理员繁重的工作。管理技术包括 3 个组成部分，即系统管理、网络管理、机房管理。系统管理是利用系统工具管理硬件、软件，从而使系统在安装运行和维护方面得到可靠的保证。网络管理是监控全网络的工作状态，从连通性、安全性、可靠性等方面提供有利的支持。机房管理是在不同人员工作分配等方面提供一定的方法。

3.5.3　应用系统

1. 认证计费管理系统

目前校园网使用的计费系统主要是自行开发的软件，其可管理的规模和能力都是有限的，校园网需要有专门的较大型计费系统来进行计费管理，从而达到对教师家庭、学生宿舍上网计费的统一管理。

要求对用户进行身份认证，以确保对用户的管理，尤其对学生宿舍，更要求有效的管理，以防止部分学生的违规操作。本次项目中选用北京某公司的 IPB 计费网关系统(IP Billing and Behavior Control)。IPB 计费网关系统是一个集用户的账号管理、IP 管理、计费管理为一体的综合管理系统。用户可以"一次性注册，其后通过账号/密码认证上网"。同时，系统"以账号/密码认证身份，按其当时所用 IP 地址计算网络流量"完成计费。

基于用户计费不再静态地使用 IP 作为用户身份的标记，而通过登录和注销的过程在用户使用网络服务的期间动态地建立用户账号和 IP 的联系，从而把采集到的基于 IP 的原始流量数据对应到用户账号。这从根本上解决了校园网用户共用机器、IP 动态分配等问题。系统能够截获经过的全部数据包，根据接收到的规则集进行判断，决定转发或丢弃，不仅能够被动地对用户行为做出记录，还可以主动地对用户行为进行控制。本系统第一次成功地在计费系统中引入完备的身份认证功能，通过构造用户和认证服务器之间的认证协议，能够实时地判断在线用户的身份是否合法，确保入侵者无法伪造应答，从而有效防止了 IP 盗用等问题，保证了系统采集数据的准确性。服务器方采用了分布式结构进行负载均衡，也尽量减少了部分故障对系统造成的影响。

系统同时提供了综合的管理功能，集成了对拨号用户、邮件用户的部分管理。系统在灵活性方面也做了大量工作，允许网络管理人员对系统的各种参数进行配置。模拟测试和

长期运行都证明了该系统是稳定、安全、准确和灵活的。

2. 大容量邮件系统

本项目中大容量邮件系统选用北京某公司的 3E 系统(Eyou Enhanced E-mail System)。该邮件系统立足中国高校市场，针对国内高校用户的具体需求研制开发，主要特点是功能齐全、稳定、高速、实用。3E 电子邮件系统当前的主要应用于 Eyou 公司的免费邮件网站(www.eyou.com)，自运行以来一直稳定运行。它以强大的功能、稳定的性能获得众多用户的青睐，当前用户已经达 100 多万人并且在不断增长。清华大学学生邮件系统：清华大学校园网建设的重要部分，为全校学生提供收费电子邮件服务。系统从安装至今一直稳定运行，受到清华大学网络中心的认可和好评。在全国范围内还有北京师范大学、中国人民大学、首都师范大学、北京工业大学、山东大学、河北师范大学、山西师范大学、同济大学、华中农业大学、四川科技大学、西北工业大学、西安理工大学等 60 余所高等院校。

3E 系统弥补了 UNIX 系统下 sendmail、qmail 等电子邮件产品没有 Web 界面的缺点，也不像 Windows NT 系统下的 Microsoft Exchange 那样庞大和昂贵，它是一套性价比极高的电子邮件产品。其主要功能模块包括：

(1) 用户认证模块(User Authentication Module)。

(2) 邮件存储模块(Mail Storage Module)。

(3) WWW 模块(WWW Module)。

(4) SMTP 模块(SMTP Module)。

(5) POP3 模块(POP3 Module)。

(6) 反垃圾邮件模块(Anti Spam Module)。

(7) 管理模块(Administration Module)。

3. 视频点播系统

系统采用 RealNetworks 公司的 Helix 网络平台。Helix 网络平台是基于行业内最有权威并已得到广泛应用的数字媒体软件技术，且支持超过 1 000 个应用界面。Helix 网络社团为众多公司、院校、独立发展商获取 Helix 网络平台资源代码，以增强 Helix 平台效用，并使建立 Helix 动力编码器、服务器及顾客产品成为可能。相对来讲 Helix 网络平台及 Helix 网络社团将为授权发展商、IT 公司或 CE 公司提供标准的基础结构，以推动全球互联网络数字媒体行业向更深层次发展的整个进程。

视频点播系统，是基于宽带互联网和局域网的视频应用系统，它可让教育、政府、企事业单位及电信网通运营商轻松地构建互联网上的视音频应用系统，为用户提供高质量的视音频服务。该系统是具有高技术含量的流媒体核心应用软件，其应用性能指标和技术水准均属国际领先，满足互联网上宽带流媒体传输的需求；媒体源文件支持 VCD、DVD、MPG、AVI、MOV、QT、RM、RMVB、WMV、ASF、SWF 等所有国际主流的文件格式。该系统支持服务器集群、自动负载均衡和集散型分布管理，服务能力可从几百个到几万个并发流平滑扩展，并且具备高性能、高服务质量、高可靠性和高扩展性的特点。该产品对其终端播放服务质量、终端用户并发数、整体性能和兼容扩展性等方面有一定的应用要求，可运行于局域网、广域网(电信网、广电网、教育城域网、军用网)等各种复杂的网络环境，能够广泛应用于教育、政府机构、电信、广电、图书馆、智能小区、电力、金融证券、银行保险等领域。

4. 网络安全系统

利用防火墙技术，经过仔细的配置，通常能够在内外网之间提供安全的网络保护，降低网络安全风险。但是，仅仅使用防火墙，网络安全还远远不够。入侵者可寻找防火墙背后可能敞开的后门；入侵者也可能就在防火墙内；由于性能的限制，防火墙通常不能提供实时的入侵检测能力。

因此需要应用入侵检测技术保护主机资源，防止非法访问和恶意攻击。入侵检测系统的目的是提供实时的入侵检测及采取相应的防护手段，如记录证据用于跟踪和恢复、断开网络连接等。实时入侵检测能力之所以重要，首先它能够对付来自内部网络的攻击，其次它能够缩短黑客入侵的时间。

领信入侵检测系统是著名的信息安全实验室——iS-One Security Lab 成功推出的新一代入侵检测与防护系统。

领信入侵检测系统由网络传感器、主机传感器及管理器组成，在网络和主机层面，将基于攻击特征分析和协议分析的入侵检测技术完美结合，监控分析网络传输和系统事件，自动检测和响应可疑行为，使用户在系统受到危害之前截取并防范非法入侵和内部网络误用，最大程度地降低安全风险，保护企业网络系统安全。

大学校园网络系统工程中，应用系统的设计除以上方法之外还有哪些？

3.5.4 布线系统

1. 需求分析

X 大学，建筑物总数：74 栋。其中，家属楼 42 栋、学生宿舍(单身宿舍)6 栋、办公楼(教学楼及其他)26 栋。信息点总数为 4 654。

由于涉及的建筑物较多，规模较大，因此将其定位为智能化园区综合布线系统。园区的综合布线系统是一个高标准的布线系统，水平系统和工作区采用超五类元件，主干采用光纤，构成主干千兆以太网，不仅能满足现有数据、语音、图像等信息传输的要求，也为今后的发展奠定了基础。信息点对照表如表 3-1 所示。

表 3-1　信息点对照表

建筑名称	信息点数/个	建筑名称	信息点数/个
家属楼 1 号	39	北校区家属楼 1 号	70
家属楼 2 号	24	北校区家属楼 2 号	60
家属楼 3 号	32	北校区家属楼 3 号	96
家属楼 7 号	60	北校区学生宿舍 1	182
家属楼 8 号	60	北校区学生宿舍 2	168
家属楼 9 号	60	北校区办公楼 1	122
家属楼 10 号	60	42 号楼路边办公室	3

续表

建筑名称	信息点数/个	建筑名称	信息点数/个
家属楼 11 号	60	车队	4
家属楼 12 号	60	旧美术楼	33
家属楼 13 号	105	小三楼 1	36
家属楼 14 号	72	小三楼 2	36
家属楼 15 号	60	校园管护中心	6
家属楼 16 号	60	新小二楼	16
家属楼 17 号	60	学生 7 号楼	132
家属楼 18 号	72	学生 8 号楼	143
家属楼 19 号	54	学生 9 号楼	152
家属楼 20 号	54	幼儿园	7
家属楼 21 号	48	中编楼	39
家属楼 22 号	72	专家楼(办公室)	7
家属楼 23 号	50	专家楼(会议厅)	1
家属楼 24 号	70	专家楼(南)	24
家属楼 25 号	90	专家楼(外籍住房)	19
家属楼 26 号	84	基建处	9
家属楼 27 号	72	理科楼	145
家属楼 28 号	60	旧文科楼	65
家属楼 29 号	60	新文科楼	124
家属楼 30 号	48	旧体育楼	48
家属楼 31 号	48	新体育楼	32
家属楼 32 号	48	团委楼 1 号	32
家属楼 33 号	48	团委楼 2 号	32
家属楼 34 号	48	生物楼	50
家属楼 35 号	64	化学楼	137
家属楼 36 号	64	计算中心	20
家属楼 37 号	64	校医院	20
家属楼 39 号	64	助剂厂	20
家属楼 40 号	64	教科院研究所	27
家属楼 41 号	96	单身楼	102
家属楼 42 号	48	音乐系	133

2. 综合布线系统的结构

综合布线系统部分结构如图 3.4 所示。

根据综合布线国际标准 ISO 11801 的定义,综合布线系统可由以下子系统组成。

1) 工作区子系统

工作区子系统(Work Area Subsystem)由信息插座延伸至用户终端设备的布线组成,包括信息插座和相应的连接软线。用户能方便地把计算机、电话、传真机等不同的终端设备接入大楼的通信网络系统。

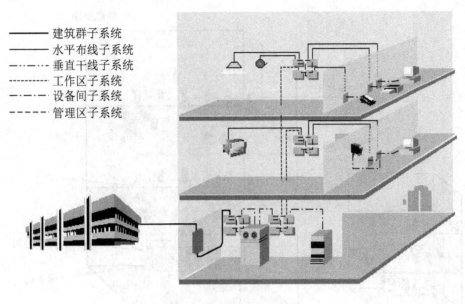

建筑群子系统
水平布线子系统
垂直干线子系统
工作区子系统
设备间子系统
管理区子系统

图 3.4　综合布线系统结构图

2) 水平布线子系统

水平布线子系统(Horizontal Subsystem)由楼层配线间延伸至信息插座的布线组成，通常可采用超五类双绞线，(这里采用的是超五类双绞线)，也可以采用光缆，以满足高传输带宽应用或长传输距离的要求。水平布线提供大楼网络通信系统到用户终端设备的信息传输。

3) 建筑物主干子系统

建筑物主干子系统(Building Backbone Subsystem)由大楼配线间延伸至各楼层配线间的布线组成。该子系统也包括各配线间的配线架、跳线等。采用的线缆是超五类双绞线。大楼配线间和楼层配线间通常也用于放置网络设备和其他有源设备。建筑物主干子系统提供大楼内通信网络信息交换的主干通道。

4) 建筑群布线子系统

建筑群布线子系统(Campus Cabling Subsystem)由建筑群配线间延伸至各大楼配线间的布线组成。采用的线缆为光纤。建筑群配线间通常也用于放置电信接入设备和广域网连接设备。建筑群布线子系统提供了各建筑物间通信网络连接和信息交换的通道。

3．布线系统总体设计

以上就是布线的国际标准，因此采用高速大容量光纤作为建设大学园区的网络主干布线。为了满足将来灵活组网的需要，在学校办公楼、宿舍楼等建筑物内各设有配线间。整个园区设备间机房安置在信息中心的 3 楼，各设备间安置在各楼宇的一楼。建筑物内采用先进的超五类非屏蔽布线系统。

根据技术规范，选用高性能非屏蔽系统，传输参数可达到 200MHz。通道传输性能在 200MHz 时，ACR＞3dB；在 250MHz 时，ACR＞0dB，通道传输性能不低于招标技术要求所附性能参数表的要求。因此，本方案建议采用 AVAYA 超五类非屏蔽双绞线，其传输带宽可达 200MHz 以上，可靠支持新的千兆以太网、2.4Gb/s ATM 及高达 550MHz 的宽带语音应用，为今后新的高速网络应用留有充足的性能余量。综合布线系统设备线缆布局图如图 3.5 所示。

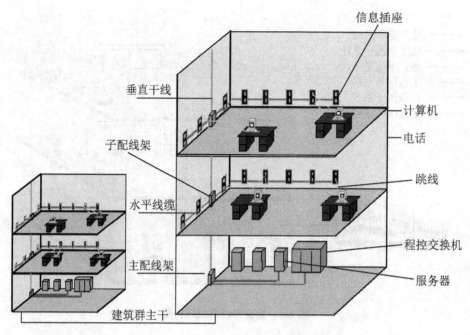

信息插座

垂直干线

子配线架

水平线缆

主配线架

建筑群主干

计算机

电话

跳线

程控交换机

服务器

图 3.5 综合布线系统设备线缆布局图

4. 施工中的注意事项

1) 仔细查阅其他专业的施工图纸

在施工前，必须仔细查阅其他专业的施工图纸，尤其是土建结构施工图，水、电、通风施工图。因为水平路由的长短将会对设计的等级有一定的影响，而土建结构施工图，水、电、通风施工图对水平布线子系统管线路由的走向影响最大。在审图时，建议用比例尺在图纸上认真测量，为水平布线子系统找出最合理的路由走向，这样既节省水平线缆的长度，又避免与其他专业管路发生冲突。因为电气专业管线不可避免地要与其他各专业管路交叉重叠，发生矛盾，给土建专业带来地面超高等问题。综合布线一般由专业公司负责安装调试，施工方仅做管路预埋、线缆敷设，如果在施工中敷衍了事，不遵循"管线路由最短"的原则，就会增加水平布线子系统管线的长度，不利于提高综合布线系统的通信能力，不利于通信系统的稳定性，不利于通信传输速率的提高。

2) 建议在施工中应满足设计裕量

因为在实际施工中，不可能使水平线缆一直保持直线路由，所以在实际安装中，需要的线缆总会比图纸上统计的量大得多，这就需要电气工程师考虑一定的裕量。裕量的计算方法是将一张平面图纸上离配线架最远的信息点的线缆图纸长度(图纸上用比例尺量出的长度)，和最近的信息点的线缆图纸长度相加，除以 2，得出的数值为信息点的平均图纸长度，取平均长度的30%作为裕量，否则就会造成不必要的材料浪费或不足。

3) 采用质量可靠的管路和线缆，以避免日后的麻烦

在大多数设计中，水平布线子系统是被设计在吊顶、墙体或底板内的，所以可以认为水平子系统是不可更改、永久的系统。在安装中，应尽量使用性能优良、质量可靠的管路和线缆，保证用户日后不破坏建筑结构。

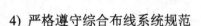

4) 严格遵守综合布线系统规范

良好的安装质量，可以使水平布线子系统在其工作周期内，始终保证良好的工作状态和稳定的工作性能，尤其对于高性能的通信线缆和光纤，安装质量的好坏对系统的开通影响尤其显著，因此在安装线缆中，要严格遵守 EIA/TIA 569 规范标准。

5) 选材标准必须一致

综合布线系统所选用的线缆、信息插座、跳线、连接线等部件，必须与选择的类型一致，如选用超五类标准，则线缆、信息插座、跳线、连接线等部件必须为超五类；如系统采用屏蔽措施，则系统选用的所有部件均为屏蔽部件，只有这样才能保证系统屏蔽效果，达到整个系统的设计性能指标。

 知识链接

综合布线系统的设备材料的详细规格与技术指标可参见第 7 章内容，或查阅具体布线厂家的产品资料。

 **思考**

你熟悉国内外哪些综合布线系统产品品牌？如 AMP、AVAYA 等。

3.6 新建校园网拓扑结构

3.6.1 网络拓扑设计说明

根据学院目前的情况和用户的要求，校园网工程中将图书馆、教学楼群和教师宿舍楼群连入校园网，构建校园网络的基础框架，为以后网络规模的进一步扩展打下坚实的基础。因为网络规模庞大，应用类型多，所以作为整个校园网络的核心交换机，需要承担网内所有用户的数据总交换，因此必须提供高性能的交换特性，丰富的网络接口类型，并能提供高安全性和稳定性。这里在原校园拓扑结构的基础上，增选一台 Cisco Catalyst 6509 交换机作为整个校园网络核心骨干路由交换机，原来的 Cisco Catalyst 6509 负责网络中心高速存储与服务器集群的数据交互通信，并与新增的这台设备构建一个万兆的冗余环网，互为校园网的核心交换机的备份机器。除此之外，校园网络中心还有 APC UPS 电源、网络负载均衡器、硬件防火墙、接入路由器等关键设备，详细配置情况参见 3.7 节。

由于目前校园网的主结点放置在图书馆 3 楼的计算机教室，而且教师宿舍的使用量不会很大，所以目前网络的拓扑结构呈星型，即以图书馆为核心，向教学大楼和教师宿舍楼等其他楼区辐射，建筑物间使用多模光纤连接。同时，鉴于目前的主要建筑均不大(以 3 或 4 层为主，宽度也比较适中)，所以，建筑物内部也将采用星形布局，每幢建筑只需要一个设备间，统一放置设备。网络拓扑结构如图 3.6 所示。

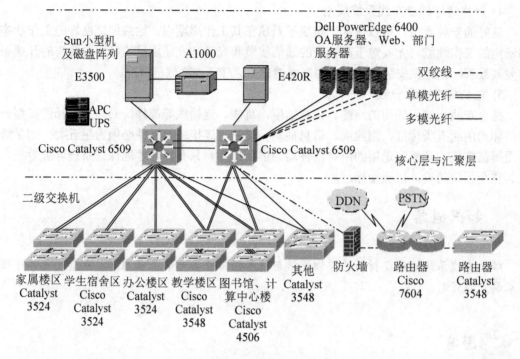

图 3.6　新建校园网拓扑结构图

由于图书馆和教学大楼可能的通信量比较大,信息点比较多(分别为 46 个和 60 个),而教师宿舍相对通信量较小,根据设计原则和网络设备选择原则,在图书馆和教学大楼各放置一台 Cisco Catalyst 4506 交换机和两台 Cisco Catalyst 3548 交换机,在学生宿舍区放置一台 Cisco Catalyst 3524 交换机。

配置一台 Cisco 7604 路由器替换原 Cisco 3660 路由器,与校外网络相连,同时也作为校园网络内部各虚拟局域网之间数据交换的纽带。这样设计的主要目的是增大校园网络的提出口带宽,还可以为后期工程中的拨号接入校园网计划提供支持。

网络安全上考虑配备网络负载均衡器、硬件防火墙、IDS 系统等设备,保证网络安全。校园网络中心的所有核心设备必须保证一周 24 小时不间断运转,因此还设计配备 UPS(APC 30K/8H)后备电源,以确保停电时系统正常供电运行。

3.6.2　网络设备介绍

有关各网络设备详细的文字介绍(省略),可参见各产品生产厂家设备资料。
以下主要介绍各网络设备的选型与配置问题,方便我们理解其设计理由。

3.7　设备配置与经费预算

3.7.1　网络系统部分

1. 主干路由交换机

主干路由交换机:数量为 1 台,配置需求(参考设备:Cisco Catalyst 6509)如表 3-2 所示。

表 3-2　主干路由交换机的配置要求

序号	指标项	指标要求
1	数量	1 台
2	种类	核心交换机
3	内部插槽	≥9
4	背板	256Gb/s
5	控制引擎	两个控制引擎,支持 IP 和 IPX,还支持 AppleTalk、DECnet 和 Vines； 支持 VLAN； 支持均衡负载； 内存≥256MB
6	MAC 地址	≥16 000
7	3 层交换性能	支持
8	千兆口	≥48
9	光纤模块	1 000Base-LX/LH，长距离，GBIC≥30； 1 000Base-SX，短波长，GBIC≥8
10	10/100Mb/s 以太网端口	≥48
11	冗余电源	配置
12	冗余引擎	配置
13	光纤交换模块	提供
14	标准网络协议	IEEE 802.1q、802.1p、802.3x； 以太网：IEEE 802.3、10Base-T 和 10Base-FL； 快速以太网：IEEE 802.3u、100Base-TX、100Base-FX； 千兆以太网：IEEE 802.3z、IEEE 802.3ab

2. 楼宇交换机 1

楼宇交换机 1：数量为 2 台，配置需求(参考设备：Cisco Catalyst 4506)如表 3-3 所示。

表 3-3　楼宇交换机的配置要求

序号	指标项	指标要求
1	交换矩阵	≥64Gb/s
2	第三层最大传输带宽	≥48Mb/s
3	支持 VLAN	支持
4	4 层交换	支持
5	插槽	≥6
6	100Base-FX	≥48(其中一台 24 个端口，另一台 48 个端口)
7	1 000Base-LX/LH 千兆模块	≥2
8	10/100Mb/s 以太网端口	≥48
9	电源	配置双电源

序号	指标项	指标要求
10	标准网络协议	IEEE 802.3 10Base-T、100Base-TX 和 1000Base-T 端口上的全双工； IEEE 802.1d 生成树协议； IEEE 802.1p CoS 优先级； IEEE 802.1q 协议； IEEE 802.3 10Base-T 规范； IEEE 802.3u 100Base-TX 规范； IEEE 802.3ab 1000Base-T 规范； IEEE 802.3z 1000Base-X 规范； 1000Base-X (GBIC)； 1000Base-SX； 1000Base-LX/LH； 1000Base-ZX； RMON I 和 II 标准

3. 楼宇交换机 2

楼宇交换机 2：数量为 N 台，配置需求(参考设备：Cisco Catalyst 3550)如表 3-4 所示。

表 3-4　楼宇交换机 2 的配置要求

序号	指标项	指标要求
1	交换矩阵	≥13.6Gb/s
2	第二层和第三层最大传输带宽	≥6.8Gb/s
3	64B 的包传输速率	≥10.1Mb/s
4	MAC 地址	≥8 000
5	3 层交换性能	支持
6	支持 VLAN	支持
7	千兆口	≥2
8	千兆模块	1 000Base-LX/LH≥2
9	10/100Mb/s 以太网端口	≥48
10	安装了标准的多层软件镜像	支持
11	标准网络协议	IEEE 802.3 10Base-T、100Base-TX 和 1000Base-T 端口上的全双工； IEEE 802.1d 生成树协议； IEEE 802.1p CoS 优先级； IEEE 802.1q 协议； IEEE 802.3 10Base-T 规范； IEEE 802.3u 100Base-TX 规范； IEEE 802.3ab 1000Base-T 规范； IEEE 802.3z 1000Base-X 规范； 1000Base-X(GBIC)； 1000Base-SX/ZX；1000Base-LX/LH； RMON I 和 II 标准

4. 楼宇交换机3

楼宇交换机 3：数量为 27 台，配置需求(参考厂家：华为、实达、神州数码)如表 3-5 所示。

表 3-5　楼宇交换机 3 的配置要求

序号	指标项	指标要求
1	10/100Mb/s 以太网端口	≥24
2	1 000Base-LX/LH 光纤口	≥1
3	VLAN	≥256
4	标准网络协议	支持 QoS，组播； 以太网：IEEE 802.3； 快速以太网：IEEE 802.3u； Telnet：RFC854-859； 生成树协议：IEEE 802.1d； 自动协商：802.3x； RMON：RFC 1757； VLAN：IEEE 802.1q； Priority：IEEE 802.1d-1998； 接入控制协议：IEEE 802.1x

5. 接入交换机1

接入交换机 1：数量为 243 台，配置需求如表 3-6 所示。

表 3-6　接入交换机 1 的配置要求

序号	指标项	指标要求
1	10/100Mb/s 以太网端口	≥24
2	VLAN	≥256
3	标准网络协议	支持 QoS，组播； 以太网：IEEE 802.3； 快速以太网：IEEE 802.3u； Telnet：RFC854-859； 生成树协议：IEEE 802.1d； 自动协商：802.3x； RMON：RFC 1757； VLAN：IEEE 802.1q； Priority：IEEE 802.1d-1998； 接入控制协议：IEEE 802.1x

6. 接入交换机2

接入交换机 2：数量为 53 台，配置需求如表 3-7 所示。

表 3-7　接入交换机 2 的配置要求

序号	指标项	指标要求
1	10/100Mb/s 以太网端口	≥24

序号	指标项	指标要求
2	100Mb/s 光纤口	≥1
3	VLAN	≥256
4	标准网络协议	支持 QoS, 组播; 以太网: IEEE 802.3; 快速以太网: IEEE 802.3u; Telnet: RFC 854-859; 生成树协议: IEEE 802.1d; 自动协商: 802.3x; RMON: RFC 1757; VLAN: IEEE 802.1q; Priority: IEEE 802.1d-1998; 接入控制协议: IEEE 802.1x

7. 路由器

路由器: 数量为 1 台, 配置需求(参考设备: Cisco C7606)如表 3-8 所示。

表 3-8　路由器的配置要求

序号	指标项	指标要求
1	内部插槽	≥6
2	1 000Mb/s 以太网端口	≥2, 其中 1 000Base-ZX 模块一个
3	背板带宽	32GB

3.7.2　服务器系统部分

1. VOD 服务器

VOD 服务器: 数量为 1 台, 配置要求(参考 Sun Fire V480)如表 3-9 所示。

表 3-9　VOD 服务器的配置要求

主要元件	数量	说明
CPU	2	主频≥900MHz, 可扩展到 4 个 CPU
内存		4GB
磁盘		130GB 以上
网卡	2	光纤千兆以太网卡
电源		配置冗余电源
操作系统	1	UNIX 操作系统
显示器	1	17 英寸

2. 邮件服务器 1

邮件服务器 1: 数量为 1 台, 配置需求如表 3-10 所示。

表 3-10　邮件服务器 1 的配置要求

主要元件	数量	说明
CPU	2	P4 Xeon, 主频大于等于 1.4GHz, 可扩充到 4 个 CPU
内存		2GB
磁盘		3×73GB Ultra3 SCSI
网卡	2	1×百兆以太网卡 1×1000Mb/s 光纤以太网卡
磁盘阵列		支持 RAID 0、1、3、5
电源		N+1 冗余电源
机架式		4U

3. 邮件服务器 2

邮件服务器 2：数量为 1 台，配置需求如表 3-11 所示。

表 3-11　邮件服务器 2 的配置要求

主要元件	数量	说明
CPU	4	P4 Xeon，主频大于等于 1.4GHz，可扩充到 4 个 CPU
内存		4GB
磁盘		3×73GB Ultra3 SCSI
网卡	2	1×百兆以太网卡 1×1 000Mb/s 光纤以太网卡
磁盘阵列		支持 RAID 0、1、3、5
电源		N+1 冗余电源
机架式		4U

4. DNS 服务器

DNS 服务器：数量为 1 台，配置需求如表 3-12 所示。

表 3-12　DNS 服务器的配置要求

主要元件	数量	说明
CPU	2	P4 Xeon，主频大于等于 1.8GHz
内存		1GB
磁盘		2×36GB SCSI
网卡	2	百兆以太网卡
电源		N+1 冗余电源
机架式		2U

5. FTP 服务器

FTP 服务器：数量为 1 台，配置需求如表 3-13 所示。

表 3-13　FTP 服务器的配置要求

主要元件	数量	说明
CPU	2	P4 Xeon，主频大于等于 1.8GHz
内存		1GB
磁盘		2×36GB SCSI
网卡	2	百兆以太网卡
电源		N+1 冗余电源
机架式		2U

6. WWW 服务器

WWW 服务器：数量为 1 台，配置需求如表 3-14 所示。

表 3-14　WWW 服务器的配置要求

主要元件	数量	说明
CPU	2	P4 Xeon，主频大于等于 1.8GHz
内存		1GB
磁盘		2×36GB SCSI
网卡	2	百兆以太网卡
电源		N+1 冗余电源
机架式		2U

7. DB 服务器

DB 服务器：数量为 2 台，配置需求如表 3-15 所示。

表 3-15　DB 服务器的配置要求

主要元件	数量	说明
CPU	4	P4 Xeon，主频大于等于 1.4GHz
内存		4GB
磁盘		3×73GB Ultra3 SCSI
网卡	2	1×百兆以太网卡 1×1 000Mb/s 光纤以太网卡
磁盘阵列		支持 RAID 0、1、3、5
电源		N+1 冗余电源
机架式		4U

8. 安全服务器

安全服务器：数量为 1 台，配置需求如表 3-16 所示。

表 3-16　安全服务器的配置要求

主要元件	数量	说明
CPU	2	P4 Xeon，主频大于等于 1.8GHz

续表

主要元件	数量	说明
内存		1GB
磁盘		2×36GB SCSI
网卡	2	百兆以太网卡
电源		N+1 冗余电源
机架式		2U

3.7.3 应用系统部分

1. 认证计费管理系统

YZ 公司的 IPB 计费网关系统，数量为 1 套。

2. 大容量邮件系统

YZ 公司的 3E 系统，数量为 1 套。

3. 视频点播系统

RealNetworks 公司 Helix 网络平台，数量为 1 套。

4. 网络安全系统

领信入侵检测系统，数量为 1 套。

5. 数据库系统

Oracle 公司 Oracle 9i 数据库，数量为 1 套。

3.7.4 布线系统部分

主要设备材料配置表如表 3-17 所示。

表 3-17　主要设备材料配置表

序号	名称	型号	单位	数量	产地
1	信息插座(模块、面板底座)	IBDN MDVO	套		加拿大
2	超五类水平电缆	ENHANCED NOR5	箱		加拿大
3	室外主干电缆	4 对 PIC CAT.5 UTP	米		加拿大
4	24 口/48 口快速配线架	PS5 HD 配线架	个		加拿大
5	超五类模块	PS5 EZ-MDVO	个		加拿大
6	线缆管理板	19 英寸，1U	个		加拿大
7	50PBIX 配线架	QMBIX10C	只		加拿大
8	250PBIX 配线架	QMBIX10A	只		加拿大
9	25PBIX 连接板	QCBIXIA4	块		加拿大
10	跳线	BIX-BIX Patch Cord	条		加拿大
11	标牌	QSBJX20A	块		加拿大
12	粘纸	LABEL-LA4	张		加拿大
13	多模光缆	IBDN 六芯室内	米		加拿大
14	多模室外光缆	BDN 六芯室外	米		加拿大
15	19 英寸 12 口/24 口光纤配架	IBDN	个		加拿大

计算机网络系统集成与工程设计案例教程

续表

序号	名　称	型　号	单位	数量	产地
16	挂墙 12 口/24 口光纤配架	IBDN	个		加拿大
17	6/12 光纤耦合板	IBDN	个		加拿大
18	ST 连接器	NT7L23KB	只		加拿大
19	卡线工具	QTBIX	把		加拿大
20	19 英寸抽屉式光纤互联盒	HD5-24-T4	个		中国
21	综合布线分线箱		只		中国
22	PVC 镀线槽/管	50×100、30×80、15×25	批		中国
23	机柜	19 英寸 2m/1.5m	只		中国
24	测线仪、打线工具		套		中国
25	其他辅材		米		中国

 设计要点提醒

表 3-17 中的"数量"列需要通过计算后列出来，遵循综合布线系统的计算和设计规则。举例如下。

1. 水平子系统订购线缆的计算

(1) 平均电缆长度 $\overline{L} = (F+N) \div 2$

其中，F 表示最远电缆长度，N 表示最近电缆长度。

总电缆长度 $L = (\overline{L} + $ 备用部分 $+$ 端接容差$) \times$ 信息总点数

其中，备用部分取 $10\%\overline{L}$，端接容差一般设为 6m。

楼层用线量 $L_1 = [0.55(F+N)+6] \times n$

其中，n 表示楼层 n 的信息点数。

总用线量 $L' = \sum L_1 i$ ($i=1$，…，m，m 为总楼层数)

此计算方式目前正在项目实施中验证。

(2) 鉴于双绞线一般按箱订购，每箱 305 m(1 000 英尺，每圈约 1 m)，而且网络线不允许接续，即每箱零头要浪费，所以

每箱布线根数 $= \dfrac{305}{\overline{L}}$，并取整，则

所需的总箱数 $=$ (总点数 $\div$ 每箱布线根数)，并向上取整。

(3) 计算实例如下。

设有 140 个信息点。单位走线长度 24m，线缆包装 305m(1 000 英尺)/箱，需多少箱线？

错误计算如下。

解：24m×140＝3 360m

3 360m÷305m/箱≈11 箱

所以需要 11 箱电缆。

正确计算如下。

解：305m/箱÷24m＝12.7 箱

正确取整得每箱 12 根双绞线。

140÷12≈11.6，向上取整得 12，

所以需要 12 箱线。

2. 布线系统垂直主干线缆的用量

垂直主干线缆的计算方法如下。

垂直线缆长度＝(距MDF 层数×层高＋电缆井至 MDF 的距离＋端接容限)×(每层需要根数)

3. 整幢楼的用线量

整幢楼的用线量＝$\sum NC$

其中，N 表示楼层数；C 表示每层楼用线量。

$$C=[0.55\times(L+S)+6]\times n$$

其中，L 表示本楼层离水平间最远的信息点距离；S 表示本楼层离水平间最近的信息点距离；n 表示本楼层的信息插座总数；0.55 表示备用系数；6 表示端接容差。

4. RJ-45 头的需求量

$$M=n\times4+n\times4\times15\%$$

其中，M 表示 RJ-45 接头的总需求量；n 表示信息点的总量；$n\times4\times15\%$表示留有的富余量。

5. 信息模块的需求量

$$M=n+n\times3\%$$

其中，M 表示信息模块的总需求量；n 表示信息点的总量；$n\times3\%$表示富余量。

有关综合布线系统的材料计算，还有其他一些计算方法，都是大同小异。但需要说明的是，按以上公式算线长，也不是绝对准确的方法。在施工的过程里还有不可预测的变动。例如，国家对八芯双绞线(包括五类、超五类、六类)最长布线距离规定在 100m 以内，但设计院设计图纸的时候一定也会考虑到，最短的线应该在 10m 左右，最长的线在 90m 左右(留10m 的余量)。如果穿越楼层，每根会在施工时，有一定的松紧误差，最关键还是要看现场情况，以及要熟练看懂图纸。

3.7.5 其他系统部分

1) 学生网络机房

由于学校计算机数量少，故配置 60 台联网 PC，新建一个网络机房。

2) 供电系统

为了保证学校核心网络设备的正常运行，校园网中心供电系统需要配置一台30KVA/4H 的 UPS 系统一套，10KVA/4H 的 UPS 系统一套。

3) 多媒体教室

配置连网计算机、大屏幕投影和视频展示台等设备，数量 3 个，如表 3-18 所示。

表 3-18　多媒体教室设备配置表

序号	指标项	指标要求
1	数量	3 套
2	种类	多媒体教室设备
3	PC	Intel P3 700MHz、512MB、36Gb、10/100Mb/s
4	大屏幕投影	150 英寸电动屏幕，28 增益
5	视频展示台	摄像头：47 万像素，1/4 英寸彩色 CCD； 照度：1LUX； 放大倍数：128； 聚焦：自动； TV 方式：PAL 或 NTSC； 照明方式：外部照明＋底部内置照明； 正负片可转换； 镜头转动角度：水平 270°，上下 180°； 输入：二路 Video、Audio、一路扬声器输入； 输出：二路 Video、二路 Audio； 显微镜：可接驳显微镜； 电源：90～240V 自适应
6	其他设备	DVD、录像机、功放、音箱、无线 MIC、采集卡、分配器

3.7.6　校园网络系统经费预算

X 大学校园网络系统集成工程经费预算总表如表 3-19 所示。

表 3-19　X 大学校园网络系统集成工程经费预算总表

序号	系统	经费预算/万元
1	网络系统	
2	服务器系统	
3	应用系统	
4	布线系统	
5	其他(包括多媒体教室、网络机房、电源等)	
合计		

3.8　项目管理和组织实施

3.8.1　项目管理原则

在此将遵循以下原则对项目进行管理。

(1) 范围管理：着眼于"大画面"的事物，如项目的生命周期、工作分工结构的开发、管理流程变动的实施等。

(2) 时间管理：要求培养规划技巧。有经验的项目管理人员应该知道：当项目出现偏离规划时，如何让它重回规划。

(3) 成本管理：要求项目管理人员培养经营技巧，处理诸如成本估计、计划预算、成本控制、资本预算及基本财务结算等事务。

(4) 人力资源管理：着重于对组内人员的管理能力，包括冲突的处理、对职员工作动力的促进、高效率的组织结构规划、团队工作和团队形成及人际关系技巧。

(5) 风险管理：该课题检测管理人员在信息不完备的情况下做决定的过程。风险管理模式通常由 3 个步骤组成：风险确定、风险冲击分析及风险应对计划。

(6) 质量管理：要求项目管理人员熟悉基本的质量管理技术，如制作和说明质量控制图、尽力达到零缺陷等。

(7) 合同管理：项目管理人员应掌握较强的合同管理技巧。例如，应能理解定价合同相对于"成本附加"合同所隐含的风险。他们应了解签约中关键的法律原则。

(8) 交流管理：要求项目管理人员能与他们的经理、客户、厂商及属下进行有效的交流。

(9) 集成管理：在最终分析中，项目管理人员必须把上述 8 种管理综合起来并加以协调。

3.8.2　项目的组织机构

为了使学校信息化管理项目实施取得圆满成功，系统集成公司将投入优秀的实施顾问，成立专门项目组。项目组将对整个项目进行总体规划、分步实施。

项目组成员如下。

(1) 项目经理：具有相当丰富的项目实施经验、丰富的项目调控与管理能力，并且具有相当强的企业管理背景和系统设计背景，担任过 3 个以上的大型企业信息化管理项目的实施管理和规划工作。

(2) 优秀的实施工程师：具有非常丰富的系统实施经验，非常熟悉企业的经营管理流程和系统的运用，参与过两个以上的大中型企业信息化管理项目的实施工作。

(3) 优秀的技术工程师：具有相当丰富的系统设计经验，非常熟悉计算机技术和企业管理技术，参与系统的设计和编写。

3.8.3　项目组的职能描述

系统集成公司将与学校用户方面分别成立项目组，全面负责项目的组织实施。

1. 系统集成公司方面

1) 项目经理(公司总经理)

(1) 与企业用户讨论并确定最终项目范围和实施方法。

(2) 负责制订具体的项目计划，包括培训计划。

(3) 把握项目各方面的进程。

(4) 指导业务流程重组和项目变更。

(5) 检查及调控项目实施范围。

(6) 向公司汇报项目状况，提出建议及改进措施。

(7) 负责项目阶段质量。

(8) 其他项目经理所应该负责的项目管理工作。

2) 技术工程师(公司技术总监)

(1) 按项目实施计划提供技术支持。

(2) 协助项目经理定义项目的范围及目标。

(3) 参与讨论、制订项目计划。

(4) 按项目实施计划提供系统技术培训。

(5) 制定指导系统管理策略和方案。

(6) 制定数据管理策略和方案。

(7) 进行客户化开发的设计和开发、测试。

(8) 负责系统安装，提供设备选型参数。

(9) 对决策的系统整体性提出意见。

(10) 根据以往的实施经验提供设计及集成方面的建议。

(11) 成数据转换和系统切换工作，保证系统启动运行。

(12) 负责单元、系统及整体性测试。

(13) 负责汇编用户手册并对最终用户进行培训和指导。

(14) 负责其他必要的技术工作。

3) 实施工程师(公司技术工程师)

(1) 按项目实施计划提供实施支持。

(2) 协助项目经理定义项目的范围及目标。

(3) 参与讨论、制订项目计划。

(4) 按项目实施计划提供系统功能培训。

(5) 制定指导系统详细实施计划和进度方案。

(6) 制定数据转换格式和方案。

(7) 进行系统的客户化。

(8) 协助技术人员进行系统安装及技术维护。

(9) 对决策的系统整体性提出意见。

(10) 根据以往的实施经验提供实施风险及防范方面的建议。

(11) 完成系统阶段实施目标，保证系统按期顺利运行。

(12) 协助技术人员进行单元、系统及整体性测试。

(13) 协助项目经理进行阶段验收和系统整体验收。

(14) 其他必要的实施工作。

4) 客户代表(公司客户经理)

(1) 负责与企业用户方面的关系协调和沟通。

(2) 负责资料收集和信息传递。

(3) 根据项目的需要，负责其他必要的项目工作。

2. X 大学用户方面

1) 项目负责人(大学网络中心主任)

(1) 负责与系统集成公司联络，保证项目按进度顺利实施。

(2) 参与项目计划，辅助管理项目范围，调度资源，监控进度。

(3) 接受系统上线后的有关业务支持方法的培训并负责未来的业务支持。

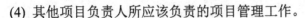

(4) 其他项目负责人所应该负责的项目管理工作。

2) 项目一般成员

(1) 进行业务流程及功能需求的整理和详细设计。

(2) 制定必要的数据安全管理制度。

(3) 制定必要的系统内部实施管理制度。

(4) 进行数据的收集、整理和准备，为系统集成公司提供必要的数据转换支持。

(5) 参与项目详细实施计划、阶段计划、培训计划的制订。

(6) 负责最终操作用户的培训和使用指导。

(7) 参与相关系统的单元及集成测试。

(8) 接受咨询顾问的知识转移。

(9) 为企业用户提供实施后的技术及相关支持。

(10) 提供安装及维护所需的硬件和通信网络。

(11) 协助安装及调试系统集成公司的软件系统。

(12) 提供系统的技术、运行环境，支持培训、实施、维护等工作的正常运行。

(13) 根据项目的需要，在项目负责人的统一调配下，进行其他必要实施工作。

3.8.4 项目进度安排

项目施工自合同签订之日起实施，具体进度安排如表 3-20 所示。

表 3-20 施工进度安排甘特图

项目工作/周	1	2	3	4	5	6	7	8	9	10	11	12	13	14	15	16	17	18	19
场地准备	██																		
用户培训																			
场地确认		█																	
综合布线	████████████████																		
布线工程验收																██			
设备到货(学校采购)					██														
设备到货(国家采购)													███						
主机网络设备初验															██				
设备安装调试															██				
应用软件安装调试															██				
主机、网络设备验收															██				
系统联调、验收															██				

知识链接

甘特图,又称横道计划图(简称横道图)。它是美国人甘特(Gantt)在 20 世纪 20 年代提出的。由于其图形直观,且容易绘制和便于理解,因此,长期以来被广泛应用于各种领域,尤其适用于工程建设进度控制。

工程进度控制采用横道图控制法,就是将计划绘制成横道图,一般包括两个基本部分,即图的左侧为工作名称(内容)等基本栏目或数据部分;右侧为横道线部分,表示工程进度的起讫时间和大致进度等情况。

3.9　校园网建设汇总表

校园网建设汇总表包括以下表格,这里不做详细说明。

(1) 校园网采购设备汇总表。

(2) 国家集中采购设备清单。

(3) 非集中采购设备清单。

(4) 网络参考报价表。

(5) 校园网建设规模对比表。

本章小结

大学校园网络系统集成方案的设计,包含校园网络现状的需求分析,然后根据建设目标与设计原则,配备必要的网络设备材料与教学、办公应用系统,借助科学的工程项目管理思想与理念实施建设。校园网建成之后,为学校师生提供教学、科研和综合服务的先进信息化环境,实现资源共享、信息交流和协同办公的目的。

习题

就校园网写一份网络系统集成方案设计报告。

【实践目的】

了解网络系统集成的全过程,熟悉网络系统集成的体系结构、工作内容和实施步骤。

【设计内容】

(1) 业主的网络现状。

(2) 业主需求分析。

(3) 设计该方案的基本原则。

(4) 系统结构和系统功能。

(5) 网络系统关键技术比较与选择。

(6) 总体方案概述。

(7) 工程实施计划和服务维护承诺。

【设计步骤】

1. 总体规划

校园网的建设，需要整体规划、分步实施，充分考虑现有设备与实际资金情况，先建立网络中心和主干网，然后建立学校的各应用子系统，完成各建筑楼群的结构化布线，并可通过路由器与 CERNET 和 Internet 接入，网络扩展到整个校园，实现校园网的全部功能。

2. 网络需求分析

经分析，本校园网的应用需求如下。

(1) 建立以计算中心为核心，连接校园各楼宇的校园主干网络。要求主干网带宽达到 1 000Mb/s。

(2) 按校园用户的需求，划分相应的子网，以方便网络管理，提高网络性能。各子网的带宽至少达到 100Mb/s。

(3) 在整个校园网内实现资源共享，为教学、科研、管理提供服务。建立基于网络的教育管理及办公自动化系统，实现行政、教学、教务、科研、后勤、财务等日常事务的网络化管理。

(4) 建立网络教学系统，提供教师电子备课、课件制作、多媒体演示、学生多媒体交互式学习、网络考试、自动教学评估等功能。

① 建立电子图书馆，提供电子阅览功能。

② 建立安全、高速的 Internet 应用，实现内外互通。

③ 提供常用的 Internet 应用，包括学校网站、邮件系统、文件传输等。

④ 为校园网提高一定的安全保障，防止黑客入侵和破坏，保证校园网安全。

⑤ 为校园网提供简单有效的网络管理措施，实现对整个校园网的管理和控制。

⑥ 为校园网提供相应的容错功能，防止在校园网出现故障时导致整个网络瘫痪。

⑦ 校内的基本应用有：WWW Server、SQL Server、Mail Server、VOD Server、FTPS Server、教务系统、精品课程、机房一卡通系统、视频会议实况转播、杀毒服务器、学生管理系统、教务管理系统、网络课程、图书借阅系统等。

⑧ 硬件设计及网络结构。

⑨ 校园主干网络采用基于第三层交换的千兆以太网作为校园网主干。

⑩ 在本方案中，网络中心的核心交换机采用 Cisco 公司的 6509。

主干交换机 Cisco 6509 属于第三层千兆以太网路由交换机，内部集成路由功能，具备高容量、无阻塞、优质的管理能力和可靠的多媒体支持等特点。将千兆以太网交换、以太

网交换及路由都集成到一个交换机中，使得交换机的功能十分强大。锐捷 6806E 型万兆多业务核心路由交换机分布在整个校园网的汇聚点，通过高端的技术和高品质的网络设备，全面满足了学校对数据、语音、视频的多业务应用需求，为学校师生提供了一个高速稳定的网络平台和全新的网络环境。

3. 网络服务器设计

服务器包括 Web 服务器、文件服务器、邮件服务器、SQL 服务器、VOD 服务器、网络管理工作站及面向全校使用的计算机等。

4. 干线光纤

校园网的互联网出口带宽为：中国电信 100Mb/s 光纤 6 条，教育网千兆光纤 1 条。

5. 结构化综合布线

依据结构化布线的原则，光纤到楼层、100Mb/s 到桌面、各楼层的布线在天花板内走线，并在结构化布线系统中的信息插座留有了一定的冗余度，确保日后终端设备位置调整和网络扩展的需要。

6. 广域网互联和网络安全

本方案中使用锐捷 6806E，通过一条 DDN 专线，将校园网接入 CERNET，从而进入国际互联网。

为保证网络安全，防止黑客非法入侵网络，网络必须提供 IP 防火墙，以有效保证网络的安全。

7. 应用子网及网络互联

本校园网除网络主干外，还设有网络管理平台、安全策略管理平台、计费管理平台、应用服务器，以及两套 SUN 集群服务器。

8. 网络管理及系统软件

本方案采用智能网络设备并通过网络管理协议传送给网络设备；使用的系统软件包括网络平台、数据库开发平台和邮件通信软件；网络平台为 Windows Server 2003、Windows XP、Linux(Redhat、Debian)；数据库开发平台为 SQL Server 2005、SQL Server 2000；邮件通信软件为 Server-U、Exchange 2000 Server；应用软件包括办公自动化软件(Microsoft Office 2000、2003、2007)、多媒体及课件制作软件、多媒体视频点播软件。

9. 网络性能特点及综合评价

网络性能特点及综合评价略。

10. 网络拓扑图

网络拓扑图略。

【实践效果】

通过实践项目设计，使学生掌握网络系统集成方案的原则、方法、内容和步骤，对其有彻底的了解，掌握网络工程总体方案设计和方案书的设计方法等。

【扩展练习】

需求分析阶段和总体方案设计阶段需要注意什么？

第 4 章

生产型公司网络系统集成方案设计

内容要点

● 本章介绍了一个完整的生产型公司网络的系统集成方案，包括项目前期的需求分析、总体设计、局部网络设计、综合布线系统及项目实施步骤等部分内容，详细地记录了整个企业网络系统集成的实施过程。

学习目的和要求

● 了解一个企业网络系统在设计和建设中所需包含的内容，掌握企业网络系统集成的全过程，熟悉其需求分析的方法、总体方案设计的原则和步骤，了解企业网络如何进行系统拓扑结构设计与设备选型，掌握企业网络系统中关键设备的配置技术，了解此类项目的实施管理与技术服务过程。

导入案例

某集团公司网络系统设计解决方案

1. 系统建设的必要性

该集团公司是我国 1 000 家大型企业之一，其直属企业、下属子公司、合作伙伴、产品销售网点和维修站遍布全国各地及世界上的许多国家和地区。目前，该集团公司计算机网络系统应用取得了很大的成绩，整个集团公司拥有各类计算机的数量已突破 4 000 台。各种局域网及其应用系统已在大多数分公司、分厂、科室广泛采用，尤其是近年来，Internet及其相关技术的出现和高速发展，为企业提供了利用网络进行信息交流和管理的极好机遇。可以说，Internet/Intranet 的发展为国内企业走向世界提供了一个千载难逢的机会。该集团公司企业网的建设及应用，为实现该集团公司在 21 世纪成为国际性大公司的宏伟目标，在信息化方面奠定了坚实的基础。

1) 系统设计目标

系统设计目标是建设集团公司园区光纤主干网，采用先进的 Internet/Intranet 技术，建立一个先进的集团公司虚拟企业网，满足集团公司企业内部信息管理及国内外信息交流。具体设计目标如下。

(1) 各部门的信息能够及时准确地传输到集团公司决策部门和管理部门。

(2) 其他目标略。

2) 系统设计原则

该集团公司的各分公司、研究所、分厂和科室及各种库房分布在国内外近百个地方，如果各分公司、研究所、分厂和科室自行建网，势必会造成重复投资和管理混乱的局面。而总部园区以外的部门，分布在国内外各个不同地方，需要统一规划，全面考虑。因此该集团公司园区光纤主干网的建设遵循如下原则。

(1) 采用统一的网络协议和接口标准，选用 TCP/IP 标准。

(2) 其他原则略。

2. 网络方案选择

1) 采用光纤

集团公司总部范围较大，相邻主干结点之间的距离最长达数千米以上，若采用双绞线和同轴电缆，则受到距离和带宽限制，难以满足高速度、大容量和高可靠性的传输要求。而采用光纤作为传输介质则具有如下优点(注：在此省略)。

2) 采用交换式光纤分布式数据接口(Fiber-olistributed Data Interface，FDDI)技术

FDDI 是世界上第一个高速局域网标准，在众多的高速网络产品中，FDDI 是当今成熟的技术，它既有完整的标准，又有众多厂商的支持，市场份额较高。因此国内外许多大型公司都采用 FDDI 技术来组建自己的 Intranet 主干网。因为 FDDI 具有高速度、大容量、高可靠性、安全保密等特点。

3) 选用智能交换式以太网

智能交换式以太网大都具有如下特点。

(1) 采用基于硬件的分布式"存储零转发"交换技术，提供一条独立于协议的基于信元交换，背板高速总线通常可达 1～4Gb/s。

(2) 其他特点略。

3. 系统组成

该集团公司企业 Intranet 由总部园区高速光纤主干网、部门局域网、Internet 接入网和远程广域网组成。

(1) 总部园区高速光纤主干网。总部园区高速光纤主干网是一个全面支持网络管理和多媒体通信的全动态交换式网络。主干选用 Cisco 公司的 Catalyst 5000 和 Catalyst 3000，它们之间以光纤为介质，提供全双工的 200Mb/s 带宽连接。

(2) 部门局域网。较小规模的服务器以 100Mb/s 的速率连至相应结点交换机上的 100Mb/s 交换机端口。

(3) Internet 接入系统。

(4) 远程广域网。

4. 网络服务

(1) 域名服务。

(2) IP 地址分配。

(3) 代理服务。

5. 应用系统

该集团公司 Intranet 的具体应用主要分为计算机辅助信息管理系统，计算机辅助设计、制造、分析系统(CAD、CAM、CAE 系统)和办公自动化管理系统 3 个部分，其具体介绍省略。

6. 实施过程

实施过程略。

4.1 公司网络系统建设概述

4.1.1 公司网络系统建设目标

新网络应该具有足够的先进性，不仅能承载普通的(文件、打印等)网络流量，并且应该支持多样的 QoS 特性(如 MPLS)，保证有足够的带宽运行基于 IP 网络的实时语音传输，以及视频会议流量。

新网络应该具有足够的强壮性，应该具有足够的灾难恢复措施，包括电源冗余、设备冗余、主机冗余、数据库冗余、线路冗余、拨号链路冗余。

新网络应该具有足够的安全性，采取路由器和防火墙，并设置隔离区，采用防杀病毒、入侵检测和漏洞扫描与修补系统，使网络数据完整，保证内网的绝对安全，将来数据在外网及 Internet 上传输应该采取加密措施，并且数据传输线路应该采取全屏蔽双绞线，防止信息的流失和泄露。

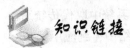

知识链接

多协议标签交换(Multi-Protocol Label Switching，MPLS)是一种用于快速数据包交换和路由的体系，它为网络数据流量提供了目标、路由、转发和交换等能力。更特殊的是，它具有管理各种不同形式通信流的机制。MPLS 独立于第二和第三层协议，如 ATM 和 IP。它提供了一种方式，将 IP 地址映射为简单的具有固定长度的标签，用于不同的包转发和包交换技术。它是现有路由和交换协议的接口，如 IP、ATM、帧中继(Frame Relay)、资源预留协议(Resource Reservation Protocol，RSVP)、开放式最短路径优先(Open Shortest Path First，OSPF)等。

4.1.2　用户具体需求

公司需要构建一个综合的企业网。公司有 4 个部门(行政部、技术研发部、销售部和驻外分公司)。

公司共 3 栋楼，1 号、2 号、3 号楼，每栋楼直线相距为 100m。

1 号楼：2 层，为行政办公楼，有 10 台计算机，分散分布，每层 5 台。

2 号楼：3 层，为产品研发部、供销部，有 20 台计算机。其中 10 台集中在 3 楼研发部的设计室中，专设一个机房，其他 10 台分散分布，每层 5 台。

3 号楼：2 层，为生产车间，每层一个车间，每个车间 3 台计算机，共 6 台。

从内网安全考虑，使用虚拟局域网技术将各部门划分到不同的虚拟局域网中；为了提高公司的业务能力和增强企业知名度，将公司的 Web 网站及 FTP、邮件服务发布到互联网上；与分公司可采用分组交换(帧中继)网互联；并从互联网服务提供商处申请一段公网 IP，16 个有效 IPv4 地址：218.26.174.112～218.26.174.127，掩码 255.255.255.240。其中 218.26.174.112 和 218.26.174.127 为网络地址和广播地址，不可用。

4.1.3　公司系统建设原则

1. 先进性

随着计算机应用的不断普及和发展，计算机系统对网络性能的要求将继续不断提高，高带宽、低延迟是对交换网络设备的基本要求。网络交换设备应该提供从数据中心到楼层配线间直至桌面的高速网络连接，交换机必须具备无阻塞交换能力。综合考虑先进性和成熟性，结合实际应用需求，市教育城域网可采用千兆以太网、快速以太网作为主干技术连接数据中心和各学校交换机，用千兆以太网、快速以太网或以太网接口连接服务器和客户机。

2. 标准性

在当今流行的 Internet/Intranet 计算方式下，应用系统将以大量客户机同时访问少量服务器为特征，要求网络交换机必须具有有效的主动式拥塞管理功能，以避免通常出现在服务器网络接口处的拥塞现象，杜绝数据包的丢失。

以硬件交换为特征的三层交换技术已经在越来越多的局域网网络系统中取代传统路由器成为网络的主干技术，作为一种成熟的先进技术在市教育城域网网络中得到应用。

3. 兼容性

不同厂商的网络设备应能彼此兼容，以保证企业网络的正常、高效的运行。

为保证网络系统的开放性，网络中的主干交换设备应该能够支持基于国际标准或工业界事实标准的 ATM、FDDI、快速以太网、千兆以太网等链路接口技术，能够在必要的时候与外部开放系统实现顺利互联。

4. 可升级和可扩展性

为了将来能顺利实现技术升级，选用的设备应有支持千兆以太网、ATM OC-12 等前沿技术的能力，以便技术成熟时配备。

计算机网络系统的建设不仅要考虑当前的网络连接需求，还必须考虑到计算机系统不断扩大而提出的网络系统扩展和升级的需求，以及网络通信技术本身的快速进步所提供的提升网络系统容量和性能的可能性。为了使网络系统能够在尽可能地保护现有投资的前提下不断滚动发展以适应应用需求发展的需要，选用设备时应该尽可能预见到网络系统近期、中期和远期的扩展、升级的可能性并预留扩展、升级的能力。

5. 安全性

在局域网上的所有交换机应能灵活地、跨越全网地进行虚拟网划分和管理，将物理上分散而逻辑上紧密相关的各站点划入独立的虚拟网，实现无关系统的逻辑隔离是网络安全性的基本保障。

在此基础上，我们选用的网络产品应该具备包括 MAC 层、IP 层、应用层等层次实现安全管理的能力，作为交换网络核心的多层主干交换机应该具备防火墙功能，防止发生在同一虚拟网内或虚拟网之间互联点上的非法侵犯。

6. 可靠性

为保证网络系统的不间断连续运行，应该选用经过实践检验证明成熟可靠的产品。数据中心交换机应采用模块化分布式处理技术实现，避免采用一损俱损的中央交换模块方式。各主要部件都应有冗余，所有部件应支持热插拔，主干端口应支持热备份，特别是作为整个计算机网络系统核心的多层交换单元更要具备冗余备份的容错能力。

7. 易操作性

有利于在网络中心完成企业网络的全局管理并配置相应的软件协助管理。

8. 可管理性

计算机网络系统作为市教育城域网智能系统的神经中枢，其运行状况应该得到全面的

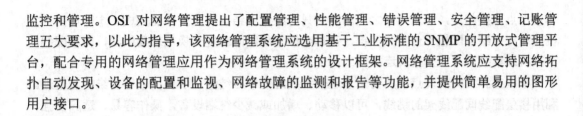

监控和管理。OSI 对网络管理提出了配置管理、性能管理、错误管理、安全管理、记账管理五大要求，以此为指导，该网络管理系统应选用基于工业标准的 SNMP 的开放式管理平台，配合专用的网络管理应用作为网络管理系统的设计框架。网络管理系统应支持网络拓扑自动发现、设备的配置和监视、网络故障的监测和报告等功能，并提供简单易用的图形用户接口。

4.2　综合布线方案

4.2.1　需求分析

企业综合布线系统应满足以下几个需求。

1. 开放性

结构化布线系统由于采用开放式体系结构，符合各种国际上主流的标准，对所有符合通信标准的计算机设备和网络交换设备厂商是开放的，也就是说，结构化布线系统的应用与所用设备的厂商无关，而且对所有通信协议也是开放的。

2. 灵活性

物理上为星形拓扑结构。因此所有设备的开通、增加或更改无须改变布线系统，只需变动相应的网络设备及必要的跳线管理即可。系统组网也可灵活多样，各部门既可以独立组网，又可以方便地互联，为合理地进行信息共享和信息交流创造了必要的条件。

3. 可靠性

结构化布线系统采用高品质材料和组合压接技术，构成一个高标准的信息通道。所有器件经过 UL、CAS、ISO 认证。经过专用仪器设备测试的每条信息通道可以保证其电气性能，可以支持 100Base-T 及 ATM 的应用。星形拓扑结构实现了点到点端接，任何一条线路故障不会影响其他线路的运行，从而保证了系统的可靠运行。采用相同的传输介质可互为备用，提高了系统的冗余。

4. 先进性

建筑物综合布线系统采用光纤与双绞线混合布线，并且符合国际通信标准，形成一套完整的、极为合理的结构化布线系统。超五类或超五类屏蔽双绞线布线系统使数据的传输速率达到 155Mb/s、622Mb/s、1 000Mb/s，对于特殊用户的需求，光纤可到桌面。干线子系统和建筑群子系统中光纤的应用，使传输距离达 2km 以上，为今后计算机网络和通信的发展奠定了基础。同时物理星形的布线方式使交换式网络的应用成为可能。

4.2.2　综合布线系统的结构

企业综合布线系统的结构一般采用星型拓扑结构。

星型拓扑结构由一个中心主结点向外辐射延伸到各从结点。由于每一条链路从主结点到从结点的线路均与其他线路相对独立，所以布线系统设计是一种模块化设计。主结点可

与从结点直接相连，而从结点之间的通信只有经过主结点的交换才能完成。本公司的计算机网络在主结点配置一台主交换机，在每个楼层配线间配置交换机或集线器，楼层配线间交换机或集线器与主交换机连接。

星型拓扑结构的优点：所有信息通信都要经过中心结点，所以比较容易维护与管理。利用楼层配线间配线架的跳线，可以移动、增加或减少终端设备，操作容易、适应性强。每一条链路的相对独立性，使某一线路故障不影响其他工作站的运行，并且有利于故障的排除。

星型拓扑结构的缺点：布线工作量大，线缆长度的增加使布线工程预算提高。

随着计算机网络交换技术的发展，综合布线系统应用星型拓扑结构。

4.2.3 系统总体设计

系统总体设计如图 4.1 所示。

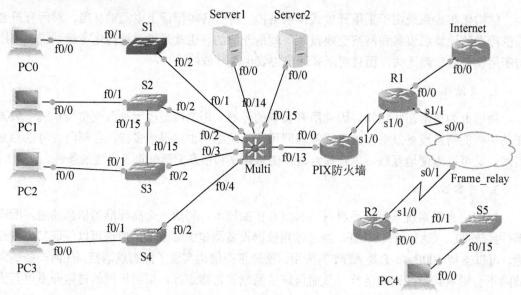

图 4.1 系统总体设计图

网络项目的学习与设计软件小工具

1. PacketTracer

PacketTracer 是由 Cisco 公司发布的一个辅助学习工具，为学习 Cisco 网络课程的初学者去设计、配置、排除网络故障提供了网络模拟环境。用户可以在软件的图形用户界面上直接使用拖曳方法建立网络拓扑，并可提供数据包在网络中进行详细的处理过程，观察网络实时运行情况，还可以学习 IOS 的配置，锻炼故障排查能力。软件还附带 4 个学期的多个已经建立好的演示环境。图 4.1 中的系统总体设计图就是使用此工具设计。

2. Boson NetSim

BosonNetSim 是 Boson 公司推出的一款 Cisco 路由器、交换机模拟程序。它的出现给那些正在准备 CCNA、CCNP 考试，却苦于没有实验设备、实验环境的备考者提供了实践练习的有利环境。Boson NetSim for CCNP 从入门开始讲解，一步步地帮助大家彻底掌握其所有功能。其主要介绍 Boson NetSim 的两个组成部分，即实验拓扑图设计软件(Boson Network Designer)和实验环境模拟器(Boson NetSim)的使用方法和技巧。

4.2.4　系统结构设计描述

Internet 连接企业总部路由器，从路由器连接一条线路到 PIX 防火墙，PIX 防火墙之后就是一个 3 层交换机。在 3 层交换机上连接有企业的服务器群，以及之后的汇聚层交换机。

整个局域网络采用多层数据交换原则设计，这样的设计方案使得整个局域网的运行、维护管理，以及网络故障排除变得更加简单，减少了网络管理员的工作负责性，并且使未来的升级变得更简单、更迅速。

核心区块主要负责以下几项工作：提供交换区块间的连接；提供到其他区块(如广域网区块)的访问；尽可能快地交换数据帧或数据包。建议将主设备间设在主楼网络中心。

由于核心层设备在整个网络中处于最关键的地位，任何故障都可能造成整个系统的瘫痪，因此设备的选型十分重要。从可靠性和安全性出发，结合价格因素进行考虑。

汇聚层主要负责以下几项工作：实现安全及路由策略；实现核心层的流量重分布；实现 QoS 服务质量控制。由于在汇聚层需要实现很多策略控制，因此对于交换机的应用要求较高。

4.3　网络设计方案

4.3.1　网络设计需求

网络在日常办公环境中起着至关重要的作用，企业网的运作模式会带来大量动态的 WWW 应用数据传输，这就要求网络有足够的主干带宽和扩展能力。同时，一些新的应用类型，如网络教学、视频直播/广播等，也对网络提出了支持多点广播和宽带高速接入的要求。

中心机房到汇聚层结点采用四芯光纤(多模)连接，汇聚层到接入层采用百兆的五类线(或者超五类)连接。整个方案设计的目的是建设一个集数据传输和备份、语音传输、Internet 访问等于一体的高可靠、高性能的宽带多媒体企业网。

4.3.2　公司园区结构示意图

公司园区结构示意图如图 4.2 所示。

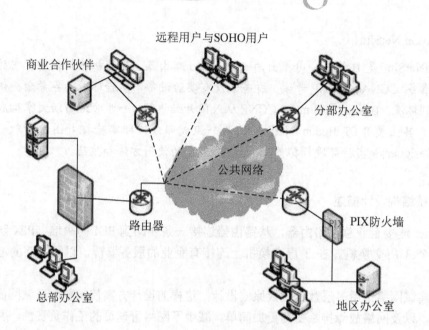

远程用户与SOHO用户

商业合作伙伴

分部办公室

公共网络

路由器

PIX防火墙

总部办公室

地区办公室

图 4.2　园区结构示意图

4.3.3　总体方案设计策略

公司与分部之间，采用帧中继的广域网技术。企业内部网络中，采用 OSPF 路由协议。为了使企业内部部分虚拟局域网之间能够访问，将在核心层交换机上配置单臂路由。需要在接入 Internet 的路由器上使用网络地址转换地址，以此来达到节约公网地址的目的。同时在 PIX 防火墙上设置企业接入 Internet 的规则，并在汇聚层来配置 ACL 访问控制列表以保证员工对企业网络的正常使用。

4.3.4　网络设备选型

1．选型原则

企业网络建设应该以应用为核心，在设计中充分考虑到教育管理和多媒体教学的要求，并且网络技术上应该具有一定的先进性，同时还要为以后的扩展留有一定的空间。

2．核心层交换机

核心层交换机采用神州数码 DCRS-5950-28T-L(R3)，其配置要求如表 4-1 所示。

表 4-1　核心层交换机的配置要求

主要参数	配置要求
交换机类型	万兆以太网交换机
应用层级	3 层
传输速率	10Mb/s、100Mb/s、1 000Mb/s、10 000Mb/s
端口结构	非模块化
端口数量	28
交换方式	存储–转发

主要参数	配置要求
背板带宽	520Gb/s
包转发率	274Mb/s，IPv6 包转发速率为 230Mb/s
VLAN 支持	支持
QoS 支持	支持
网络管理功能	增强安全功能、动态主机设置协议(DHCP)、网络配置和管理基本功能、网络管理 SysLog、SFlow 功能、异常监测和故障检查功能、集中网络管理软件
电源电压	110～240V AC，47～63Hz，RPS(直流 in 12V)
环境标准	工作温度：0～50℃，工作湿度：5%～90%(无冷凝)
产品尺寸/mm	440×44×415

3. 接入层交换机

接入层交换机采用神州数码 DCS-3600-26C(R3)，其配置要求如表 4-2 所示。

表 4-2　接入层交换机的配置要求

主要参数	配置要求
交换机类型	智能交换机
应用层级	两层
传输速率	10Mb/s、100Mb/s
网络标准	IEEE 802.1q、IEEE 802.1p、IEEE 802.3ad、IEEE 802.3x
网络协议	GVRP、DHCP
端口结构	非模块化
端口数量	26
传输模式	全双工/半双工自适应
交换方式	存储-转发
背板带宽	32Gb/s
包转发率	6.6Mb/s，全线速
VLAN 支持	支持
QoS 支持	支持
网络管理支持	支持
网络管理功能	管理界面、SNMP、系统日志，配置管理分级、SSH、RMON、MIB 接口，集中网络管理软件，Security IP 安全网络管理功能
MAC 地址表	16KB
电源电压	100～240V AC，50/60Hz(内置通用电源)，最大 18W
环境标准	工作温度为 0～50℃，工作湿度为 5%～95%(无冷凝)
产品尺寸/mm	440×171.2×43
其他技术参数	MTBF>80 000 小时

4.3.5　路由交换技术部分设计

1. 单臂路由的配置

```
switch(Config)#vlan 100
switch(Config-Vlan100)#switchport interface e0/0/1-5
```

```
switch(Config-Vlan100)#vlan 200
switch(Config-Vlan200)#switchport interface e0/0/6-10
switch(Config)#interface ethernet 0/0/24
switch(Config-Ethernet0/0/24)#switchport mode trunk
```

2. DCR 2611 的配置

```
Router_config#interface f0/0.1
Router_config_f0/0.1#encapsulation dot1q 100
Router_config_f0/0.1#ip address 192.168.100.1
Router_config#interface f0/0.2
Router_config_f0/0.1#encapsulation dot1q 200
Router_config_f0/0.1#ip address 192.168.200.1
```

3. DHCP 服务的配置

```
Switch(Config)#service dhcp
Switch(Config)#interface vlan 1
Switch(Config-Vlan-1)#ip address 192.168.1.2 255.255.255.0
Switch(Config-Vlan-1)#exit
Switch(Config)#ip dhcp pool A
Switch(Config)#ip dhcp excluded-address 192.168.1.1 192.168.1.10
Switch(dhcp-A-config)#network 192.168.1.0 24
Switch(dhcp-A-config)#lease 3
Switch(dhcp-A-config)#default-route 192.168.1.1
Switch(dhcp-A-config)#dns-server 192.168.1.3
Switch(dhcp-A-config)#exit
```

4. ACL 的配置

```
switch(Config)#interface vlan 1
switch(Config-If-Vlan1)#ip address 192.168.1.1 255.255.255.0
switch(Config)#access-list 110 permit icmp host-source 192.168.1.10 host-destination 192.168.1.1
switch(Config)#access-list 110 deny icmp host-source 192.168.1.20 host-destination 192.168.1.1
switch(Config)#firewall enable
switch(Config)#firewall default permit
switch(Config)#interface ethernet 0/0/1-24
switch(Config-Port-Range)#ip access-group 110 in
```

5. OSPF 的配置

```
DCRS-7604(Config)#router ospf
OSPF protocol is working, please waiting…
OSPF protocol has enabled!
DCRS-7604(Config-Router-Ospf)#exit
```

```
DCRS-7604(Config)#interface vlan 10
DCRS-7604(Config-If-Vlan10)#ip ospf enable area 0
DCRS-7604(Config-If-Vlan10)#
DCRS-7604(Config)#interface vlan 20
DCRS-7604(Config-If-Vlan20)#ip ospf enable area 0
DCRS-7604(Config-If-Vlan20)#exit
DCRS-7604(Config)#interface vlan 100
DCRS-7604(Config-If-Vlan100)#
DCRS-7604(Config-If-Vlan100)#ip ospf enable area 0
DCRS-7604(Config-If-Vlan100)#exit
DCRS-7604(Config)#
```

6. 设备配置还原

```
switch>enable
switch#set default
Are you sure? [Y/N] = y
switch#write
switch#reload
Process with reboot? [Y/N] = y
```

4.3.6 网络安全设计

网络中多媒体的应用越来越多，这类应用对服务质量的要求较高，本网络系统应能保证 QoS，以支持这类应用。

网络系统应具有良好的安全性，由于网络连接园区内部所有用户，安全管理十分重要。网络具有防止及便于捕杀病毒功能，应支持虚拟局域网的划分，并能在虚拟局域网之间进行第三层交换时得到有效的安全控制，以保证系统的安全性。校区网络与校园网相连后具有"防火墙"过滤功能，以防止网络黑客入侵网络系统，可对接入因特网的各网络用户进行权限控制。

安全性是网络设计要考虑的重要因素之一，设计中充分考虑了网络的安全性，具体体现在以下几个方面。

(1) 通过虚拟局域网的划分，限制了不同虚拟局域网之间的互访，从而保证了不同网络之间不会发生未经授权的非法访问。

(2) 在核心结点可提供基于地址的 Access-list，以控制用户对于关键资源的访问。通过在汇聚层和核心交换机上设置虚拟局域网路由及访问过滤，保证了在虚拟局域网之间只有被允许的访问才能发生，而未经授权的访问都会被禁止。

(3) 通过对上网人员的安全教育，提高安全意识，特别是增强计算机操作人员的密码管理意识，以防止由于操作员密码有意无意地泄露给他人造成的损失。

(4) 制定严格的安全制度，包括人员审查制度、岗位定职定责制度、使用计算机的权限制度及防病毒制度，以保证网络安全性得以实现。

(5) 可以对所有的重要事件进行记录，这样方便网络管理员进行故障查找。

(6) 可以对所有的 Telnet 及 SNMP 的访问进行限制，从而最大程度地保证汇聚层系统的安全。

(7) 可以在接入层中通过限制 MAC 地址的访问提高网络安全。

4.4 Windows 服务器解决方案

4.4.1 Web 服务器、邮件服务器选型

Web 服务器采用 IBM System x3650 M3(7945I05)，其配置要求如表 4-3 所示。

表 4-3 Web 服务器的配置要求

主要参数	配置要求
产品类别	机架式
产品结构	2U
CPU 类型	Xeon E5506
CPU 频率	2 130MHz
处理器描述	标配 1 个 Xeon E5506 处理器
最大处理器数量	2
制程工艺	45nm
CPU 核心	四核(Gainestown)
扩展槽	4 个 PCI-Express 二代插槽
内存类型	DDR3
内存大小	4GB
内存带宽/描述	1×4GB、1.5V、DDR3、RDIMM 内存
内存插槽数量	18
最大内存容量	192GB
硬盘大小	146GB
硬盘最大容量	8TB
内部硬盘架数	最多 16 个 2.5 英寸热插拔 SAS/SATA 或固态硬盘驱动器
磁盘阵列卡	ServerRAID M5015 阵列卡，支持 RAID 5(512MB 缓存，不带电池)
系统支持	Microsoft Windows Server 2008 R2 和 2008、Red Hat Enterprise Linux、SUSE Linux Enterprise Server、VMware ESXi 4.0 嵌入式虚拟化管理程序

邮件服务器采用 IBM System x3650 M3(7945I01)，其配置要求如表 4-4 所示。

表 4-4 邮件服务器的配置要求

主要参数	配置要求
产品类别	机架式
产品结构	2U
CPU 类型	Xeon E5506
CPU 频率	2 130MHz
处理器描述	标配 1 个 Xeon E5506 处理器
最大处理器数量	2
制程工艺	45nm
CPU 核心	四核(Gainestown)

续表

主要参数	配置要求
扩展槽	4 个 PCI-Express 二代插槽
内存类型	DDR3
内存大小	4GB
内存带宽/描述	DDR3 RDIMM
内存插槽数量	18
最大内存容量	192GB
硬盘大小	146GB
硬盘最大容量	8TB
内部硬盘架数	最多 16 个 2.5 英寸热插拔 SAS/SATA 或固态硬盘驱动器
磁盘阵列卡	ServerRAID M1015 阵列卡，支持 RAID 0、1
管理工具	IBM IMM, Virtual Media Key 用于可选的远程呈现支持、预测故障分析、诊断 LED、光通路诊断、服务器自动重启、IBM Systems Director 和 IBM Systems Director Active Energy Manager、IBM ServerGuide
系统支持	Microsoft Windows Server 2008 R2 和 2008、Red Hat Enterprise Linux、SUSE Linux Enterprise Server、VMware ESXi 4.0 嵌入式虚拟化管理程序

4.4.2 配置文件服务器的操作步骤

(1) 在默认的 FTP 站点创建一个虚拟目录 file，其对应的主目录为 c:\ftp1。

① 在 C 盘根目录创建一个文件夹，名为 ftp1。

② 执行【开始】/【程序】/【管理工具】/【Internet 信息服务管理器】命令，打开【Internet 信息服务】窗口，右击【默认的 ftp 站点】，执行【新建】/【虚拟目录】命令，设置别名为 file，对应主目录为 c:\ftp1。

③ 在 IE 浏览器的 URL 地址栏中输入 ftp://192.168.100.1/file，可以看到相应的目录内容。

(2) 新建一个名为"实用软件"的 FTP 站点，其 IP 地址设置为 192.168.100.1，默认端口号为 21。对应的目录为 c:\software(在该目录下放置相应文件)，并设置其连接数为 50。主要有以下几个步骤。

① 在 C 盘根目录中，建立一个文件夹，名为 software。

② 执行【开始】/【程序】/【管理工具】/【Internet 信息服务管理器】命令，打开【Internet 信息服务】窗口，右击【默认的 ftp 站点】，执行【新建】/【FTP 站点】命令，在【站点描述】输入框中输入"实用软件"。

③ 单击【下一步】按钮，在【IP 地址和端口】中，设置 IP 地址为 192.168.100.1，端口地址为 21。

④ 单击【下一步】按钮，在【FTP 用户隔离】中，选择【不隔离用户】选项。

⑤ 单击【下一步】按钮，在【FTP 站点主目录】中，输入"c:\software"。

⑥ 单击【下一步】按钮，在【FTP 站点权限】中，选择【读取】选项。

⑦ 单击【下一步】按钮，再单击【完成】按钮，完成 FTP 站点的建立。

⑧ 执行【开始】/【程序】/【管理工具】/【Internet 信息服务管理器】命令，打开【Internet 信息服务】窗口，右击【实用软件】，执行【属性】/【限制到】命令，在文本框中输入 50。

⑨ 选择【消息】属性页，在其中的相应文本框中输入"欢迎光临某某的 FTP 服务器！"、

"谢谢光临，欢迎下次再来！"、"我很忙，请稍后再来看我！"。

(3) 在浏览器中输入 ftp://192.168.100.1，验证 FTP 站点的正确性。

4.5 工程实施方案

工程实施方案如图 4.3 所示。

图4.3 网络工程实施方案

需求分析以后进行总体设计，之后进行项目实施计划。综合布线设计将持续两天，在综合布线设计开始一天后，进行网络设备选择及服务器选择。之后开始网络设备的调试，紧接着开始网络存储方案的设计，最后完成文档整理及答辩。

4.6 网络存储方案

本案例中关于企业网络系统数据的存储,采用由 IBM 公司研究开发的 ISCSI 技术方案，它是一个供硬件设备使用的可以在 IP 协议的上层运行的 SCSI 指令集，这种指令集合可以实现在 IP 网络上运行 SCSI 协议，使其能够在诸如高速千兆以太网上进行路由选择。ISCSI 技术是一种新储存技术，它将现有 SCSI 接口与以太网技术结合，使服务器可与使用 IP 网络的储存装置互相交换资料。

ISCSI 是 Internet 工程任务组(Internet Engineering Task Force，IETF)制定的一种基于互联网 TCP/IP 的网络存储协议。ISCSI 存储技术则是目前应用最广、最成熟的 SCSI 和 TCP/IP 两种技术的结合与发展。因此，这两种技术让 ISCSI 存储系统成为一个开放式架构的存储平台，系统组成非常灵活。如果以局域网方式组建 ISCSI 存储系统，只需要投入少量资金，就可以方便、快捷地对数据和存储空间进行传输和管理。ISCSI 实际上也属于 San 家族中的一名成员，它可用来构建基于 IP 的 SAN，让远程用户也可共享 ISCSI 存储系统中的数据和存储空间。

ISCSI 的工作流程：当客户端发出一个数据、文件或应用程序的请求后，操作系统就会根据客户端请求的内容生成一个 SCSI 命令和数据请求，SCSI 命令和数据请求通过封装后会加上一个信息包标题，并通过以太网传输到接收端；当接收端接收到这个信息包后，会对信息包进行解包，分离出 SCSI 命令与数据，而分离出来的 SCSI 命令和数据将会传输给存储设备，当完成一次上述流程后，数据又会被返回到客户端，以响应客户端 ISCSI 的请求。ISCSI 与网络化存储如图 4.4 所示。

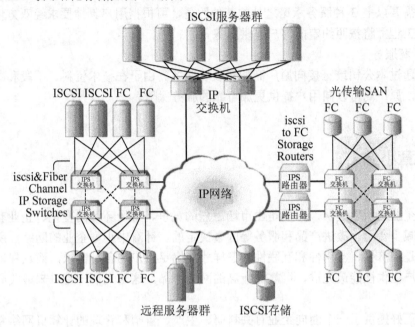

图 4.4　ISCSI 与网络化存储

4.7　技术支持服务

4.7.1　售后服务内容

为了使客户具备基本的网络后期维护专业知识，从而在对计算机系统的投资中获得最大效益，本公司负责向用户提供网络维护培训，由具有高度专业技术知识的网络工程师进行讲授。

4.7.2　保证售后服务质量的措施

针对已签合同，公司将根据用户具体问题提供详细而周密的技术服务，以确保用户的问题得到及时、有效的解决，技术服务形式如下。

1）电话咨询

应确信免费提供每周 5 天、每天 8 小时不间断的电话支持服务，解答用户在系统使用、维护过程中遇到的问题，及时提出解决问题的建议和操作方法。

2）远程在线诊断和故障排除

在保修期内，对于电话咨询无法解决的问题，工程师经用户授权可通过电话线或 Internet 远程登录到用户网络系统进行免费的故障诊断和排除。

3）现场响应

在保修期内，自收到用户书面的服务请求起 48 小时内，若以上两种服务形式仍不能解

决问题，可派工程师赴现场进行免费的故障处理。

4) 和约服务

若用户需要以上 3 种服务承诺之外的其他服务，可根据用户具体要求经双方协商签订服务合约，工程师将按照约定向客户提供服务。

5) 原厂商服务

用户可通过本公司或直接向原厂商购买收费服务。由于在技术资料、手段和备件供应方面的优势，原厂商可以向用户提供更加可靠的服务保障。

本章小结

中小型企业之所以建网，主要是由市场激烈的竞争、市场环境的变化、企业获取高利润的需求、减少费用、改进产品和服务等因素决定的。针对中小型企业的网络，所要考虑的重要因素是经济性、实用性和互联性。怎样才能满足用户的各种需求，而且保证以合理的价格向用户提供性能最先进、可靠性最高的网络产品，这是人们一直以来最关心的一个问题。

本案例正好提供了一个面向企业有关科研、生产、营销和管理的计算机网络系统。企业建立计算机网络之后，采用办公自动化系统，可以实现无纸化办公，各部门通过网络收发电子邮件、安排会议日程，协商解决有关事务，减少会议时间和次数，可节约管理人员大量的宝贵时间。通过建立管理信息系统，管理人员可以非常简单、快捷地处理和解决日常业务，不用忙于手工计算、填写报表、建立台账等烦琐的事务。利用现代化信息手段辅助广大管理人员及时、准确、全面地获取各种信息，这将有利于管理人员有效地安排日常事务，快捷方便地将信息上传下达，大大提高办公效率。

习题

1．中小型企业为什么要建网？简述其作用。

2．在企业网络设计中怎样才能满足用户的各种需求？

3．企业网络中的综合布线系统的常用配件有哪些？配线架的作用是什么？

4．请结合本网络系统集成实例，设计一个 SAN 存储备份解决方案。

5．常用的网络安全技术有哪些？结合本网络系统集成实例，为企业网络补充设计网络安全解决方案。

6．完成一个企业网络系统集成方案的设计报告，要求包含以下内容(顺序不限)：设计对象简介、需求分析、设计原则、网络拓扑图、网络方案设计(局域网和广域网都要，最好有所使用的技术与作用)、网络安全设计、服务器设计、IP 地址规划、网络设备配置和代码及网络设计的特点。

财政办公网络管理系统集成方案设计

- 实施"政府上网工程"旨在推动各级政府部门为社会服务的公众信息资源汇集和应用上网，实现信息资源共享。本集成方案从财政办公网络系统的用户需求分析着手，进行网络硬件平台的总体规划设计，到网络系统中硬件产品的定型，再到财政办公系统应用平台的架构，以及系统安全设计等过程，详细阐述了整个系统的实现。

- 了解政府部门的网络办公系统流程和信息管理的特点，理解"政府上网工程"极大提高了政府部门之间的信息传递与办事效率。能够结合当前 Internet/Intranet 的主流技术和办公自动化系列产品，为快速构建政府部门自动化办公系统提出完整的解决方案。要求掌握以"财政办公网络管理系统"为例的系列"政府上网工程"的一般设计方法。

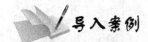

导入案例

政府办公自动化系统

1. 政府办公自动化系统的一般解决方式

政府办公自动化(Office Automation，OA)是以政府机构政务职能的电子化和信息化建设为重心，基于 Lotus Domino/Notes 技术的信息规划、应用开发和管理运行的应用体系。该应用模型主要包括文档一体化管理、政务信息两个解决方案，并可以根据具体应用需求加以扩充。政府办公自动化应用是基于 Internet 技术和 Lotus Domino/Notes 技术的应用。政府办公自动化的普通用户端可以采用浏览器的方式，沿用通常的 Web 应用风格，如公共服务、信息搜索等，另外一些用户端可以采用 Notes 客户端软件，以完成普通浏览器客户端所不能胜任的工作。整个政府办公自动化网既可以基于 Internet 公用网，也可以采用专用网。各个政府部门的电子政务系统相互关联，构成多个电子化的虚拟政府社区，该社区可以允许不同的角色加入，如企业用户、个人用户等。

注释： Lotus Domino/Notes 是 IBM 公司推出的优秀的办公电子协作平台，具有独特的安全特性，从底层到最上层共有 8 个层次安全控制，它们分别是网络信道安全、会话安全、服务器安全、数据库安全、表单视图安全、文档安全、区段安全、域安全。

2. 政府办公自动化系统的一般模型

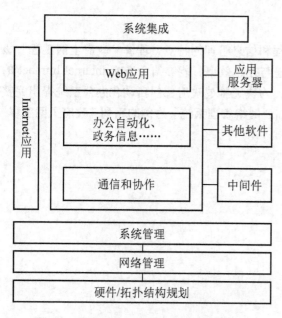

图 5.1　政府机关办公自动化总体模型设计

政府办公自动化系统是比较复杂的信息系统。由于政府职能涉及面的广泛性(范围)、政府职能的多样化和复杂性(功能)，办公自动化系统的建设在范围角度和功能角度都应该是分阶段完成的。了解这些阶段中应用功能的定位和相应的扩展方向，对规划办公自动化系统的建设有重要的作用。对于政府办公自动化的模型，我们有一个初步的规划，业务覆盖整个政府部门的文件管理和信息管理。对于以后的其他应用，能实际进行扩充和拓展。

由图 5.1 模型可以看出，应用系统的重点还是放在办公自动化的核心内容——文件管理和信息管理上，而且要考虑到这些内容的连接和向 Internet 的发布过程。

5.1　政府上网工程背景与国际网络技术的发展趋势

5.1.1　组建财政局内部网的背景

信息化正对人类社会发展产生越来越巨大、越来越深远的影响，网络正逐步深入社会生活的各个方面。政府部门承担着社会经济管理职能，政府部门信息化是社会信息化的重要基础。实施"政府上网工程"旨在推动各级政府部门为社会服务的公众信息资源汇集和应用上网，实现信息资源共享，这对于全面推进国民经济信息化具有重要意义。

目前，随着我国金桥信息网业务的顺利开展，商务部、广电部、水利部、交通运输部、国家林业局等政府部门都已上网，同时省级政府部门也将先后在网上建立自己的网站提供信息。随着电子商务的发展，更加需要电子政府的出现，实现网上交互式信息交流和电子命令的传递。

5.1.2　财政系统内部网建成后将发挥的作用

政府上网的另一个作用就是在网上实现办公。以往人们到政府部门办事，往往要到该地区的各管辖部门的所在地区，如果涉及不同部门，要盖不同的章，更是费时、费力。除了有一些手续必须有实物证明外，可以建立一个文件资料电子化中心，把各种证明和文件电子化。同时，交税、项目审批等与政府有关的各项工作都可以在网上完成。而在财政局内部，各部门之间也可以通过 Intranet 相互联系，各级领导也可以在网上对所管部门做出指示，指导各部门机构的工作，并能及时地进行意见反馈，节省工作时间，提高工作效率。

将来与 Internet 相连后可实现电子政府的强大管理应用功能。

1. 监督电子化

电子政府可以在网上公开政府部门的名称、职能、组织结构、办事章程、各项文件等，以便公众迅速了解政府机构的组成、职能和办事章程、各项政策法规，增加办事的透明度，同时设立友好的访问界面、丰富的站点，接受民众的意见，自觉接受公众的监督。

2. 电子招标

电子招标指通过 Internet 向全国各企业公开招标来购买商品，由政府在 Internet 上公开其所需购买产品的有关信息，欢迎各个企业前来投标。同时，可以对感兴趣的企业网站发出电子邮件，邀请其前来投标，并说明前来申请的截止时间。有意投标的企业需要取得影像、价格、规格等数据和产品性能、优势等文字说明，报送到政府招标的专门网页上，由政府有关人员对其招标项目进行审核，做出初步筛选。

3. 资料电子化

网络的一大特点就是能开放、充分地提供各种信息，政府服务部门和科研教育部门的各种资料、档案、数据库的上网，使政府的服务更加完善，使其更好地为社会服务。

5.1.3 财政局内部网的设计主导

1. 量身定制

对用户的需求进行了定量分析。站在用户的立场上为用户"量身定制"出这个网络方案。

2. 采用先进成熟技术及产品

当今世界新技术产品层出不穷，组建内部网络应从高技术、高起点出发，并留出扩容余量及广域网接口，尽量避免重复建设及投资。

3．精打细算

选用产品应具有最佳性价比，不论是在 Intel 全线产品中，还是与其他品牌相比较。

5.2 用户需求分析

5.2.1 财政办公管理系统内部网应提供的功能

(1) 连接财政办公大楼内所有 PC。

(2) 通过权限设定浏览 Internet 的用户，同时接收、查询浏览国内外的资讯和电子邮件。

(3) 提供丰富的网络服务，实现广泛的软件、硬件资源共享，包括提供基本的 Internet 网络服务功能，如电子邮件、文件传输、远程登录、新闻组讨论、电子公告牌、域名服务等。

(4) 实现财政系统各个管理机构的办公自动化。应具备以下内容。

① 系统管理。

- 主页游览：通过浏览市局主页，获取大量的信息，并由此进入各功能模块。
- 重新登录：当需要改变操作员时，可以重新登录。
- 数据备份：数据进行硬盘物理备份，以防数据丢失。
- 登录设置：系统管理员可按级别改变操作员的权限和密码。
- 数据传输：通过电话拨号等方式在各站点与服务器之间进行数据传输。

② 决策查询。

- 决策命令：局领导通过网络可选择地向各科室、各县、区发布决策命令。
- 材料批阅：局领导批阅各科室、各县、区汇报的材料、文件。
- 数据统计：当输入日期区域后，计算机即可按照规定的方法计算出这个时期的财政收支等数据。
- 数据显示：当输入某个站(点)后，自动显示该站(点)的数据情况和汇总数据(报表)。
- 排序查询：按照不同方式自动计算和统计各站(点)的先后排序。
- 人事档案：查阅和统计人事档案、职工个人资料和信息，如工资、电话等。
- 费用核算：对局内部各科室的费用进行核算、查询、统计和分析，并掌握每个业务科室的开支情况。

- 自由论坛：阅读网络上的自由论坛内容，以充分地了解和掌握干部职工的思想感情动态。
- 内部电子邮件：在内部网络上向所有职工中的任何人发送或接收他人寄出的电子邮件。

③ 事务管理。

- 阅读决策命令：阅读区财政厅及市委市政府、本局领导的决策命令。
- 部门报告：领导、业务科室阅读、处理日常工作报告情况。
- 文件收发：对单位的文件收发进行分类、统计、查询，以及对执行情况进行跟踪管理。
- 文档编辑：自动将文档定义文件名，只需要输入文档的主题词和内容，即可进行文档的分类、统计和编辑。
- 人事管理：对单位的人事进行调动，对档案和统计资料进行查询管理。
- 资产管理：对单位的固定资产和物品进行分类、统计，并打印出清单，供领导参阅。
- 电话管理：对本局来电和去电的内容和执行情况进行监督、查询和统计。

④ 财务管理。

- 财务报表：外挂模块。
- 费用核算：按三级费用核算办法，计算、分类和统计(分科目统计、分明细统计)，并自动生成统计报表。
- 固定资产管理：对本局的固定资产进行登记、分类、查询、统计，并输出各类固定资产报表。

5.2.2　财政局网络对服务主机系统的主要要求

(1) 主机系统应采用国际上较新的主流技术，并具有良好的向后扩展能力。

(2) 主机系统应具有较高的可靠性，能长时间连续工作，并有容错措施。

(3) 支持通用大型数据库，如 SQL、Oracle 等。

(4) 具有广泛的软件支持，软件兼容性好，并支持多种传输协议。

(5) 能与 Internet 互联，可提供互联网的应用，如 WWW 浏览服务、FTP 文件传输服务、电子邮件服务、新闻组讨论等服务。

(6) 支持 SNMP，具有良好的可管理性和可维护性。

5.2.3　财政局网络系统设计方案应满足的要求

(1) 网络方案应采用成熟的技术，并尽可能采用先进的技术。

(2) 采用国际统一标准，以拥有广泛的支持厂商，最大限度地采用同一厂家的产品。

(3) 方案应合理分配带宽，使用户不受网上"塞车"的影响。

(4) 应充分考虑未来可能的应用，如桌面将承受大型应用软件和多媒体传输需求的压力。

(5) 该网络方案要具有高扩展性，能为用户未来数目的扩展提供调整、扩充的手段和方法。

(6) 该网络应面向连接，能够实现虚拟局域网的连接。

(7) 考虑对用户现有网络的平滑过渡，使现有陈旧设备尽量保持较好的利用价值。

5.2.4 财政局内部网对网络设备的要求

(1) 高性能：所有网络设备都应具有足够的吞吐量。

(2) 高可靠性和高可用性：应考虑多种容错技术。

(3) 可管理性：所有网络设备均可用适当的网络管理软件进行监控、管理和设置。

(4) 采用国际统一的标准。

5.2.5 系统集成所共同遵循的设计原则

(1) 选择先进的开发工具与大型数据库。

(2) 采用分布式的结构，以便于开发和维护。

(3) 采用集群解决方案，以保证连续工作。

(4) 为保证网络速度而采用高的带宽。

(5) 追求最高的性价比。

5.2.6 办公信息管理系统设计目标

(1) 采用客户机/服务器工作模式。

① 财政的信息化过程是一个逐步发展的过程，而 C/S 方式适应这类要求。

② 能充分利用机器资源，合理分布任务。

(2) 选择先进的开发工具与大型数据库。

选用既能实现当前要求，又能拓展将来发展需要的系统方案。前台开发工具选用 Delphi、PowerBuilder 等 C/S 的数据库开发软件，后台数据库选用 Microsoft SQL Server，网络操作系统选型为 NT 4.0，保证数据的一致性、完整性、安全性。

(3) 采用 Internet 上的标准协议——TCP/IP 协议，提供财政系统内部及面向全球的 WWW 服务、FTP 服务、新闻服务、电子邮件服务，实现与国际互联网的完全接轨。

(4) 应具有支持通用大型数据库的功能，支持多种协议，具有良好的软件支持。

(5) 本系统应在全面分析各项工作要求的前提下进行开发，对其他工作(如可视服务、其他业务管理等)留有数据接口，采用模块化结构设计，容易升级。

5.3 各主流网络结构和网络总体规划

5.3.1 目前各主流网络结构概述

1. 交换以太网技术

交换以太网是新近发展起来的先进网络技术。它在保证与以太网协议兼容的前提下，提高网络利用率，减少网络资源争夺造成的冲突，使网络性能大幅度提高，以满足各类数据信息传输的要求。

交换以太网从产生、发展到现在，在技术上分为两种：静态交换和动态交换。

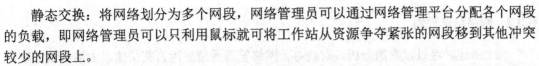

静态交换：将网络划分为多个网段，网络管理员可以通过网络管理平台分配各个网段的负载，即网络管理员可以只利用鼠标就可将工作站从资源争夺紧张的网段移到其他冲突较少的网段上。

静态交换使得网络管理员不必到现场接插线路，而是在网络管理平台面前轻松地改变网络配置，以调整各网段间的负载。静态交换需要网络管理员的监测才能进行被动的调整，而且每个网段上、网段之间的介质访问机制没有改变，网络性能没有得到根本提高。

动态交换：在高速总线上支持多对传输的同时进行。它不需要人工干预实时地将独占带宽分配给一对结点；而其他结点间也可同时进行数据传输。动态交换在总线内部改变了以太网的介质访问机制，使得网上的数据传输以独占 10Mb/s 进行，就好像在两个有数据传输的结点之间有独立的传输电缆一样，使网络效率大大提高。

动态交换分为端口交换和网段交换两种。端口交换适用于高速结点，如服务器、多媒体工作站的连接。它连接结点个数不多，每个结点都有很高的传输速率。网段交换适用于没有特别速率要求的工作站网段，交换的高性能体现在网段之间、网段与服务器之间的数据传输上。同时，随着网络技术的不断进步，动态交换被不断加进新的性能，如对虚网的支持和对数据优先级的支持等。

2. 快速以太网技术

快速以太网实际上是 10Mb/s 以太网的 100Mb/s 版本，所以它的运行速度要比 10Mb/s 以太网快 10 倍。在用户已经很熟悉传统以太网的情况下，快速以太网相对其他高速网络技术更容易被掌握和接受，它可以应用在共享式和主干环境下，提供高带宽的共享式网络或主干连接，同时也可以应用在交换式环境下，提供优异的 QoS。快速以太网技术与传统的以太网技术相似，此外它还具备以下优点。

(1) 快速以太网和普通以太网同样遵循 CSMA/CD 协议，现有的 10Base-T 网络设备可以相当简便地升级到快速以太网，保护用户原有的投资，与其他新型网络技术相比，更方便地使现有的 10Mb/s 局域网无缝连接到 100Mb/s 局域网上。

(2) 100Base-T 集线器和网卡，只需要多花少量费用就可提供比普通以太网高 10 倍的性能。因此，100Base-T 具备较高的性价比。

(3) 快速以太网(100Base-T)已得到 IEEE 任命标准为 802.3u，并得到了所有的主流网络厂商的支持。

3. 千兆以太网技术

千兆以太网是相当成功的 10Mb/s 以太网和 100Mb/s 快速以太网连接标准的扩展。IEEE 已批准千兆以太网工程 IEEE 802.3z。

千兆以太网和已充分建立的以太网与快速以太网的结点完全匹配。最初的以太网规范由帧格式定义，且支持 CSMA/CD 协议、全双工、流控制和由 IEEE 802.3 标准定义的管理项目，千兆以太网将使用所有这些规范。

总之，千兆以太网和管理员以前使用和了解的以太网相同，所不同的仅仅是比快速以太网快 10 倍和它与当前的高带宽需求应用程序相协调的额外特性，而且和日益增强的服务器和台式计算机的功能相匹配。可以看到，主干和各网段及桌面已实现了无缝结合，网络管理变得不再让用户望而生畏。

5.3.2　网络总体规划

综上所述，经过慎重的分析，财政办公网络管理系统采用百兆快速以太网网络方案，理由如下。

对于主干应用程序，ATM 仍有吸引力，特别是对于那些和未来 ATM WAN 服务匹配的应用程序和广域网的访问集成。ATM 使用定长的信元交换，按不同的速率传输数据、图像、语音，在广域网领域，ATM 都具有极强的优越性。对于需要专有 QoS 特征，如医学图像的高速传递，ATM 是适合的。

鉴于宽带的要求，百兆快速以太网包括了一个改进措施：在数据链路层中采用快速光纤连接方式。这使得它对电视会议、复杂图像和其他高数据密度的应用程序的数据传递速率为 10Mb/s 以太网的 10 倍。

在利用用户熟悉性的同时，百兆以太网与以太网的匹配性，使在管理员专业技能方面和支持培训方面的投资得到保留，而没有必要购买新的协议或投资新的中继设备。千兆位交换技术只是刚制定标准，且需要采用大量光纤技术，通常被用来作为园区主干网，总体造价昂贵，如用于财政局内部网有大马拉小车之嫌。百兆以太网提供低价位、易扩充技术，同时在交换机选型时预留千兆以太网模块接口，将会使网络自然地升级到 1 000Mb/s 的带宽。

财政局内部网设计时应以局域网为核心，同时兼顾预留广域网接口，在网络方案的选择上，采用百兆以太网作为内部网的网络总体结构，无论在高带宽、可适应性、可扩展性、高性价比、良好的管理性和维护性等方面都是最明智的选择，成为财政局内部网完整的、经济的解决方案。

下面通过表 5-1 和表 5-2 对两种技术就目前的现况做出全面的比较。

表 5-1　百兆、千兆以太网与 ATM 的功能比较

功　能	百兆快速以太网	千兆以太网	ATM
IP 匹配性	良好	良好	需要 RFG1577 或 PNNI 操作
以太网信息包	具有	具有	需要 LANE 或从信源到包的转换
处理多媒体	可以	可以	可以，但是要改变应用程序
传输速率	100Mb/s	1 000Mb/s	155Mb/s
服务质量	良好	良好	良好，有 SVGS

由表 5-1 可知，百兆、千兆以太网在具有以前 ATM 所有的功能外，还能提供一个更为综合性的解决方案。

表 5-2　ATM、以太网和快速以太网、千兆以太网的比较

比较方面	ATM	以太网和快速以太网	千兆以太网
端口之间	√		√
可升级性	√	√	√
连接定位	√	√	√
QoS	√		√

续表

比较方面	ATM	以太网和快速以太网	千兆以太网
低费用		√	√
协调性		√	√
标准化		√	√
软件		√	√
易集成性		√	√

以上的比较表明：百兆、千兆以太网以许多方式发送最初期望 ATM 实现的优点，而且可以容易地、经济地多地执行。

本工程设计的百兆以太网设计方案，采用最新的 Intel 100Mb/s 交换机作为全网的核心，在此基础上建立起以交换式 100Mb/s 为主干的内部网络。为满足学校与 Internet 的连接，另设一子网，用防火墙将 Web 服务器、路由器等 Web 应用设备与内部网隔离开来，以达到保护财政系统内数据的目的。

5.4 网络设计方案

5.4.1 财政办公系统网拓扑结构的总体描述

本系统的主干网络设备的选择初步确定为如图 5.2 所示。

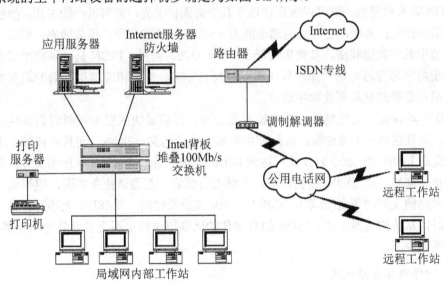

图 5.2 财政办公系统网拓扑结构

1. 内部网络功能

以财政局内部网络系统总共 40 台 PC 上网为例(含余量)，网络建设将采用新型的背板堆叠技术，根据功能区划分，由 Intel Express 510T 交换机组成两个交换机组。适当地分配堆叠数量，提供 48 个 100Mb/s 交换端口，所有工作站都通过 100Mb/s 网卡连接到交换机组

上，把 100Mb/s 交换到桌面。扩容时只需增加一台 Intel Express 千兆交换机，在 Intel Express 510T 交换机组端增加 GB2 模块与 Intel Express 千兆交换机相连。这时，在交换机组之间可达到 1 000Mb/s 的带宽。而同一交换机组通过背板技术相连后内部可达到最高 4.2Gb/s 的带宽。中心计算机房的 Web 服务器、电子邮件服务器、文件服务器、Notes 服务器等设备直接与 100Mb/s 交换机上的 100Mb/s 以太网模块连接。

2. 广域网络功能

与 Internet 的连接采用一台 Cisco 2503 路由器，通过 ISDN 线路或 DDN 线路与 Internet 相连。

Cisco 2503 具有两个多协议同异步串口，同时有一个 ISDN BRI 接口，可通过 ISDN、DDN、帧中继、X.25 等线路互连企业间局域网，作为中小企业的分支接入路由器。

企业的 Internet 有租用 DDN 专线和 ISDN 两种高速方式。

DDN 专线传输速率为 64Kb/s～2Mb/s，传输质量稳定可靠，可是租用 DDN 专线的费用异常昂贵，仅 64Kb/s 速率的 DDN 每月租金达数千元，因此 DDN 只适合银行、证券等要求实时高速连接的场合。

ISDN 线路可以一线多号、一线多连，两个终端可以同时使用而互不干扰。例如，在一条 ISDN 电话线上可以用一个信道保持声音通话，用另一条信道上网。而且由于它属于普通电话网的一部分，所以用户既可以与 ISDN 用户通信，也可以与普通电话用户通信。当用户在一条 ISDN 线上与普通电话用户通信时，仍按普通市话或长途标准收费。

ISDN 具有经济性。这可以表现在以下几个方面：首先，它可以一线多用，做综合业务处理，减少投资；其次，它可提高通信能力 3～5 倍，节省费用，提高效率；最后，它可即时连接使用数字数据线路，其费用远低于 DDN 专线。另外，ISDN 是一种需求式服务，所以用户使用它与普通电话一样，只在需要时发起呼叫，支付相应使用时间的通话费，一旦连通，用户获得的就是高速数字通信。

ISDN 具有数字化优越性。在传输速度方面，目前最快的模拟调制解调器也只不过是 56Kb/s，而且这是一个理论值，实际使用时最多只能达到 52Kb/s，而且还依赖于电话线的质量。但在 ISDN 中，仅 2B+D 就可达到 64Kb/s，若传输一个 1MB 未压缩文件，不到 1 分钟就可传输完毕，比 DDN 要快很多，显然占有优势。在通话建立方面，模拟调制解调器要协商电话线支持的带宽(速率)，需要 10～30s 或更长时间，而 ISDN 无那种杂音，几秒就可连接好。从传输质量上讲，ISDN 的数字传输比模拟传输更不会受到静电和噪声的影响，使数据通信中断。

3. 打印服务功能概述

值得一提的是，在网络中增加了一台 Intel 公司的打印服务器，解决了传统打印方式下的瓶颈问题。

在没有网络的情况下，打印文件只能依靠磁盘复制到工作机的方式下进行，要占用一台专用计算机，打印大型文件几乎不大可能。

如果网络采用共享方式实现网络打印功能，当打印对列过多的情况出现时，容易造成网络堵塞和服务器宕机的情况，这时必须由网络管理员手工干预才能解决。

网络中采用一台专用打印服务器后，任何上网的计算机均可把这台打印机视为本地打印机，不占用任何服务器、工作站资源，打印速度大大提高，真正做到了无人值守的情况，我们所要进行的工作就是开和关。

4. 网络的扩展能力情况

在不改变网络技术的情况下，随着网络流量的增加，主干网上 100Mb/s 交换机的带宽压力不断提高。这时可以采用 Intel Express 千兆交换机特有的冗余连接特性，增加一台 1 000Mb/s 交换机。并在 100Mb/s、1 000Mb/s 交换机之间建立多条连接。这样不仅提供了更大的带宽(最高可达 12Gb/s)，同时又增强了主干网段的连接刚性，还增加了更多的 1 000M 交换端口，为以后增加更多的服务设备提供了良好的扩充余地。

5.4.2 财政局内部网采用的协议标准

本内部网以 TCP/IP 为主要协议，因为 TCP/IP 协议族是美国国防部门制定的一套计算机网络协议，是目前众多计算机网络最流行的协议，以它为基础组建的 Internet 是目前国际上规模最大的计算机网间网。它虽不是国际标准，但却是一种事实上的工业标准协议，以 TCP/IP 为网络主要协议，可保证与 ChinaNET 和 Internet 保持一致，还可支持 IPX，DECNET 等其他协议。真正实现与国际互联网的无缝连接。

从计算机网络通信的观点来看，TCP/IP 网络实质上可称为 IP 网络，它是由许多 IP 网关(或称为 IP 路由器)通过若干直接连通的通信线路(点到点通信)形成一个计算机通信网络。在 IP 网点上再接入主机，子网便构成一个互联的计算机网络，这些安装了 TCP/IP 的各类计算机间需要通信时，就不再要求设置协议转换开关，而且主要的网络服务都可建立在 TCP/IP 服务器上。

5.4.3 内部网采用的网络操作系统

财政局局域网的网络操作系统以 Microsoft Windows NT Server 4.0 为主。它是发展速度最快的集成了 Web 应用的网络操作系统，具有界面友好、系统强壮、稳定可靠、与桌面主流操作系统相容性好等优点，并拥有大量的基于 NT 的服务器端软件，是 Intranet 网络中最佳的网络操作系统平台。

Windows NT 具有如下特点。

(1) 服务器端的多硬件平台支持。

(2) 文件及打印共享。

(3) 适合于分布应用：用 NT 编写的分布式应用程序可以跨接到其他系统。

(4) 内置良好的安全措施与先进的容错能力。

(5) 内置 Internet/Intranet 功能，及使用方案。

(6) 开放式网络服务接口，用户可访问多个计算机环境的信息，获得更为广泛的服务。

5.5 网络架构中的产品定型

本系统主干网络产品选用 Intel 的网络产品。

5.5.1 网络设备定型

1. 接入交换机的定型

在此采用交换机而不使用共享式集线器到桌面,是由于财政局实际使用情况主要表现在网络应用较为复杂,系统管理、决策管理、财务管理、电子邮件等功能模块同时运行,网络就会产生拥堵而影响速度,因此在内部网中应使用百兆交换机交换到桌面。

财政局内部在十兆与百兆交换机中应选择百兆交换机,因为十兆虽然在目前网络使用中刚刚能达到要求,但是已经不适应功能越来越强的计算机与新的应用软件的发展,更不适应更快的计算机通信产品的要求,这将成为它们之间最大的瓶颈。

因此采用 Intel Express 510T 交换机作为局域网工作组级接入交换机,直接连接各科室站点。通过 Intel 先进、独特的背板可扩展堆叠技术(Scalable Stacking Technolog, SST)将第一期的 40 个站点分成若干个网段,因此形成的交换网络就能够满足不断增长的流量需求。

另外通过虚拟网技术,使每个科室或每个部门之间的互访得到有效的管理和控制,提高网络的安全性。

作为以合理价格实现工作组与终端设备的 100Mb/s 连接的可扩展交换器,Intel Express 510T 是将专用快速以太网式的性能扩展到整个网络的理想选择,它可使用户的终端设备服务器及其他网络设施享受高性能的解决方案。这种高性能的解决方案可随网络的成长而自由扩展。

2. 服务器网卡的定型

在本工程中,建议 Web 服务器采用千兆服务器专用网卡,内部站点对其的访问在相应网站时,数据流量相对来说比较大,要求 Web 服务器能够提供足够的连接带宽。Intel Express PRO/100 服务器网卡是唯一一种支持标准 10Base-T、100Base-TX 和 1000Base-FX 以太网的网卡。这是一种智能的网卡,它能够利用其内置的 Intel i960 RP 处理器最大限度地优化服务器资源。它的独特性能包括:

(1) 动载平衡(Load Balance)技术,支持网络负载均衡。

(2) 网卡容错功能,可以增加链路冗余性,提高可用程度。

(3) 高性能驱动程序,包括 Windows NT*(NDIS 4.0)和 NetWare*(ODI3.3)。

(4) 通过 RJ-45 和 MII 连接器支持 100Base-TX 和 100Base-FX;支持全双工和半双工操作。

3. 服务器定型

服务器是网络中的核心部件,所有的功能模块、安全认证等功能都在服务器上运行,服务器一旦宕机,网络几乎等于瘫痪,或者服务器运行速度不够,不能满足大型重载软件需求,上网时感觉像蜗牛爬行,浪费了宝贵的时间。因此对网络服务器的安全性、稳定性、容错性必须严格加以考虑,要选择略带超前的产品型号。

在这里采用美国 Compaq 公司的 PL 6000 系列服务器(见图 5.3)。Compaq ProLiant6000 提供突破性企业性能,拥有高水平的扩展能力,可为关键业务环境提供出众的价值。ProLiant 6000 配有 1~4 个 Pentium II Xeon 处理器,可以支持未来 Pentium II Xeon 处理器技术。在易于维护的工业标准平台内,ProLiant6000 提供了领先的性能和扩展能力。

图 5.3　Compaq PL 6000 服务器图例

新一代服务器拥有以下特点。

(1) 可支持多达 4 个 400MHz Pentium II Xeon 处理器，具有 512KB(单处理器标配)或 1MB(双处理器标配)二级高速缓存。

(2) 最大 8GB 内存，两倍于 Pentium Pro 的扩展能力；根据型号标配 128MB 或 256MB ECC 缓冲 EDO 内存。

(3) 多达 18 个 1 英寸或 12 个 1.6 英寸内置热插拔磁盘驱动器托架 1，最大内部容量可达 218.4GB，最大外部容量可达 6.98TB。

(4) 可选无线缆 SmartArray 3100ES 控制器(2S-256 型标配)，支持 3 个 Wide Ultra SCSI-3 通道与 64MB 高速缓存，用于实现所有 3 个驱动器箱的。高性能 RAI。该适配器支持在线扩容和在线备件能力。

(5) 3 路对等 PCI 总线结构，支持 10 个 I/O 插槽(5 个 64 位 PCI、4 个 32 位 PCI 和 1 个 ISA)。

(6) 标配冗余处理器电源模块。可选冗余热插拔系统风扇，热插拔($N+1$)冗余电源与冗余网卡。

(7) 新增 4 小时快速反应保修升级。

(8) 最大 8GB 内存。

网络服务器的安装调试是一项复杂而慎重的工作，技术含量较高，非一般公司所能胜任。此工程的实施公司为 YH 公司。YH 公司与 Compaq 公司长期合作，引进了多款 Compaq 系列高端服务器，现以全部调试并运行，Compaq 服务器在运行过程表现出来的优异性能获得用户的一致好评。

5.5.2　局域网络出口设备

考虑到 Internet 和其他网络(如政府网络等)的连接，目前设计的局域网都要考虑对广域网络的连接，更广的资源和应用将在各种广域连接中发现。目前，越来越多的政府机关还开展了上网工程和建立自己的 Web 网站。因此，能否有效地连接 Internet 是财政局内部网建立的一个重要目标。

保护内部网的第一道防线为路由器定型。

在此方案中，我们考虑了 Internet 出口路由器的配置为一台 Cisco 2503ISDN 路由器。

它是财政局内部网对外的出口，也可以作为保护内部网的第一道防火墙。因为使用 Cisco 2503 在 Internet 上配置安全的虚拟专用网络隧道极为简单。但根据客户商务和局域网配置的具体不同情况，也应该采取适当的步骤来确保来自 Internet 的局域安全。这至少要包括配置通过协议过滤器的访问控制目录。

采用 ISDN 线路与 Internet 连接，以 64～128KB 带宽支持 Internet 的应用，性能非常稳定。

Cisco 2503 有两个能与专用数字线路、帧中继或 X.25 网络相连的广域网接口。Cisco 为通道传输提供强大的加密功能。这种加密功能使用具有 144 位加密钥匙的 BlowFish 算法。与此相比，一些竞争对手的方案只具有 40～128 位长的加密钥匙。由此可见其加密功能的强大。任何数据在进入公用网域之前都将被加密并打成标准的 IP 包。由于加密是针对整个数据流的，所以原始的源地址和目标地址将被隐蔽起来，不会被潜在的黑客发现，以确保私人通信数据通过公用网域时的安全性。

5.5.3 主要网络产品特点

1. Intel Express 510T 交换机

1) 高性能的交换

Intel 公司的自适应技术分别对每个端口进行优化，即根据当前的流量状况动态地调整交换模式。这不仅可以提高性能，而且还可以延长交换设备的使用寿命。这是因为交换器可自动适应用户网络中未来的流量变化。

交换器也支持 Policy-based VLA，允许用户分割网络以提高性能，增强安全性和更有效地分配资源。这一强大的工具允许根据企业的逻辑需要划分小组，而不受布线结构的限制。这样在需要往网络中增加或从网络中减少用户时，网络可很快适应。

2) 可扩展的端口密度

每个交换机可有多达 32 个端口，每个堆叠可以有多达 196 个端口。

3) 外背板可扩展堆叠技术

增加到堆叠的每一个交换机可为主干网的容量增加额外的 2.1Gb/s。

4) 先进的流控制

减少阻塞机会，防止包丢失。

5) 链路会聚

会聚快速以太网流量，支持高带宽传输及冗余连接。

6) 可靠的解决方案

Intel Express 510T 交换机，确保网络的正常工作。它包括一种板上温度传感器、一个可以选择的备用电源和备用网络连接的用户界面。

Intel Express 510T 交换机每一端口都有 10/100Mb/s 自动握手功能，这种 24 端口的基本单元的每一端口都可支持快速以太网和标准以太网。因此，用户可将最新高性能的工作站和老式计算机并排连接，并可根据需要，随时随地方便地实现升级。

Intel Express 510T 交换机提供用于网络系统和 Windows 操作系统的软件 Intel Device View。这一直观、方便、易用的管理软件可以简化安装，延长正常工作时间并提高故障检修速度。它提供一体化的 SNMP 和 RMON 支持，因此用户可监视每一端口的工作状况。只要是装配了标准的因特网浏览器的终端均可与 Intel Device View 相连。

2. 扩展模块

每种 500 Series 基本单元包含可接插两个扩展模块的插槽，以方便增加用户和实现高性能的连接：4-端口 10/100TX 模块在一个交换器上扩展实现 12、28 或 32 个端口，2-端口 100FX 模块支持多达 2km 的光纤连接。

通过把高速背板集成到可选模块上，Intel 的外背板可扩展堆叠技术使用户能够随着往堆叠上增加交换机来提高交换容量。它是能够通过增量方式构造高性能交换方案的唯一解决方案。用户可以在需要时通过向堆叠中增加交换机来支持更多的用户，这样交换网络就能够满足不断增长的流量需求。

5.5.4　网络系统平台

Windows Server 2003 是适用的完善的服务器平台，它提供了在建构企业内部网络方面健全、可靠的基础。除了集成的应用程序、通信处理和文件/打印支持以外，Windows Server 2003 是一个具有完善的、集成的内置式企业内部网络服务集的服务器操作系统，成为在使用、管理方面最方便的企业内部网络服务器。Windows Server 2003 提供了一种可利用的、完善的企业内部网络服务器——"插接和运行"式企业内部网络服务器。

Windows Server 2003 是企业内部网络平台的一个重要升级，提供了下面所述的集中在企业内部网络上的增强功能：

(1) Windows XP 用户界面和新的管理向导。

(2) 集成的网络服务器。

(3) 动态服务器网页，它是一个开放的、自由编辑的应用程序环境。

(4) 获奖的网页制作和站点管理工具。

(5) Microsoft NetShow，使用户可以通过使用生动的、可存储式多媒体内容的网络站点来进行通信。

(6) Crystal Reports，它是一种针对 IIS 的可视化报表工具，它可以生成成文质量的报表，并将其集成到数据库应用程序中。

(7) 内容检索和查询技术。

(8) 全集成的 DNS Server 和其他 TCP/IP 管理应用。

(9) 点到点的通道协议。

(10) 分布式组件对象模型(Distributed Component Object Model，DCOM)。

(11) 对 Windows NT 目录服务的增强。

(12) RAS 多链接管道集合。

(13) 其他内置式服务。

(14) 全新的且增强的网络和服务器监视设备。

(15) 打印强化。

Windows Server 2003 已经由美国政府的联邦计算机安全协会(National Computer Security Council，NCSC)及欧洲的同等机构——信息技术安全评估和确认机构(Information

Technology Security Evaluation and Certification，ITSEC)进行了评估，已经被认为是一个高度安全的操作系统。这个评估结果意味着 Windows NT Server 已经成为第一个和唯一的一个基于 PC 的服务器操作系统，接受了 ITSEC 或 NCSC 的完整网络的 C2 或 FC2 安全评估，进一步确立了它作为最安全的基于 PC 服务器操作系统的地位。ITSEC 的评估结果表明仅有 Microsoft 公司可以为客户提供一个安全的、终端到终端的、基于 PC 的 FC2/C2 安全级别的网络。

Windows Server 2003 也提供了功能强大的工具以简化管理和维护安全体系的工作。用户可以从一个中心地点管理用户账户和访问权限，并可以根据一系列用户和系统参数选择设置。并且图形化的工具简化了管理安全体系的工作，而这些操作不会影响到用户。

Windows Server 2003 中不易受到攻击的安全机制可以帮助用户维护数据的整合性和价值，并且帮助用户在信息时代中保持竞争力。

Windows Server 2003 一个最主要的设计目标就是通过一个集成的、一致的保护机制来达到 C2 级别的安全等级，所有的系统资源都被作为对象对待，提供了一个单一的安全"门"作为保护构造，所有用户必须要经过这个门以获得对系统资源的访问。这样做的结果是进一步保证了系统能够满足安全模型的要求，这是因为一个单一安全机制比多个特别的机制更容易理解和证实。如果安全性不是设计时的一个重要要求，那么几乎不可能通过后来附加的技术来提供像 Windows NT 提供的对多种系统资源的一致处理方式。

5.5.5 利用 Microsoft Exchange Server 提供电子邮件服务

电子邮件的传递过程是通过网络进行的，传递速度极快，而且可靠性高。电子邮件的传递是由简单邮件传输协议 SMTP 来完成的。SMTP 是 TCP/IP 的组成部分，它描述了电子邮件的信息格式及其传递处理方法。Internet 中的每台计算机都运行电子邮件的软件，以确保被传递的信息能够正确寻址并以正常的方式传输，它是在后台通过 SMTP 来发送和接收邮件的。

BackOffice 包括 Microsoft Exchange Server，因此公司员工可以发送电子邮件、在公用文件夹中跟踪和存储信息、安排会议并查看来自远程站点的邮件。

1) 发送电子邮件

电子邮件提供了与公司员工和 Internet 上其他人员通信的工具。用户可以交换信息、发送文件并提供到 Internet 站点的链接。Microsoft Outlook 是一个桌面信息管理程序，其中包括电子邮件、日程安排和任务管理等功能，供 Microsoft Windows 95 和 Windows NT Workstation 用户使用。用户还可以从运行其他系统的客户端上使用 Microsoft Exchange Client，这些系统包括 Windows for Workgroups 或 Apple Macintosh 等。

2) 将信息存储在公用文件夹中

Microsoft Exchange 提供了一个公用文件夹，该文件夹存储在中心位置，而且网络上所有电子邮件用户都可以看到它。许多组织使用公用文件夹存储文件、客户记录、电子邮件等供大家阅读的信息。通过拖放文件可以很方便地将信息添加到公用文件夹中。

3) 跟踪日程安排和会议

通过使用"Outlook 日历"或"Schedule"功能，用户可以跟踪日程安排并安排与其他人的会议，也可以查看其他人的日程安排、创建"任务"列表，并建立自动会议备忘录。

4) 创建通讯组

如果希望给一批人发送电子邮件，则不必输入每个人的姓名。通过创建通讯组，可以很方便地一次给一批人发送邮件。通讯组可以包含单独的电子邮件地址，也可以包含其他的通讯组。

5) 离开办公室工作

通过远程邮件，用户即使不在办公室，也可以访问他们的电子邮件。用便携机或家用计算机通过拨号网络连接，就可以查看邮件、发送新邮件和查看公用文件夹。

6) 创建通讯簿

用户可以创建个人通讯簿来很方便地访问其常用的电子邮件地址和通讯组。这些通讯簿可以提供电子邮件地址、职称和其他业务信息。

5.5.6　安全系统——防火墙

随着 Internet 的迅速发展，如何保证信息和网络的自身安全性问题，尤其是在开发互联环境中进行商务等机密信息的交换中，如何保证信息存取不被窃取篡改，已成为企业非常关注的问题。作为开放安全企业互联联盟的组织者和倡导者之一，CheckPoint 公司在企业级安全性产品开发方面占有世界市场的主导地位，其 FireWall-1 防火墙产品的市场占有率已超过 44%，世界上许多著名的大公司都已成为开放安全企业互联联盟的成员或分销 Check Point FireWall-1 产品。

FireWall-1 V 3.0 主要分为三大类：第一类为安全性类，包括访问控制、授权论证、加密、内容安全等；第二类是管理和记账，包括安全策略管理、路由器安全管理、记账、监控等；第三类为连接控制，主要为企业消息发布的服务器提供可靠的连接服务，包括负载均衡、高可靠性等。

由于财政第一期工程完工之后，大量的数据库和重要软件尚处于建设之中，还不会引起黑客的注意。因此建议在一期工程中通过 Intel 路由器含有的一些基本的防火墙功能来实现，即暂不使用 CheckPoint 防火墙技术。

5.5.7　方案设计特点

1. 高性能产品

Intel 的 500 Series 交换机是具备先进的高扩展性能的交换机组，即使在重载数据流业务负荷下，其结构也能保证极好的性能。并且 500 Series 提供了很高的带宽支持，可支持千兆的以太网连接，其可靠的交换模式为未来的多媒体通信业务做好了准备。

Intel 的局域网交换产品在几个主要的交换集线器评测中，以其卓越的性能，名列前茅。多项测试结果证明，Intel Express 510 T 交换机和 Express Stackable 与其他产品相比，在通信速度、带宽、拥塞管理、网络管理功能等项指标，都具有明显的先进性。

Intel 公司的 500 Series 网络交换机系列提供了对虚拟局域网的支持，由于虚拟局域网在分割网络的灵活性上达到了一个新的水平，它可提高网络性能、简化管理并增强安全性。第三层交换技术是先进交换机的标志。500 Series 交换机将交换工作和路由控制合并在一起。由于将寻径功能直接集成在交换芯片中，用户可以接近交换的速度实现路由。Intel 支持 IP 和 IPX 的第三层交换。

2. 减少 TCO 灵活性

Intel 公司的 500 Series 产品提供多种网络连接，如网段交换、以太网交换、高速以太网交换、千兆以太网主干、冗余主干。如果以后网络扩展，只需选择所需的产品即可。

Intel Device View 网络管理软件是业界优秀的网络管理平台，除具有网络管理的各项功能外，还具备清晰、易懂的图形界面，用户使用起来得心应手。并且 Intel 还可以提供更高、更广泛的网络管理，包括 Intel Landesk Management Suite、Intel Landesk Workgroup Manager、Intel Landesk Virus Protect、Intel Landesk Server Manager Pro、Intel Landesk Network Manager 等。它有选择地应用可简化管理模式，提供管理性能，提高网络的安全性。

作为网络核心的 500 系列主干交换机选配备份电源，保证不会因电源故障致使整个网络瘫痪，所有堆叠内交换机都是相互独立的，不会因某个设备或某个端口的故障影响其他设备或端口，也就是说主干交换机不存在单一故障点；另外，Intel 交换机可以设计成具有冗余的主干连接方式，保证主干线路的容错能力。

3. 高性价比、高扩展性

500 系列交换机是可堆叠交换机，可通过其高速的堆叠总线连接多个交换机，无阻塞地实现升级。采用 Intel 的可扩展堆叠技术可实现端口数量达 196，带宽可达 17Gb/s 的交换机组。

Intel 作为 IT 业知名的公司，拥有完整的产品系列，并且作为 IT 业中技术的先驱，其产品还在不断地发展、扩大。对于校园网的设计，Intel 可提供完善的解决方案。对于学校模式的 Intranet 和 Internet，Intel 可提供高效能的交换机和路由器，并且提供 Intel Server、网络打印机和网络视频产品，以完成一个全面的 Intel 解决方案。

4. 技术标准化、技术先进成熟

交换技术是近几年发展起来的先进的网络技术，由于它具有高传输速率，适合多媒体应用，并且有效解决了传统网络中带宽有限等诸多问题，因此具有广阔的发展前景。此方案选择交换技术和快速以太网作为网络主干，不但具有很高的网络带宽，而且能有效保护用户的投资。

交换技术是近几年来发展起来的先进的网络技术，它在保证与现有局域网技术兼容的前提下，大大地提高了网络性能，为建设高性能网络提供了保证；另外，交换技术随着网络厂商的大力发展，日趋成熟。作为交换技术的领导者之一，Intel 提供的网络交换产品系列完整，技术领先。

同样，快速以太网和千兆以太网技术也已成为先进而成熟的技术，并且被广泛地应用到很多先进的网络中。而交换技术和多种网络技术的结合创造了目前最优秀的局域网络。

5.6 财政办公信息管理系统功能实现

5.6.1 "YH 办公" 自动化系统综述

YH 公司有资深的软件开发工程师，通过与 IBM、Lotus、和佳公司的合作，开发出具

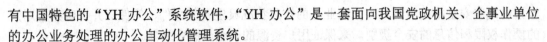

有中国特色的"YH 办公"系统软件,"YH 办公"是一套面向我国党政机关、企事业单位的办公业务处理的办公自动化管理系统。

由于行业性质不同,不同行业的办公业务必然存在着差异;"YH 办公"综合多行业、多单位的不同业务需求,针对我国企事业单位普遍关心的问题,来组织、构造系统。这些问题如下。

(1) 办公事务繁杂、流程多、具有一定的无序性。

(2) 公文批复、审阅要求越来越及时、快速。

(3) 文件、资料、合同等当前或历史信息的需求量越来越大。

(4) 用于决策指导的统计分析数据要求满足更高的准确性或必要的依据。

(5) 会议的安排要求:质量高、及时、有序、反馈好。

"YH 办公"的目的在于帮助长期囿于繁杂办公事务的领导和公务人员减轻工作压力,提高办公效率、统一办公规范,从纸张办公走向电子办公,在轻松的气氛中处理完繁杂的事务。

"YH 办公"以公文流转,信息、秘书(公共活动、会议安排)工作为主体,以领导办公为中心,应用先进的工作流管理思想实现办公的一体化管理;系统针对企事业单位的管理需求为领导办公提供必要的督察、决策支持。

"YH 办公"在设计上采用灵活的自定义模式构筑系统结构,允许不同用户按照自身的业务需求自定义各种业务属性,如文件、资料、合同等的分类方式等,从而使系统具有极好的自适应性和业务扩展性。

系统提供极强的安全管理支持,针对不同用户,不仅对每个功能操作进行授权管理,还可对操作的数据目标进行使用级别授权,通过二级安全控制确保系统安全可靠运行和数据的严格保密。

"YH 办公"在 Lotus Notes 环境下制作、运行。同时,针对不同系统的业务处理需求,应用先进的数据库处理技术,为用户提供了使用更方便、功能更强大的办公管理大型软件系统。系统可以运行在 Windows NT 环境或以 IBM AS/400、RS/6000、S/390 等为服务器的网络操作环境下。

5.6.2 "YH 办公"的性能特点

"YH 办公"的开发运行平台是 Lotus Domino/Notes 4.6,系统充分发挥了 Lotus Domino Notes 4.6 的优良特性,结合了对 Sybase 等关系数据库、Internet 技术的应用,保证了其在技术上的先进性和系统的实用性。

(1) 先进的客户机/服务器结构:可监控、可管理,适合各种规模的企事业。

(2) 可伸缩性及可靠性:Lotus Notes 的"集群"及"划分"技术在功能上提供了非常强大的伸缩性及可靠性保障。

(3) 费用低:Lotus Notes 不但产品价格相对低廉,而且其系统的维护和二次开发费用也很低。

1) 严格的安全控制

系统从数据库角度(即用户或系统拥有的信息资源)按管理员、设计者、编辑者、作者、读者、存放者、无存取权限七级设置安全控制,对数据的密级按绝密、机密、秘密、平件设置。这些安全措施使用户可以按业务的实际状况设定有关文件、信件，并针对其他用户的操作权限和信息的安全级别，来保证用户资源的安全性和可靠性。

2) 强大的工作流和离散控制相结合

系统针对办公业务的模式化和随机性特点，为实现业务人员之间的协同工作，通过制定工作流和离散的过程控制方式处理文件的批阅、工作督察、会议调度等工作；并以电子邮件方式辅助工作流的完成，使办公过程具有连贯、快捷和极高的实效性。

3) 及时周全的办公提醒

系统成分发挥 Lotus Notes 本身固有的特点，使用电子邮件，给参与办公的业务人员及时、准确的办公提示。对新到的电子邮件，如果用户处于工作状态，系统以声音或其他方式提醒用户；如果用户处于非工作状态，邮件将自动发到用户的邮箱中，用户一旦进入工作状态，所需处理的事务便尽在眼前。

4) 良好的系统可扩展性

系统在业务处理方面充分考虑了用户业务发展的需求，提供丰富的用户自定义功能，使系统更具有弹性和适用性；另外，系统对声音、图像、动画和 HTML 文档等数据提供访问和处理支持。

5) 友好的用户界面

系统运行于 Windows 平台，为用户提供图形用户界面和网络用户标识，满足不同类型客户的应用需求。

6) 所见即所得的业务处理

系统对办公中的拟文、批文、报表等处理，采用所见即所得的方式，使办公业务显得亲切而实际。

7) 系统的多平台支持

"YH 办公"可运行于多种操作平台，从 IBM 的 S390 系列的 OS/390，到 AS/400 的 OS/400、RS/6000 的 AIX(及 Sun Solaris, HP-UX)、PC Server 的 Windows NT、Windows 95、Windows 98 等，从一个平台到另一个平台，系统不需做任何代码修改和二次编译，便可运行。如图 5.4 所示为 "YH 办公系统" 登录界面。

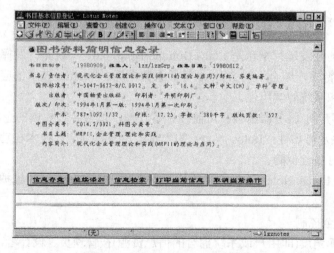

图 5.4　"YH 办公系统" 登录界面

8) 全面的电子商务解决方案

为适应全球电子商务的发展需求,"YH 办公"充分应用 Web 技术拓展系统的功能;系统所有功能模块都可以在浏览器下运行。

5.6.3 "YH 办公"的主要模块功能介绍

"YH 办公"由公文管理、档案管理、信息采集、督察管理、合同管理、项目管理、会议管理、外事管理、车辆管理、房产管理、日常业务及领导办公等业务处理模块组成。

1. 公文管理

公文管理包括收文管理和发文管理。收文管理处理收文登记、办理、批阅流转、公文归档等业务,同时为业务人员提供对公文有关信息的多条件检索支持。文件的登记、送批等过程都通过本系统,按有关工作流程执行、完成。发文管理主要处理发文拟稿、核稿、文稿会签、批阅流转和公文流程日志记录等业务。办公系统公文管理界面如图 5.5 所示。

图 5.5 办公系统公文管理界面

2. 档案管理

档案管理可以对办公业务中常见的各种文件、档案、合同、会议记录等进行归档保存处理。管理人员可以应用档案管理模块对文件资料进行归类、立卷、封存等业务处理;同时,可以对档案进行借约、归还、移卷、著录标引等操作。档案管理提供丰富的检索功能,方便实际操作。

3. 信息采集

本模块处理来自不同渠道的多向信息,如政策、法律、新闻、竞争对手资料等,对收集来的资料进行分类、编目,为决策人员、业务人员的办公决策提供可靠、快捷的支持;系统保存所有历史资料,并提供多途径检索支持,同时将最新信息提交电子公告板,向全单位发放。办公系统信息采集界面如图 5.6 所示。

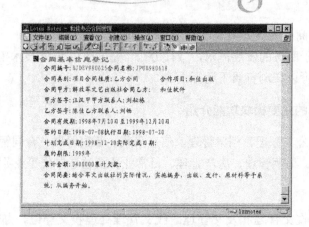

图 5.6 办公系统信息采集界面

4. 督察管理

督察管理人员根据项目计划，制订督察工作计划，记录每一次督察工作结果，监督重大项目的进展、相关质量、费用发生的情况，并协助对有关工作进行及时的调整。

5. 合同管理

合同管理提供业务、管理人员对建筑、购销、合作等合同相关信息的管理，处理工作中涉及的合同信息、合同履行信息及合同档案信息等。

处理过程包括合同分类、登记、跟踪、归档等；系统同时提供对合同信息、合同履约信息、合同合作者信息(尤其是信誉状况)的检索，并为业务人员提供所见即所得的合同卡片打印支持。

6. 项目管理

项目管理有关业务人员对单位所有各类重要建设项目的管理内容包括：项目申请(包括项目计划)、项目推荐、项目审批、项目运作(项目调研、过程控制、费用信息、质量信息等)、项目验收、项目评审等。

通过对有关项目信息的登记，项目管理人员可以获取以下信息：项目审批信息；项目进度信息；项目费用信息；项目验收报告；项目参评信息等。

7. 会议管理

会议管理为用户提供会议地点、会议时间、参与人的管理，主要由会议召集人、会议审批人、会议调度人负责。按运作过程划分，会议包括会议申请、批复、会议调配(时间、地点)、下达、执行、记要等过程。

会议最初由会议召集人提出申请，交由审批人批准，审批人同意后通知调度人，调度人根据实际情况安排会议时间、会议地点，然后通知调度人，调度人接到通知后与会议参与人协调。会议计划确认后，系统自动向每一位会议参与人发送电子邮件，通知其参与开会的时间、地点、会议名称、会议性质、内容、参与人的角色等。有关管理人员可以查询并打印年、月、周工作计划，可以查询主要领导的活动安排计划，以便做好会议的调配工作。办公系统会议管理界面如图 5.7 所示。

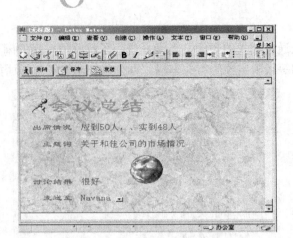

图 5.7　办公系统会议管理界面

8. 外事管理

外事管理系统处理单位所有涉外事务的相关信息，如人员、活动、经费等。涉外事务分为两类：其一为内部人员外派；其二为外国专家来访。

外派管理主要处理为建立外派人员档案，包括外派原因(如访问、考察、学习等)、经费来源、政审批件、护照等信息，跟踪外派人员有关变动信息(何时去、何时归、做过何事、花了多少钱等)，尤其是费用信息和阶段成果信息。

外国专家来访管理主要处理来访人员档案，主要活动日志，费用支出，活动内容等。

外事管理过程包括申请(对专家来访，申请包括活动计划、经费计划)、审批、执行、记录等过程；每一主要流程环节都辅以电子邮件支持，保证外事工作的顺利进行。办公系统外事管理界面如图 5.8 所示。

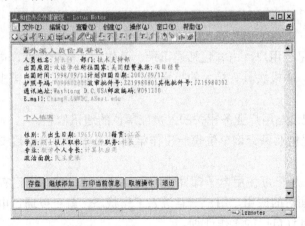

图 5.8　办公系统外事管理界面

9. 车辆管理

车辆管理包括车辆的审购、验收、入库、保养(年检、维修等)、调度、预约、使用、报废等业务处理。车辆管理的对象是单位公用车辆，车务管理人员通过对每一过程的主要信息登记，可以了解各车辆的状况，以便制订合理的采购计划、调度计划、报损计划、相关的经费计划等。

各部门用户可以通过相关的预约、查询系统，了解单位车辆的闲置、使用情况，并根据自己的使用需求和等级限定预约有关车辆。办公系统车辆管理界面如图 5.9 所示。

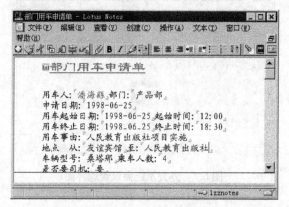

图 5.9　办公系统车辆管理界面

车辆管理人员可以获取如下经常关心的信息：车辆在库情况、车辆调度历史、车辆维修历史、车辆报损情况、车辆使用日志、车辆司机变动记录等，并可打印相关的报表。

10．房产管理

房产管理将为用户提供一个管理房产信息、房产分配信息、房产配套信息、房产变动情况、住户变动信息的工作环境。用户可以应用该模块，方便地记录、查找自己工作中所关心的本单位各种在账的房产信息，以及相关的配套、住户、维修等信息。

在住房分配方面，系统根据有关标准自动给出分配粗计划，以协助管理人员更好地做好工作。

11．日常业务

日常业务面向每一用户，内容包括通讯录、工作历、电子邮件、电子公告、发文草拟等管理业务和应用。本模块具有极大的扩展性，用户可以根据业务需求将列车时刻表、航班表等添加进去。

(1) 通讯录：记录与用户业务相关的人员或单位的通讯信息。

(2) 工作历：提供业务查询单位每一工作年度的工作日、节假日安排，以便制订个人的工作计划。

(3) 电子邮件：用户可使用电子邮件收、发、转、阅、回与自己有关的信息。电子邮件是用户每天都要面对的应用，用户一旦进入工作状态，就可以通过电子邮件查阅到自己要处理的事务，并制订自己的工作计划。

(4) 电子公告：发布单位有关最新信息、成果等，并为每一个在网用户提供一个共同讨论问题的场所。

12．领导办公

领导办公系统包括通讯录、工作历、电子邮件、电子公告等公共事务支持，同时还包括公文阅览、公文批复、会议查询、项目查询等决策查询模块；领导办公以上述各办公管理模块和有关业务处理模块，如财务管理、人事管理等为基础。办公系统领导管理统计界面如图 5.10 所示。

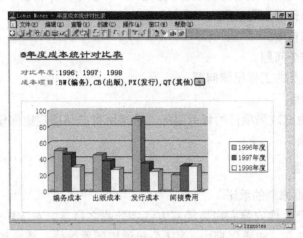

图 5.10　办公系统领导管理统计界面

5.7　公司背景及管理服务纲要

1. 实施公司背景

实施公司背景略。

2. 项目管理纲要

项目管理领导工作由财政局和公司分别委派一位负责人，负责本工程项目总体规划，统筹制订工作计划、协调各小组之间的工作步骤和节奏及有关系统开发和实施过程中重大事件的决策。

1) 项目管理小组

建议由财政局和 YH 公司领导组成，成员包括系统集成人员、技术人员、施工管理人员、质量监督人员、财务管理人员等，具体领导和协调以下事项。

(1) 方案审查：根据财政局的要求和实际情况随时修改、调整工程方案。

(2) 工程进度：制定各阶段工程进度和监督进度完成情况。

(3) 质量监督：随时发现质量问题并建议返工。

(4) 协调配合：就工程有关事项协调财政局各部门，配合工程进度。

(5) 后勤保障：对施工人员的主要生活起居必须提供保障和方便。

(6) 质量验收：根据国际国内有关标准，对本项目进行验收。

(7) 扫尾工作：解决本项目的有关遗留问题。

2) 系统集成小组

由 YH 公司高级项目管理人员组成，进行财政局整个系统的详细设计方案和系统实施方案，负责系统内各个部分的设备采购、测试、安装和调试。

3) 施工管理小组

由 YH 公司 Intel 认证工程师负责施工管理，具体领导和协调以下事项。

(1) 具体负责每天的工程进度。

(2) 质量监督和自查。

(3) 负责施工安全问题。

(4) 负责施工人员的工作纪律问题。

4) 售后服务小组

本小组专职负责财政局项目的售后服务。承诺所有产品按规定保修，终身维修。现场响应，当场解决问题。

3. 售后服务纲要

1) 质量保证及维修期的承诺

在系统的硬件及软件安装完成并经双方签字验收之日起，对 YH 公司提供的 Intel 网络产品的质保期为 5 年，在质保期中，YH 公司承担硬件维修、替换和校园网络系统维护工作。

2) 人员培训的承诺

公司在工程验收结束后，将安排两名 Intel 认证工程师对财政局进行培训工作，包括基础培训和网络系统管理培训。其间安排 Intel 公司的 IT 工程师进行专题讲座。

3) 技术支持的承诺

公司将成立有专人负责的售后服务小组，做到有人可找，并有专人负责，避免拖延现象。

公司技术人员精通计算机与网络技术，为了使该系统正常运行，及时解决用户遇到的问题，加快响应时间，建议定期和用户一起召开会议，回顾前一段工作进展情况，即设备运转情况、维修是否及时、有无遗留问题等，以及时纠正工作中的失误，改善服务质量。

 本章小结

为配合政府上网工程的开展，本章针对政府部门的办公流程和信息管理的特点，结合当前 Intranet 系统的主流技术和办公自动化系列产品，为快速构建政府部门自动化办公系统提出了完整的解决方案。该系统的设计使得信息在政府部门内部和部门之间的传递效率极大提高，使信息传递过程中的耗费降到最低。办公人员得以从堆积如山的文档管理中解放出来，摆脱了烦琐的日常办公事务处理，使其能够参与更多的富于思考性和创造性的工作。

本方案中系统功能包括日程管理、文档管理、电子邮件服务、办公用品、公共服务等方面内容，系统设计上力求突出体系结构简明、功能实用、管理和维护简单易行的特点。同时为了适应不断发展、变化的需要，良好的可扩展性和技术的先进性也是该解决方案的主要特点。同时，本方案设计呈现了一般的行政办公网络系统的实现过程。

 习题

1．什么是办公自动化系统？办公自动化系统的集成一般包括具集成、安全集成、应用集成和数据集成，在这 4 方面会涉及哪些内容？

2．政府上网工程中为什么需要办公自动化系统集成？它与企业信息化建设中的 ERP 系统有何区别？

3．走访开展电子政务的政府，画图描述电子政务网络总体架构，了解电子政务的功能需求。

4．某县政府公共服务网(Web 网站)边界路由器为 RSR2690，采用 FE0 接口接入数据通信公司(RS3760)的 F0/24 接口，由数据通信公司接入 Internet。假设 RS3760 的 F0/24 接口的 IP 是 219.26.174.1，RSR2690 的 FE0 接口的 IP 是 219.26.174.2，请回答下列问题。

(1) 县政府公共服务网站采用哪些安全技术接入 Internet？

(2) 县政府公共服务网与数据通信公司网互联采用什么路由协议？写出路由器互连命令。

(3) 画图描述县政府公共服务网与数据通信公司网及 Internet 的连接拓扑图，在图中标注路由信息。

5．方案设计题。某煤焦集团在国内省会城市建立了 10 个办事处，集团总部在山西省临汾市。为了广泛开展电子贸易，集团总部建立了行业电子商务网站。为了提高办事处与总部沟通、协同效率，计划采用安全、可信及通信成本较低的网络技术建立统一沟通、协同工作系统。请设计技术解决方案。

第 6 章

电子商务系统(保险业)的集成方案设计

内容要点

- 电子商务系统是保证以电子商务为基础的网上交易实现的体系，以实现企业电子商务活动为目标，满足企业生产、销售、服务等生产和管理的需要，支持企业的对外业务协作，从运作、管理和决策等层次全面提高企业信息化水平，为企业提供商业智能的计算机系统。本集成方案以保险公司为例，详细进行需求分析之后，选用知名企业 Sun 公司的 SilverStream 应用服务器产品作为保险企业的电子商务开发平台。本章从网站建设初期目标、规划网站的业务能力、网站结构、网站构件方法方面介绍电子商务应用规划。其不仅包含在线网站的功能内容和站点结构设计，还包括主机系统规划和网络设备规划及电子商务系统的安全与认证设计，最后介绍了系统项目的实施与管理、技术培训与售后服务等内容。

学习目的和要求

- 通过本章的学习，了解电子商务系统集成的主要内容，包括网络及系统硬件平台、接入体系、支付体系、安全认证体系、应用管理体系等。通过对本章的学习，要求掌握电子商务工程设计的一般方法，了解电子商务工程的实施与管理过程。

 导入案例

IBM 电子商务解决方案设计

1. 电子商务的发展

IBM 公司认为，全球电子商务将迎来新的发展高潮，电子商务本身也将发展为新一代电子商务。电子商务的核心是电子交易。下一代电子商务，在信息技术等方面还需要更多的创新与集成，因为目前简单地凭借"网站+电子邮件"的方式不能实现真正成功的电子商务。造成这种情况的主要原因是绝大多数企业技术不成熟，还没有将核心业务流程、客户关系管理等延伸到 Internet，用户或供应商还不能通过 Internet 与企业进行互动，实现实时的信息交流。

下一代电子商务将形成全新的市场交易模式、企业运作模式及个人获取信息的方式。新型的市场交易模式由电子商店、电子市场、电子社区组成市场环境，从而导致行业重组，产生新型企业。网络将成为企业资源计划、客户关系管理及供应链管理的中枢神经，企业变成"无边界"的企业。更多的电子设备、家用电器也成为互联网的成员，个人可以随时、随地在网络上完成想要做的事，实现与企业和其他用户的信息交流和电子交易。

在向用户提供电子商务解决方案方面，IBM 公司具有无可争议的优势。它是全球优秀的信息技术解决方案供应商和先进的软件技术开发商，同时也是唯一一家已在电子商务领域进行大规模投资的大型信息技术企业。在与电子商务密切相关的所有领域，IBM 都有领先的技术、产品与服务。电子商务的周期如图 6.1 所示。

电子商务周期图中描述了IBM如何逐渐成长为一个电子商务解决方案商。

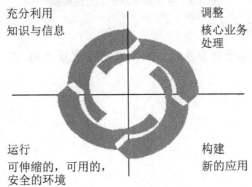

充分利用
知识与信息

调整
核心业务
处理

运行
可伸缩的，可用的，
安全的环境

构建
新的应用

图 6.1 电子商务的周期

2. 电子商务框架系统模型

从图 6.2 的 IBM 电子商务框架系统模型中了解到，电子商务系统的框架一般分为 3 层，第一层为客户端层，用户使用浏览器、移动终端等系统设备基于 HTTP(S)协议浏览访问第二层，即 Web Server 层。Web Server 层属于电子商务系统的中间层，提供数据访问、网络应用等 Web 业务服务(见图 6.3)。第三层为企业信息系统层，保证电子商务系统的所有核心数据的存储管理。

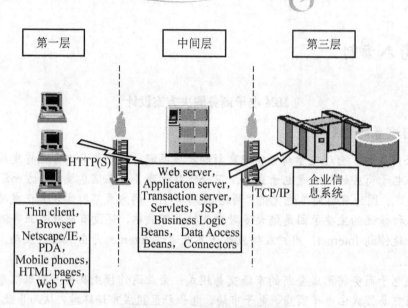

图 6.2　电子商务的框架系统模型

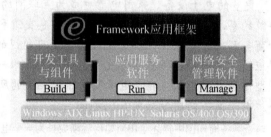

图 6.3　电子商务系统的应用框架

3. 电子商务解决方案设计

IBM 公司提供完整的电子商务系统解决方案空间(见图 6.4)，其方案设计流程(见图 6.5)如下。

1) 收集需求

(1) 业务驱动。

(2) 功能性驱动。

(3) 非功能性驱动。

(4) 已存在客户环境。

2) 开发候选方案/选择组件

(1) 解决方案概览。

(2) 静态应用设计视图。

(3) 动态应用视图。

(4) 安全流程。

3) 选择候选架构

(1) 性能：对请求的响应时间。

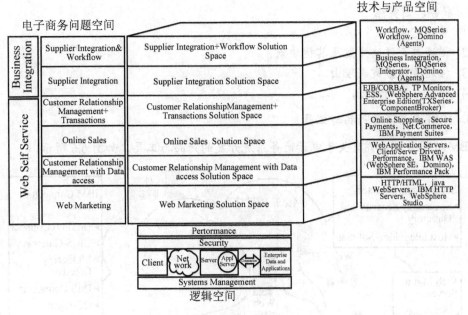

图 6.4 电子商务系统解决方案空间

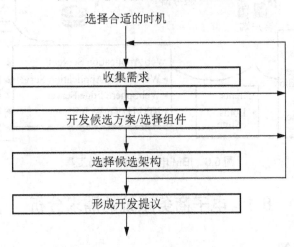

图 6.5 电子商务系统解决方案设计流程

(2) 容量: 能够处理的请求总数。

(3) 安全性: 拒绝未授权访问和允许合法访问的能力。

(4) 可用性: 系统运行时间的比率。

(5) 有用性: 在正确的时间为用户提供正确的信息, 确保用户请求送至正确的服务提供者。

(6) 易维性: 更改系统, 删除无用功能, 适应新的环境, 重新构造系统的能力。

(7) 易测性: 能够容易地编制在测试中演示出错的软件。

(8) 伸缩性: 处理增长的负载能力。

(9) 移植性: 在不同计算环境中运行的能力。

(10) 重用性: 在其他应用中重用系统结构和组件的能力。

(11) 业务质量: 从成本、时间安排、人员、资源等方面考虑满足客户的业务需求。

4) 准备计划实施

(1) 反映需求。

(2) 描述每个候选方案及其优缺点。

(3) 描述建议方案及理由。

(4) 推出方案的计划。

4. IBM 电子商务产品与工具

IBM 公司目前已拥有关于电子商务系统开发的产品与工具，如图 6.6 所示。

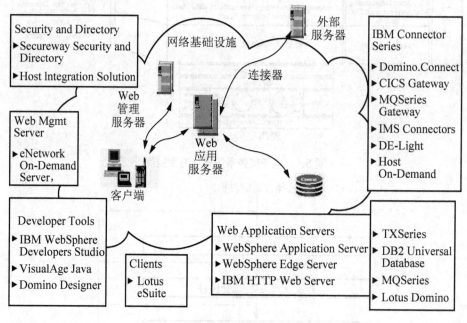

图 6.6　IBM 电子商务产品与工具

6.1　电子商务系统的需求分析

6.1.1　客户需求的理解

按照服务对象划分，客户需求分为：针对潜在保户的客户需求；针对原有保户的客户需求；针对保险代理人的客户需求。

需要说明的是，针对营销员的功能在客户需求中没有提到。

按照业务流程划分，客户需求分为：针对保险展业的客户需求；针对承保的客户需求；针对理赔的客户需求；针对保险服务的客户需求。

6.1.2　客户需求的补充

应该说，电子商务需求的归纳、整理是周详而细致的。特别是在网站上直接表现的业务功能是比较完善的。

除了客户自己归纳的需求以外，还需要补充在网站上不能直接表现出来而又非常重要的功能。

另外，对保险商务数据的需求部分，客户没有归纳总结，这也是需要补充完善的。补充的功能，请参见 6.3 节。

6.1.3 保险业务传统流程

对于保险业务来说，承保业务流程如图 6.7 所示。

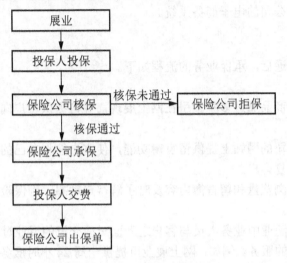

图 6.7 承保流程

由图 6.7 可知，保险公司进行展业工作后，投保人到保险公司投保，保险公司业务人员进行核保。核保未通过，保险公司拒保，业务结束；若核保通过，保险公司承保，投保人交费，保险公司出保单，承保完成。

理赔流程如图 6.8 所示。

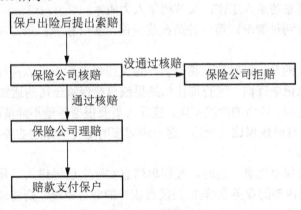

图 6.8 理赔流程

由图 6.8 可知，保户出险后提出索赔。若保险公司根据保户提供的资料核赔，核赔没通过，保险公司拒赔，理赔业务结束；若通过核赔，保险公司理赔，保险公司将赔款交付保户。

6.1.4 保险核心业务结合电子商务后的流程

其实电子商务改变的不是商务本身，电子商务是利用现有的计算机硬件设备、软件和网络基础设施，再按一定协议连接起来的电子网络环境下从事各种商务活动的方式。简单地说，就是指从售前服务到售后支持的各个环节实现电子化、自动化。这就是说保险业务的环节没有发生任何变化。

保险商品在销售上是大同小异的。对于电子商务来讲，不同保险商品在电子商务系统中是等同的，它们只是业务处理规则不同，业务流程是完全相同的。下面就以广义的保险产品为例，讨论保险公司的电子商务系统。

1. 承保业务

电子商务系统开通后，承保业务的流程如下。

1) 网上展业

保险公司将保险商品通过多种索引在网上展现，并可提供客户向导来帮助客户找到所需的保险产品。

同时，在保险公司的网站上提供留言簿功能，使客户能将自己的需求或疑问留下，保险公司尽可能快地回复客户。

保险公司可根据浏览量和留言簿内容及时了解客户动态，为保险公司调整保险商品提供了宝贵的数据基础。

这一步是传统保险业中业务人员与客户之间面对面交流的展业过程。网上展业提供了传统展业所不能提供的服务。例如，网上展业可提供一周 24 小时服务，客户可以在闲暇时间随时享受服务。

2) 客户提交投保单

客户选中保险产品后，直接通过 Internet 填写投保单，并提交(此时要求客户填写自己的电子邮件地址或联系电话)。这样，客户就不需要亲自去保险公司书面填报，不需要像以往那样排队等候。网络填报既节约了客户的时间，又可提供全天候服务。对于保险公司而言，既避免了投保信息的录入工作，又节约了人力成本。

网上投保目前有两种情况：第一种是在线投保，实时核保；第二种是在线投保、延时核保。

与实时核保不同的是，延时核保指当客户递交投保单后，可以离线等待，在方便的时候，再来网站"投保记录查询"区查询核保结果或等待保险公司的通知。

由于我国地域辽阔，各地的情况不同，核保人员要根据各地不同情况掌握核保的规则，所以采取在线投保、延时核保比较合适。这一步对应的是传统保险业务中投保人投保工作。

3) 业务人员核保

保险公司得到投保单信息，这时，投保单信息实际上已经进入了保险公司的内部业务系统。通过保险公司内部的业务系统(如果没有统一的业务系统，则将通过电子邮件系统传送)将投保单信息传至核保人员。核保人员根据客户的投保单信息决定是否承保。在此有两种情况：一种是核保人员就是总公司的业务人员，这时只需通过局域网传递信息；另一种情况是核保人员是分公司的业务人员，这时就要通过保险公司的广域网将投保单信息传送至该分公司。这一步对应传统保险业务的核保工作。

4) 通知客户

业务人员根据客户的联系方式同客户联系(推荐采用电子邮件方式)，通知客户承保或拒保。

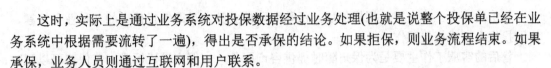

这时，实际上是通过业务系统对投保数据经过业务处理(也就是说整个投保单已经在业务系统中根据需要流转了一遍)，得出是否承保的结论。如果拒保，则业务流程结束。如果承保，业务人员则通过互联网和用户联系。

5) 客户支付保费

客户根据保险公司的要求缴纳保费。缴纳保费有如下几种方式：网上信用卡缴费；网上银行划账；银行代收。无论哪种方式，客户均把保费缴纳至银行。银行通知保险公司保费到账。

这种方式实际上是将银行作为交易支付中心，对于保险公司而言，出保单前，投保人肯定已经付费，这样可以有效地降低投保人的信用风险。对于投保人来说，可以方便地选择就近的银行或者直接通过互联网支付。

网上信用卡支付是最方便的，但这需要建设认证中心，通过认证中心来保障网上支付的安全性。

6) 保险公司出保单

保险公司接到保费到账的通知后出保单，或者将保单邮寄给保户，或者派专人将保单送至保户手中。

7) 保户回执

保户收到保单后将回执寄回或传真至保险公司。保险公司根据保户回执，要求银行付款，保险公司将以保户回执为依据，要求银行将保费转入保险公司的账号。

8) 银行付款，承保结束

银行将保费转入保险公司账户，承保业务结束。

2. 理赔业务

1) 保户提赔

保户出险后，通过 Internet 提交索赔申请，并将相关资料传真至保险公司。这是保户资料的提交工作。

2) 保险公司定损、核赔

保险公司收到索赔申请和相关资料后，这些信息就已经进入业务系统。保险公司将这些信息通过内部邮件系统或业务系统传送到离出险保户最近的分公司或办事处的核赔人员，由该核赔人员进行核赔工作。

3) 保险公司拒赔

如果没有通过核赔，保险公司通知保户拒赔，理赔业务结束。

4) 保险公司理赔

通过核赔后，保险公司进行理赔工作。此部分工作仍然在业务系统内部完成。

5) 保险公司划账并通知保户

保险公司将赔款划拨至银行，并通知保户。

6) 保户从银行获取赔款

保户就近从银行取得赔款或者银行直接将赔款打入保户账户，并通过网络通知保户。

3. 保险服务

保险服务主要覆盖3方面内容：售前的展业工作、售中的商务工作和售后的客服工作。售前的展业工作在前面已经讨论过，此处不再赘述。

售中的商务工作主要包括投保后，保险公司的业务人员回答投保人的各种业务问题，协助投保人完成投保工作。

售后的客服工作主要是为保户随时提供咨询服务，为保户排忧解难，使保户可以随时查询到自己关心的问题和自己购买的保险产品的情况。在此保险公司还有一项很重要的工作，就是接收保户的批单申请。

批单的流程大致如下：保户通过互联网提交批改申请；保险公司内部进行批单审批；保险公司出具批单。

售后工作应该包括理赔，由于在前面已经详细讨论过，在此不再赘述。

6.2 电子商务应用规划

本节将从网站建设初期目标、规划网站的业务能力、网站结构、网站构件方法方面介绍电子商务规划。

6.2.1 网站建设初期目标

如图 6.9 所示，电子商务的实现是一个循序渐进的过程。根据目前保险公司的现状，电子商务网在建设初期应该主要实现以下几个目标。

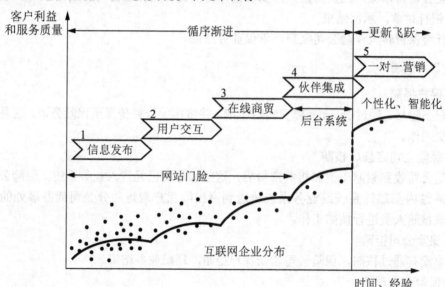

图 6.9　实现电子商务的步骤

(1) 站点功能建设方面应以保户、代理人为中心，以服务为基础，以在线投保为增长点，切实解决现有市场存在的一些问题。

(2) 垂直服务于保险公司的所有保户，可以直接在网上进行如信息查询、保险咨询、在线批改、个性化服务等操作。

(3) 水平服务于保险公司的代理人，在网上实现商务合作，做到双赢，为代理人提供业务查询、远程培训、代理人管理等方式。

(4) 为企业提供一个信息储量最大的信息源。

6.2.2　规划网站的业务功能及模型

1.　业务功能

网站的业务功能规划图如图 6.10 所示。

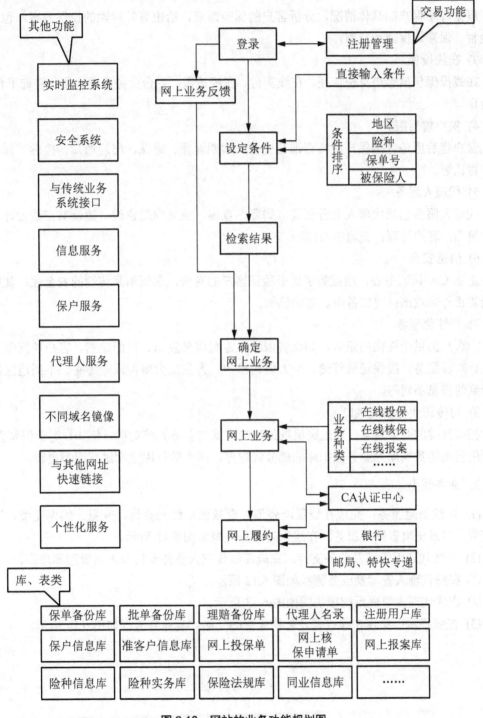

图 6.10　网站的业务功能规划图

1) 信息服务

信息服务包括动态信息通过信息(如新闻)发布和维护系统进行管理；用户可以定制所需要的信息；多媒体信息发布。

2) 保险咨询

根据每个保户的具体情况，分析客户的保险需求，给出有针对性的投保方案，包括投保险种、保额、保障利益等。

3) 在线投保

在线投保包括客户身份认证、在线支付、在线核保、后台业务处理、公共咨询平台(讨论组)。

4) 保户售后服务

保户售后服务包括保户资料查询及变更、续期管理、退保、出险通知、投诉、保单贷款、讨论组。

5) 代理人服务

代理人服务包括代理人业务查询，如费率查询、业务问题查询、建议书在线设计等；远程培训；客户管理；交流中心(聊天室)。

6) 信息安全

建立 CA 认证中心，通过数字证书验证客户的身份，保证信息传输的安全性；使用防火墙防止外来攻击；建立备份、容错机制。

7) 个性化服务

为客户提供个性化的服务，如保费催缴、定制信息发布、页面定制、客户访问路径跟踪及针对性服务、投保记录管理、个人资料维护、人生重大事件风险提醒、不同地区的客户看到的信息不同等。

8) 与传统业务系统接口

根据目前的业务要求，通过脱机批处理的方式与业务系统对接。例如，对于保单查询，客户所查询的数据库为业务数据库的部分镜像库，两个数据库定期进行同步更新。

2. 业务模型

(1) 在线保险服务：完成在线保险咨询，有效保单红利查询、变更、续期交费、附加险交费，以及出险告知等服务。在线保险服务模型如图 6.11 所示。

(2) 在线代理人管理及业务支持：完成在线代理人业务支持及人员管理和培训。

① 在线代理人管理及业务流程如图 6.12 所示。

② 在线代理人管理系统模块图如图 6.13 所示。

(3) 在线投保：实现在线投保及首期保费的交纳。其业务流程如图 6.14 所示。

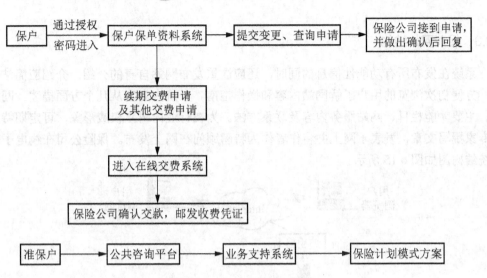

图 6.11　在线保险服务模型

图 6.12　在线代理人管理及业务流程

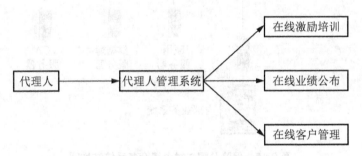

图 6.13　在线代理人管理系统模块图

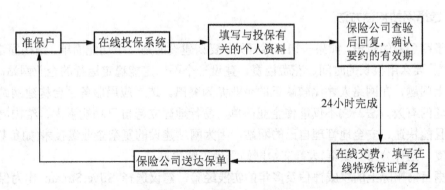

图 6.14　在线投保业务流程

6.2.3 规划网站结构

系统在发布所有功能性信息的同时，还应注重发布网站自身的介绍。介绍应简洁、清楚，方便初次浏览的用户了解网站内容和操作指南。系统内容应从几个方面描述：网站介绍、主要功能栏目、网站服务内容及联系方法。为在行业内树立权威形象，可定期特聘业内专家撰写文章，发表于网上并将作者作为特聘顾问在网上发布。保险公司在线电子商务系统结构图如图 6.15 所示。

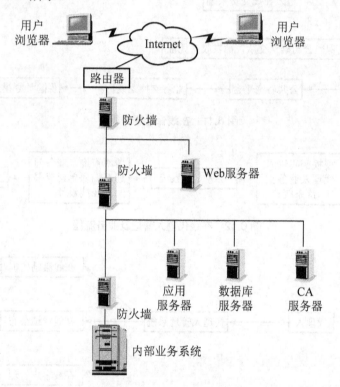

图 6.15　保险公司在线电子商务系统结构图

6.2.4 选择网站构建方法

电子商务网的建设，如果一切从零开始，要么建设的是一个功能简单、结构固定的"个人网站"，要么用很长的时间、花费巨资，建设一个不一定能稳定运行的企业网站。

以上问题，在网络人才比较缺乏的企业尤为突出。选择应用服务平台构建网站是解决这个问题的有效方法。它不仅能使企业简单、易行地建立起自己功能强大、结构灵活的网站，而且能快速、安全地管理自己的网站，因为网站建设的复杂企业级技术(如负载均衡、灾难恢复、组件分布、集群)大都交给网站平台去解决。

根据目前国际上的权威评估及多年的实践经验，建议选择 SilverStream 作为保险公司商务网站的应用建设平台。

6.3 Sun 公司的 SilverStream 在电子商务方面的优势

6.3.1 Sun 公司在电子商务/网上银行方面的技术优势

1. Sun 公司在电子商务方面的成果

Sun 公司不仅在 Internet、Intranet、Java 技术方面成为业界的先驱,而且在迅猛发展的电子商务市场中,同样占有领先地位。

(1) 有 300 多家电子商务领域的独立软件开发商在 Sun 平台上开发与部署其电子商务应用软件。

(2) 世界前 5 家电子商务软件供应商占有 73%的世界电子商务市场份额,而 80%～90%运行在 Sun 平台上。

(3) 超过 50%的成功电子商务站点选择了 Sun 平台,如 Cisco、Sportsline、Internet Shopping Network、Time Warner PathFinder、Discover Brokerage DirectNomura Securities、John Hancock、Mutual Life Insurance 等。

(4) 所有领先的搜索引擎在 Sun 平台上运行它们的部分或全部服务,如 Infoseek、Excite、Yahoo、Hotbot、Lycos。

(5) 全球前 20 家电信 ISP 中的 75%采用了 Sun 的解决方案。Sun 在银行业、证券业及全球贸易(Global Trading)等领域是第一位的 UNIX 平台供应商。

Sun 公司与合作伙伴已经先后为许多世界大型金融机构实现了 CA 解决方案。例如,Entrust 公司占有 75%的公钥基础设施(Publlc Key Infrastructwre, PKI)市场,其中大部分运行在 Sun 平台上。PKI/CA 主要供应商 Entrust、GTE CyberTrust 和 VeriSign 公司也选择 Sun 平台作为内部 PKI/CA 系统平台。

Sun 除了提供 Sun 的安全产品(SunScreen 等)之外,还与业界伙伴合作提供更广泛的安全领域的解决方案。

Sun 公司在网上银行方面部分成功案例:Citibank、Chase、First Union、香港恒生银行、香港大通银行、香港渣打银行、Standard Chartered Bank (SCB)、Wellsfargo、Bank of America、Intuit、Merrilynch、Fortis Bank of Luxenberg、Fedility、Norwest Mortage、John Hancock、BankBoston、Sparbanken、Sweden、Janus Fund、Nomura Securities、Discover Brokerage、UBS、Cooperative Bank、中国交通银行、中国招商银行、中国工商银行等。

2. Sun 公司的产品优势及市场地位

自 1988 年进入中国市场后,Sun 公司中国业务基本保持很高的年增长率,1998 年中国市场销售额超过 1 亿美元。Sun 公司已连续数年高居中国工作站市场销售榜首。

Sun 公司产品优势如下。

(1) 稳定可靠、高伸缩性、性价比高的 64 位 UNIX 系列服务器。

(2) 成熟的 Solaris 操作系统。

(3) 完善的系统管理和网络管理工具。

(4) 业界领先的 Internet/Intranet/Java 技术。

(5) Sun、AOL、Netscape 结成的电子商务战略联盟，将加速 Sun 在电子商务领域的发展。

综合性能好、价格比较低廉是 Sun 产品的又一个主要优势。Sun 拥有中国工作站/服务器市场巨大的份额和 1000 多家大用户。产品广泛用于教育、科研、石油、电信、金融、电子、化工、交通、航空、机械等行业。

Sun 公司已在中国设立多个办事处，拥有一支遍布全国的由数十家代理组成的庞大而有效的销售队伍。Sun 公司的企业服务部门可以向重要的客户提供一周 24 小时的支持和及时的现场支持。最高级别的客户将得到高度安全的网络连接，企业服务部门能昼夜不停地远程监控系统，检测潜在故障，并及时完成系统诊断和维护服务。

Sun 公司凭借极具竞争力的产品及密切合作的伙伴关系树立起牢固的市场地位。它将进一步引导世界范围内的计算机网络潮流，以更新、更好的技术、产品、服务满足用户的需求。

6.3.2 SilverStream 在电子商务方面的优势

Internet 打破了时空的限制，拉近了人们之间的距离。依托于 Internet 的电子商务的迅速发展为企业提供了一种全新的运作管理模式。国内的许多企业都面临着如何尽快建立自己的网上应用系统，通过网上运作来提高企业的生产经营效率的问题。

开发企业级电子商务应用是一项浩大的工程，需要复杂的软硬件环境的支撑。其成败的关键是选择一个性能卓越的 Web 服务器作为开发平台，它必须能够实现复杂的业务逻辑，承担繁重的事务处理，方便地连接企业数据库。同时安全性、可扩展和易维护也是必须考虑的重要因素。SilverStream 应用服务器作为 WWW 技术的龙头产品，优秀的应用服务器和开发环境，是大型企业级电子商务开发的理想平台。

SilverStream 在电子商务方面存在如下优势。

1. 完全基于 J2 EE

在当今竞争激烈的市场中，各种机构正面临着一种艰难的挑战：既要在日益缩短的开发周期内降低成本，又要提供广泛的电子商务服务。为了解决这个问题，许多公司都正在研究如何使用 Java 在中间层实施商业逻辑。Java 的使用者常常发现，开发变得简单了，部署的速度也变快了。此外，分布式 Java 应用的实施还可以提高可伸缩性和可靠性。

J2 EE(Java 2 Enterprise Edition)是一种利用 Java 语言的标准体系结构定义，如今，利用它，各公司可以更为方便地在中间层加速分布式部署。在企业开发工作中利用这种体系结构，开发者将不必担心运行关键商务应用所需的"管道工程"，从而可以集中精力重视商业逻辑的设计和应用的表示。

如果希望确保应用是以相容的方式建立的，即可伸缩、可靠并与其他企业应用兼容，则建议采用 J2 EE。它的部署技巧、快速的执行速度及安全方面的改进，堪称一种物有所值的技术，能够承载企业应用框架。它能够减轻某些中间层管道工程的负担，开发人员将会对重新编码兴趣盎然。

基于 J2 EE 的 SilverStream 应用服务器，针对大型企业级电子商务应用的特点，提供了对业务逻辑(Business Logic)的完整支持。例如，事件触发功能(实现流程的自动化)，会话管理功能(实现页面之间的有机关联)，事务管理功能(保证事务的一致性)，全文检索功能(无

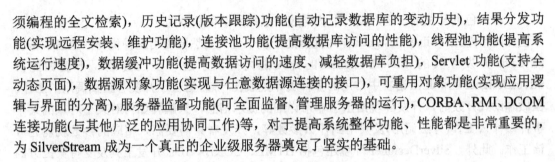

须编程的全文检索)，历史记录(版本跟踪)功能(自动记录数据库的变动历史)，结果分发功能(实现远程安装、维护功能)，连接池功能(提高数据库访问的性能)，线程池功能(提高系统运行速度)，数据缓冲功能(提高数据访问的速度、减轻数据库负担)，Servlet 功能(支持全动态页面)，数据源对象功能(实现与任意数据源连接的接口)，可重用对象功能(实现应用逻辑与界面的分离)，服务器监督功能(可全面监督、管理服务器的运行)，CORBA、RMI、DCOM连接功能(与其他广泛的应用协同工作)等，对于提高系统整体功能、性能都是非常重要的，为 SilverStream 成为一个真正的企业级服务器奠定了坚实的基础。

2. 开发快

时间就是金钱，用户希望自己的电子商务平台开发周期短，尽快投入使用，在竞争对手林立的市场经济中处于领先地位。

要在一般的 Web 服务器上做开发，需要掌握 5 或 6 种开发工具，对开发人员提出了很高的要求，难度的增加使开发周期延长。而 SilverStream 提供了一个集成的、高度可视化的开发平台，可以满足各个层次开发人员的需求。对于非专业人员，可使用向导式和可视化方法，方便地开发自己的系统；对于专业人员可用辅助式和自由式方法，开发出功能强大的系统；而伪码式开发则介于两者之间，既具有直观的界面，又可实现比较丰富的功能。专业人员也常常通过向导式和可视化开发方法迅速地构造出原型系统和系统框架，再通过辅助式和自由式方法进行具体细节的开发，大大提高开发效率。

和其他应用服务器相比，SilverStream 具有完整的集成开发环境(SilverDesigner)——可视化、事件驱动工具和单一且一致的界面。所以无论是构造数据驱动的 HTML 网页、Java应用程序或事物对象，利用 SilverStream 提供的大量、丰富的函数，都能快速、方便地实现。

无论是 Visual Basic、Power Builder 的高手，还是刚入门的开发人员，都会为 Silver Designer 所带来的开发感觉无比惊喜。在漂亮的界面中，高手们看到的是一个似曾相识的、与 Power Buibler 和 Visual Basic 极其类似的开发环境，几乎不需要更多的适应时间就可以开始工作；而新手则感觉到了一种非常友好的气氛——丰富的提示信息、完整且详细的"help"，可以使其在极短的时间里非常轻松地步入 Web 世界的应用开发中。

完全开放的、可视化的开发环境为我们提供了非常清晰的开发阶段：向导式(Wizard)开发、可视化(Visual)开发、伪码式开发(Single Action)、辅助式开发(Java as 4GL)、自由式开发(Java as 3GL)。这是一个可以完全适应各个应用层次开发工作的环境。每个阶段开发出来的系统都可以马上投入实际的网络应用中，随着开发进行到的不同阶段，用户会发现系统更加完善、功能更加强大，这也同样适应了公司自身的发展，不需要在下一次升级时使用不同的系统。

Table、Form、View、Media、Objects、Page——从最基本的数据库表结构的构造(Table)到 Intranet(Form)、Internet(Page)的应用或者到 Extranet 的综合应用，都很轻松。SilverStream可以支持多种媒体(Media)，如声音、图像、各种文档、Jars 等，同时它也提供了面向对象的编程控制。在对象中，它提供了多种触发(Triger)机制，如时间触发、电子邮件触发、调用触发、服务于页面请求的 Servlet 触发等，这些使开发人员的思路更清晰，使他们在开发过程中可以更加灵活地对遇到的各种问题进行有针对性的编程。

一种出色的开发语言是开发一个优秀应用系统所不可缺少的，Java 语言无疑代表了当今世界的新潮流。SilverDesigner 作为优秀的开发平台，当然要使用这种优秀的语言。带有纯 Java 开发工具的 SilverDesigner 的开发能力得到了进一步的提高。不仅如此，SilverDesigner还将Java语言中常用的多种类库集成在一起，省去了开发者查找调用的工作。在做辅助式开发时，开发环境给出了非常详细的提示信息，来解释如何对某个对象的某个事件做什么工作(方法调用)及要用到什么参数等，开发者只需要添入相应的参数就能完成该工作。此外，SilverDesigner 环境还包括 HTML、CORBA IDL 开发工具及支持第三方的产品。

所有开发出来的东西都存储在关系数据库中，非常利于管理、团队开发和远程开发，用户可以通过网络随时查看开发进度，并提出相应的修改意见和建议，使最终的结果可以完全满足用户的最终需求；而项目主管则可以根据开发情况，随时做出调整，以期达到最高的工作效率和最好的经济效益。开发结果可以通过网络发布到最终的应用服务器上，不必进行现场安装，这样使用户在最短的时间里得到他们的应用系统，并可以边使用边完善，直到最终完成全部开发，用户将能尽早从新的应用系统中得到利益。

图 6.16 所示为著名的 PC Week 实验室对 SilverStream 开发环境检测后的高度评价。

PCWEEK ONLINE
BUILDING THE .COM ENTERPRISE

Web development flows with new SilverStream application server

PC Week Labs' tests show that SilverStream 2.5's rich and beautifully designed development tools set the package apart from the app server field.

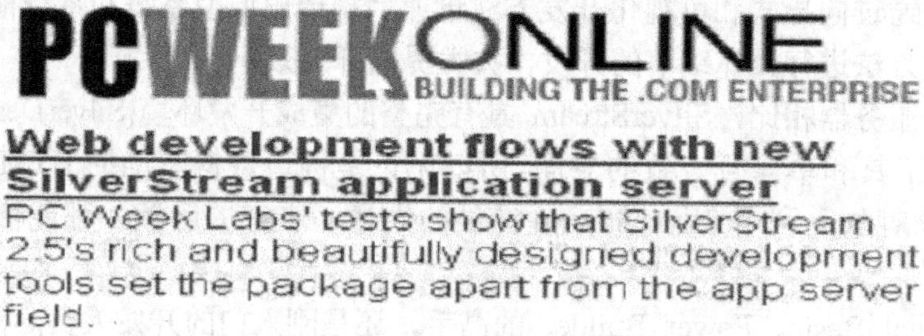

图 6.16　PC Week 对 SilverStream 的评价

3. 负载均衡和容错机制

随着业务的发展，信息系统也需要扩展。这就需要更大的服务器和多服务器并行工作，而系统不能重新开发。这似乎是一个很复杂的问题，Web 服务器没有考虑这个问题。

对于重要的企业级信息系统，其性能和可靠性是至关重要的。然而没有一台计算机可以保证完全符合性能要求，并且保证不会出故障。所以多计算机并行处理显得非常需要。并行处理一来可以平衡负载，提供充分的性能，二来保证了可靠性，一台计算机出故障，其他计算机可以接管它的任务，从用户角度看是无故障的。SilverStream 的所有的应用服务器具有若干种类的负载平衡和错误处理机制。负载平衡意为一组应用服务器处理为一族，对服务器的请求由调度程序做如下处理：把请求送至最不忙碌的服务器，此后客户就和该服务器通信。负载平衡具有扩充性，随着用户负载的增加，可以将更多的机器加入到族中，如图 6.17 所示。

在重要的企业，一旦连入 Internet，信息系统是 24 小时不能停的，这是企业的形象问题。这需要解决多服务器单一入口、并行工作、互为备份的问题。

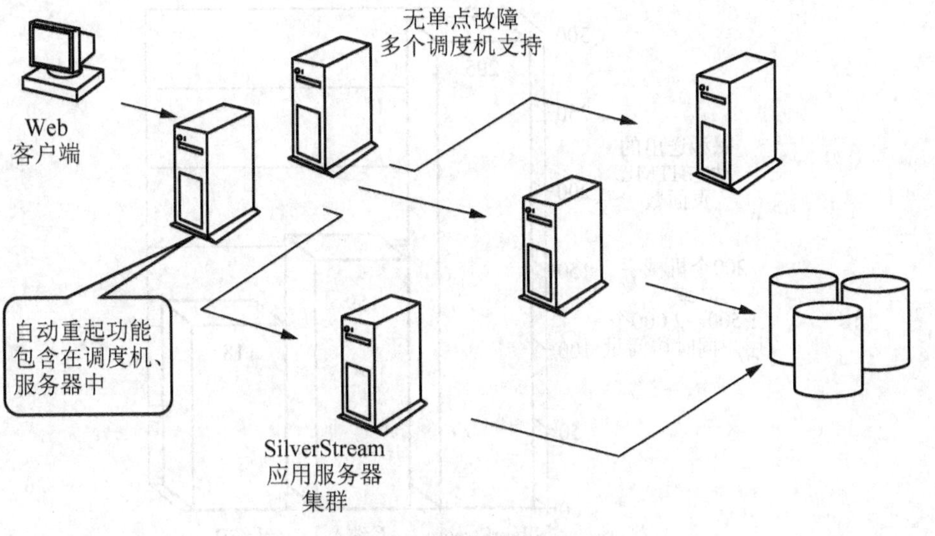

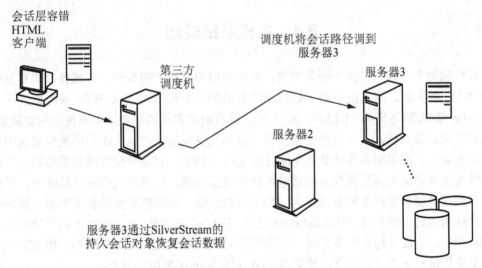

图 6.17 多机并行处理实现负载均衡

　　SilverStream 错误处理具有容错功能,如图 6.18 所示。如果族中的一台机器发生故障,新的请求可改送到其它服务器上。然而简单的错误处理并不能解决全部问题,如果用户在5 个页面序列的中间操作时,用户在提交第 3 个页面之前服务器发生故障, 负载平衡机制会意识到该服务器已失灵,并且把用户改道引向另一服务器。但是在新服务器中却没有该用户以前的状态和会话数据。鉴于这种情况 SilverStream 还提供会话级的出错处理:状态及会话数据复制给族中的其它服务器或者放置在持久的存储器(如数据库)中。这样对每个服务器都可使用该用户的状态数据。

图 6.18 多机并行处理的容错机制

4. 性能好,效率高

　　如果一台机器能做两台甚至 3 台机器能做的工作,对企业来说,可以节省大量金钱。图 6.19 所示为 Sun 公司的 SilverStream 与另外两种系统的性能测试对比,Sun 公司SilverStream 的基本性能测试明显优于其他品牌的厂家系统。

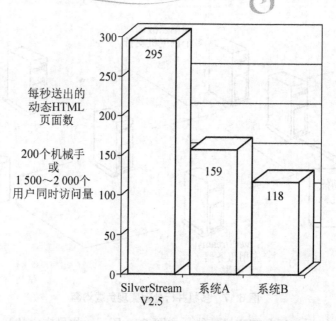

每秒送出的动态HTML页面数

200个机械手或1 500～2 000个用户同时访问量

图 6.19　Sun 公司 SilverStream 与另外两种系统的性能测试对比

图 6.19 所示为 SilverStream 应用服务器在同时使用 200 个机械手运行一个"混合"脚本方案(每 24 页串成 8 个模块)的情况下每秒送出的动态 HTML 页面数与另外两种系统的对比。

综上所述，SilverStream 可以为企业赢得大量的宝贵时间，通过强大的网络功能，为企业在商界赢得更多的机会，提高企业的竞争力。

6.4　主机系统规划

根据保险公司保险的网上业务需求，同时考虑到系统的安全性、可靠性和可扩展性，以及 Web 服务器、应用服务器、数据库服务器的业务特点，建议 Web 服务器采用 Sun Enterprise 420R(以下简称"E420R")，它适合于有成本意识的服务提供商使用的功能强大、可靠的机架式服务器。其具有的密集结构和机架式安装对于占地面积和灵活性要求很高的环境颇为适宜。应用服务器和数据库服务器采用 E3500，它富有弹性的体系结构、先进的系统管理工具及动态再配置和备用通道等软件增强性能，可以大大缩减停机时间。另外可以将应用服务器和数据库服务器作为互为备份的系统，从而提高资源利用率和系统的可靠性。内外两道防火墙软件采用 SunScreen 3.0，运行在 E220R 上。E220R 在设计考虑上与 E420R 相似，扩展余地小于 E420R，支持两个 Ultra SPARC II 400MHz CPU 和 2GB 内存。所有系统均运行于稳定、安全、易管理、64 位的 Solaris 操作系统上。

6.4.1　E420R 和 E220R 的特点

E420R 和 E220R 服务器适用于有成本意识的服务提供商使用的功能强大的、可靠的机架式服务器。对于 Internet 及网络服务、各类金融服务、电子商务及密集计算等应用来讲，系统的高性能、结构上的密集程度、价位的适中及是否物有所值都是客户选购系统时要考虑的因素。E420R 和 E220R 服务器是这些应用的理想选择，具有强大的处理能力、密集的结构，系统提供的高可靠性、可用性和可维护性，正是客户所希望的性能。它的主要特点如下。

1. Ultra SPARC II 处理器

E420R 和 E220R 服务器采用 Ultra SPARC II 处理器，主频为 450MHz。外部高速缓存 4MB，带有 ECC 校验的内存高达 4GB 和 2GB，所有内存采用两路或四路 Interleaving 技术，大大降低了系统延迟。

2. UPA 互连

在主板上采用了新型的 UPA 互连技术来连接处理器、内存、I/O 通道，系统内存数据通道宽达 576 位，其中 512 位为数据，64 位为错误检查和纠正(Error Correcting Code，ECC)校验信息。其采用独立的地址总线和数据总线，当采用 450MHz CPU 时，UPA 总线的时钟高达 112MHz，使系统适用于多任务、多处理环境，有效地处理多个同时存在于处理器、内存和 I/O 装置之间数据和地址传输的请求。

3. 强大的 I/O 吞吐能力

E420R 和 E220R 提供强大的系统 I/O 能力，最大 I/O 吞吐量分别超过 1Gb/s 和 350Mb/s，包含 4 条 PCI 的插槽；标准配置带有 10M/100Mb/s 自适应快速以太网卡，可以根据用户网络系统的需要，自动选择采用 10Mb/s 或 100Mb/s 的传输速率传送信息；E 420R 和 E 220R 系统带有 40Mb/s Ultra SCSI 和 20Mb/s Fast/Wide SCSI-2 接口，可为用户提供必需的 I/O 吞吐量。

4. 存储容量

E 420R 的内部磁盘采用 40Mb/s 的 Ultra SCSI 通道，可有两个 9.1GB 或 2 个 18.2GB 的驱动器；内置硬盘容量为 36.4GB。可选择内置 12~24GB4-mm 或 14GB 的 8-mm 磁带机。另外，系统支持多个 A/D 1000 或 A 3500、A 5000 磁盘阵列，使系统的最大磁盘存储空间达到 6.3TB。可连接多种外接磁带备份设备、磁带机、磁带库等。

6.4.2 Sun 公司 E3500-E6500 服务器

Sun E3500-E6500 系列服务器有 6 个主要特点。

1. 体系结构带来的优异性能

Sun Ultra 企业服务器扩展了传统网络服务器性能，采用了一些过去只有在大型主机上才有的关键技术，将多处理器性能、系统容量和外设连通性提高到一个新的层次上。此外，Sun 注重平衡的系统性能，使每个部件通过合理化的设计和集成来提供系统最优性能。64位 Ultra SPARC 处理器、较宽的内存带宽、高速的系统总线、极低的内存时延和改进的 I/O 性能，都有助于提供平衡的运行性能。

2. RAS 特性带来的高可靠性

在 Sun 企业服务器中，系统设计使用数量少、可靠性高的部件和冗余电源/冷却模块来

延长硬件寿命。热更换硬件、纠错内存和总线及自动系统恢复等技术都支持高可用时间。系统板和电源/冷却模块在各系统间是可以互换的,以减少大量备件库存的需要。系统监控工具、远程控制能力和强化的诊断功能由于具有预防性维护功能,故而简化了管理。

Sun 企业服务器的 RAS 特性包含以下几个方面。

1) 可靠性

(1) 使用数量少、设计简单、可靠性高的部件。

(2) 使用纠错码增强数据的完整性。

(3) 对 RAID 的支持。

2) 可用性

(1) 冗余的 CPU、CPU/内存板。

(2) 自动系统恢复。

(3) 动态配置(Dynamic Reconfiguration,DR)。

(4) 替换路径(Alternate Pathing,AP)。

(5) 冗余电源和冷却系统。

3) 可维护性

(1) 热插拔更换硬件。

(2) 服务器系列间部件可互换。

(3) 系统监视。

(4) Solaris 管理中心基于图形的工具(可进行远程监视和硬件故障预测)。

(5) 一周 24 小时关键任务服务。

3. 可扩展性

随着企业信息量与用户数的增长,相应服务器的处理性能、存储容量与 I/O 吞吐量也应得到提高。所以一个企业级的服务器应具有很好的扩展性能。在企业服务器中,E3500 可配置 1～8 个 CPU、128MB～8GB 内存和总共 72.8GB 的内部磁盘容量,内置磁盘均支持热插拔,最大存储容量大于 2TB。

4. 可缩放能力

EX500 系列服务器都采用高度模块化设计,用户很容易通过使用不同数目的 CPU/内存板和 I/O 板来配置切合应用需求的系统。当需要很强的计算能力时,可以在系统所支持的范围内多配置 CPU/内存板;需要很高的 I/O 吞吐量时,可相应增加 I/O 板的数量。E3500 最多可配置 5 块系统板,在配有最大数目的 Ultra SPARC II 模块或 I/O 设备的情况下,高吞吐能力的系统总线和 I/O 体系结构有效防止了系统瓶颈,并保证了系统性能。

5. 投资保护

事实上 EX500 的所有部件都是相同的,用户在升级到较大系统时,可通过将部件从现有系统移至新系统来保护现有技术投资。

6. 可升级能力

EX500 的高度模块化设计意味着非常容易升级到新技术和高性能。系统支持下一代的 Ultra SPARC 处理器、磁盘阵列、磁带设备、Sbus 卡及网卡。

6.4.3 SunScreen 防火墙产品

Sun 公司设计和开发出的防火墙产品 SunScreen 的特点是网络安全结构完善、安全等级高、功能强,而且复杂程度低。SunScreen 把非常先进的包过滤、确认及保密技术同简单的管理机制组合在一起,来提供强有力且使用方便的安全性解决方案。它独立于网络、协议及应用程序。

SunScreen SecureNet 有两种配置方式:路由(Routing)方式和隐形(Stealth)方式,二者各具特色。在路由方式下,它运行在 Solaris 操作系统之上,具有数据包过滤、用户认证和代理功能,是业界最快的防火墙之一。在隐形方式下,该防火墙在网络上是隐形的,没有 IP 地址,是不透明的,并可选择将此防火墙运行在经过剪裁固化的操作系统之上,因而是业界强大的网络安全产品。

SunScreen 基于高性能、低价格的 Ultra SPARC 技术,能以交钥匙方式的解决方案向用户提供符合标准的加密、鉴别和保密特性。再加上它高效的网络、灵活的程控能力,所以便成为公司连入 Internet 和建立内部网络的理想选择方案。

SunScreen 具有先进的功能(如严格筛选),并运行于通用的 Sun 服务器上。这意味着,SunScreen 软件与 Sun 各种服务器的配合是非常灵活的。它具有一个先进的图形用户界面,可以提供一种简单、直观的方式,执行安全策略并规定安全规则。

SunScreen 不是路由器,因此是不可发现的。信息包通过它时,不会记录下任何有关它存在的迹象。这样,潜在的入侵者很少利用它。SunScreen 还可以将几条线路作为具有相同 IP 地址范围的单一网络进行管理,这就不需要额外的 IP 地址和接口,并且可以提供一个中心位置进行记录和管理。

下面从 5 个方面对 SunScreen 展开介绍。

1. 配置

SunScreen 是一种基于 SPARC 技术的专用硬件装置,其操作系统不允许注册,并且禁止使用所有的标准网络服务程序(如 mail)。包过滤配置信息(由图形用户界面规定),在一种利用密码的安全方式下装到装置中。确认技术对信息和管理人员两者进行核实。一旦配置就绪并开始运行,SunScreen 将提供一个中心扼流点,用于筛选、记录及报警,甚至在发生紧急情况时断开线路。它有多个以太网终端口,其中一个端口专供管理站使用。

2. 包过滤能力

SunScreen 包过滤引擎,对进入和离开可靠网络的信息进行筛选。它可以提取和审查信息包的任一部分,以便于确认适用的规则和决定采取的行动。可以对信息包采取的行动包括:通过,拒收,对发送者通知的拒收、加密、解密、报警及记录。

状态消息也可以加以保存,这将有助于安全地提供 UDP 和 TCP 服务。过滤引擎把从信息包中提取的有关信息收集起来,并利用这些信息做出有关未来信息包的决定。以 FTP 为例,引擎将从发出的 FTP 请求中提取端口命令信息(端口号),并且在此消息的基础上,允许 FTP 数据在连接期间内以分配的端口号连接。

3. 安全保密

Sun 公司推出了全新的安全、保密性良好的产品 SunScreen。这种全新的高技术产品能

给用户提供最大的安全保密性，主要特点如下。

(1) 在 SunScreen 产品中，其核心是一个功能很强的数据分组扫描监视模块，此模块具有很强的扫描过滤功能和很强的分组功能。利用这个模块可以按照确定的规则控制访问权，规定外界允许访问公司内部，与公司内部建立联系。

(2) SunScreen 产品可以确定在网络上允许进行哪些服务，对文件的传送允许单向传送还是允许双向传送等服务都是可以控制的。

(3) SunScreen 在网络上可以是隐形的，这是 SunScreen SecureNet 隐形配置的最大特点。

(4) 将分组模块放在主机里是极其危险的。因为当有人从网络登记到主机上时，存储在主机里的所有程序和软件都会受到登录人的攻击，甚至伤害，这种保密模块本身也有可能会受到攻击和伤害。但 SunScreen 的安全保密模块在系统中独立存在，不会受到上述攻击和伤害。SunScreen 的产品特点是其分组监控扫描过滤模块和防火墙是相互分开的两个不同的设备。利用 SunScreen 装置既能保证系统原样运行，又可以向用户提供最大的安全保密性功能。

(5) SunScreen 产品具有分组监控扫描过滤功能，可以控制和限制访问权。

(6) SunScreen 产品具有很强的密码加密功能，可以用来在公用网络(如 Internet)上建立虚拟加密系统。在 SunScreen 产品中有实际可以自动完成安全保密工作的装置，它混合使用了专用密码编码技术和公用密码编码技术，其最大的好处是安全、可靠、方便、功能强、性能好。此外，SunScreen 产品还能完成简单的密钥管理工作。

SunScreen 之间可以利用各种加密标准在 IP 信息包级上对信息包内容进行加密和解密，这对于最终用户和应用程序都是透明的。SunScreen 利用这种带有确认协议、密钥产生及管理技术的加密能力，在采用 SunScreen 的位置之间提供确认和保密性能。

4. 虚拟专用网络

有些组织的办公室，常常分散在各地。SunScreen 可以为这些处于不同地理位置的办公室提供一种机制，允许它们将公有网络作为安全的专用网络使用，既不需要设置专用线路，也不需要修改应用程序。这种机制是通过数据隧道实现的。当使用隧道时，数据信息包被密封在其他信息包的内部并予以加密，并使公用网络起专用网络的作用。利用这种方式，就可以将分散的办公室当做一个虚拟专用网络进行管理。在这一网络上的主计算机，可以有相同的网络 IP 地址范围。

5. 图形用户界面

图形用户界面提供一种简便的执行安全策略的方式。管理人员不需要学习低级协议，也不需要操心规则序列和发生安全漏洞。利用图形用户界面规定准许的服务程序，经加密通道装到过滤装置中。当选择提供的服务程序时，需要特别注意包过滤是根据下述原则工作的：拒绝未经明确准许的服务程序。如果管理人员没有设置允许特殊信息通过的规则，SunScreenTM 将不允许它们通过。

利用图形用户界面，网站管理人员可以修改过滤规则和加密参数，恢复当前的SunScreen 配置并进行编辑，恢复记录文件并把记录文件和配置存储到磁带上。一个图形用户界面可以同时管理多台 SunScreen。

采用 SunScreen 网络安全系统而不考虑其它安全系统的原因，可以概括为以下几点：严格信息包过滤；IP 地址转换；确认和加密工具。

6.4.4 Solaris 操作系统

1. Solaris 操作系统的特点

1) 企业网络互联

Solaris 组合了带有高性能服务器功能的桌面系统和世界上最强大的网络化计算环境。它为用户提供了透明访问资源的能力，无须知道这些资源分布于何处，运行于何种机型之上。

Solaris 的网络互联基于开放式网络计算(Open Network Computing，ONC)技术。ONC 是一个基于 TCP/IP 的服务、设施和 API 族，包括文件和打印机共享、数据交换、远程过程调用及分布式命名服务。

在 Solaris 平台上还有大量的可选产品，如 Sun Link SNA 等，支持对大型主机系统、小型机和其它计算机环境的互联。

2) 多平台支持

Solaris 软件环境是高度可伸缩的，从单一的工作站到企业计算环境，支持 1～64 个处理器，能运行在多种硬件平台上。在这些平台上，Solaris 具有相同的功能，包括对多处理平台的 SMP 支持。当前还没有第二个操作系统能够跨越 RISC 和 CISC 两种结构。

3) 多处理/多线程支持

Solaris 支持 Sun 对称多处理硬件，其操作系统核心是完全线程化的，所以操作系统可以充分利用多线程(MT)、多处理(MP)的特长来改善整个系统性能。

4) 优化的数据库支持能力

Sun 公司通过与这些主要数据库厂商的紧密合作，使 Oracle、Informix 和 Sybase 等软件的性能在 Solaris 多处理环境下得以优化，可在大型的多用户和数据环境中有更快的响应。

5) 增强的 Web 环境

Solaris 操作系统提供基于 Web 计算的 WebTone，支持完整的 Intranet 服务、简便的管理工具，可与多种客户，包括 UNIX、Windows 和 Macintosh 进行无缝连接。

6) 广泛的应用

Solaris 平台上可运行 10 000 多个应用软件。

7) 本地化

Solaris 对汉字提供了完全的支持，它包括所有安装和配置接口，以及最终用户的桌面环境。

8) 安全性

Solaris 作为一个成熟的 UNIX 系统，其安全特性包含 4 种类型的保护：登录访问控制；系统资源访问控制和用户责任；安全的客户机/服务器服务，应用和实用程序；网络访问控制。

通过公用 IP 网络的交易处理可能会需要高层的安全性。对于这些网络，Sun 公司提供一些可选的产品，帮助客户实施复杂的安全性解决方案。这些产品包括 Sun Screen SPF、Sun Screen EFS 等。

2. Solaris 的 Intranet 软件

Solaris 的 Intranet 软件实际上为所有客户机结构提供包括文件、打印、电子邮件、Web 及服务器网络管理的完整 Intranet 操作环境。用户可以在运行所有喜爱的桌面应用程序的同时，访问网络中的业务应用程序和数据。除此之外，软件强劲的 Internet 出版和邮件特性，支持从传统工作组网络操作系统向 Intranet 计算的转换。

6.4.5 保险公司在线电子商务系统发展规划建议

电子商务系统运行应具有高可靠性。当发生自然灾害，如火灾、地震、水灾等情况时，可以利用远程灾难备份系统，在短时间内恢复系统的正常运行。由于灾难备份系统的投资大，建议分阶段逐步建设。在一期工程中，为实现系统的高可靠运行，建议采用双机备份，实现硬件冗余，保证系统在出现硬件故障时，仍可提供正常的服务和处理。

6.4.6 系统配置清单

电子商务系统设备及部分软件配置清单如表 6-1 所示。

表 6-1　电子商务系统设备及部分软件配置清单

设备或软件	配置	数量/台
Web 服务器	E420R	2
应用服务器	E3500	1
双机热备份软件		
数据库服务器	E3500	1
CA 服务器	E420R	待定
磁盘阵列	D1000	1
防火墙	E220R	2
C++开发工具		

6.5　网络设备规划

网络设备规划中选配一台 Cisco 路由器 2620 以 100Mb/s 以太网方式接入大楼局域网，并配置一个 WIC-2T 网络子卡以 128K DDN 的方式接入 Internet。

Cisco 系统通过 Cisco 2600 系列路由器将企业级的通用性、集成和处理能力扩展到了远程。Cisco 2600 系列配置了强大的 RISC 处理器，能够支持当今不断发展的网络中所需的高级 QoS 保证和安全的网络集成特性。通过将多个独立设备的功能集成到一个单元之中，Cisco 2600 系列降低了管理远程网络的复杂性。Cisco 2600 系列与 Cisco 1600、Cisco 1700 和 Cisco 3600 系列共享模块化的接口，为 Internet/Intranet 接入、多业务语音/数据集成、模拟和数字拨号访问服务、虚拟专用网络接入、虚拟局域网及路由带宽管理等应用提供了经济、有效的解决方案。

1. 适用场合

Cisco 2600 系列的适用场合如表 6-2 所示。

表 6-2　Cisco 2600 系列适用场合

型　　号	适用场合
Cisco 2600	局域网到局域网路由，包括带宽管理；远程访问服务器(模拟和数字拨号服务)；多服务语音、传真、数据、集成；带有可选防火墙安全的虚拟专用网络/外部网访问；串行设备集中；广域网访问，包括 ATM 服务
Cisco 2610	一个以太网端口
Cisco 2611	两个用于局域网分割或局域网安全隔离的以太网端口
Cisco 2612	一个令牌环网端口和一个以太网端口，适合混合型局域网和从令牌环网迁移到以太网
Cisco 2613	一个令牌环网端口
Cisco 2620	一个带有虚拟局域网支持的自适应 10/100 Mb/s 以太网端口
Cisco 2621	两个带有虚拟局域网支持的自适应 10/100 Mb/s 以太网端口

2. 关键特性

(1) 通用性/投资保护：可以现场更新模块化接口，能够启动数以千计的定制化解决方案，并能够轻松地适应未来网络发展的要求过渡。

(2) 集成、可管理性：降低拥有成本，简化远程管理，提供结合 CSU/DSU、复用器、调制解调器、语音/数据网关/ISDN NT1、防火墙、虚拟专用网络、加密和压缩设备的集成化网络。

(3) 多业务语音和数据网络：降低网络管理费用、话费；通过利用 Cisco IOS QOS 特性(如 RSVP、WFQ、承诺接入速率和随机早期检测)，语音流量可以实现数字化并封装在 IP 数据包中，而且能够与数据流量相结合。

3. Cisco IOS 软件和内存要求

Cisco 2600 系列提供 8 M 闪存、24 MB DRAM 内存。

随着新的业务和应用的推陈出新，网络技术在不断变化，Cisco 2600 系列的模块化体系结构具有适应此种变化所需要的通用性。

Cisco 2600 系列具有单或双以太局域网接口，两个 Cisco 广域网接口卡插槽、一个 Cisco 网络模块插槽及一个新型高级集成模块(AIM)插槽。Cisco 1600、Cisco 2600 和 Cisco 3600 系列路由器所使用的广域网接口卡支持各种串行口、综合业务数字网基本速率接口(ISDN BRI)及综合信道服务设备、数据服务设备等可选项，以实现主、备广域网连接。Cisco 2600 和 Cisco 3600 系列使用的网络模块支持高密度串行口，拨号池及多业务语音/数据集成等可选项。

4. 主要优点

Cisco 2600 系列具有以下优点，支持 Cisco 网络端到端的解决方案。

(1) 多业务集成。作为对业界领先的 Cisco 2500 系列的补充，Cisco 2600 系列将 Cisco 3600 系列的通用性、集成性和强大功能进一步扩展到较小的远程分支机构。Cisco 2600 系

列实现了 Cisco 公司在产品系列中增加多业务语音/数据集成功能的承诺，使客户能控制成本，为服务供应商提供更广泛的可管理服务选项。

(2) 投资保护。Cisco 2600 系列支持对模块组件进行现场投资升级，所以客户能轻而易举地更新网络接口，而无须对整个远程分支机构进行全面升级。Cisco 2600 平台的新型 AIM 插槽具有良好的可扩充能力，可支持高级业务，如硬件辅助数据压缩和数据加密，从而更好地保护了投资。

(3) 降低成本。Cisco 2600 系列将 CSU/DSU、ISDN 终端(NT1)设备及远程分支机构布线室中的其它设备集成到一台很小的设备中，提供一种节省空间的解决方案，使用网络管理软件(如 Cisco Works 和 Cisco View)对此方案进行远程管理。

(4) Cisco 端到端解决方案的一部分。Cisco 2600 系列是 Cisco 公司端到端网络解决方案的一部分，允许企业将高效低成本的无缝网络基础结构扩充到远程分机构。

5. 主要功能和优点

1) 通用性

模块化体系结构：网络接口能在现场进行升级，提供满足当今需求的解决方案，同时，又能采用以后的技术；在"增长时再购买"的基础上增加其它接口，以适应网络的增长；能轻而易举地根据个人需求对局域网和广域网络接口进行配置。

Cisco 1600 和 Cisco 3600 系列路由器公用广域网接口卡和网络模块：减少了 Cisco 1600、Cisco 2600 和 Cisco 3600 系列模块化组件的库存成本。

先进的集成模块插槽：高级业务(如硬件辅助数据压缩和数据加密)集成所需要的扩充能力。

2) 性能高直流供电选项：允许安装在直流电源环境中(如电讯载波中心办公室)。高性能 RISC 体系结构：支持先进的 QoS 特点，如 RSVP、WFQ 及 IP 优先级，减小循环广域网的成本；具有安全功能，如数据加密、数据封装及用户验证和授权，以保护数据包，支持高效低成本的、基于软件的压缩和数据加密；通过 DLSw+ 和 APPN 进行传统网络集成，高速以太网到以太网路由(12 000～15 000b/s)提供最大的扩展性。

全面支持 Cisco IOS：Cisco 2600 系列是 Cisco 公司端到端网络解决方案的一部分。

3) 可管理能力

集成 CSU、DSU 和 NTI 可选项：能够远程管理所有用户的设备(CPE)，从而获得更高的网络可用性和更低的运行成本。

支持 Cisco Works 和 Cisco View：允许对所有集成的和可叠加的组件的简单管理。

支持 Cisco 语音管理器：降低实施管理综合语音/数据解决方案的成本。

增强的设置功能：路由器的配置对话简单易懂，可进行快速配置。自动安装：通过广域网自动配置远程路由器，无须派技术人员到远程地点，因而节省大量费用。

4) 可靠性

冗余供电设备：系统能与其他网络部件(如 Cisco Catalyst 1900)公用 RPS，从而避免网络因停电而造成停机。

按需拨号路由：在主连接失效的情况下能自动切换到后备广域网连接。

双排快闪式内存：Cisco IOS 软件的备份可以保存在快闪式内存里。

设计符合人机工程学原理：

LED 状态指示灯：提供电源、RPS 状态、网络活动性及接口状态指示灯。

有网络接口都位于设备背面：简化了安装和电缆管理，确保最长的运行时间。

机架设计容易打开：安装内存或 AIM 快速且简单。

多速风扇：在办公室环境运行安静无声。

6.6 电子商务系统的安全与认证

由于电子商务系统通过 Internet 为互联网用户提供保险服务，因此必须与不安全的公共网络连接。保证系统的网络安全和交易安全就成为系统能否安全、可靠运行的关键。

网络安全的目的是防止来自外部/内部黑客的攻击，阻止非法用户的访问。交易安全的目的是保证交易信息的保密性、完整性和不可否认性。

6.6.1 网络安全

首先需要了解黑客的攻击目标，并依此制定出相应的网络安全措施。

1. 黑客攻击的目标

(1) 盗窃、更改、破坏企业与用户的敏感数据。

(2) 盗用企业网络与计算机设备。

(3) 攻击企业服务设施(如网站)，使企业无法提供正常的服务。

(4) 损害企业的名誉。

2. 网络安全措施

1) 遵守企业现行的网络安全政策

例如，关于 Internet 的访问限制，电子邮件的内容限制，调制解调器的使用限制等安全政策。

2) 边界安全

采用防火墙隔离不同等级的安全区，仅允许被授权的用户访问指定资源。

3) 主机系统安全

服务器加固：删除/卸载不必要的程序、服务，必须安装与安全有关的程序，防止被黑客利用。

4) 加密文件系统

对关键系统应用程序做密码签名，防止数据被修改。

5) 事件记录

对访问和服务进行分析，判断黑客的攻击行为。

6) 攻击/渗透测试

定期进行攻击/渗透测试，保证系统的网络安全。

3. 电子商务系统与保险公司在线后台业务系统的网络安全

在线电子商务系统体系中，通过采用两套不同的防火墙将电子商务系统分为两个安全

区。即供外部用户访问的访问服务区(主要包括 Web 服务器)和应用服务区(主要包括提供应用逻辑处理的应用服务器和存有关键数据的数据库服务器)。

从安全上考虑，将 CA 认证服务器放在第二道防火墙之后，保证系统的安全。

这种设计的优点是，外部用户不能直接对保险应用服务区的关键服务器进行访问，所有用户请求均通过 Web 服务器转发到应用服务器上处理(后台结果/响应信息的传递与此过程相逆)，从而保证了关键服务器的安全，同时也保证外部用户不能直接对后台核心业务系统进行访问，使得黑客无法从外部对保险公司核心业务系统进行攻击。

对于使用 Web 浏览器的 Internet 用户，用户的访问将受到第一道防火墙的控制。

隔离区中的 Web 服务器在转发用户请求时将受到第二道防火墙的访问控制。通过多层安全控制实现纵深防御，在系统复杂度与安全性之间得到最大限度的安全保证。

推荐建立第三道防火墙(可选)，用于保护应用服务器区的服务器，即防止来自内部系统网络的攻击。

第一道防火墙建议使用 Sun 公司的隐形防火墙技术，由于装有防火墙的服务器没有 IP 地址，因此防火墙在网络中是不可见的，黑客无法对防火墙进行基于 IP 的攻击。第二道防火墙采用 Sun 公司的路由模式防火墙技术，使得黑客即使能够攻破第一道防火墙，也不能采用同样的方法攻破第二道防火墙，使得系统安全管理员能够有充裕的时间采取相应的安全措施。

Sun 公司的防火墙和虚拟专用网络产品可以为网络系统提供强大的安全保证。具体的安全特性如下。

(1) 防止来自外部和内部黑客对系统的恶意攻击。

(2) 监听/记录所有进出网络的事件。

(3) 检测非法访问，自动发出警告。

(4) 业界独有的隐形模式防火墙，没有 IP 地址，因此黑客无法通过网络对防火墙进行攻击，从而保证网络安全。

(5) 可以实现两台防火墙双机备份工作，极大地提高系统的可靠性。

(6) 集中管理保证多台防火墙协同工作。

(7) 实现网络地址转换。

(8) 实现代理和服务(Proxies and Services)。

(9) 加密隧道(Tunneling)机制，可以实现安全数据传输。

将 Sun 公司的防火墙/虚拟专用网络技术与现有第三方软件厂商(如 ISS 的防黑客攻击/防病毒软件)相结合，可以获得更强的网络安全。

6.6.2　SilverStream 安全机制

一般 Web 服务器在自身设计上都没有考虑安全控制问题，任何人从任何地方发出请求，Web 都给予响应，仅适用于公开的信息发布。如果要求系统有一定的安全保密性，并有灵活的控制机制，却是一件难事。我们不能在每一个页面都要求用户输入用户名和口令，又不能只控制第一个页面，因为在 Web 服务器上，用户完全可以不经过第一个页面而直接请求后面的页面。Web 服务器又缺乏在页面之间保密地传递信息的机制(参数、隐含域、Cookie 都不能保密)。而且在页面上编写 Java 脚本和 Visual Basic 脚本本身都是不够保密的。

对于一个完整的信息系统而言，就需要一定的权限控制和加密要求，客户端对数据源的直接访问是不允许的。在一般的 Web 服务器上要实现权限控制，则需要编写大量的程序，与开发交互应用一样，存在开发和维护的困难，另外由于自己开发的权限控制程序是游离于 Web 服务器核心之外的，因此很容易被人绕过控制程序而直接访问 Web 服务器得到信息，破坏系统的安全。而 SilverStream 是在 Web 服务器的核心层实现了安全控制机制，将 Web 服务器完全置于安全机制的管理之下，使开发人员不需要另外再编写安全控制程序，只需要简单地对不同对象设置不同的访问权限，就可达到安全控制的目的，大大简化了开发和维护工作。

应用服务器将 Web 服务器包含在其内部，提供安全机制，客户在访问之前，要得到服务器的辨认，否则无法接触到 Web 服务器。大部分应用服务器具有以下机制：添加用户和小组，控制对每个组件及数据库记录的访问，服务器还能使用其他安全机制，如操作系统的安全机制、LDA、NIS+等。更高级的安全性还可通过使用 X.509 做数字认证和 SSL 3.0 数字加密。一旦用户得到认证，服务器便在内部记录用户信息，确定用户能否访问组件或数据。可以对读、写、执行、管理，针对所有对象(页面、表格、业务对象、数据库行列、图像等)，在任何层次(服务器、数据库、对象类型、对象)进行安全访问控制。SilverStream 应用服务器实现了完备的客户认证机制和超强的数据安全性保证，通过会话层管理有效地控制了客户端和 SilverStream 应用服务器的交互过程，事务管理保证了事务处理的完整性，从而克服了 HTTP 协议无状态的缺陷。SilverStream 应用服务器与代理服务器和防火墙协同工作时，可以提供更高级别的安全保证。

内建的负载均衡、服务器端容错及失败恢复机制使 SilverStream 应用服务器在大吞吐量的情况下仍然具有良好的稳定性，客户端访问的高成功率得到了保证。

6.6.3　CA 认证系统

要实现可信、可靠、安全的基于 Internet 的网上交易，需要具备 6 个基本要素：即对交易各方的身份认证、授权、数据保密性、数据完整性、交易的不可否认性及对交易流程的审计控制等。CA 认证系统就是用于实现这些要素的解决方案。

CA 认证系统是一种基于 PKI 的安全认证系统。CA 为交易方签发数字证书，数字证书用于对数据的加密和对交易方的身份认证。PKI 技术采用数字签名技术保证交易的不可否认性。

下面介绍建立 CA 认证系统后，网上交易可以得到的安全保证。

1) 身份认证

允许企业与可信赖的客户、伙伴和雇员进行电子商务活动。

2) 授权

允许制定可控制的商业规则，如被授权的用户在哪种条件下可以使用哪种资源。

3) 保密性

保证被存储或被传送的敏感信息的保密性。

4) 完整性

防止交易被窜改。

5) 不可否认性

保证交易各方在交易行为后，不能否认电子交易。

6) 审计控制

提供对电子交易的审计跟踪与电子交易回退。

6.7 项目实施与管理

6.7.1 实施管理的内容

项目管理的核心就是对工程质量的管理。在一个包括集计算机软件、硬件、网络、通信等多项集成的大型项目中，项目的实施必须使用一套严格成熟、规范合理的管理方法才能保证项目的顺利进行。为此，我们将根据 ISO 9000 标准对该项目管理实施，目的在于通过让用户满意和自身受益达到系统集成公司与用户的共同成功。

国际标准化组织 ISO 在 1987 年推出 ISO 9000 系列标准以来，已被百余个国家采用。对这个系列标准化在全球如此广泛深刻的影响，有人称为 ISO 9000 现象。ISO9000 现象出现的根本原因，是各国的采购和供应商对标准的普遍认识，并将符合 ISO 9000 标准的要求作为贸易活动中建立相互信任关系的基石。ISO 9000 现象推动了企业按照 ISO 9000 系列标准的要求建立自身有效运转的质量保证体系，并作为保证产品质量和提供优质服务的质量基础。

ISO 9000 管理的 3 个基本要点是：事事要有计划；按照计划去做；对所做的事要检查和总结。它的两个基础条件是：要有一个完善的组织机构，其岗位、职责、权限、关系明确，动作得力；要有章可循，有一套行之有效的管理体系。ISO 9000 管理的精神实质是通过对过程的有效控制来达到质量保证的目的。只要过程得到了切实有效的控制，就有理由相信质量能够得到保证。能够做到这一点的企业也就自然获得应有的可信度。

系统集成公司长期致力于计算机系统工程的建设，具有丰富的工程项目管理、工程实施、售后服务及技术支持经验，有较强的应用开发能力、专业化的技术服务队伍和完善的售后服务体系。对于整个工程项目的管理和技术服务，系统集成公司将按照系统集成服务及支持规范，以及用户提出的其他具体需求，为用户提供专业、规范的服务和保障。

在项目实施方面，集成公司将配备高素质的工程师，选用先进、稳定的开发工具和开发方法，开发全过程实行严格的质量控制，确保产品功能丰富，满足用户的实际要求。

本章将详细说明在整个项目的实施过程中甲方(用户)、乙方(系统集成公司)的责权利，以保证整个项目的顺利进行。

因此在项目管理和实施中应包括以下内容。

(1) 有效组织、管理参与项目的各方，并建立权威性的组织结构，从技术上和管理上拥有仲裁权。

(2) 明确项目的实施进度，分阶段进行项目总结，动态分析项目实施计划的合理性，找出原因、明确责任并动态调整实施进度。以用户签字认可的、完整的技术文档作为各阶段完成的标志，既保证项目的延续性，又保证项目的实施不偏离既定目标。

(3) 全面的技术培训是用户最终掌握、使用和维护系统的重要环节，让不同类型的工程技术人员在完善的培训中，理解和掌握系统。

为了保证整个项目的顺利进行，从相互信任、相互协作的原则出发，将从以上 3 个方面对项目管理和各种实施规则进行详细说明。

6.7.2　实施管理的组织分工

成功的项目建设由主机系统、网络系统、应用系统等方面完整集成。参与项目建设的工程技术人员和后勤保障人员(涉及各主机厂商、网络厂商、数据库厂商、电信部门、用户相关部门、集成商，甚至进出口商)是项目建设的主力军，任何一个环节的疏忽都将影响工程的进度。因此项目人员的组织、协调工作将上升到一个决定性的位置。良好的机构设置可以充分发挥参与项目的各有关部门、有关人员的能力及效率，使相互之间的沟通及时、准确，并能迅速反映实际实施进度，从而提高整体项目的工作效率，提高工程质量，保证工程的顺利完成。

如果没有健全的组织和有效的管理，则各相关单位之间不能及时沟通，不能迅速反映出项目中的问题，以至产生各项目参与方相互推卸责任的现象，都将严重影响项目的进度，甚至造成整个项目的失控。所以，项目管理中的人员管理是最重要的一环。

为保证项目稳定、高效地运行，建立项目组织机构应遵循以下原则，如表 6-3 所示。

表 6-3　建立项目组织机构应遵循的原则

原则名称	说明
有效管理幅度原则	管理幅度是指一个主管能够直接有效地指挥下属的数目；机构内分设的自上而下或自下而上的机构层次称为管理层次；管理幅度与管理层次密切相关
权责对等原则	权力是在规定的职位上行使的权力，责任是在接受职位、职务后必须履行的义务，在任何工作中，权与责必须相当
才职相称原则	管理人员的才智、能力与担任的职务应相适应。理想的组织机构必须具备修改和调整的可能性，设置的组织机构必须具有灵活性
命令统一原则	执行者负执行之责，指挥者要负指挥之责，在指挥和命令上，严格实行"一元化"的层次联系
效果与效率原则	效果是指组织机构的活动要有成效，组织机构不但要能保证项目的进行，同时要有成果

组织机构是支撑项目正常运转的运筹体系，是项目的"骨骼"系统。没有组织机构，项目的一切活动便无法进行。项目组织机构应具备以下 4 个重要特征：组织目标单一，工作内容庞杂；项目组织是一个临时性机构；项目组织应精干、高效；项目经理是项目组织的关键。

根据以往在大型项目管理和实施方面的经验，建议本项目的组织机构如图 6.20 所示。

1. 项目领导小组

项目领导小组领导成员的构架如下。

组长：由用户最高决策层领导承担(1 人)。

副组长：由用户项目主管和技术主管承担(1 人)。

副组长：由系统集成公司副总裁和技术总监承担(1 人)。

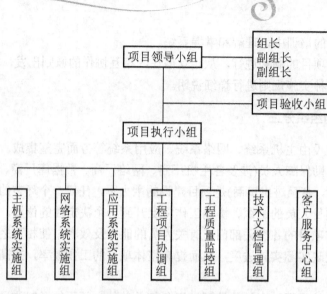

图 6.20 项目组织结构图

项目领导小组：是项目的最高权力机构。其分阶段定期开会，听取项目进展汇报；对照项目进度计划，对各关键阶段完成进度进行检查和总结；对项目实施过程中出现的重大问题进行决策。

领导成员的职责如下。

(1) 审核、批准项目的总体方案，工程实施计划。

(2) 负责项目实施过程中重大事件的决策。

(3) 根据项目过程的进度、质量、技术、资源、风险等实行宏观监控。

(4) 负责组建验收小组，主持验收工作。

(5) 协调涉及与工程有关的各方工作关系。

2. 项目执行小组

人员构成：系统集成公司项目负责人任组长，用户项目总负责人任副组长。组员由各系统实施组、文档管理组、质量监控组、项目协调组的各位组长参加。

其职责如下。

(1) 根据项目进展及工程工作要求制订工作计划，并监督实施，控制进度。

(2) 协调项目组内人员的分工合作，资源分配。

(3) 提出并确立业务整体需求，完成系统分析和系统整体设计。

(4) 负责制定阶段验收标准和最终验收标准，报领导小组审批。

3. 各系统实施组

人员构成：由各系统实施组由系统集成公司的主机系统、网络系统、应用开发系统的熟练技术人员，以及项目涉及的厂商工程技术人员共同组成。系统集成公司负责人担任组长。

其职责如下。

(1) 负责主机设备、网络设备的到货、清点验货、自检、安装、调试。

(2) 按照总体设计的要求进行设计、施工，并且在需要时根据总体设计的变更来调整具体设计和施工。

(3) 按照合同的要求完成软件工程的需求分析、系统设计、软件编码、应用调试和上线运行。

(4) 根据各阶段的工程安排，有组织地对用户工程技术人员进行技术培训。

4. 工程项目协调组

人员构成：由厂商、系统集成公司、用户项目的业务代表或联系人，以及系统集成公司的商务人员组成。系统集成公司的项目销售经理任组长。

其职责如下。

(1) 协调用户、厂商和系统集成公司三者之间的联系和沟通。

(2) 在项目实施过程中及早筹款，负责将项目所需设备按时提供。

(3) 为实施人员在通信、交通、工作联系等方面提供便利条件。

5. 工程质量监控组

人员构成：由有管理经验的人员组成，系统集成公司派一名高级管理人员担任组长。

其职责如下。

(1) 对项目过程中的质量管理进行监控。

(2) 协助项目执行小组对项目进行阶段评审。

(3) 对发现的质量隐患进行监督。

(4) 定期向执行小组提交项目实施监控报告，指出存在问题，提出解决方案。

6. 技术文档管理组

人员构成：由系统集成公司熟悉工程和应用软件的管理人员和文秘人员组成，由有管理经验的系统集成公司人员担任组长。

其职责如下。

(1) 制订项目的文档管理计划。

(2) 依照项目实施计划，进行文档标示和追踪。将整个工程中的每一变化情况纳入受控状态，使项目各实施小组都能及时得到项目进行的最新资料。

(3) 按照各类文档产生期限收集整理各类文档。控制文档格式，编制文档清单，管理文档版本等。

(4) 与用户进行文档的交接。

7. 项目验收小组

人员构成：在阶段验收或最终前夕由项目小组负责组建。验收小组的成员由用户与系统集成公司人员组成。组长由用户担任，副组长由系统集成公司人员担任。

其职责如下。

(1) 根据项目执行组制定的验收标准进行验收。

(2) 进行工程的阶段验收。

(3) 试运行顺利通过的最终项目验收。

(4) 生成验收报告，提交项目领导小组审批。

8. 客户服务中心组

人员构成：在项目试运行期间，项目的服务与支持仍由各小组负责；项目正式上线运行之后，由系统集成公司专门的客户服务中心工程技术人员组成。

其职责如下。

(1) 负责系统试运行期间的维护工作，配合与用户工程师进行技术交接。

(2) 远程支持用户的技术需求，必要时安排工程师到现场进行技术支持。

(3) 对用户项目运行过程中的问题解决方案及配置的更改，将提交技术文档，同时也提交用户备份。

6.7.3 实施管理的阶段

科学、合理地划分整个项目实施的各个阶段，并明确各阶段所达到的标准，是保障整体项目成功的必要保证。从系统集成公司的系统集成经验看，整个项目分主机安装、网络安装和软件开发三大部分。各部分既有独立阶段，又有整合阶段，它们划分的指导思想如下。

(1) 充分协作、充分信任。

(2) 明确厂商、系统集成商和客户之间的责任和义务。

(3) 商讨并确定该项目的最终测试计划及其期望结果。

(4) 明确所有系统最终的配置信息。

(5) 充分估计各部分的具体工作量。

(6) 建立质量保证方法及调配措施。

(7) 明确实现最终目标所经历的各个阶段。

1. 按工程时间表划分

在一个大型项目工程的开发和建设中，涉及的问题极多。为了使整个工程的组织更为有效，将科学地把整个工程划分为几个阶段。每个阶段都应该有指定的时间表，每个阶段应完成指定的工作，达到指定的目标，为下一阶段的工作做好充分的准备，以保证工程的进度；每个阶段都要有项目总结，解决本阶段遇到的问题，动态调整各种资源，使项目沿着正常轨道进行。

根据用户的需求和特点，结合系统集成公司实施大型项目的经验，建议把整个项目的主机部分和网络部分划分为如下几个阶段。

1) 设备的选型及采购阶段

设备由用户选型确定之后，在项目执行小组和工程项目协调组的共同协调和指导下，指派专人进行设备、产品的下单、运营等一系列商务运作。同时需根据用户要求，通过工程实施组的配合与反馈，帮助用户完成工程实施中所必需的少量其他合同外设备、工具的采购和到位工作。

相关文档和配置更新需提交技术文档管理组归档。

2) 工程准备阶段

这一阶段的目标是为主机和网络的安装、调试、试运行提供必要的基础。这一阶段的主要工作包括如下方面。

(1) 签约方案的进一步论证。

(2) 协助用户检查机房环境的建设。

(3) 通信线路的申请，根据方案，如申请远程通信线路 X.25、DDN 等。

(4) 用户的基本培训，以保证在协调安装以后，能够迅速参与维护。

(5) IP 地址的划分、安装计划的制订等。

(6) 与客户协商具体的实施计划与工期安排。

(7) 与用户协商项目实施各阶段的测试标准和验收标准。

3) 设备到货验收与项目安装阶段

这一阶段的工作是整个工程中主机和网络工作量最大的阶段，方案所涉及的大多数设计都将在本阶段变成现实，具体的工作内容如下。

(1) 硬件设备的到货验收与加电测试。

与用户、厂商、进出口商共同对到货的设备按照到货清单逐一验货，并与用户合同进行对比，及时发现短缺货物；清点完成之后，进行硬件设备的加电测试。

(2) 硬件的安装及调试。

硬件的安装及调试主要是用户网络产品和服务器的安装和调试，包括单机、双机的配置等，保证项目硬件设备的工作正常。

(3) 设备的调试。

实现方案中所建设网路的性能、稳定性等方面的要求，从而建立稳定、高效的网络项目平台。

(4) 整体测试、验收阶段。

在主机、网络调试完成以后，对系统配置产品及系统软件进行分别的和联合的测试验收，使之符合预期合同规定的性能指标。

项目执行小组提出具体验收标准，由验收小组实施验收，由领导小组确认批准。

在硬件系统均已初验合格之后即可开始试运行。在试运行阶段，整个系统工程将一起接收时间和环境的考验，不但要考察功能特性，更要考察系统运行的性能是否符合预期目标。试运行期规定为 15 天。在试运行期间，须对用户进行有关硬件维护和使用的授课培训，并严格考核，合格上岗。试运行结束时将协助用户生成试运行报告。

在联合测试之后，整体系统工程进入最终验收阶段。这里的最终验收是指针对整个系统工程的最终验收。整个系统工程试运行结束时，验收小组要依据项目执行小组提出的验收准则，对试运行情况进行分析，给出结论性意见。连续 15 天无重大故障，并且达到预期性能指标时，最终验收才算通过，并由用户签字认可。

(5) 运行维护阶段。

在项目投入运行以后，主要的工作是主机和网络的维护，包括软件、网络项目、应用项目的日常维护。同时，在项目的运行过程中也会不断地提出新的需求，从而使整个项目更加完善。

2. 按工程完成后的安装报告划分

除了工程时间表，项目各个阶段实施完成的标志是工程完成后的安装报告和用户的签字认可。不同的设备安装有不同的工作步骤，也就有不同的安装报告，下面予以逐一说明。

1) 主机安装部分

主机安装部分可划分为如下 4 个阶段。

(1) 前期准备工作阶段。

① 用户机房环境的建设，包括空调、电源、UPS 等辅助设备的采购与安装；系统集成公司将提供机房检查报告，若机房环境不符合主机的运行环境，厂商工程师将有权拒绝主机的安装；必要时，系统集成公司配合厂商提供电源连接图。

② 主机设备的订货与进出口，以及入关后的运输。

③ 系统集成公司根据用户的主机订单配置，对主机的硬盘(包括根盘和磁盘阵列)进行卷组和逻辑卷的划分，并提供实施计划、人员安排及 IP 地址表。

以上准备工作将在主机设备到货前进行，必须与客户取得沟通，并使得实施取得客户的认可。

(2) 验货、加电和安装调试工作阶段。

① 设备到货后，系统集成公司安装工程师将及时到现场，配合厂商、进出口商和用户一起，按照到货清单进行逐一清点，并备份交货清单复印件和验货单复印件(验货工作以进出口商代表和用户为主，由工程师配合)；对验货中发现的问题将迅速通过验货单复印件予以反映。

② 验货后，系统集成公司工程师配合厂商主机工程师进行安装和加电，对硬件设备进行检测，并通过系统集成公司工程师的安装报告予以反映。

③ 系统集成公司工程师按照安装计划进行主机软件的安装及配置；安装调试成功后，由用户工程师确认，再由相关负责人在安装报告上签字认可；系统集成公司工程师将系统软件核心配置的路径和文件告知用户，同时做备份，作为今后技术维护的依据。

④ 完成初步的现场培训和现场指导，培训对象是用户的系统管理员。

至此，主机系统的硬件维护进入保修期，凡硬件故障，由生产厂商提供免费维护或更换；凡因系统集成公司配置的系统软件故障，系统集成公司将免费提供维护(若由于客户误操作或在公司工程师不知道的情况下，擅自更改配置，导致系统瘫痪，系统集成公司将提供有偿的技术支持)。

(3) 系统联合调试、验收阶段。

系统集成公司的系统工程师将配合应用部门，在应用系统上线调试和试运行时，提供必要的现场、远程拨号或电话支持，对核心系统配置的更改，将及时以书面形式告知用户，并备份留底，确保项目的可持续性。

(4) 系统运行维护阶段。

系统集成公司的系统工程师将在系统全面运行后，继续提供技术服务和技术咨询。若对核心系统配置的更改，将及时以书面形式告知用户，并备份留底，确保项目的可持续性。

2) 网络安装部分

网络的安装部分也由 4 个阶段组成。

(1) 安装前的服务阶段。

安装前的服务是指签订合同后但设备还没有到达现场这一段时间内所提供的服务。系统集成公司为了更好地保障按时、按质地完成设备的安装和调试，可以根据用户的要求提供以下服务。

① 安装现场评估。

② 根据用户具体的现实情况，提供设备安装现场(如机房)的具体要求，以满足多种设备对现场环境的需要。

③ IP 地址的规划。

④ IP 地址的分配是关系到网络性能的重要因素，在此将根据我们实施大型 IP 网络的广泛经验，用科学的方法确定 IP 地址的分配，以便更加有效地管理，最大限度地节省网络带宽。

⑤ 安装计划。

⑥ 设备到货后的安装工期和人员安排；完成每个安装点的详细网络拓扑结构图。

⑦ 模拟实验。

⑧ 系统集成公司的工程师将根据本项目的实际运行要求在机房内搭建试验环境,对网络设备进行配置，优化各种性能，以得出在实验室内的最佳网络配置参数。

⑨ 敦促用户在设备到货安装前完成电信通信链路的申请。

(2) 验收与安装调试阶段。

系统集成公司与产品厂家，进行了长期合作，并已达成了合作规范。此规范保证了供货过程的顺利及误会发生的最小化。所有设备的到货满足工程的要求。系统集成公司与合作伙伴将在货物发给用户前对所有的货物逐一进行清点及检验，以做到交给用户的产品是完好无误的,并且在所需设备到货后和安装条件齐全(如用户申请的 DDN 和 FR/X.25 信道必须经过通信测试)的情况下进行安装工作。

① 开箱验收。

② 系统集成公司将派出网络工程组，与用户一同开箱验货，并提交《网络设备验收报告》，并备份用户的签字认可。

③ 安装试点。

④ 系统集成公司的工程师首先实际安装一个点的设备，根据模拟实验的参数进行配置，以便测试在实验环境下得出的参数是否能够满足实际工作环境的要求，同时根据实际环境的要求做出适当的参数调整，以取得网络的最佳性能。

⑤ 小范围安装。

⑥ 集成公司的工程师安装 2 或 3 个点的设备，进行各种配置，同时指导客户的工程师熟悉各种网络设备的各种配置。

⑦ 全面安装。系统集成公司的工程师完成所有点的安装调试并进行各种配置及性能的优化。

对每个点安装、调试，并得到用户认可之后，网络设备进入保修期，凡因硬件故障，将由原厂商保障免费更换(保修期内)；凡因软件配置故障，将由系统集成公司提供免费维护(保修期内)；但因用户违规操作，或擅自修改配置，导致设备运行瘫痪，系统集成公司将提供有偿服务支持。

(3) 系统联合调试、验收阶段。

系统集成公司的系统工程师将配合应用部门，在应用系统上线调试和试运行时，提供必要的现场、远程拨号或电话支持，对核心系统配置的更改，将及时以书面形式告知用户，并备份留底，确保项目的可持续性。

(4) 系统运行维护阶段。

系统集成公司的系统工程师将在系统全面运行后，继续提供技术服务和技术咨询。若对核心系统配置的更改，将及时以书面形式告知用户，并备份留底，确保项目的可持续性。

根据质量保证体系的要求，将硬件系统实施的技术文档分阶段归类，如表 6-4 所示。

表 6-4　技术文档列表

阶　　段	文档名称
合同	合同
	合同评审报告
采购	采购计划
	采购合同
需求规格说明	主机、网络需求分析说明书
	需求认可及更改流程
工程策划	工程综合计划进度
	工程组织机构及职责
质量策划	质量保证计划
工程设计	总体设计计划
	技术体制
	业务规范
	总体设计规范
	主机网络总体设计说明书
	主机网络总体设计评审
	主机网络详细设计计划
	主机网络详细设计规范
	主机网络详细设计说明书
	主机网络详细设计评审
	主机网络设计修改评审
	主机网络设计修改评审
	主机网络设计修改通知
安装调试	主机网络安装计划
	主机网络安装手册
测试和确认	主机网络测试计划
	系统联调测试计划
	主机网络测试报告
	主机网络修改方案
	主机网络确认计划
	主机网络确认报告
	系统联调确认报告
验收	主机网络验收计划
	系统联调验收计划
	主机网络验收报告

阶　　段	文档名称
验收	系统联调验收报告
维护	主机网络维护计划
	主机网络维护手册
配置管理	人员配置表
	网络配置文件
培训	主机网络培训计划
	主机网络培训手册

3) 软件开发部分

在软件开发过程中,各阶段用户认可的技术文档,既标志本阶段软件开发工作的结束,又标志着下一个阶段软件开发工作的开始。

软件开发是整个项目中"弹性"最强的部分,也是用户最直接的使用界面。如果说主机系统是项目的"大脑"、网络系统是项目的"经脉",那么,软件系统就是项目的"血液",贯穿整个项目的始终。我们将软件开发过程分为 6 个阶段,其目的就是使整个软件开发过程阶段清晰、要求明确、任务具体、使之规范化、系统化和工程化。各阶段的安排及技术文档如表 6-5 所示。

表 6-5　项目实施阶段工作内容安排表

阶段	活动	输入	动作/过程	输出及记录	人员	完成准则
准备阶段	开发计划及相关计划编制	合同及项目任务书	编制项目计划及相关标准	项目开发计划相关标准	项目负责人	通过评审
	开发计划及相关评审	开发计划	开发计划评审会议	开发计划评审报告	供方	
需求分析	需求调查、需求说明书编制	合同及项目任务书、开发计划	需求调查与分析	系统需求说明书	需方为主、供方配合	通过评审
	需求分析评审	需求分析报告	需求分析评审会议	需求分析评审报告	供需双方	
设计	概要设计	系统需求说明书		系统概要设计书	设计人员	通过评审
	概要设计评审	概要设计报告	概要设计评审会议	概要设计评审报告	供方为主、需方确认	
	详细设计	系统概要设计书		系统详细设计书	设计人员	通过评审
	详细设计审核	详细设计书	详细设计审核	审核后的详细设计报告	无直接相关人员等	
软件实现	软件实现、单体测试	系统详细设计书	编码	系统软件编码	开发人员	
测试	测试计划编制	概要设计书、详细设计书	编制测试计划	测试计划	熟悉业务人员	测试报告,通过评审
	测试计划审核	测试计划	测试计划审核会议	审核后的测试计划	无直接相关人员等	

续表

阶段	活动	输入	动作/过程	输出及记录	人员	完成准则
测试	测试	测试计划、系统软件编码	测试	测试报告	测试人员	测试报告，通过评审
	测试评审	测试报告、问题处理表	测试评审会议	测试评审报告	设计人员、测试人员	
系统移交	验收测试计划	需求分析说明书、用户使用手册	验收测试编制	验收测试计划	需方	验收通过并移交
	验收测试计划审核	需求分析说明书、验收测试报告、用户使用手册	验收计划编制	审核后的验收计划	需方	
	验收测试	软件、验收测试计划	测试	验收测试报告、问题处理表	需方	
	验收测试总结	验收测试报告、问题处理表、需求分析说明书、用户使用手册	验收测试总结会议	验收测试报告	需方	
	系统交付	软件、文档资料	交付	系统交付报告	供方、需方	

6.8 技术培训与售后服务

6.8.1 技术培训

为了使用户、技术人员能熟练掌握各种主机设备、网络设备的操作，并能维护系统正常的运行，以及对 SilverStream 平台的运用，在双方合作协议生效之后，系统集成公司将根据用户的需求就本项目所涉及的具体技术和基础知识为用户安排一系列的考察和培训。

1. 网络培训课程介绍

(1) 网络基础知识讲座。

(2) Standard Protocal Suites(TCP/IP DNS IPX)。

(3) 交换技术、视频会议和视频点播技术。

(4) Introduction to Cisco Works Configuration。

(5) Advanced to Cisco Router Configuration。

(6) Cisco Internetwork Troubleshooting。

2. 系统及应用培训课程介绍

(1) 主机系统培训(免费)。

(2) Solaris 8 操作系统管理(2 人免费)。

(3) Java 开发培训(2 人免费)。

(4) 防火墙培训(免费)。

(5) SilverStream 应用平台培训(免费)。

3. 主管人员培训

主管人员培训(2 人境外培训)。

6.8.2 售后服务

1. 服务内容

1) Intranet 系统总体规划服务

系统集成公司将派出技术专家与保险公司合作，完成以下重要设计文档。

(1) 《保险公司电子商务系统核心体系规范设计》，包括系统拓扑结构、系统命名规范、功能和资源规划、安全体系等内容。

(2) 《保险公司电子商务系统运行管理规范设计》，包括系统投产运行后在管理和维护过程中应遵循的规范。

(3) 《保险公司电子商务系统技术手册》，包括布线、主机、网络、SilverStream 等产品的安装手册、系统各部分配置标准等内容。

2) Intranet 系统集成服务

(1) 场地规划服务。

(2) 为用户提供机房场地标准，根据场地标准对主机房各指标进行检测，提供主机房场地的系统布线建议。

(3) 开箱、验货、设备安装、调试。

(4) 按照实施计划，在系统集成公司有关人员配合下完成保险公司电子商务系统主机、网络、软件产品的供货、安装、配置和调试。

(5) 应用服务安装与配置。

(6) 按照实施计划，在保险公司有关人员的配合下完成电子邮件、Web 服务器平台设置、拨号接入等功能的安装配置和调试。

(7) 测试和验收。

协助保险公司技术人员进行网络集成测试和应用功能测试，保证其投入正常运行。协助保险公司完成全系统的验收工作。

3) 维护和支持服务

(1) 网络系统及网络设备维护。

(2) 在网络系统投入运行后的 3 年内，系统集成公司对网络系统及其网络产品进行免费维护，对其故障设备免费整机更换。保修期满后，系统集成公司继续提供维护服务，仅收取更换故障部件的费用(费用标准按 Cisco 公司统一标准执行)；系统集成公司提供的所有维护服务都将由当事人提交详细的《系统维护报告》，由用户签字认可后备案。

(3) 网络设备软/硬件升级。

(4) 用户提出设备软/硬件升级要求时，系统集成公司负责安排技术人员提供技术支持，系统集成公司免费提供同级别系统的软件版本升级，用户只需支持硬件升级费用；升级完成后，提交详细《系统升级报告》备案。

(5) 主机系统维护。

(6) 在主机系统投入运行后的一年内，系统集成公司对主机设备提供免费保修服务，提供热线电话支持，硬件故障现场诊断，故障部件免费更换。保修期满后，系统集成公司继续提供维护服务，仅收取更换故障部件的费用(费用标准按 Sun 公司统一标准执行)；系统集成公司提供的所有维护服务都将由当事人提交详细的《系统维护报告》，由用户签字认可后备案。

(7) 主机软件升级。

(8) 在系统投入运行后一年内，系统集成公司对操作系统、软件提供同级别系统的免费版本升级。一年之后，系统集成公司继续提供软件升级服务，收取产品差价部分的费用(费用标准按 Sun 公司统一标准执行)；升级完成后，提交详细《软件升级报告》备案。

(9) 电话/现场技术支持。系统投产运行后，对于系统运行中出现的故障问题，或保险公司系统管理人员在本系统范围内遇到不能解决的问题，系统集成公司均提供电话技术支持，必要时提供现场技术支持。

2. 服务方式

系统集成公司将指定专门技术人员负责对保险公司电子商务系统的服务与支持；指定的售后服务负责人应有 2 或 3 人，便于及时响应用户。对于用户提出的问题，在 1 小时内明确答复；电话不能解决的故障，有专门技术人员 12 小时内到达用户现场，进行实地服务。

联合项目组中系统集成公司成员具体实施用户现场售后服务；系统集成公司的所有员工均有义务通过电话或其他方式解答用户问题。

 本章小结

电子商务通常是指在全球各地广泛的商业贸易活动中，在因特网开放的网络环境下，基于 B/S 应用方式，买卖双方不谋面地进行各种商贸活动，实现消费者的网上购物、商户之间的网上交易、在线电子支付及各种商务活动、交易活动、金融活动和相关的综合服务活动的一种新型的商业运营模式。

企业通过实施电子商务实现企业经营目标，需要电子商务系统提供网上交易和管理等全过程的服务。因此，电子商务系统一般具有广告宣传、咨询洽谈、网上订购、网上支付、电子账户、服务传递、意见征询、业务管理等功能。本章主要以保险公司企业为例，为满足保险业务的在线交易，选用了 Sun 公司的 SilverStream 电子商务系统平台作为其解决方案的设计。

 习题

以下设计题题目，任选其一。

(1) 对所调查的某网上银行进行系统设计，给出设计方案。

(2) 对一个开展B2C电子零售的网络商店的电子商务系统进行系统设计，给出设计方案。

(3) 对一家制造企业开展B2B电子商务业务的电子商务平台系统进行系统设计，给出设计方案。

设计内容与要求如下。

(1) 系统总体结构设计(包括确定系统的外部接口，确定系统的组成结构)。

(2) 系统信息基础设施设计(要求掌握如何选用合适的产品实现系统信息基础设施设计。包括：网络环境设计、服务器主机设计与选择等)。

(3) 系统软件平台的选择与设计(要求学生根据系统需要，选择系统软件平台。包括：操作系统的选择、数据库管理系统的选择、应用服务器的选择、中间件软件的选择、开发工具的选择)。

(4) 系统应用软件设计(要求学生说明系统应用软件的构成，即应用软件有哪些子系统组成，各个子系统的主要功能和相互之间的关系如何，描述每个子系统具体由哪些模块组成。包括：子系统的划分、系统模块结构设计、代码设计、输入输出设计、数据存储设计、网页设计与编辑)。

(5) 电子支付系统设计(选做，要求学生根据系统需要设计选择系统支付的方式)。

(6) 电子商务安全子系统设计(选做，要求学生根据系统需要设计系统安全防范措施，改进系统的安全性能)。

第 7 章

智能社区弱电系统工程方案设计

内容要点

- 本章为智能社区弱电系统工程方案设计的典型案例。项目案例依次阐述了高速数据网络系统、电话系统、有线电视系统、可视对讲系统、防盗/防灾报警系统和三表抄表系统的综合布线建设情况。从分析某智能社区弱电系统的现状情况和存在问题着手，阐述了其设计目的与意义，并根据其建设目标与设计原则，完成了智能小区各子系统的集成设计方案。方案中还包括设备材料的配置与预算，以及工程项目的实施与组织过程的介绍。

学习目的和要求

- 智能社区弱电系统工程方案的设计，是一个整体规划、分步实施、充分考虑现有设备与实际情况的建设与规划过程。通过对本案例项目的设计内容的学习，读者可以了解现代智能社区弱电系统集成的全过程，熟悉其体系结构，对集成方案设计的原则、方法、内容和步骤有彻底的了解，掌握同类工程项目的设计方法与实施管理过程。

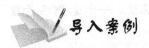

初识智能社区弱电系统工程

1. 智能社区弱电系统工程的组成

智能社区弱电系统工程一般由楼宇自动化系统(Building Automation System，BAS)、消防自动化系统(Fire Automation System，FAS)、办公自动化系统(Office Automation System，OAS)、安全防范系统(Security Automation System，SAS)及通信自动化系统(Communication Automation System，CAS)等子系统项目组成，其工作项目内容涉及许多方面，具体如图 7.1 所示。

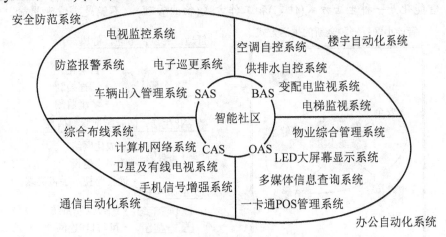

图 7.1　智能社区弱电系统工程项目内容

注：消防自动化系统是一个相对独立的系统，一般由消防公司进行建设。

(1) 楼宇自动化系统。它可对全楼的供排水设备、制冷设备、供电系统和电梯、自动扶梯进行监视及控制，以状态监视为主，控制启停为辅。它包括空调自控系统、供排水自控系统、变配电监视系统、电梯监视系统。

(2) 安全防范系统。它包括以下系统。

① 闭路监视系统：地下车库出入口、首层大厅设彩色变焦带云台摄像机。楼内各层出入口、电梯轿厢等处设置固定定焦摄像机。写字楼内走廊设置固定定焦摄像机；地下停车库内设云台变焦摄像机。

② 防盗报警系统：社区主要出入口设门磁开关、电子门锁、读卡器。

③ 停车场管理系统：内部车辆采用专用停车卡，外部车辆采用临时出票机方式。

(3) 通信自动化系统。它包括以下系统。

① 综合布线系统：综合布线支持电话系统和计算机网络系统，是一个开放性的网络平台。室内铺设架空地板、地面线槽、网络地板。设计院完成干路敷设，提供以五类线为基础的综合布线信息通道。

② 无线通信转发系统：移动信号增强系统，办公楼各层设有移动信号增强系统。

(4) 办公自动化系统。它是以物业管理、公用信息服务、智能卡管理、商场管理为主

的应用软件系统。它包括 LED 大屏幕显示系统、多媒体信息查询系统、一卡通 POS 管理系统和物业综合管理系统。

(5) 消防自动化系统。它包括以下系统。

① 设有智能类比功能的火灾自动报警及自动灭火和消防联动控制系统。

② 广播音响系统：火灾紧急广播系统与公共广播合用一套广播系统。

2. 智能社区建设目标

智能社区弱电系统工程的建设，为了达到图 7.2 中所描述的目标，需要遵循以下原则。

(1) 充分应用电子信息技术(自动控制、计算机、网络及通信)，设计建设一个"安全、健康、舒适、快速、便捷、节能、高效、以人为本"的和谐居住空间。

(2) 智能化是一种生活方式(住宅)和工作方式(物业管理)，不能是摆设和累赘。

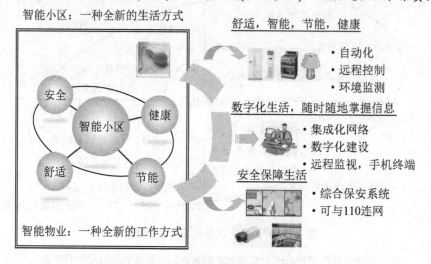

图 7.2 智能社区弱电系统工程建设目标

3. 各子系统功能介绍

1) 电视监控及周界报警系统

电视监控及周界报警系统主要功能是监控社区内部图像、防止外来人员翻越围墙、显示非法闯入、监视大楼主要出入口及重要场所、图像监控与周界报警、联动、记录报警事件，如图 7.3 所示。

2) 电子巡逻系统

电子巡逻系统主要完成智能社区保安的巡逻管理等功能，如设置巡逻路线、设置巡逻保安姓名及密码、保安手持巡逻卡(或钥匙)能碰巡逻点、计算机储存巡逻地点、时间及缺巡资料等，如图 7.4 所示。

3) 背景音乐及紧急广播系统

背景音乐及紧急广播系统可设在社区公共场所、会所设置背景音乐、播放音乐、新闻、通知、广告及文娱节目，可分区、分时进行广播，广播内容可预定、点播，还可以播放紧急通知(如火灾)实现人员疏导，如图 7.5 所示。

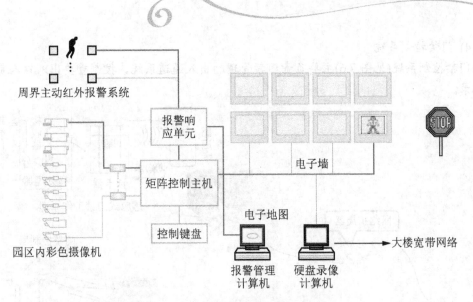

图 7.3 电视监控及周界报警系统

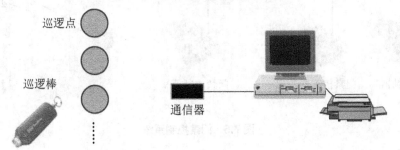

图 7.4 电子巡逻系统

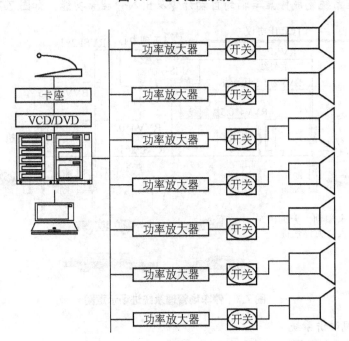

图 7.5 背景音乐及紧急广播系统

4) 门禁控制系统

门禁控制系统(见图 7.6)主要负责门禁管理的出入通道系统，控制重要出入口人员通行并记录。

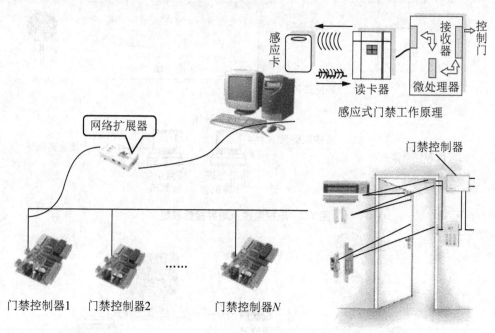

图 7.6　门禁控制系统

5) 停车场管理系统

停车场管理系统完成停靠车辆的自动计费及出入管理等功能，如图 7.7 所示。

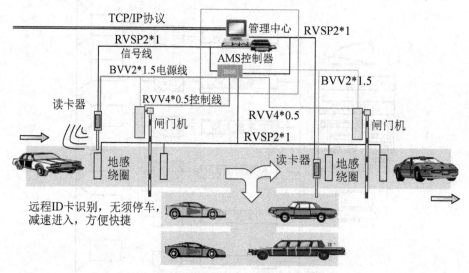

图 7.7　停车场管理系统进场示意图

6) 楼宇可视对讲系统

楼宇可视对讲系统完成可视对讲、开门等功能，有的对讲可含安保功能，如图 7.8 所示。

7) 大型公共照明智能控制系统

大型公共照明智能控制系统可(见图 7.9)在公共照明进行智能化集中控制的同时,还可准确、有效地对各个区域(如各个办公室、会议室等)进行智能化分区控制,对公共区域的照明进行智能化合理控制,节约能源。

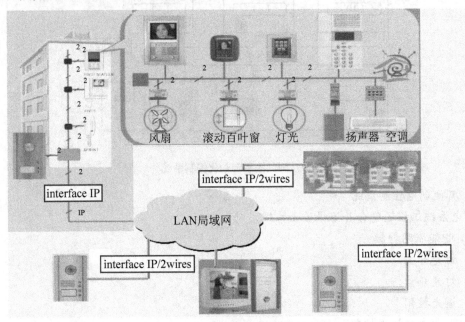

图 7.8　楼宇可视对讲系统

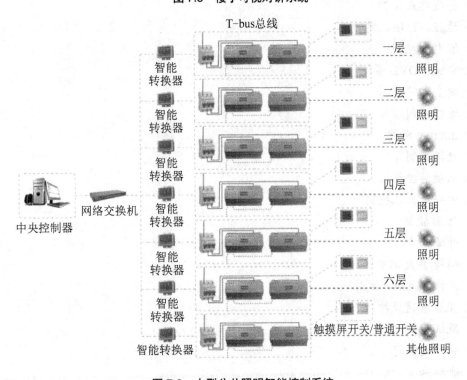

图 7.9　大型公共照明智能控制系统

8) 楼宇自动化控制系统

楼宇自动化控制系统如图 7.10 所示。

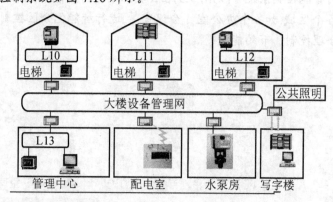

图 7.10 楼宇自动化控制系统

9) 其他弱电控制系统

弱电系统工程还包含其他很多子系统，功能如下：

(1) 智能照明控制

① 灯光开关

② 灯光场景

③ 调光控制

④ 人体感应灯光控制

⑤ 亮度感应控制

⑥ 遥控、PDA、定时

⑦ 家电的控制

⑧ 电视、DVD 等

⑨ 安全防范控制

⑩ 远程控制

⑪ Internet 网关

⑫ 电话控制

⑬ 触摸屏控制

⑭ 中央计算机控制

(2) 窗帘控制

① 升降/开拉

② 翻转/角度调节

③ 遥控、PDA、定时

(3) 采暖和通风控制

① 风机盘管

② 分体式空调

③ 地加热

7.1　智能社区弱电系统概述

当今社区弱电与信息化系统的发展方向是智能化社区(Smart Home)。建筑行业的发展，使房地产项目的增值成为房地产商越来越重视的问题，智能化建筑成为当前建筑业的热点，是行业发展的重点之一。与此同时，21 世纪 PC 及其芯片技术的高速发展，促使 PC 价格不断降低、计算机网络持续发展，国际互联网(Internet)得到了深入普及。开始是电话、传真机、电视走进家庭，而现在，越来越多的家庭拥有计算机，视频电话会议、家庭办公等高新技术在许多家庭得到应用。很多家电设备内置有计算机芯片。技术的发展促进家用电子产品、家庭安保监控(CCTV)产品、家庭智能化产品日益完善和普及，且价格不断下降。现代高科技和信息技术走向智能住宅小区和千家万户。

智能社区将家庭中各种与信息相关的通讯设备，如计算机、电话、家用电器和家庭安保装置，通过家庭总线技术连接到一个管理中心，进行本地或异地的集中监视、控制等家庭事务性管理，同时保持社区与外部世界的联系。通过这些家庭设施与社区环境的和谐与协调，给住户提供一个安全、高效、舒适、方便，适应当今高科技发展需求的人性化社区。

从本质上来说，智能社区涉及视频、语音、数据传输、家用电器的控制和接线方式标准化等技术问题。早在 1983 年美国电子工业协会(EIA)就组织专门机构开始制定家庭电气设计标准，并于 1988 年编制了第一个适用于家庭社区的电气设计标准，即《家庭自动化系统和通讯标准》，又称家庭总线系统标准。在其制定的设计规范与标准中，智能社区的电气设计要求必须满足以下 3 个条件。

(1) 具有家庭总线系统。

(2) 通过家庭总线系统提供各种服务功能。

(3) 能和社区以外的外部世界相连接。

而我国从 1997 年年初制定的《小康住宅电气设计导则》中规定，小康住宅小区电气设计在总体上应满足以下要求：高度的安全性；合适的生活环境；便利的通信方式；综合的信息服务；家庭智能化系统。

为了提高商品房销售，拉动经济发展，住房和城乡建筑部已将建设智能小区列入重点发展方向。智能小区已成为综合国力的具体表征。沿海经济发展水平较高的省、市已经建成了一大批智能社区，而且这种趋势正快速向内地辐射发展。智能社区建设将是我国 21 世纪新的经济增长点。信息产业与房地产业携手进行社区智能化建设，已成为经济发展的新机遇和新热点。

7.1.1　智能社区综合布线简介

智能社区的兴起，使智能社区所依赖的网络基础设施——综合布线系统也变得越来越关键。智能社区综合布线是整个社区智能系统的基础部分，也是伴随着社区土建建设的。由于它是最底层的物理基础，其他智能系统都建立在这一系统之上，因此布线系统的质量将直接影响社区中智能系统的运行，所以选择一个好的智能社区布线系统非常重要。

智能社区高科技应用的基础是宽带通信网。随着应用系统的发展及新应用的出现，对通信带宽的要求也越来越高，传统的布线无法满足这些应用的需要。而日后新增或改造这些线路除了消耗人力、物力外，还会影响家庭美观及家庭正常生活。这就需要专门针对智能住宅小区的建设同时建设其综合布线系统——智能社区布线系统。从本质上来说，智能社区布线系统涉及视频、语音、数据和监控信号及控制信号的传输，从传输介质来说，智能社区布线包括非屏蔽双绞线(UTP)、75Ω同轴电缆和光缆等。智能社区住户端设备包括计算机、通信设备、智能控制器，各种仪表(水表、电表、煤气表和门磁开关)和探测器(红外线探测器、煤气表探测表、烟雾探测表和紧急按钮)，所有相关数据均通过智能社区布线系统进行统一传输。

智能社区布线系统作为各种功能应用传输的基础媒介，同时也是将各功能子系统进行综合维护、统一管理的媒介及中心。智能社区综合布线系统为小区网络及布线管理中心，楼宇自动化系统，安全防范系统，门禁及消费一卡通系统，停车场自动管理系统，Internet，ISDN 电话，IP 电话，数字传真等通自动化系统提供了一个性能优良的系统平台。通过智能社区布线系统与各种信息终端来互相"感知"，并传递各个功能系统的信息，经过计算机处理后做出相应的对策，使社区具有某种程度的"智能"。

7.1.2　智能社区布线系统的优点及带来的效益

智能社区布线系统可支持家居语音、数据、视频、远程医疗、音频及监控控制等家庭服务应用功能，为住户提供轻松、有序、高效的生活方式。没有智能社区布线系统的房子将会同没有网络的办公楼一样显得过时和落伍。智能社区布线系统具有的优点如下。

(1) 为家庭服务，能够集中管理家庭服务的各种功能和应用。

(2) 支持视频、语音、数据及监控等信号传输。

(3) 高带宽、高速率。

(4) 灵活性及高可靠性。

(5) 兼容性与开放性。

(6) 易于管理。

(7) 适应网络目前和将来的发展。

(8) 整齐美观。

智能社区布线系统给房地产商及业主带来的效益如下。

(1) 提高社区的竞争力。据国外市场的统计数据，具在智能综合布线的社区和小区因其先进性和经济性，能够提高知名度和购买力，售房率和出租率比常规建筑高出约 15%。智能小区意味着好的服务，能为住户创造一个高效、舒适、便利的家居环境。众多的高新技术更能吸引现代住户。例如，智能小区的住户访问 Internet 的速度大大提高，而费用比传统的电话拨号上网低。

(2) 社会支持。智能社区因营造优美的社区环境、推动信息化建设的贡献而得到社会的支持。

(3) 投资小，见效快。据统计，智能社区布线系统投资回收期在 3 年左右，远远高于建筑的其他部分。智能社区布线系统的成本仅仅占整个建筑投资的 1%左右。而人们却越来越看重投入大量资金购买的社区是否能支持他们多种多样的家庭电子产品的应用。房地产开发商如果交付一套社区时，已为住户安装好了智能社区布线系统，提供了对外的电子、通信接口，防盗、安保等接口，这对住户业主有极大的吸引力。

（4）社区和小区初期安装费用降低。智能社区的结构化布线系统是一个性能优良的系统平台，利用这个平台可以提供任何类型的社区和小区信息处理业务，实现各种功能的应用，具有很强的灵活性和通用性，并且这又是以良好的性价比和非常迅速的方式来实现的。根据以往的经验，对所有系统共用一个配线网络来完成的小区，其初始安装费用可减少15%～30%。

（5）社区和小区管理及运行费用降低。智能社区结构化布线系统可以为社区管理人员提供一套工具，使住户因位置变动、功能变更而带来的大规模修建费用保持在最低水平。住户的业务请求、电话机、传真机、VCR、计算机、安保等设备的重新布局、增加额外功能等都易于完成，不必重新设计网络或使用附加配线，能以低成本对用户的需求做出快速反应。而在传统社区，这种类型的变化通常需要几个星期。智能社区布线系统可以使管理人员数量降低到原来的 50%左右，而能源损耗降低 30%。

7.1.3　智能住宅小区常用功能子系统

1．高速数据网络系统

每户均有计算机网络接口，并连接到小区的中心网络设备，建立小区内部网(Intranet)以实现 100Mb/s 快速以太网，ATM、FDDI 等高速网络应用。小区内部网不仅可以进行高效率物业管理，同时通过高速数据接入与外部世界相连。住户在家中可高速访问 Internet、Intranet 及收发电子邮件、进行视频会议等。视频会议不需要与会人员召集到一个特定地方，人们可以在家中通过计算机面对面地完成一些重要决议，这可配合人们的弹性工作时间，实现家庭办公，不仅节省人力、物力，同时也加快了决策速度。小区内部网同时与外部各大信息网连接，住户可足不出门而知天下事，还可以使用各种网络应用，如远程医疗、儿童老人监护、远程教育、交互式电子游戏和网上购物。高速网络带来的高新技术将吸引大量新一代的现代住户。

2．电话系统

除了传统电话，新型数字电话、网络传真、可视电话也日益增长。随着信息量的增加，每个住户安装一部电话，可能不能满足用户的要求。在客厅、各个房间、卫生间、厨房各设一个电话信息接口。所有电话可以独立连接一条外线，也可以将不同信息口并联起来，使用一个外线号码。电话在不同房间之间的切换非常简单。电话转接系统可以避免人们为接电话而走到另外一个房间里，住户可以通过一条跳线即可灵活管理，使居家办公更为简洁方便。

3．有线电视系统

随着城市和地区的大范围连网，有线电视网络构成了电视综合信息和娱乐的广播网，已显示出比无线电视更大的优势：容量大、频道多、传送图像质量高、覆盖面广、能实现多功能双向服务等。每个住户单元在客厅、各卧室都要有一个有线电视接口。如果加上合适的转换器，还可以各个房间共享一个 DVD。小区管理中心同时是有线电视的接入中心，或卫星电视接入中心。

4．可视对讲系统

可视对讲系统由管理中心、室外主机、室内分机 3 个主要部分组成，可以实现三方互

相通话、楼宇对讲、图像监看、综合报警、管理中心综合管理。根据不同的要求，可外接门磁、红外线、烟感探测器、瓦斯探头并连接到计算机中心，实现社区和小社区的集中管理。在每栋楼的楼梯口可设带摄像头的访客对讲主机，住户室内装带监视功能的对讲分机，管理中心设可视对讲管理机。有客人来访时，房主通过可视对讲系统看到来访者是不是想要见的人。一般可视对讲系统包括声音、图像和控制馈线，六芯非屏蔽双绞线线就可以满足传输要求。

5. 室内防盗报警系统

防盗报警系统是智能社区的重要组成部分之一，智能社区安保系统安全、可靠，具有较高的自动化水平和完善的功能。每个住户单元的防盗报警系统独立成体系，又可以与整栋建筑，甚至整个小区的防盗报警监控网络连接起来。目前智能社区采用的防盗报警系统多为：在罪犯容易入侵的窗户位置安装玻璃破碎报警器，在室内跟踪可疑者移动并发出报警，采用微波、红外双监控测器，防止窃贼开门逃走。另外还要用到家庭手动报警控制按钮和紧急按钮等。建议在客厅、卧室和窗户等处预留接线，连入每个住户的家庭卫星配线架。

6. 三表抄表系统

水、电、煤气的自动抄表计费是物业管理的一个重要部分。实行计算机网络管理下的水、电、煤气的自动抄表计费，能够减少中间环节，解决入户抄表的低效率、干扰性和不安全因素，提高效益。设置于住户的自动水、电、煤气三表与数据采集器连接，数据采集器再与中心管理计算机连接，系统能定期、自动采集小区内各住户家中的水表、电表及煤气表读数并进行计费，并定期与水、电、煤气公司进行数据交换及银行自动结算。三表数据采集器通过二芯非屏蔽双绞线与抄表主机相接。

原建设部住宅产业化办公室初步将我国的智能社区和智能小区依据所实现的功能划分为初级、中级和高级 3 级，具体如表 7-1 所示。

表 7-1 我国智能小区功能表

功能	说　明	初级	中级	高级
通信功能	小区通过光缆接入公共网		支持	支持
	数字程控交换机、语音服务		支持	支持
	共同电视天线	支持	支持	支持
	卫星电视天线	支持	支持	支持
	视频点播			支持
安防功能	闭路电视监视		支持	支持
	电子巡更系统	支持	支持	支持
	对讲、远程控制开锁	支持	支持	支持
	可视对讲、远程控制开锁		支持	支持
	密码或指纹锁		支持	支持
	家庭自动报警系统			支持
	紧急按钮		支持	支持
	防火、煤气泄漏报警	支持		支持
	防灾及应急联动系统			支持

续表

功能	说 明	初级	中级	高级
物业管理	三表 IC 卡或户外人工抄表	支持		
	三表远距离自动抄表		支持	支持
	三表集中监控			支持
	给排水、变配电集中监控	支持(单机)	支持(网络)	支持(网络)
	电梯、供暖、车库车辆监控		支持	支持
	空调、空气过滤监控			支持
	公共区域照明自动控制	支持	支持	支持
	物业管理网络化、信息化(收费、查询、报修)	支持(单机)	支持	支持
	电子布告栏、信息查询、电子邮件		支持	支持
	网上多功能信息服务		支持	支持
	网上高级信息服务(远程医疗、监护等)			支持
	家庭电器自动控制和远程电话控制			支持
基础设施	PDS 布线、监控及管理中心	电话、计算机、视频 3 线满足基本要求	电话、计算机、视频及监控 4 线可扩展性好	同中级

7.2 家居布线标准、布线等级和管理装置

美国国家标准委员会(American National Standards Institute，ANSI)与 TIA/EIA TR-41 委员会内的 TR-41.8.2 工作组于 1991 年 5 月制定了首个 ANSI/TIA/EIA 570 家居布线标准。1998 年 9 月，TIA/EIA 协会正式修订和更新了家居布线标准，重新定为 ANSI/TIA/EIA 570-A——家居电讯布线标准(Residential Telecommunications Cabling Standard)。

在这个发展要求中，工作组主要做出以下一些技术更改。

(1) 标准不涉及商业大楼。

(2) 基本规范将跟从 TIA 手册中所更新的内容及标准。

(3) 标准不涉及家居布线的外线数量。

(4) 制定出家居布线的等级。

(5) 认可传输介质包括光缆、同轴电缆、三类及五类非屏蔽双绞电缆。

(6) 链路长度由插座到配线不可超出 90m，信道长度不可超出 100m。

(7) 主干布线将包括在内。

(8) 固定装置布线，如对讲机、火警感应器将包括在内。

(9) 通信插座或插头座只适合于 T568 标准接线方法及使用 4 对非屏蔽双绞线电缆端接 8 位模块或插头。

7.2.1　标准的目的和适用范围

ANSI/TIA/EIA 570-A 草议的要求，主要是制定出新一代的家居电讯布线标准，提供电讯服务。标准主要提出有关布线的新等级，并建立一个布线介质的基本规范及标准，主要应用于支持语音、数据、视频、多媒体、家居自动系统、环境管理、安保、音频、电视、探头、报警及对讲机服务等。标准主要规划新建筑、更新增加设备、单一社区及建筑群体等。

ANSI/TIA/EIA 570-A 适用于现今的综合大楼布线标准及有关建筑群内的管道、空间的标准，并且可支持不同种类家居环境中的电讯应用。标准中主要包括室内家居布线及室内主干布线。标准的规范主要跟随国际电气规范(National Electric Code)、国际电气安全规范(National Electric Safety Code)，联邦通信委员会(Federal Communications Commission，FCC)第 68 项目中的规则及管理。

7.2.2　家庭布线等级

等级系统的建立有助于选择适合每一个家居单元不同服务的布线基础结构。表 7-2 和表 7-3 列出了可选择的家居布线基础结构，主要满足家居自动化、安全性的布线要求。

表 7-2　各等级支持的典型家居服务

服　　务	等级一	等级二
电话	支持	支持
电视	支持	支持
数据	支持	支持
多媒体	不支持	不支持

表 7-3　各等级认可的家居传输介质

布　　线	等级一	等级二
4 对非屏蔽双绞线	三类(建议使用五类电缆)	五类
75Ω同轴电缆	支持	支持
光纤	不支持	支持

等级一提供可满足电讯服务最低要求的通用布线系统。该等级可提供电话、有线电视和数据服务。等级一主要采用双绞线，以星形拓扑方法连接、等级一布线的最低要求为一根 4 对非屏蔽双绞线，产品必须满足或超出 ANSI/TIA/EIA 568-A 规定的三类电缆传输特性要求。还需一根 75Ω同轴电缆，并必须满足或超出 SCTE IPS-SP-001 的要求，建议安装五类非屏蔽双绞线，以方便升级至等级二。

等级二提供可满足基础、高级和多媒体电讯服务的通用布线系统。该等级可支持当前和正在发展的电讯服务。等级二布线的最低要求为一或两根 4 对非屏蔽双绞线，产品必须满足或超出 ANSI/TIA/EIA 568-A 规定的三类电缆传输特性要求。一根或两根 75Ω同轴电缆，并必须满足或超出 SCTE IPS-SP-001 的要求，也可选择光缆，并必须满足或超出 ANSI/ICEA

S-87-640 的传输特性要求。

7.2.3 分配管理装置

每一个家庭必须安装一个卫星配线架装置。卫星配线架装置是一个交叉连接的配线架，主要端接所有的电缆、跳线、插座及设备连线等。配线架必须安于一个适合安装及维修的地方，并能提供一个保护装置将配线引进大厦。所有端接如需连接大厦，必须安装接地及引进大厦设备，并符合有关的标准及规格。

配线架可包括一般的交叉连接设备，并可连机电设备，两者都必须符合标准。

以下是单一典型家居配线架配置的一般要求。

(1) 配线架必须安装于每一家庭内，并能提供一个舒适的安装及维护环境，尽量减少跳线的长度。配线架应安装于墙上，并加上一个木背板，以固定配线架位置。

(2) 配线架所需的面积及位置，主要由插座数量及服务等级决定。

(3) 电缆长度从分配管理装置到用户插座/插头不可超出 90m，如两端加上跳线及连线后，长度不可超出 100m，电缆种类可选用等级一或等级二的介质。

(4) 布线系统必须使用星形拓扑结构。

(5) 一些固定装置，如对讲机、安保系统键盘、探头及烟感器可以使用底座直接接线方式安装。即使用标准建议星形拓扑方法。但固定装置器可以使用回路(Loop)或链路(Daisy Chain)的方法连接。

(6) 足够数量的通信插座是必需的，主要是预备将来的新增加点数。插座必须安装于所有房间。

(7) 所有新建筑从建筑到配线架的电缆必须埋藏于管道，不可使电缆外露，有关管道或喉管设计及标准，参考 ANSI/TIA/EIA 569-A。

(8) 插座必须安装于固定的位置，如使用非屏蔽双绞线，必须使用八芯 T568 接线方法。如果某些网络及服务需要连接一些特别的电子部件，如分频器、放大器、匹配器等，所有电子部件必须安装于插座外。

(9) 配线架可以使用跳线、设备线及交叉跳线，提供一个互连方法或交叉跳线。以信道为标准，跳线、设备线及交叉跳线的长度不可超过 10m。

7.3 需求分析与设计方案

目前，传统的社区布线只考虑到电话的应用，另外有一些社区安装了简单的综合布线系统，但大多数都仅能支持语音和数据的传输。事实上，智能社区的含义远不止这些。首先，因为社区主要是为家庭服务，对于一个配备完善的高档社区来说，楼宇可视对讲系统在安保、防止外界干扰方面有着特别重要的意义，而诸如家庭影院、有线电视等对家庭来说也是必不可少的。而且水、煤气、电三表抄表系统可提高小区和社区的舒适性及工作效率。室内防盗/防灾报警系统提供安全的社区环境，更是吸引住户的因素之一。中国目前社区是分成一户户比较细小的单元，而且各单元互不干扰，因而对管理性要求非常高。

建立一个高效、安全、舒适的社区，必须有一套完整的高品质社区布线系统，采用传

统的布线方式将难以满足以上的要求，要采用针对智能社区而设计的智能布线系统。设计方应按照用户的需求报告，本着一切从用户出发的原则，根据设计方的经验及对工程的深入理解，做出可靠性高及实用的技术配置方案。设计出的智能社区布线系统方案应涵盖高速计算机网络、电话、视频、可视对讲系统、防盗/防灾报警系统，三表抄表系统等典型应用。可用的设计依据如下。

(1) 朗讯科技公司(以下简称"朗讯公司")SYSTIMAX SCS 工程设计手册。

(2) 用户提供的技术需求报告。

(3) YD/T926.1-1997 大楼通信综合布线系统标准(中华人民共和国邮电部部颁行业标准)。

(4) ANSI/EIA/TIA 568-A 及 ISO/IEC 11801。

(5) ANSI/EIA/TIA 570-A 北美社区布线标准。

以下介绍三种设计方案。

7.3.1 方案一：单栋 30 层高层社区模型

单栋 30 层高层社区，每层 8 个住户，整栋楼共 240 个住户。具体情况如表 7-4 所示。

表 7-4　方案一的大楼背景

参数	说明
楼宇数	1 栋
总楼层数	地下 0 层、地上 30 层
每层住户数	8 户
每层净高	3m
整栋共有住户	240 户
每户结构和面积	三房二厅(面积约 90m^2)
主配线间	一楼的配线房
监控管理中心	主配线间
有线电视接入中心	主配线间
计算机网络中心	主配线间
楼宇控制中心	主配线间

1. 系统设计综述

(1) 传输介质：智能社区布线包括双绞线、同轴电缆和光纤 3 种传输介质。其中同轴电缆作为有线电视的传输介质。双绞线传输数据、电话、监控、智能等信号。光纤则用做楼宇间的数据网络主干。本方案中智能社区布线系统包括家庭户内布线系统、垂直主干布线系统、楼宇间布线系统和主配线间系统 4 个部分。

(2) 管理中心：本方案的智能社区布线系统有二级管理中心。第一级管理中心为小区网络控制及维护中心，设在一楼的主配线间。其不仅是整个小区公共管理监控中心、计算机网络中心，电信局和有线电视台的线路汇入中心，还是安防监控中心、三表抄表管理中心。第二级管理中心是每个住户单元的家庭配线中心。

(3) 楼内垂直主干：社区垂直主干系统是指从一楼主配线间连到各住户单元的家庭配

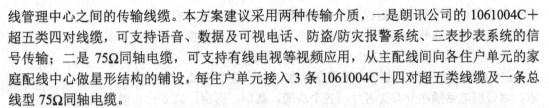

线管理中心之间的传输线缆。本方案建议采用两种传输介质，一是朗讯公司的 1061004C＋超五类四对线缆，可支持语音、数据及可视电话、防盗/防灾报警系统、三表抄表系统的信号传输；二是 75Ω同轴电缆，可支持有线电视等视频应用，从主配线间向各住户单元的家庭配线中心做星形结构的铺设，每住户单元接入 3 条 1061004C＋四对超五类线缆及一条总线型 75Ω同轴电缆。

(4) 家庭户内布线：家庭户内布线系统包括家庭配线中心(或称为转接点盒 TP)、户内布线和信息插座。其中家庭配线中心可采用朗讯公司的 SC305 或其它型号。家庭配线中心由双绞线配线架和同轴复接面板构成，一般设在居室的大门内侧，与电源总控盒安装在一起。家庭户内布线可以一次布线到位，由房地产商施工到合理位置，或由最终住户自己装修时再施工到最佳位置。

2. 系统设计详细描述

1) 家庭户内布线

从一楼主配线间来的线缆端接在家庭配线架，家庭配线中心(TP)集中管理家庭中的所有信息点，包括计算机、电话、有线电视、可视电话、防盗/防灾报警系统、三表抄表系统等。以传输介质来分，可分非屏蔽双绞线部分及 75Ω同轴电缆部分。其中超五类双绞线支持数据、语音及可视对讲系统、防盗/防灾报警系统、三表抄表系统等应用，75Ω同轴电缆支持有线电视、安保监控、家庭影院等应用。

2) 功能应用

从每栋楼的一楼主配线间接入家庭配线中心(TP)3 条 1061004CSL超五类四对线缆和一条 75Ω同轴电缆。3 条超五类线缆分别对应 3 个功能中继点，一条同轴电缆为有线信号的接入中继。其中 3 个双绞线中继点使用的功能如下。

(1) 第一条：用于电话/ISDN 电话(最大可接入 4 条外线电话，同时提供四路电话)。

(2) 第二条：用于 Intranet、Internet 或计算机网络(数据网络应用，可支持两个数据点)。

(3) 第三条：用于楼宇控制(可视对讲系统、三表抄表和防盗/防灾报警系统)。

3) 家庭户内布线类型

家庭户内布线分两个档次：增强型和普通型。增强型和普通型在垂直主干的配置是一样的，有线电视和各类监控点的配置是一样的，区别在于家庭配线架中心和语音点的数量。

增强型：每户设有 3 个数据网络信息点，分别设于客厅、主人房及书房；6 个语音电话点分别设在客厅、主人房、卧房、书房、厨房及卫生间；语音和数据的信息模块均采用超五类(MPS200E)；配线中心采用超五类模块式配线架(DM2150B PATCHMAX 配线模块)。

普通型：每户设有两个数据网络信息点，分别设于客厅、主人房；3 个语音电话点分别设在客厅、主人房、书房；语音和数据的信息模块均采用超五类(MPS200E)；配线中心采用超五类配线架(110DW-50)。

4) 户内信息点分布情况

(1) 调整数据网络系统布线：楼 A 的主配线间为计算机网络中心，构建社区和小区内部网，并通过路由器或其他网络设备接入 ISDN、xDSL、DDN，从而实现高速 Internet 互联。小区内住户的上网速度不仅得到提高，而且费用比用普通电话拨号上网大大降低。住户在家中可以享受到诸如远程教育、远程医疗、网上购物、电子邮件、共享文件等应用。增强型家庭户内布线在客厅、主人房、书房各一个计算机接口，普通型家庭户内布线在客厅、主人房共设两个计算机接口，可互换及即插即用。

(2) 电话系统布线：随着信息量的增加，每个住户安装一部电话，不能满足用户的要求。增强型电话插座分布在客厅、各个房间、厕所、厨房，共 6 个，普通型电话插座在客厅、各个房间共设 4 个电话信息接口。不论增强型还是普通型，各电话信息口通过超五类四对线缆 1061 连接到家庭的小型配线中心。所有电话可以独立连接一条外线，也可以将不同信息口并联起来，使用同一个电话号码。电话在不同房间之间的切换及变更非常简单，住户可以通过一条跳线在家庭配线中心灵活管理。住户可以在家中收发传真，或接入 ISDN 电话等。

(3) 有线电视系统布线：有线电视系统应该符合当地有线电视连网标准，网络设计和器件选用符合当地标准的配件。由一楼主配线间引出一条 75Ω 同轴电缆接入家庭中的小型配线中心，并接在小型配线中心内的同轴接线面板(也称为分配器)的输入口。同轴接线面板是一口输入，四口输出的。4 个输出口可引出 4 条同轴电缆，连到客厅、主人房、各个卧房中有线电视的用户插盒上。有线电视系统包括分支器、同轴接线板，分配器、用户盒等。如果信号衰减到 70dB，还需要采用信号放大器型同轴接线板进行信号放大及分配。

(4) 可视对讲系统布线：可视对讲系统由每栋楼各个单元门的防盗铁门旁装有的一个室外主机和每个住户单元的室内分机相接构成。室内可视对讲话机一般放在大厅门边的墙上。可视对讲系统传输的信号包括声音、图像和控制馈线，四芯线可以满足传输要求。本方案中采用朗讯公司超五类四对双绞线 1061004CSL 中的两对线传输可视对讲门铃信号。

(5) 室内防盗/防灾报警系统布线：可燃气体报警器为家庭中使用的可燃气体的泄漏提供了可靠的报警，报警浓度范围设定在气体爆炸下限的 1/10～1/4，这样当气体泄漏时，该报警器的指示灯和蜂鸣器会预先通知有气体泄漏，以便采取相应措施，确保住户的生命财产安全。火灾报警器一般为烟感器或热感器。每个防盗、防灾报警信号可通过二芯双绞线传输。一条 1061 超五类四对线缆可提供四路安保信号，分别对应红外感应报警器、防煤气泄漏报警器、防玻璃破碎报警器和火灾报警器。

(6) 三表抄表系统布线：

增强型和普通型住户单元内的信息点的分布及配置如表 7-5 和表 7-6 所示。

表 7-5　增强型住户单元内的信息点的分布及配置

房间	数据点	语音点	可视门铃点	有线电视点	防盗/防灾报警	三表抄表
客厅	1	1	1	1		
主人房	1	1				
书房	1	1				
卧房		1		1		
卫生间		1				
厨房		1			2	3
小计	3	6	1	4	3	3

表 7-6 普通型住户单元内的信息点的分布及配置

房间	数据点	语音点	可视电话点	有线电视点	防盗/防灾报警	三表抄表
客厅	1	1	1	1	1	
主人房	1	1		1		
书房		1		1		
卧房						
卫生间						
厨房					2	3
小计	2	3	1	3	3	3

5) 家庭配线中心(TP)

家庭配线中心是家庭线缆管理的核心，统一管理整个家居的信息点，一般安装在客厅内边的墙上。配线中心封装在一个铁制的方盒里，由一个双绞线配线架和一个同轴配线面板组成。从本栋楼一楼主配线间来的垂直主干中的 3 条 1061 四对线缆端接在双绞线配线架上，并通过户内布线接到各个房间、客厅、卫生间和厨房，以支持数据、语音及可视门铃、防盗/防灾报警系统、三表抄表系统的信号传输。从垂直主干来的一条同轴电缆接入配线中心的同轴接线板上，通过同轴面板的 4 个输出口连到客厅、各个房间以提供有线电视及家庭影院等宽带视频应用。普通型和增强型家庭配线中心的配置组成如表 7-7 和表 7-8 所示。

表 7-7 普通型家庭配线中心配置组成

品名及型号	110DW-50 超五类配线架	110C-4 超五类连接块	同轴接线板 (一口输入，四口输出)	管理中心安装盒
数量/个	1	12	1	1

表 7-8 增强型家庭配线架配置组成

品名及型号	DM2150B PATHCHMAX 配线模块	同轴接线板 (一口输入，四口输出)	管理中心安装盒
数量/个	2	1	1

家庭配线中心的双绞线配线架管理垂直干线中的双绞线及户内双绞线，同轴面板管理有线电视线缆，具有结构紧凑、价格较低、经济性好、灵活性强、便于管理等优点。110DW-50超五类配线架具有体积小、经济紧凑等优点，DM2150B PATHCHMAX 配线模块可节约中间环节的材料和工时，方便跳线，效率高。

6) 户内线缆及信息墙座

(1) 户内线缆。户内布线系统由从家庭配线中心接到各房间、客厅、卫生间、厨房的线缆组成，PowerSum 型 1061004C+型增强型五类四对双绞线连接到各个房间、卫生间及厨房，可支持 622(Mb/s)/100m 网络应用及可视对讲、防盗/防灾报警系统和三表抄表系统，4 条 75Ω同轴电缆连到客厅和各个房间以提供有线电视传输。本方案中只考虑到有线电视、语音、数据网络的户内布线。可视对讲系统、防盗/防灾报警系统和三表抄表系统的垂直主干及室内布线，其户内水平布线在以后按用户实际需要布放到点。

户内布线铜缆计算方法如下。

平均距离=(最远点距离+最近点距离)/2×1.1+7

线缆箱数=总点数/(305/水平线平均距离)+1

根据计算，一般每个住户单元需要的线缆如下。

增强型：1061004CSL60；75Ω同轴电缆(/5)40m

普通型：1061004CSL40；75Ω同轴电缆(/5)30m

PowerSum 超五类线缆 1061C＋具有极高的抗电磁干扰性，具备很高的备用冗余，使系统具有极高的可靠性及灵活性。配线中心与信息插座之间均为点到点端接，任何改变布线系统的操作(如增减、改变等)都不影响整个系统的运行，只需在配线中心做必要的跳线即可，使系统具有极强的灵活性、可扩展性、易管理性，为系统线路故障检修提供极大的方便和安全。户内布线系统传输线缆由同一金属线槽引向各房间区。

(2) 数据和语音的信息插座。

增强型：数据系统采用增强型超五类 MPS100E 型信息插座(CAT5)，语音同样采用增强型 MPS100E 型信息插座(CAT5)。可视电话、防盗/防灾报警系统、三表抄表的户内布线和信息插座暂不考虑。共有 9 个信息点，故需要 9 个 MPS100E 型信息插座。

普通型：数据系统采用增强型超五类 MPS100E 型信息插座(CAT5)，在客厅和书房均设一个计算机接口，故需要两个 MPS100E 型信息插座。语音也采用增强型超五类 MPS100E 型信息插座(CAT5)，有 3 个电话接口，故需要 3 个 MPS100E 型信息插座。

MPS100E 型信息插座是按 622Mb/s 国际标准生产的超五类信息插座，满足高速数据信息及语音信号的传输，具有性能高、尺寸小、安装简便等特点；其触点采用镀镍金工艺。接口形式全部为 RJ-45，并与现行电话系统 RJ-11 型接口兼容。MPS100E 可以直插和 45°斜插，灵活方便，可随时转换接插电话、微机或数据终端。

数据和语音的信息插座均装在国产的暗装面板中。高速数据传输采用 D8SA 型工作区用户跳线连接用户设备；语音采用设备自带 RJ-11 接头的连接即可。标准信息插座均为墙面暗装(特殊应用环境可考虑吊顶内、地面或明装方式)，底边距地 30cm。为使用方便，要求每组信息插座附近应配备 220V 电源插座，以便为数据设备供电，建议安装位置距信息插座不小于 10cm。有线电视的信息插座也称为有线电视用户盒，各房间的电视机或 DVD 通过机尾线接在用户盒上。

家庭户内布线配置如表 7-9 和表 7-10 所示。

表7-9 普通型住户单元布线材料(每户)

品名及型号	数量
超五类 MPS 100E 型信息插座	5 个
110DW-50 超五类配线架	1 个
110C-4 连接块	12 个
1061004CSL 五类双绞线	40m
双孔面板	5 个
同轴复接面板(迅田四分配器)	1 个

续表

品名及型号	数量
家庭配线中心安装盒	1 个
同轴电缆(CT-100)	30m
机尾线	3 条
同轴用户盒	3 个

表 7-10　增强型住户单元布线材料(每户)

品名及型号	数量
超五类 MPS100E 型信息插座	9 个
DM2150B PATCHMAX 配线模块	2 个
双孔面板	9 个
同轴复接面板(迅田四分配器)	1 个
家庭配线中心安装盒	1 个
同轴电缆(CT-100)	40 码
1061004CSL	60m
机尾线	4 条
同轴用户盒	4 个

注：1 码≈0.9144 米。

7) 社区大厦垂直主干系统

每栋楼的净高为 87m，垂直电缆平均长度为 55m。每箱 1061004CSL(305m/箱)可拉 5 条，按每户拉 3 条 1061004CSL 和整个小区共计有 240 户算，需要 144 箱 1061004CSL(305m/箱)线缆。

每楼栋有两个单元门，故有两路有线电视支路，每支路的每层楼均有一个同轴四分支器，把来自一楼的有线电视信号分为 4 对，以传输给本单元门本层的 4 个住户。共需 60 个同轴四分支器。按每条支路 100m 计，整栋楼约需要 220 码同轴电缆。大厦的垂直干线配置如表 7-11 所示。

表 7-11　大厦的垂直干线配置

品名及型号	1061004C+ (五类四对双绞线)(305m/箱)	75Ω 同轴电缆(CT-100)	同轴四分支器(迅田四分支器 CS-704)
数量	144 箱	220 码	60 个

1061004C＋超五类双绞线的特点：高速、高性能，100Ω的电缆，可以在建筑物布线系统较长距离上传送高比特率信号，支持 100Mb/s 达 100m 以上，10Mb/s 达 150m 以上。超过 EIA/TIA 568-A 的标准，通过 UL 认证。同轴电缆的特点：从经济性及性能的考虑选择国产的 75Ω同轴电缆(CT-100)作为有线电视的垂直主干。

8) 一楼主配线间

主配线间设在大厦的一楼，是小区的公共管理监控中心，并连到公共设备，如网络设备、PABX(自动用户小交换机)、可视门铃监控中心、三表抄表集中管理主机、防盗/防灾监控中心。主配线间可管理整栋楼住户的所有信息点。由主配线间向各单元住户的家庭配线架做星形敷设，以沟通各户和主配线间的信息通道。

主配线间由安装在墙上的配线架、跳线槽和有线电视分配器、放大器组成。考虑到在充分满足系统功能的前提下尽可能降低成本，各主配线间的铜缆配线架采用朗讯公司的110AB-300FT 配线架集中管理，并配有相应的 188B3 跳线槽。有线电视部分包括分支器、放大器等。有线电视信号经过主配线间的有线电视分支器，再经过每层楼的四分支器，传输到各家各户的电视机上。

主配线间分配给每住户单元 3 条 1061004CSL 超五类四对双绞线，1 条同轴电缆。终接240 户的双绞线垂直主干线缆需要 10 个 110AB2-300FT 超五类配线架。另外需要 2 个100AB2-300FT 来接入 PABX 或电话线。110AB2-300FT 超五类配线架固定在墙上。110A3跳线槽放在每列中每两个配线架之间，共需 8 个 110A3 跳线槽。通过跳线管理可方便地实现语音、数据网络配置的改变，美观又大方。

表 7-12　主配线间配置

主配线间 MDF	品　名	型　号	数量/个
铜缆部分	110 型超五类配线架	110AB2-300FT	12
	跳线槽	110A3	8
同轴部分	迅田二分支器	CS-702	1
	迅田二分配器	CS-602	1
	转换器		1
	信号放大器	ST-303	1

110AB2-300FT 超五类配线架可终接 300 对线，能在墙上或架上安装，适用于交叉连接系统并且能用于大的范围。

110A3 跳线槽是一种白色、防火、塑制结构，用来容纳连接电缆和跳线。它被放置在110AB2-300FT 之间，在每一列的顶部为每组连接电缆和跳线提供平行转接。

由于一楼主配架要安装网络设备，因此需进行必要的装修，并配备照明设备以便于设备维护；同时为保证网络的可靠运行，管理中心间应配备 3 组独立供电的 220V 电源插座，每个管理中心功率不小于 400W。

3．综合布线系统拓扑图

网络系统拓扑结构设计是根据建筑结构特点进行的。例如，整栋楼地面以上 21 层、地下 1 层，为办公楼布局结构。整个网络系统设计采用两级星形网络拓扑结构，拓扑图如图 7.12 所示。两级星形是指采用光缆的一级星形主干网络和采用全屏蔽超五类系统的二级水平星形网络。整个网络类型可概括为：两级星形结构及光纤加铜缆形式。采用这种拓扑结构的目的如下。

(1) 高层建筑的结构特点使得从机房跳线柜到各楼层信息点的布线超过了综合布线允许的 90 米链路敷设距离，因此必须采用楼层管理间的形式对布线线缆进行分段管理，即所谓的垂直、水平两级布线管理结构，使线缆的传输距离得以延长，信号损失能够进行中继放大，保证系统传输的可靠进行。

(2) 采用光缆做主干，可避免大量使用铜缆所带来的一系列问题。采用铜缆做主干无法满足大容量、高传输速率的网络系统对主干的传输要求。即使采用目前世界上先进的超六类铜缆布线系统，其传输信号的带宽也只能达到 300MHz、信息位传输率低于 4.8Gb/s。

随着今后计算机系统的升级加快、运行速度的不断提高，大型软件、图文图像传输的日益普及，对网络传输速度的要求必将不断提高。不难想象在不久的将来，计算机及网络设备在不断地更新换代，而布线系统却因其安装和材质的局限性而无法跟上网络设备的更新步伐，结果变成了瓶颈而阻碍系统的发展。

(3) 采用光纤做主干，则具有许多优点。它的高带宽和可进一步开发的特性是任何铜缆所无法替代的。同时使用光缆做主干线缆，使线缆敷设变成了一件轻松的事，既降低了安装及维护成本，也可满足网络系统今后不断变化的要求。综合以上分析，在大楼网络构架设计上采用两级星形网络结构及光纤加铜缆形式，是充分考虑网络系统建设实际情况，既能满足现在运行的需要，又能保证今后网络系统不断升级换代的发展要求，同时节约了布线成本，方便了今后的运行维护，因此是比较切合实际的网络拓扑方案。

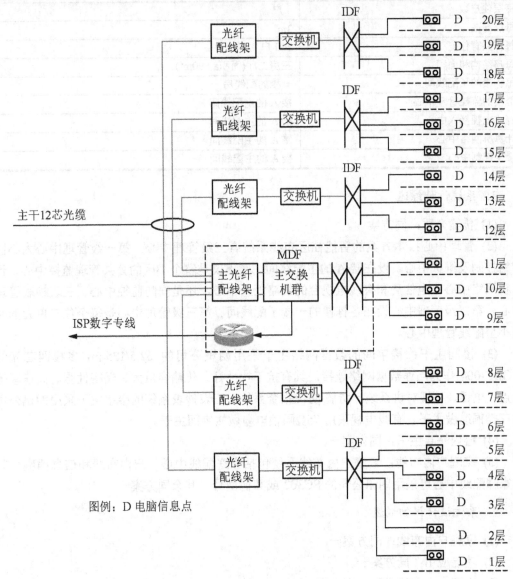

图 7.12　综合布线系统拓扑图

7.3.2 方案二：3 栋 30 层高层连体社区模型

3 栋 30 层高层社区(群楼连体)，每层 8 个住户，每栋楼共 240 个住户，3 栋楼共 720 个住户。具体情况如表 7-13 所示。

表 7-13 方案二的大楼背景

参　　数	说　　明
楼宇数	3 栋(楼 A、楼 B、楼 C)
楼与楼之间的距离	50m
总楼层数	地下 0 层、地上 30 层
每层住户数	8 户
每层净高	3m
每栋共有住户	240 户
每户结构和面积	三房二厅(面积约 90m^2)
每栋楼的子配线间	一楼的配线房
群楼的监控管理中心	楼 A 的主配线间
有线电视接入中心	楼 A 的主配线间
计算机网络中心	楼 A 的主配线间
楼宇控制中心	楼 A 的主配线间

1. 系统设计综述

(1) 传输介质：同方案一。

(2) 管理中心：本方案的智能社区布线系统有三级管理中心。第一级管理中心为小区网络控制及维护中心，设在楼 A 的主配线间。其不仅是整个小区的公共管理监控中心、计算机网络中心、电信局和有线电视台的线路汇入中心，还是安防监控中心、三表抄表管理中心。第二级管理中心设在各栋楼的一楼子配线间。第三级管理中心是每个住户单元的家庭小型配线管理中心。

(3) 楼间主干：楼宇间的数据网络主干采用朗讯公司的 62.5/125μm 多模四芯光纤(LGBC-004)作为高速数据网络连接，具有抗干扰性好、传输容量大、保密性强、高速率等优点。电话、可视对讲系统、防盗/防灾报警系统、三表抄表系统的楼宇主干采用朗讯公司的三类铜缆做主干。有线电视采用 75Ω 同轴电缆做楼宇间主干。

(4) 楼内垂直主干：同方案一。

(5) 家庭户内布线：家庭户内布线系统包括家庭配线中心、户内布线和信息插座。其中家庭配线中心可采用朗讯公司的 SC302 或其他型号。其余同方案一。

2. 系统设计详细描述

(1) 家庭户内布线：同方案一。

(2) 功能应用：同方案一。

(3) 家庭户内布线类型：同方案一。

(4) 户内信息点分布情况：同方案一。

(5) 家庭配线中心(TP)：同方案一。

(6) 户内线缆及信息墙座：同方案一。

(7) 社区大厦垂直主干系统。每栋楼的净高为 87m，垂直电缆平均长度为 55m。每箱 1061004CSL(305m/箱)可拉 5 条，按每户拉 3 条 1061004CSL 和整个小区 3 栋大厦，共计有 720 户算，需要 432 箱 1061004CSL(305m/箱)线缆。

每楼栋有两个单元门，故有两路有线电视支路，每支路的每层楼均有一个同轴四分支器，把来自一楼的有线电视信号分为 4 对，以传输给本单元门本层的 4 个住户。3 栋楼共需 180 个同轴四分支器。按每条支路 100m 计，3 栋楼约需要 700 码同轴电缆。小区 3 栋 30 层大厦的垂直干线配置如表 7-14 所示。

表 7-14　3 栋楼的垂直干线配置

品名及型号	1061004CSL(305m/箱)	75Ω同轴电缆(CT-100)	同轴四分支器(迅田四分支器 CS-704)
数量	432 箱	700 码	180 个

(8) 楼宇间主干。

楼 A 的主配线间是小区管理监控中心，从各楼来的主干将接在小区管理中心内。楼与楼的管理中心之间的网络主干采用朗讯公司的 62.5/125μm 多模四芯光纤(LGBC-004)作为高速数据网络连接，其具有抗干扰性强、传输容量大、保密性强、高速率等优点。语音及可视对讲系统、防盗/防灾报警系统、三表抄表系统的楼宇主干线采用朗讯公司的三类 50 对室外铜缆主干。有线电视采用同轴电缆做主干。

楼宇语音主干按每户分配两对，每栋楼 240 户，故每栋楼有 480 对；再考虑每栋的智能控制系统，如可视对讲系统、防盗/防灾报警系统、三表抄表系统，每栋楼的智能控制系统主干用 20 对线，因此从楼 A 主配线间分别引出 10 条三类 50 对大对数线缆接入楼 B、楼 C 的主配线间。按平均距离 60m 计，每箱 305m 可拉 5 条，这样需要 4 箱 1010050 三类 50 对大对数线缆。

楼 A 分别引向楼 B、楼 C 的两条 75Ω同轴电缆(CT-100)，其中一条做备份。平均每条长 60m，共需 240m。楼 A 引向楼 B、楼 C 的两条四芯 LGBC-004D-LRX 光纤，平均每条长 60m，共需要光纤 240m，如表 7-15 所示。铺设方式采用室内管道线槽布线。

表 7-15　室外干线电缆配置

品名及型号	数量
LGBC-004D 多模 ACCUMAX 建筑物内光缆(305m/箱)	240m
1010050 三类 50 对大对数电缆(305m/箱)	4 箱
75Ω同轴电缆(CT-100)(300 码/箱)	240m

(9) 小区主配线间及各栋楼子配线间。

其中楼 A 的配线间 MDF_A，同时也是小区的公共管理监控中心。楼 B、楼 C 的子配线间将主干线接在楼 A 的总配线间，并连到公共设备，如网络设备、PABX、可视门铃监控中心、三表抄表集集中管理主机、防盗/防灾监控中心。每栋楼的主配线间可管理整栋楼住户的所有信息点。由配线间向各单元住户的家庭配线架做星形敷设，以沟通各户和配线间的信息通道。

配线间由安装在墙上的配线架、跳线槽和有线电视分配器、放大器组成。各配线间的铜缆配线架采用朗讯公司的 110AB2-300FT 配线架集中管理，并配有相应的 188B3 跳线槽。有线电视部分包括分支器、放大器等。楼 A 的小区管理监控中心有线电视信号将接入各栋楼的配线间的有线电视分支器上，传输到家家户户的电视机上。

从每栋楼配线间到每住户单元分配有 3 条 1061004CSL 超五类四对双绞线，1 条同轴电缆。所以每栋楼终接 240 户的双绞线垂直主干线缆需要 10 个 110AB2-300FT 超五类配线架。

从楼 A 向楼 B、楼 C 分别接入 10 条室外三类 50 对大对数线缆，这样楼 B、楼 C 的子配线间还需要两个 110AB2-300FT 来端接这 10 条大对数线缆。楼 B、楼 C 各有 12 个 110AB2-300FT 超五类配线架，固定在墙上。110A3 跳线槽放在每列中每两个配线架之间，共需 8 个 110A3 跳线槽。通过跳线管理，可方便地实现语音、数据网络配置的改变，美观又大方。

数据网络的光纤主干管理采用 100A3 光纤配线架，并配有 10AST 光纤连接面板和 P2020C-C-125 光纤接头和 C2000A-A2 耦合器。从楼 B、楼 C 分别引出两条四芯 LGBC-004-LRX 光纤接入楼 A 的总配线间。故楼 A、楼 B、楼 C 各需要 1 个 100A3 光纤配线架。

楼 A 的主配线间需配置 10 个 110AB2-300FT，管理引向楼 B、楼 C 的 10 条 50 对室外三类大对数线缆和从 PABX 系统引出的 1440 对电话线。另外还有 10 个 110AB2-300FT 端接楼 A 的垂直主干线缆。各楼配线间的详细配置如表 7-16～表 7-18 所示。

表 7-16　楼 B 子配线间

子配线间 楼 B IDF_B	品名	型号	数量/个
铜缆部分	110 型超五类配线架	110AB2-300FT	12
	跳线槽	110A3	8
光缆部分	壁挂式光纤配线架	100A3	1
	光纤连接面板	10AST	1
	STII 光纤接头	P2020C-C-125	4
	光纤耦合器	C2000A-A2	4
同轴部分	迅田二分支器	CS-702	1
	迅田二分配器	CS-602	1
	转换器		1
	信号放大器	ST-303	1

表 7-17　楼 C 子配线间

子配线间 楼 C IDF_C	品名	型号	数量/个
铜缆部分	110 型超五类配线架	110AB2-300FT	12

子配线间 楼 C IDF_C	品名	型号	数量/个
铜缆部分	跳线槽	110A3	8
光缆部分	壁挂式光纤配线架	100A3	1
	光纤连接面板	10AST	1
	STII 光纤接头	P2020C-C-125	4
	光纤耦合器	C2000A-A2	4
同轴部分	迅田二分支器	CS-702	1
	迅田二分配器	CS-602	1
	转换器		1
	信号放大器	ST-303	1
	终接器		1

表 7-18 楼 A 主配线间

主配线间 楼 A MDF_A	品名	型号	数量
铜缆部分	110 型超五类配线架	110AB2-300FT	20 个
	跳线槽	110A3	10 个
	语音跳线	CCW-F1	15 箱
光缆部分	壁挂式光纤配线架	100A3	1 个
	光纤连接面板	10AST	2 个
	STII 光纤接头	P2020C-C-125	8 个
	光纤耦合器	C2000A-A2	8 个
同轴部分	迅田二分支器	CS-702	1 个
	迅田二分配器	CS-602	1 个
	转换器		1 个
	信号放大器	ST-303	1 个

由于一楼主配架要安装网络设备，因此需进行必要的装修，并配备照明设备以便于设备维护；同时为保证网络的可靠运行，管理中心间应配备 3 组独立供电的 220V 电源插座，每个管理中心功率不小于 400W。

7.3.3 方案三：10 栋 8 层社区模型

10 栋 8 层高层社区(群楼连体)，每层 8 个住户，每栋楼共 64 个住户，10 栋楼共 640 个住户。具体情况如表 7-19 所示。

表 7-19 方案三的大楼背景

参数	说明
楼宇数	10 栋
楼与楼之间的距离	50m
总楼层数	地下 0 层、地上 8 层

续表

参数	说明
每层住户数	8 户
每层净高	3m
整栋共有住户	640 户
每户结构和面积	三房二厅(面积约 90m²)
每栋楼的主配线间	一楼的配线房
群楼的监控管理中心	楼 A 的主配线间
有线电视接入中心	楼 A 的主配线间
计算机网络中心	楼 A 的主配线间
楼宇控制中心	楼 A 的主配线间

1. 系统设计综述

(1) 传输介质：同方案一。

(2) 管理中心：同方案二。

(3) 楼间主干：同方案二。

(4) 楼内垂直主干：同方案一。

(5) 家庭户内布线：家庭户内布线系统包括家庭配线中心、户内布线和信息插座。其中家庭配线中心可采用朗讯公司的 SC305 或其他型号。其余同方案一。

2. 系统设计详细描述

(1) 家庭户内布线：同方案一。

(2) 功能应用：同方案一。

(3) 家庭户内布线类型：同方案一。

(4) 户内信息点分布情况：同方案一。

(5) 家庭配线中心(TP)：同方案一。

(6) 户内线缆及信息墙座：同方案一。

(7) 社区大厦垂直主干系统。每栋楼的净高为 24m，垂直电缆平均长度为 15m。每箱 1061004CSL(305m/箱)可拉 20 条，按每户拉 3 条 1061004CSL 和整个小区 10 栋大厦共计有 640 户算，需要 96 箱 1061004CSL(305m/箱)线缆。

每楼栋有两个单元门，故有两路有线电视支路，每支路的每层楼均有一个同轴四分支器，把来自一楼的有线电视信号分为 4 对，以传输给本单元门本层的 4 个住户。10 栋楼共需 160 个同轴四分支器。按每条支路长 15m 计，10 栋楼约需要 330 码同轴电缆，如表 7-20 所示。

表 7-20　小区 10 栋 8 层大厦的垂直干线配置

品名及型号	1061004CSL(305m/箱)	75Ω同轴电缆(CT-100)	同轴四分支器(迅田四分支器 CS-704)
数量	96 箱	330 码	160 个

(8) 楼宇间主干。楼宇语音主干按每户分配两对，每栋楼 64 户，故每栋楼有 128 对；再考虑每栋的智能控制系统，如可视对讲系统、防盗/防灾报警系统、三表抄表系统，每栋楼的智能控制系统主干用 20 对线，因此从楼 A 主配线间分别引出 3 条三类 50 对大对数线缆接入楼 B、楼 C 的主配线间。按平均距离 60m 计，每箱 305m 可拉 5 条，这样需要 6 箱 1010050 三类 50 对大对数线缆。

楼 A 分别向其他的 9 栋楼引出一条 75Ω同轴电缆(CT-100)(其中一条做备份)。平均每条长 60m，共需 540m。楼 A 向其它 9 栋楼的每一栋引出一条四芯 LGBC-004D-LRX 光纤，平均每条长 60m，共需要光纤 540m，如表 7-21 所示。铺设方式采用室内管道线槽布线。

表 7-21　方案三的室外干线电缆配置

品名及型号	数量
四芯 LGBC-004D-LRX 光纤	540m
1010050 三类 50 对大对数电缆(305m/箱)	6 箱
75Ω同轴电缆(CT-100)	540m

(9) 小区主配线间及楼宇主配线中心。楼 A 为小区的主配线间，其他楼宇的一楼为本栋楼的子配线间。楼 A 的主配线间 MDF_A 同时也是小区的公共管理监控中心。其他栋楼的子配线间主干将将接在楼 A 的总配线间，并连到公共设备，如网络设备、PABX、可视门铃监控中心、三表抄表集中管理主机、防盗/防灾监控中心。每栋楼的子配线间可管理整栋楼住户的所有信息点。由子配线间向各单元住户的家庭配线架做星形敷设，以沟通各住户和子配线间的信息通道。

配线间由安装在墙上的配线架、跳线槽和有线电视分配器、放大器组成。考虑到在充分满足系统功能的前提下尽可能降低成本。主配线间的铜缆配线架采用朗讯公司的 110AB-300FT 配线架集中管理，并配有相应的 188B3 跳线槽。有线电视部分包括分支器、放大器等。楼 A 的 MDF_A 小区管理监控中心有线电视信号将接入各栋楼的子配线间的有线电视分支器上，传输到家家户户的电视机上。

从每栋楼子配线间分配到每住户单元有 3 条 1061004CSL 超五类四对双绞线，1 条同轴电缆。所以每栋楼终接 64 户的双绞线垂直主干线缆需要 3 个 110AB2-300FT 超五类配线架。

从楼 A 的 MDF_A 向其他 9 栋楼分别接入 3 条室外三类 50 对大对数线缆，各楼的子配线间还需要 1 个 110AB2-300FT 来端接这 10 条大对数线缆，所以共需要 4 个 110AB2-300FT 超五类配线架。110AB2-300FT 超五类配线架固定在墙上。110A3 跳线槽放在每列中每两个配线架之间，共需 2 个 110A3 跳线槽。

数据网络的光纤主干管理采用 100A3 光纤配线架，并配有 10AST 光纤连接面板和 P2020C-C-125 光纤接头和 C2000A-A2 耦合器。从 9 栋楼的子配线间各引出 1 条四芯 LGBC-004-LRX 光纤接入楼 A 的主配线间。楼 A 的主配线间配有 4 个 100A3 光纤配件器。其它楼的子配线间配 1 个 100A3 光纤配件器。

楼 A 的主配线间需配置 5 个 110AB2-300FT，管理引向其它楼的共 30 条 50 对室外三类大对数线缆和从 PABX 系统引出的 1280 对电话线。另外还有 3 个 110AB2-300FT 端接楼 A 的垂直主干线缆。各楼配线间的详细配置如表 7-22 和表 7-23 所示。

表 7-22　方案三的子配线间的配置

子配线间 楼 IDF_N	品名	型号	数量/个
铜缆部分	110 型超五类配线架	110AB2-300FT	4
	跳线槽	110A3	2
光缆部分	壁挂式光纤配线架	100A3	1
	光纤连接面板	10AST	1
	STII 光纤接头	P2020C-C-125	4
	光纤耦合器	C2000A-A2	4
同轴部分	迅田二分支器	CS-702	1
	迅田二分配器	CS-602	1
	转换器		1
	信号放大器	ST-303	1

表 7-23　方案三的主配线间的配置

主配线间 楼 A MDF_A	品名	型号	数量
铜缆部分	110 型超五类配线架	110AB2-300FT	8 个
	跳线槽	110A3	4 个
	语音跳线	CCW-F1	13 箱
光缆部分	壁挂式光纤配线架	100A3	4 个
	光纤连接面板	10AST	6 个
	STII 光纤接头	P2020C-C-125	36 个
	光纤耦合器	C2000A-A2	36 个
同轴部分	迅田二分支器	CS-702	1 个
	迅田二分配器	CS-602	1 个
	转换器		1 个
	信号放大器	ST-303	1 个

7.4　有线电视系统设计

7.4.1　有线电视系统概述

有线电视系统由前端、干线传输和用户分配网络 3 部分组成。在本方案中，主要针对用户分配网络，从传输系统传送来的电视信号通过干线和支线到达用户区，须用一个性能良好的分配网络使各家各户的收视信号达到标准。用户分配网中有分支放大器、转换器、分配器、分支器和用户盒。智能社区的有线电视系统，把来自干线 CATV 局的传输系统的信号接入社区或小区的有线电视接入中心，中心首先通过转换器把干线的粗电缆转化为适于大楼传输的细电缆，再经过中心的分支器分出若干条支路，通过各个单元门传输至每层楼的住户。当传输距离过长或用户数过多时，还要采用放大器。传输干线和分支干线宜采用树枝形结构，支干线至分配放大器间宜采用星形结构。这样做的好处是每条支干线相对于干线都是终端。每台分配放大器相对于分支干线也是终端，可保证系统各部分的相对独立性。各组件说明如下。

(1) 转换器：把直径不同的同轴电缆进行转换连接。

(2) 放大器：采用放大器可增加信号分贝值，同时增加传输距离及用户数。

(3) 分配器：分配器能将一路输入的高频信号均等地分成几路输出，即把一条干线分成若干条支线来传输信号能量。分配器的性能要求主要有分配损耗、隔离损耗和反射等指标。

(4) 分支器：分支线上串接了一连串分支器，由它们的分支输出端引出用户线，供用户使用。分支器是一种无源部件，可以对用户与电视机之间的相互影响起隔离作用，同时还能提供给用户接收机最合适的信号电平。

(5) 用户盒：用户线的末端在居民住房内，系统输出口供连接电视机用。系统输出口也称为用户盒，用户盒有单孔、双孔之分。双孔有两个端口，一个是提供一个电视机转换接口，另一个是从前端来的信号中分出调频广播信号的 FM 接口。用户在使用时插孔的阻抗值应与其连接插孔的阻抗一致，做到阻抗匹配。

(6) 终接器：阻抗匹配，减少反射信号和信号衰减等。

7.4.2　有线电视布线产品的介绍

目前社区或小区有线电视产品国内外都有较完整的一体化解决方案(如朗讯公司的 HomeStar 系列产品)，但从经济性上考虑，大多采用国产或合资的有线电视产品。这些有线电视器材产品技术成熟，价格优惠，且符合当地的有线电视标准。经实践应用证明，其完全可以胜任当前有线电视信号的完美传输。分配器、同轴电缆、放大器及其他产品一览表如表 7-24～表 7-27 所示。(注：下述有线电视器材品牌为 HomeStar 推荐系列产品、参考方案设计及价格。系统集成商也可根据自己的实际情况选用当地符合中国标准的有线电视产品。)

表 7-24　分支器和分配器一览表

品名	型号	特点	产地	参考单价/元
迅田一分支器	CS-701P(5～900MHz)	精密锌合金一体铸造、全密封、防雨、屏蔽度高、插损低、隔离度高	香港	
迅田二分支器	CS-702P(5～900MHz)		香港	
迅田三分支器	CS-703P(5～900MHz)	频率范围：5～900MHz、5～1000MHz、输入输出可过流30V、1A；安装方便，两边孔位可器件，附两只螺钉，内置PCB线路板，配公制F头和广播电视局入网证	香港	
迅田四分支器	CS-704P(5～900MHz)		香港	
迅田二分配器	CS-602P(5～900MHz)		香港	
迅田三分配器	CS-603P(5～900MHz)		香港	
迅田四分配器	CS-604P(5～900MHz)		香港	

表 7-25 同轴电缆一览表

规格 参考价格 品名	CT-100	CT-125	CT-150	CT-190
松日藕心同轴电缆	0.78 元/码	1.15 元/码	1.5 元/码	
松视物理发泡电缆	0.85 元/码	1.25 元/码	1.6 元/码	2.6 元/码
宇讯物理发泡电缆	1.1 元/码	1.7 元/m	2.2 元/m	3.3 元/m
美国 COMM/SCOPE 公司 QR-540JCA 物理发泡电缆	10.00 元/m			

表 7-26 放大器一览表

品名	型号	特点	产地	参考单价/元
支线放大器	ST-3038	分立件,300MHz 或 550MHz,最大输出 117dB,抗雷击,220V 供电或 60V 供电	广东	
干线放大器	SA-5533	进口模块,防雨外壳,550MHz,最大输出 117dB,抗雷击,220V 供电或 60V 供电	广东	
干线放大器	SA-7531	进口模块,防雨外壳,550MHz,最大输出 117dB,抗雷击,220V 供电或 60V 供电	广东	

表 7-27 其他产品一览表

品名	型号	产地	参考单价/元
有线电视用户盒			
机尾线			
公制 F 头			
同轴电缆转换器			

7.4.3 方案设计说明

1. 有线电视接入中心

其配置如表 7-28 所示。

表 7-28 有线电视接入中心的配置

品 名	型 号	数 量
迅田二分支器	CS-702	3 个
支线放大器	ST3038	3 个
转换器		3 个
终接器		1 个
同轴电缆	CT-125	200 码

2. 垂直主干配置

分配放大器送入用户分配网络的信号被分配器分成若干路,通常一个单元门用一路信号，每栋楼有两个单元门，每个单元门每层楼有 4 家住户。所以采用两路分配器，将信号分成两路。每个单元门连接 30 层，每层有 4 户，可以串接 30 个四路分支器。每层有一个四路分支器，供给 4 户的有线电视输入。每串分支器的最后需要加终接端电阻，以防产生反射。

每栋楼的有线电视系统垂直主干配置如表 7-29 所示。

表 7-29　垂直主干配置

品　　名	型　　号	数　　量
迅田二分配器	CS-602	1 个
迅田四分支器	CS-704	60 个
支线放大器	ST-3038	2 个
终接器		2 个
同轴电缆	CT-100	700 码

3. 户内有线电视系统配置表

户内有线电视系统配置如表 7-30 所示。

表 7-30　户内有线电视系统配置

品　　名	型　　号	数　　量
迅田四分配器	CS-604	1 个
用户盒		4 个
同轴电缆	CT-100	40 码
机尾线		4 条
终接器		4 个

7.5　可视对讲系统设计

7.5.1　可视对讲系统概述

在每栋楼梯口设带摄像头的访客对讲主机，在住户室内设带监视功能的对讲分机，在管理中心设可视对讲管理机，令住户能清楚地识别来访者。一般可视对讲系统包括声音、图像和控制馈线，HomeStar 的综合布线中心的四芯或六芯双绞线缆可以满足传输要求。

可视对讲系统由管理中心、室外主机、室内分机 3 个主要部分组成，可实现三方互相通话、楼宇对讲、图像监看、综合报警、中心综合管理，并能够接外接门磁、红外线、烟感探测器、瓦斯探头及连接计算机中心、工作站，实现小区或社区的集中管理。

7.5.2　可视门禁产品的介绍

以下可视门禁系统为在系统集成时可根据实际情况选用当地符合中国标准的可视对讲系统产品，其布线均纳入智能社区布线系统。

1. 深圳"视得安"系列产品

"视得安"系列产品从可视到不可视，从独户型到高层，品种齐全，多达 20 种，是国内楼宇对讲行业中品种最齐的品牌，其产品已通过公安部检测和 CE 标准通行证，为国内最大的可视门禁生产厂家。

1) 室内分机

(1) 双音"叮咚"门铃声提示有来访者。

(2) 420 线高清晰显示屏，可清晰显示来访者的图像及监看户外情况。

(3) 专门设计的通话电路使双方能同时听到清晰的对讲声。

(4) 可与主机、管理中心及门前机双向通话。

(5) 采用二进制编码技术，可在室内分机上任意编码、设定房号。

(6) 保密功能设计：用户在使用时，分机有占线显示，其它用户无法看到、听到其影响及操作。

(7) 室内开锁功能：用户可在室内控制开启室外的大门，分机有锁状态显示。

(8) 报警功能：室内分机预留多种报警信号，可外接烟感探测器、红外探测器、门磁开关，瓦斯探测器及紧急按钮。

(9) 多路控制功能：室内分机通过主机选择器，可在同一区域内控制多个室外主机(最多可达 5 台)，并可分别开启各大门电锁。

(10) 自动定时关机功能：用户通话时间为 90 秒，无人接听时，画面自动关闭时间为30 秒。

(11) 可带几台室内分机。

2) 门口室外主机

(1) 豪华型数字式、合金压铸结构，防水、防尘、防震、防拆。

(2) 减线、信号压缩设计，数位式信号传输，总线制布线、安装调试简单。

(3) 4 位数码显示，其最大容量可达 9999 个用户机。

(4) 用户可在门口主机上直接按密码开启大门门锁。

(5) 当有人非法拆动或破坏主机时，主机会发出报警声。

(6) 红外线 CCD 摄像机及夜间实光之光控 LED，使得夜间可清晰地看到图像。

3) 管理中心

(1) 可呼叫分机，传达与通知用户，进行集中管理。

(2) 可监视各单元门口，并可开启各单元的大门电锁。

(3) 数位式信号传输，内部解码处理。

(4) 报警记忆功能：住户报警时，显示其报警房号，并能储存多个报警房号。

(5) 内外接 CCD 摄像机，增强门禁及管理功能。

(6) 最大容量可管理 10 个区域。

(7) 可连接计算机，实现小区智能化管理。

2. 日本 NEC 对视话机

系统架构完整，可符合任何大楼和社区机能需求，数字位模组化设备简洁、明确，容易规划。全部标准单联开关盒出线安装，室内机。门口主机均提供端子背板接线。其性能特点及优点如下。

(1) 由全数位式系统架构、全部出四芯线及一条视频线构成。

(2) 线分别为通信线、语音线、DC 电源线、共地线。

(3) 配线线材应隔离保护，远离 AC 电源干扰源。

(4) 视频信号可适当放大处理，或善用中继箱的视频处理电路。

3. 韩国"金丽"牌可视对讲电话

韩国"金丽"牌可视对讲产品是优质的高科技产品，质量稳定、美观耐用。其产品远销欧美及东南亚各国，获得中国公安部质量检测认证，欧洲共同体"CE"质量认证和韩国国家质量鉴定局认证，给予了用户极大信心。

韩国"金丽"牌 ML-800 多线制可视对讲系统共同监视对讲门口机 ML-1012。其特点如下。

(1) 具有 6 户、12 户、24 户、34 户 4 种门口机型以供选择。

(2) 4 寸直立式超薄型显示器，清晰稳定。

(3) 红外线 CCD 摄像机及红外线 LED 夜间补光，夜间摄像同样清晰、稳定。

(4) 数字式键盘具密码开启公共防盗大门功能，密码可随意更改。

(5) 优质铝合金外壳、坚固防锈。

(6) 可视对讲室内机 ML-10G。

(7) 400 线 4 英寸直立式超薄显示器，影像清晰、稳定。

(8) 可监视公共防盗大门的状态。

(9) 与公共玄关双向讲，并能按键开启公共防盗大门。

(10) 具有音量、图像对比度调节功能。

(11) 安装操作方便。

(12) 系统为多线制设计，结构简单，安装容易，维修、保养非常简便。

(13) 采用普通四芯信号线，不需特别视频线，线材成本低廉。

(14) 所有接线位配线配接线插座，接线简单，并取用系统供电，可视对讲室内将不用独立供电。

4. 日本的"爱峰"可视对讲系统

该品牌为日本最大的可视产品生产厂家，在中国香港等地的占有率相当高。根据实际情况，选用 VGX 大厦式可视/非可视对讲门口保安系统。

日本"爱峰"可视门禁系统的特点如下。

(1) 标准系统 192 户，大厦群体系统可达 16 幢，3000 户。

(2) 住户只需按密码进入。

(3) 警报信号及房间显示灯通知保安室。

(4) 保安总机记忆系统最高可同时显示 20 个警报。

(5) 只用双绞线安装该系统。

(6) 报警分机可接煤气、火警等探头。

7.5.3 方案设计说明

利用小区的综合布线系统在每户预留可视对讲系统布线接口,每户安装一个室内可视分机,每个单元门一楼的门口设一个门口主机,整个小区设一个管理主机。整个小区共有720户,故需要720个室内可视分机。每栋楼有两个单元门,整个小区共需要6个门口主机,可视对讲系统管理主机设在楼A的主配线间内,可视对讲系统的连线是智能社区布线系统的一部分,详细情况可参考智能社区布线可视对讲系统拓扑图及智能社区系统方案设计。(附图,略)

7.6 防盗/防灾报警系统设计

7.6.1 防盗/防灾报警系统概述

安全保安系统是智能社区最重要的部分,也是住户最关心的焦点。防盗/防灾报警系统由3部分组成:现场探测器、家庭控制器、监控中心。现场探测器主要有红外/微波双监探测器、门磁开关、玻璃破碎探测器、有害气体泄漏探测器。此外,为了防止发生抢劫事件及方便在发生抢劫和紧急情况时报警,在需要的地方安装紧急按钮和脚踏开关等。通过家庭控制器发送到小区监控管理中心,可以24小时监控社区免受非法入侵和火灾、煤气泄漏的伤害。集散型结构通过总线方式将监控主机与家庭控制器连接起来,而现场探测器则分别连接到家庭控制器上,一般通过二芯线与家庭控制器相连。现场探测器包括以下组件。

(1) 红外传感器:可感受到人体散发出的热量,显示非法侵入者,并发出一个非法侵入报警信号传送到家庭控制器。

(2) 玻璃破碎探测器:能够对玻璃破碎的特殊音频产生反应,并发出非法侵入报警信号。报警信号通过传送器传送至家庭控制器。

(3) 磁性传感器:一般安装在门窗上,当感应到非法侵入时,紧急报警信号会立即通过侵入信号传送器传达到家庭控制器,并同时传送到综合保安控制中心。

(4) 煤气泄漏感应器:当煤气浓度超出正常值时,它将通过传感器向家庭控制器发出报警信号。对于密度大于空气的气体,感应器放在气体源的下方。对于密度小于空气的气体,感应器放在气体源的上方。

(5) 火灾感应器:一般是烟感器和热感器。当感应到火灾发生时,它会立即通知家庭控制器。同时该信号还将传送到综合保安控制中心。

家庭控制器是家庭保安系统的"送信号装置"、是带微处理器的控制器。当它接收到现场的报警信号时,一方面对现场报警点进行操作和控制,另一方面向监控中心传送有关的报警信息。家庭控制器的规格与数量完全取决于现场报警信号的数量和性质。家庭控制器的主要功能如下。

(1) 接收带地址的报警信号。

(2) 有不同性质的防区,通过编程确定防区的性质。

(3) 可带控制键盘和液晶显示器,控制布防和撤防,有密码操作功能。

(4) 输出信号带动报警器和输出标准信号推动联动的设备。

(5) 与监控中心的通信功能。

监控中心由高档微机、由 80486 或 80586、高分辨率的大型彩色显示屏，中英文打印机，不间断电源(UPS)及家庭控制器的通信连接器组成。

7.6.2　防盗/防灾报警产品及功能

防盗/防灾报警系统所采用的配套设备，从目前国内安装使用的产品来看，种类较多，即可供选择的余地较大，既有国产的产品，又有进口的产品。在系统设计选型时，必须根据实际要求，全面衡量，选择合适的防盗保安系统。

防盗/防灾报警产品的功能介绍如下。

(1) 幕帘式红外探头：防止阳台入侵探测器。

(2) 主动式红外探测器：被动红外移探测器，微处理双监式移动探测器。双监式移动探测器。具有的特点：内置微处理器的双监技术能抗小动物引起的误报；自动屏蔽室内潜在的干扰因素，拥有专利的视区成型技术，能够保证微波和红外视区良好匹配；享有专利的俯视反射式光路系统；能有效地防止入侵者潜行入室。

(3) 防煤气/可燃气体泄漏系统：一般安装在厨房和浴室内。运用扩散式检测方式，可同时进行声、光报警，并具有持续监测和浓度监测两种监测方式。

(4) 紧急求助按钮：在大厅、卧室内等处安装，发生紧急情况时，住户可通过紧急求助装置向管理中心发出求助信号，由管理中心通知相关部门和人员第一时间赶赴现场。

(5) 防煤气泄漏报警器：对可燃气体有较高的灵敏度和良好的选择性，具有良好的重复性和长期工作稳定性，可分别用于检测天然气、液化气、煤制气体等可燃气体，并有多种输出方式。

(6) 吸顶三鉴红外探头：具有动态分析、防宠物功能、微波频段探测辨别、自动感应处理、抗射频干扰等功能。

7.6.3　方案设计说明

防盗/防灾报警系统的设计原则如下。

(1) 从实际需求出发，尽可能使系统的结构简单、可靠。系统具有自动防止故障的特性，即使工作电源发生故障，系统也必须处于随时能够工作的状态。

(2) 系统应具备一定的扩充能力，能适应日后功能的变化。

(3) 报警器应安装在非法闯入者不易达到的位置，通往报警器的线路最好采用暗埋方式。

(4) 传感器或探测器应尽量安装在不显眼的地方，且易于发现故障。

(5) 系统应当采用符合有关的国家标准，即集散型结构通过总线方式将报警控制中心与家庭控制器连接起来，而探测器则分别连接到家庭控制器上。

(6) 系统所使用的部件应尽量采用标准部件，便于系统的维护和检修。

(7) 系统必须采用多层次、立体化的防卫方式。

每户家庭安装煤气泄漏探测器、红外探测器、火灾感应探测器、门磁开关、玻璃破碎探测器、紧急按钮和脚踏开关等现场探测器，同时每户家庭安装一个家庭控制器。现场探测器一般通过二芯线与家庭控制器相连。家庭控制器用集散型结构以总线方式与监控主机连接起来。

7.7 三表抄表布线系统设计

7.7.1 三表抄表系统概述

三表(电表、水表、煤气表)数据采集模块，用于家庭所用电表、水表和煤气表使用读数的采集和传输，通常上述三表采用脉冲的方式输出使用读数给数据采集模块。模块将自动累加脉冲数并转换成相应的度数，并传到小区的三表管理主机上，主机可设定每一家庭用户每月向小区管理中心传输所采集的使用读数的时间和次数。同时三表管理计算机对传送来的数据进行统计和换算，并通过打印机打印每一户每一个月用电、用水、用气的读数和应交纳的金额。住户可以向管理主机查询三表在若干月内的使用读数和已交或欠交费用的状况，甚至可以与水、煤、电收费公司的计算机连网，实现三表远距离抄表的功能。

目前国内的三表抄表系统一般是在普通三表中加上传感模块，以能够产生脉冲信号。数据采集模块可通过二芯线连至家庭控制器中，家庭控制器再接到小区管理中心的计算机主机上。

7.7.2 三表抄表系统功能与性能介绍

三表抄表系统能够完成的主要功能如下。

(1) 抄表：可实现小区连网抄录气表、水表、电表的读数，在小区的管理微机上能进行人工或自动抄录。由于实现了自动抄表，居民可免受打扰，专业公司可节省大量的人力物力，并且可大大提高抄表率和准确性。

(2) 控制：可在管理中心对三种表实施人为中央关断和开启，不仅为专业公司提供了控制手段，而且当发生欠费和其它违章事件时，可关断水、电、煤气等供应。

(3) 报警：可实现煤气泄漏报警及关断处理，对与楼宇主机的通信中断进行报警。

(4) 查询：在小区管理微机上能够主动查询小区内每一个计量表的读数，查询每一个智能终端的工作状态，对抄表数据进行分析管理。

三表抄表系统的技术指标一般包含以下几个。

(1) 抄表主机容量：225 户。

(2) 抄表主机接口方式：与下级接口和二芯双绞线方式。

(3) 信号传输：抄表主机与采集器采用应答方式，线最长可达 1 000m。

(4) 总线供电：直流 24V。

(5) 抄表主机供电：交流 220V。

(6) 功耗：小于 25W。

(7) 工作方式：连续。

(8) 上位接口：Modem-PSTN。

(9) 主机外形尺寸：290mm×180mm×170mm。

(10) 停电保持正常工作时间：8 天。

7.7.3 布线方案设计说明

三表抄表系统一般是由小区管理微机、楼宇主机、采集控制器及气表组成的四级网络系统。小区管理微机管理若干楼宇主机，每个楼宇主机直接管理若干采集模块。小区管理微机与楼宇主机采用总线方式连接，楼宇主机与三表采集模块通过二芯双绞线传输。系统布线详见智能社区布线系统。

本章小结

近年来，随着科技的高速发展和人们对居住环境要求的不断提高，"智能"的概念也进入了住宅小区的建设中。人们在选择住宅时，除了满足基本居住需求外，越来越注重绿色、环保、节能、智能控制等先进理念。城市内在一个相对独立的区域、统一管理、特征相似的住宅楼群构成的住宅小区实施的建筑智能化，称为小区智能化，该小区也就称为智能小区。智能社区弱电系统工程建设中将家庭中各种与信息相关的通信设备，如计算机、电话、家用电器和家庭保安等装置通过家庭总线技术连接到一个管理中心进行集中或异地的监视、控制和家庭事务性管理，同时能与社区外部世界联系，并保持这些家庭设施与社区环境的和谐与协调，从而给住户提供一个安全、高效、舒适、方便，且适应当今高科技发展需求完美的人性化的社区。

从本质上来说，智能社区涉及视频、语音和数据传输，以及家用电器控制和接线方式标准化等技术问题。本章主要对智能小区中部分弱电系统的设计与应用进行了相关阐述，但除了高速数据网络系统、电话系统、有线电视系统、可视对讲系统、室内防盗/防灾报警系统和三表抄表系统建设之外，城市智能小区系统设计还可包括信息化应用系统、建筑设备管理系统、公共安全系统、监控消防等系统。笔者根据自身相关工作经验，提出相关建设问题及解决方法，以便借鉴参考。

习题

参照本章案例教程，针对某智能化楼宇建筑写一份弱电系统工程的方案设计报告。

题目可以为"国际交流中心楼宇对讲系统规划与实施"。

目的要求如下。

(1) 通过对某智能化楼宇实训工程或走访调查已建项目，熟悉智能楼宇弱电系统中需求分析、总体方案设计、系统选型和配置、系统计划与实施的主要环节内容。

(2) 掌握系统总体方案设计的方法；能使用 Auto CAD 设计施工平面图、系统图，能根据系统综合布线设计图和弱电系统设计图计算线材并得到设备点位表。

(3) 能够对设备线材进行布线，对设备进行安装调试。

设计内容如下。

(1) 方案设计：根据建筑图和弱电工程需求，勘察现场，确定信息点位置和数量(包括数据点、语音点、监控点、探头等的位置和数量)，画出信息点位分布表格；提出合理的系统方案(包括系统拓扑图、信息点位平面图、弱电系统图及设备材料清单)，根据信息点位和模拟用户提出的要求，选配设备，确定位置，根据实际尺寸，确定线材和设备数量。

(2) 方案模拟实施：依据选定的设备材料，进行市场模拟采购，计算总造价，编制虚拟组织施工方案。

(3) 综合并整理以上内容，写出实训报告书。

(4) 准备综合方案设计报告和答辩。

第 8 章

银行"银券一户通"系统方案设计书

- 本系统方案设计中，从银行与券商的应用需求分析开始，利用现有资源，充分考虑方案的合理性、可靠性、安全性及可扩充性，提供了系统的整体设计、系统的网络拓扑结构设计、系统的软硬件详细配置与其他相关系统的接口设计。8.3 节还对系统建设进行了投资分析，包括系统所需的硬件配置费用和软件配置费用。第8.4 节和 8.5 节分别介绍了此系统项目的实施管理与技术支持情况。

- 通过学习"银券一户通"系统方案案例的设计与实现过程，掌握银行、证券等金融行业领域有关应用系统平台的集成设计方法，理解其软件与硬件及网络系统配置的合理性，达到能搭建设计此类应用系统的目的。

华夏银行门户网站解决方案

1. 背景

银行网站利用互联网的优势，使金融服务彻底摆脱了时间与空间的羁绊。通过银行网站，用户只要能够上网，无论在家中、办公室还是在旅途中，都能够安全、便捷地理财，享受到银行提供的服务。同时，银行还可通过网站窗口对外宣传自身形象，发布行业动态等信息，方便、快捷地将信息传递到世界各地，争取更多潜在的客户。

华夏银行现行的网站是 2005 年规划设计并建设的，分为华夏银行企业网站、华夏银行网上银行网站、企业展示平台 3 个部分。

通过近 3 年来的运作，华夏银行门户网站很好地完成了建设时的服务任务，其大气的设计风格、条理清晰的框架结构和丰富的网站内容满足了产品营销、客户服务、宣传企业的需要。随着网络和信息化技术的发展及银行业务的调整，在现有门户网站框架基础上进行简单升级已不能满足新的服务理念的实现，这样就需要对现有门户网站进行重新改版。

2. 总体设计

1) 视觉识别

应根据华夏银行 VI 方案、网站功能及特点，采用国际流行的表现技法设计页面风格，充分体现华夏银行国际化企业形象，凸显华夏银行网站的安全保证和品牌信誉。

2) 架构设计

架构设计以客户为中心，根据华夏银行具体产品和服务，围绕客户需求有针对性地设计实用、简洁的栏目及功能，方便客户了解华夏银行服务、咨询支持、问题解答，充分使客户体验到华夏银行的系列服务。

3) 内容规划

根据网站架构及提供的网站内容，仔细分析其不同特点和所属业务种类，按照 Web 人机工程学原理进行内容规划，使网站内容丰富多彩，层次清晰，客户浏览、查找方便。

4) 技术要求

(1) 页面应支持 800 像素×600 像素及以上分辨率，充分考虑 IE 和其他浏览器的兼容问题。

(2) 页面应符合 XHTML2.0 及 Web 2.0 标准，所有样式均采用 CSS 2.0 标准，不可出现垃圾代码。

(3) 页面最大为 100KB，图片及其他多媒体文件大小也应限制在较小范围内。

(4) 通常情况下，客户访问速度在 1s 内，正式上线前须通过 W3C 的检测。

(5) 页面采用静态页面和动态 JSP 相结合的方式。对于经常需要更新的项目，采用数据库动态发布及修改，一般页面采用静态页面方式即可，使网站能很好地适用于华夏银行服务器。

(6) 数据库建议采用华夏银行现有的 CODB，具体技术白皮书可向华夏银行索取。

5) 后台管理

网站应具有操作简便、使用高效的内容管理系统(Content Management System，CMS)，网站管理员能够开设多个管理员账户，为每个管理员分别设置管理权限，系统根据权限自动为某个管理员配置管理后台，后台只允许该管理员管理其具有管理权限的栏目。这样使整个网站运行起来有条不紊，做到专人专职、责权分明、管理高效。

6) 网站推广

运用互联网技术吸引更多的用户来了解华夏银行门户网站的信息。

7) 设计要求

银行网站设计要求符合国家的有关规定、标准，方案设计要体现面向用户的整体解决方案，软件开发须遵循软件工程规范，使系统的安全性高，扩展性强，具有强大的检索引擎功能，操作简单，易用性强。

8) 设计原则

根据网站改版目的及其相关功能，网站设计应遵循以下原则：以客户为中心原则、品牌原则、经济性原则、扩充性原则、易用性原则。

9) 安全设计

(1) 采用符合 RFC、PKCS 等标准的应用协议和加密算法。

(2) 选择符合国际和国家标准的设备，所选设备的认证证书齐全。

(3) 在应用技术上，着重考虑技术的成熟性，避免使用市场上尚未成熟或无成功应用的技术。

(4) 设计思想上要着重考虑应用软件的安全设计、数据库安全设计、网络安全设计及管理。

3. 网站设计

华夏银行的栏目设置将以银行网站、网上银行、企业展示平台为基本结构，围绕银行业务进行栏目的策划设置，通过网站栏目来吸引客户，紧紧抓住客户。

1) 方案一

银行网站首页设置效果如图 8.1 所示。

图 8.1 银行网站首页设置效果一

2) 方案二

银行首页设置效果如图 8.2 所示。

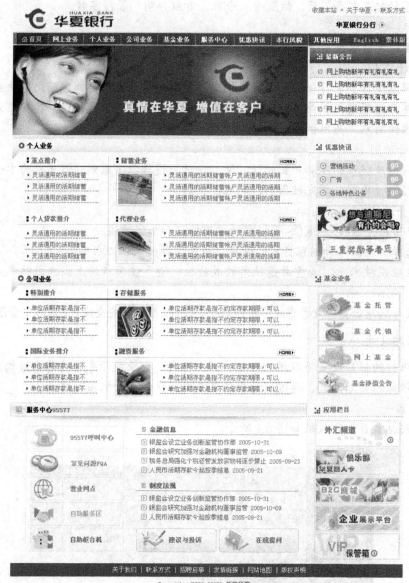

图 8.2　银行网站首页设置效果二

4. 网站系统功能设计

网站系统功能设计包括以下内容。

(1) 栏目管理。

(2) 信息录入、编辑和发布。

(3) 模板管理。

(4) 信息审核。

(5) 信息分类与检索。

(6) 用户及权限管理。

(7) 网站会员管理(分级制)。

(8) 在线论坛。

(9) 网站问卷调查。

(10) 电子杂志。

(11) 邮件列表。

(12) 在线客服。

(13) 广告发布管理模块。

5. 网站内容管理系统

1) 内容管理系统架构

网站内容管理系统(见图 8.3)借助数据库对网站信息进行管理，使网站信息的存储、管理、发布更为简单、高效，大大降低了信息管理的成本与难度。

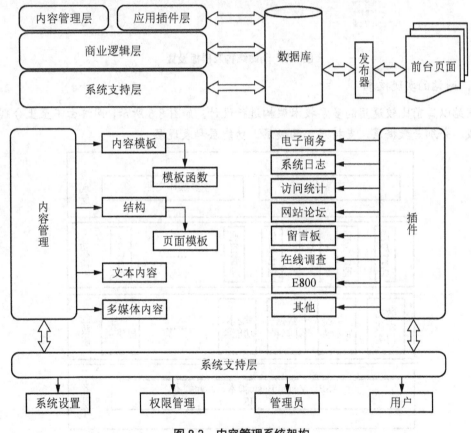

图 8.3　内容管理系统架构

2) 内容管理流程

网站内容管理系统的一般管理流程如图 8.4 所示。

3) 结构及模板设置

网站的结构及模板设置(见图 8.5)灵活，能实现所见即所得的内容编辑。例如，Word、

Excel 等软件中通过表单录入内容，不受时间、地点的限制，通过审批后就能发布到网上，还支持直接复制、粘贴内容。网站中页面编辑类似 Word 的在线编辑功能，支持文字的格式化、段落的排版、图片、Flash 的插入、表格的插入和编辑、HTML 源码编辑。

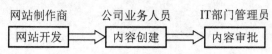

图 8.4　网站内容管理流程

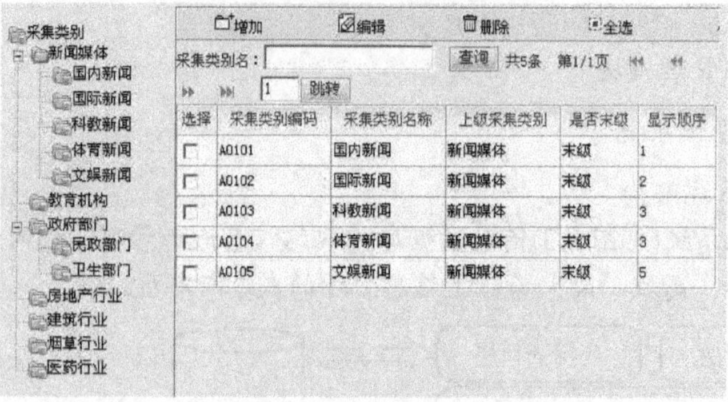

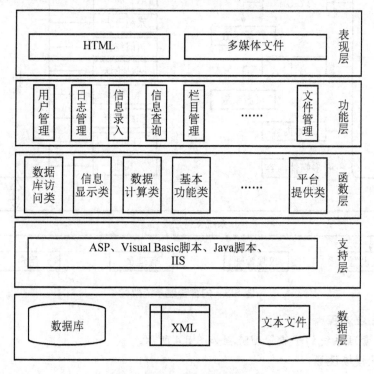

图 8.5　网站结构及模板设置

6. 网站的实现技术

网站以目前比较通用的多层技术架构进行设计。如图 8.6 所示，网络由下至上分别由 5 层组成，分别是数据层、支持层、函数层、功能层和表现层。

图 8.6　网站多层实现技术架构

8.1　系统设计概述

目前，国内外银行业发展迅速，电子手段和应用领域一日千里。新电子化工具的运用及应用领域的扩充对银行业务的发展已显得至关重要。一套新软件能否及时推出，一片新领域、新客户群能否抢先攻下，将对激烈竞争中求生存的每一家银行有深远的影响。近几年来，为顺应银行业务的需求，JZ 公司在总结了多年在证券交易方面的研究成果和开发经验的基础上，组织力量从事银证系统方面的研究和开发工作。

银行账户证券交易及资金清算系统，又称"存折炒股"系统或"银券一户通"系统，是 JZ 公司现有的银证系统的子系统。它利用银行现有的储蓄业务网为银行储蓄用户提供银行账户资金，直接进行证券交易的服务，实现客户银行储蓄账户上的资金可以直接进行目前任何一种证券交易类型的委托申报及撤销功能，如股票、基金、国债、申购、分红、派息、配股等。股民通过银行的电话银行、网上银行等方式进行银行储蓄账户的证券交易。日终后，系统将对交易所返回的成交数据进行清算。银行可以使用单独席位号或与证券公司使用共享的席位号进行交易。

该系统是 JZ 公司集多年的证券业务管理软件和银行相关软件的开发经验而开发成功的，是一套严密、谨慎的点对点中间业务系统，是建立在银行业务系统和券商业务系统之间的系统。"银券一户通"系统的开通，对于储户(同时也是股民)、银行和券商都有很大的意义。

1.　对于银行

(1) 由于增加了新的金融产品，明显提高了银行的同业竞争力和银行知名度。

(2) 可吸纳大量的、稳定的低成本资金，为银行创造良好的经济效益。以深圳某银行数据为例：该行 1999 年利用"银券一户通"系统吸资 12 亿元，其中平均投入股市 6.5 亿元，平均停留银行余额 5.5 亿元。

(3) 该系统使银行在政策的许可范围内经营证券业务，为将来银行的"全能化"经营提供了经验，同时也为与国际通行金融业务接轨、迎接将来外资银行的挑战做好了准备。

2.　对于储户(股民)

可以直接使用自己银行账户上的资金进行证券交易，充分利用银行强大的服务网络体系，使证券交易更加灵活、方便。由于资金始终体现在储户的银行账户上，储户可以随时通过银行的存取系统使用自己的资金。

3.　对于券商

借用银行的网点优势和影响力，无形地增加了券商的吸引力，由于银行使用的是券商的席位，交易费用由券商收取，即为券商增加了一个远程服务部。

8.2 总体方案设计

8.2.1 系统方案的合理性

银行可以使用证券公司分配的单独席位号或与证券公司使用共用的席位编号进行交易，使用共用席位编号时，如果在券商端安装 JZ 公司"分支管理"系统的话，则使用同一股东代码卡的股民可以在银行或券商处同时开户进行股票交易，"分支管理"系统会根据交易情况自动进行委托、成交、清算数据的合并和分离，通过券商和银行系统进行证券交易股份的清算管理，分红派息、配股等数据的分离和清算，如果未安装"分支管理"系统，则股民只能选择在一方开户进行证券交易。

"银券一户通"是 JZ 公司集多年的证券交易软件和银行相关软件的开发经验，在 JZ 的证券交易柜台系统 JZ 2.0 的基础之上开发成功的，系统采用了 3 层 C/S 方式的设计理论，引入了中间件技术，通过有效的通信防火墙机制，彻底解决了银行主机、主交易服务器、券商系统的安全。

银行主机通过少量的修改，增加股东开户、销户、查询功能，证券交易前置机与银行主机建立通信通道，实现存折账户的冻结、解冻及与券商保证金对公账户的转账交易。日间交易时，存折账户仅仅是冻结、解冻的过程，日终清算后再将交易清算数据批量传送给银行主机进行入账工作。卖出股份时，证券交易前置机自动记录资金可用数，买入时，证券交易前置机先检查本地的资金可用数，不足的再上银行主机进行冻结，这样既减轻了银行主机的负载，又提高了交易应答的效率。

根据银行的需求和实际的网络构架，JZ 公司对系统进行了仔细的分析和论证，按照低投入、高质量、完整合理、扩容空间大的设计思想对系统进行了合理设计，充分利用现有的网络体系，快速完整地搭建起"银券一户通"系统。

1. 系统方案的处理模式

"银券一户通"系统方案的处理模式可分为"券商托管股份，银行管理资金"模式和"银行管理股份和资金"两种模式。

1) 券商托管股份，银行管理资金模式

该模式的主交易系统放在证券商处，银行端只有交易处理机及通信处理机。开户资料、股份资料、交易参数等存放在券商主交易系统(或修改券商原有的系统，此修改工作量非常大)，或"银券一户通"系统的券商端系统中，交易委托、成交的判别、日终清算等由券商系统完成，资金的冻结、解冻、资金清算由银行端系统完成。如图 8.7 所示为 A 银行在此模式下的网络拓扑图。

此模式的优点：银行系统相对简单，日终只对资金进行交收，系统维护简单，没有政策风险，运行维护人员不需详细掌握证券交易的规则。

此模式的缺点：系统的独立性受到限制，主要系统由分布于银行和券商处，不利于系统的扩展；如果金融的混业经营模式到来，银行端没有完整的证券交易系统，原系统需做大规模的改造，银行才能独立支持证券交易；交易事务跨越分布于银行和券商的两个子系统，券商与银行之间的通信如果出现故障，股民委托下单将受阻，不符合现有的证券交易特点；券商处相对于每一个银行都重新增加了一套交易柜台系统，对于券商来说，不但增加了维护工作，而且不利于业务的扩展；系统在银行和券商之间的通信数据量很大，股民下单的速度较慢，对业务的扩展较困难。

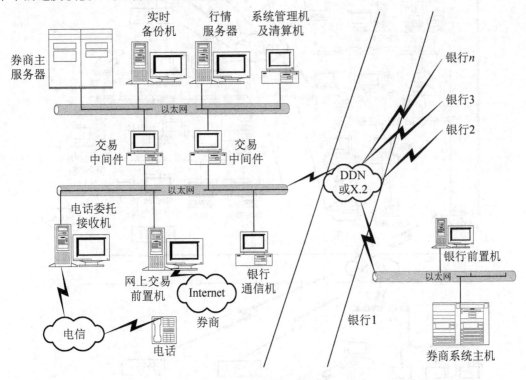

图 8.7　A 银行网络拓扑图

2) 银行管理股份和资金模式

该模式的主交易系统放在银行处，开户资料、股份资料、交易参数等存放在银行主交易系统中，交易委托、成交的判别、日终清算等由银行系统完成，资金的冻结、解冻、资金清算由银行端系统完成，交易的发送(交易所)、成交回报、行情数据的发送由券商处通信处理机完成。该模式从网络结构上又可以分为集中式交易模式和分布式交易模式。其网络拓扑图分别如图 8.8 和图 8.9 所示。

此模式的优点：银行系统相对独立，并且与券商系统的品种无关，券商系统不需修改，有利于业务的扩展；由于主交易系统安装在银行处，与银行主机的通信故障几乎为零，股民下单委托不会受阻，符合现有的证券交易特点；如果混业经营模式到来，系统不需做任何改动，便可以直接对交易所进行证券交易；银行与券商的通信数据量相对较少，股民下单的速度快，有利于系统的业务扩展；券商处只需增加通信模块和分支模块，对于券商来说，容易接受，有利于银行连接更多的券商。

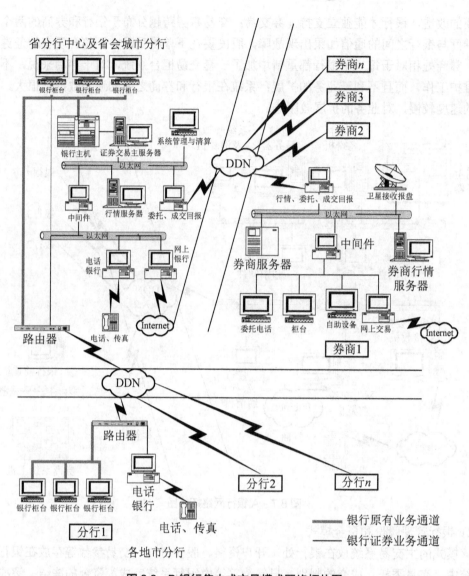

图 8.8　B 银行集中式交易模式网络拓扑图

此模式的缺点：银行相当于一个证券公司的分支营业部，维护工作比起前一种模式稍大，银行工作人员需对证券知识熟悉。

JZ 公司对以上两种模式都有成熟的软件系统和多项成功案例，完全可以以任意模式和方案实施完成建行的"银券一户通"项目，但考虑到银行该业务的推广和长远发展，建议采用银行管理股份和资金模式。由于该模式要求在券商端增添分支管理系统，可以理解为在分支管理系统中管理银行存折买卖的股份，在银行端系统中保存的股份数据是券商端数据的映像，用于支持股份查询和股份卖出的初步判断，同样回避了可能的政策风险。

2. 系统模块

"银券一户通"系统由银行计算机中心模块和证券公司模块构成。在分行计算机中心建立"银券一户通"服务中心，电话银行通过中心的交易中间件与交易主服务器建立连接，各券商与计算机中心连接，日终清算由计算机中心统一进行，清算数据提交给中心清算主机，由计算机中心进行内部清算。

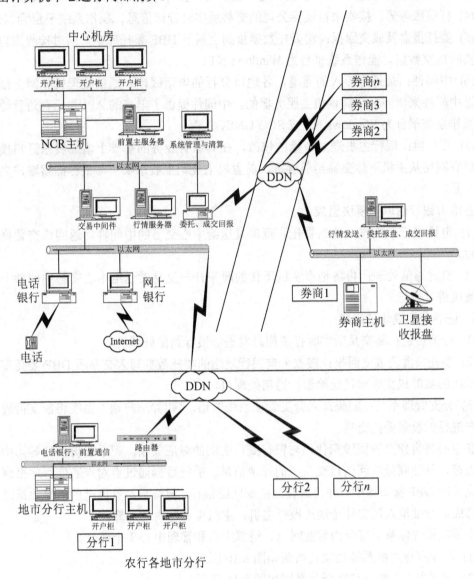

图 8.9　C 银行分布式交易模式网络拓扑图

1) 计算机中心模块的组成

(1) 前置主服务器：该模块是整个系统的核心，存放股东资料、股份资料、证券信息、交易流水、历史流水、交易参数、系统参数、券商资料等。在其上还将运行与银行主机的通信程序，负责与银行主机进行数据交换。操作系统平台为 SCO UNIX 5.05，数据库平台为 Sybase for SCO UNIX 11.0X。Informix 正在移植中。

(2) 清算中心：日终对当日由证券公司接收来的交易所清算数据进行清算，生成当日银行资金清算数据，向主机批量传送清算数据，并对清算数据进行汇总、打印报表等。操作系统平台为 Windows NT。

(3) 系统管理：该模块提供对交易系统、通信系统等的管理，如交易日初始化、系统参数设置、交易参数设置、券商管理、通信监控等。操作系统平台为 Windows NT。

(4) 行情服务器：接收来自证券公司的交易所实时行情信息。操作系统平台为 Novell。

(5) 委托报盘及成交回报：将委托数据报到交易所 DBF 委托库中，同时接收来自交易所的实时成交数据。操作系统平台为 Windows NT。

(6) 中间件：是外部接入的通道，各地市分行的电话银行、通信处理机、网上银行都是通过中间件来访问后台前置机主服务器的。中间件提供了丰富的 API 与后台进行数据交换。操作系统平台为 Windows NT 或 SCO UNIX。

(7) 开户柜：银行主机通过少量的修改，在其原有业务的基础上增加股东开户模块，通过原有网络从主机下传交易给前置机，前置机上登记上股东账户与银行储蓄账户之间的对应关系。

各地市银行由以下模块组成。

(1) 电话银行：接收本地的委托和查询发送给中心交易的中间件，返回成交数据给语音平台。

(2) 前置通信处理：将各地市主机下传的股东开户交易发送给中心交易中间件上的中心前置机进行登记。

2) 证券公司模块的组成

(1) 行情传送：将交易所实时行情信息发送给银行通信处理机。

(2) 委托报盘及成交回报：接收来自银行发送的委托数据写入交易所 DBF 委托库中，将交易所的实时成交数据发送给银行通信处理机。

(3) 分支管理系统：如果加入分支管理系统的话，"银券一户通"系统将能支持股民任意开户进行的股票委托交易。

在中心机房建立股民股东代码与银行账户之间的对应关系，记录股份资料等，中心与券商连接，从券商处取回当日交易所的行情信息。委托数据通过点对点通信程序报到券商处的交易所 DBF 接口库中，并将成交数据返回给银行。日终后对券商处的清算数据进行清算，形成银行批量入账文件传送给银行主机，主机再进行内部清算。

系统在管理体系上可分为营业网点、清算中心和管理中心 3 个部分。

(1) 营业网点主机系统功能关系图如图 8.10 所示。

(2) 清算中心主机系统功能关系图如图 8.11 所示。

(3) 管理中心主机系统功能关系图如图 8.12 所示。

管理中心的交易处理有委托买入、委托卖出和委托撤单。委托买入交易的处理流程图如图 8.13 所示。

由图 8.13 可知，由电话银行输入委托买入数据→银行主机对银行账户进行校验→校验成功后，主机对资金进行冻结→发送给银行前置机→前置机将交易转发给券商委托接收机→券商委托接收机将交易写入交易所 DBF 库中，交易所实时成交 DBF→券商成交回报机发送给银行前置机→银行前置机写入前置机数据库中。

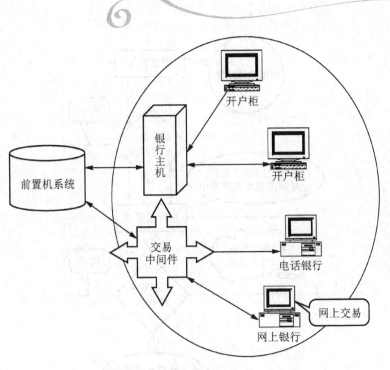

图 8.10 营业网点主机系统功能关系图

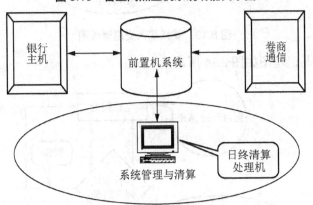

图 8.11 清算中心主机系统功能关系图

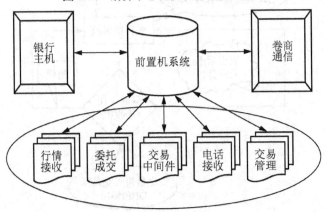

图 8.12 管理中心主机系统功能关系图

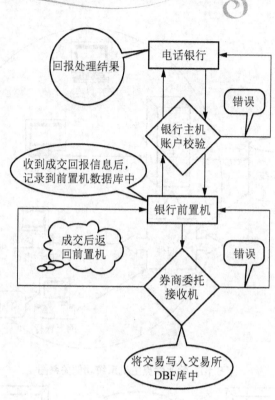

图 8.13　委托买入交易流程图

委托卖出的交易流程图如图 8.14 所示。

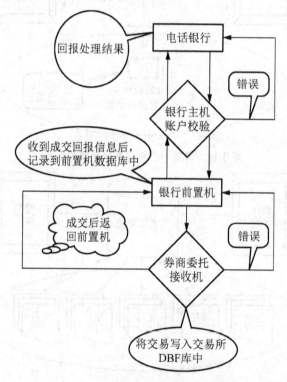

图 8.14　委托卖出的交易流程图

由图 8.14 可知，由电话银行输入委托卖出数据→银行主机对银行账户进行校验→校验成功后发送给银行前置机→前置机将交易转发给券商委托接收机→券商委托接收机将交易写入交易所 DBF 库中,交易所实时成交 DBF→券商成交回报机发送给银行前置机→银行前置机写入前置机数据库中。

委托撤单的交易流程图如图 8.15 所示。

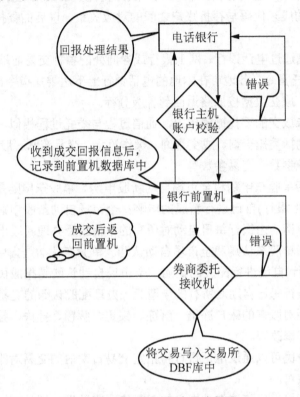

图 8.15 委托撤单的交易流程图

由图 8.15 可知，由电话银行输入委托撤单数据→前置机将交易转发给券商委托接收机→券商委托接收机将交易写入交易所 DBF 库中,交易所实时成交 DBF→券商成交回报机发送给银行前置机→银行前置机写入前置机数据库中。

图 8.13~图 8.15 中的交易流程一样，但所描述的交易处理功能不一样。因此，软件部分：券商端不需修改交易柜台，银行主机的资金处理部分可与银证转账总份相同。硬件部分：可利用银行现有的与各地市分行的内部网络体系，不须做调整，券商与银行增加 DDN 专线即可。

3. 功能说明

"银券一户通"系统实质上是一套小型的证券交易系统，因此功能上与证券公司的交易系统基本相同，考虑到银行与证券从业人员的业务习惯及特点，在设计该系统时，尽量减轻银行系统管理员、业务操作人员的操作难度，在许多环节上采用了"批处理"，如日终清算整合批处理是将日终清算(该模块是整个系统最繁杂、最关键的模块)整合成一个批处理流程，清算员只需按两三个按键即可完成日终交易清算的所有过程，并且打印出相应的清算报表。

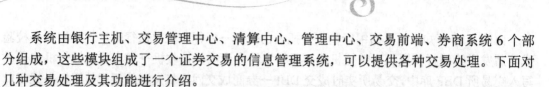

系统由银行主机、交易管理中心、清算中心、管理中心、交易前端、券商系统 6 个部分组成，这些模块组成了一个证券交易的信息管理系统，可以提供各种交易处理。下面对几种交易处理及其功能进行介绍。

股东开户：股民需持股东代码卡、有效的身份证、银行存折(或现场办理)到银行储蓄网点办理开通"银券一户通"存折炒股功能，选择委托交易的指定券商(交易席位)，系统会记录下来该股民的股东代码与存折账户之间的对应关系，以后的委托交易均以该存折账户作为清算账户。

股票委托：股民通过电话银行、网上银行或券商处的各种交易前端(本系统支持由券商发起的交易)下达委托指令，各地市在本地的电话银行上下达委托指令，由通信处理机转发到中心交易接口中，成交数据按原路返回到各级分行。

委托撤单：对未成交的委托撤销申报，通信过程与委托过程相似。

查询及报表：包括委托查询、成交查询、操作流水、交易流水、股份资料、股东资料、银行账户余额、系统参数、交易参数等。

新股申购：包括单股东申购和全市场自动新股申购。单股东申购是指由股民通过交易前端(电话银行、网上银行)自己进行新股的申购；全市场自动新股申购是指股民在银行办理自动新股申购的申请，由银行每日自动对所有的申请股民办理新股申购的交易。

配股认购：包括单股东认购和全市场自动认购。单股东认购是指由股民通过交易前端(电话银行、网上银行)自己进行配股的认购；全市场自动认购是指股民在银行办理自动配股认购的申请，由银行每日自动对所有的申请股民办理配股认购的交易。

股东管理：包括对股东的账户冻结、解冻、锁定、解锁、挂失、挂失恢复、交易密码修改、指定交易状态修改等。

传真对账单：股民可以通过电话银行将指定交易日期内的交易对账单以传真方式传回去，并进行保存和核对。

日终清算：包括接受日终清算数据、转入最终成交数据、预处理、核对委托成交、与交易所核对、登记公司每日处理、交收前数据备份、交收处理、交收后数据备份、全体证券市值计算、股份明细对账、股份总量对账、全体股份刷新、指定交易股份刷新、自动分红派息、银行主机入账、交收前数据恢复、交收后数据恢复。

实时备份：JZ 公司交易系统内含有实时备份机制，安装上实时备份系统后，主交易服务器即可获得实用的实时交易备份，为系统做双保险。

合作申购：系统提供合作申购的接口，为银行和股民提供了更加丰富的交易手段。

4. 所需的硬件设备

(1) 银行端省分行中心所需的硬件设备及建议配置如表 8-1 所示。

表 8-1　省分行中心所需的硬件设备及建议配置表

项　　目	数　　量	型号及配置
行情服务器	1 台	平台：NOVELL 5.0 50～100 个用户； 建议配置：PIII 500,256MB,9G*2，如 IBM Netfinity 5000 PIII 500 256MB 9G*2 R3L

续表

项　　目	数　　量	型号及配置
前置机服务器(证券数据服务器)	1 台	平台：SCO UNIX 5.05； 数据库：Sybase 11.0.4； 建议配置：IBM 5500 NFT31 PC 服务器，内存 256MB 以上，CPU PIII 500，双通道阵列卡，双 9GB 硬盘备份，网卡 10/100Mb/s
中间件通信机及系统管理清算机	1 台	平台：WINNT 4.0 或 NT Workstation； 建议配置：普通 PC，内存 128MB 以上，CPU PII 366 以上，硬盘 1GB 以上，网卡 10/100Mb/s
电话银行、前置通信机	1 台	平台：WINNT 4.0 或 NT Workstation； 建议配置：普通 PC，内存 64MB 以上，CPU PII 366 以上，硬盘 1GB 以上，网卡 10/100Mb/s
对券商通信机(行情、委托、成交)	每券商 1 台	平台：WINNT4.0 或 NT Workstation； 建议配置：普通 PC，内存 128MB 以上，CPU PII 366 以上，硬盘 4GB 以上，网卡 10/100Mb/s
路由器	1 个	建议配置：Cisco 2600 系列
DTU	每券商 1 台	

(2)　银行端各地市分行所需的硬件设备及建议配置如表 8-2 所示。

表 8-2　各地市分行所需的设备及建议配置表

项　　目	数　　量	型号及配置
电话银行、前置通信机	1 台	平台：WINNT 4.0 或 NT Workstation； 建议配置：普通 PC，内存 64MB 以上，CPU PII 366 以上，硬盘 1GB 以上，网卡 10/100Mb/s

(3)　券商端所需的硬件设备及建议配置如表 8-3 所示。

表 8-3　券商端所需的硬件设备及建议配置表

项　　目	数　　量	型号及配置
对银行通信机(行情、委托、成交)	1 台	平台：WINNT 4.0 或 NT Workstation； 建议配置：普通 PC，内存 128MB 以上，CPU PII 366 以上，硬盘 2GB 以上，网卡 10/100Mb/s
路由器	1 个	建议配置：Cisco 2501
DTU	1 台	

5.　所需的软件及其安装点

(1)　银行端省分行中心所需的软件及其安装点统计如表 8-4 所示。

表 8-4　省分行中心所需的软件及其安装点统计表

项　　目	内　　容	安装点
银行前置机	数据库系统、主机通信程序、系统监控程序	银行前置服务器

续表

项　目	内　容	安装点
行情、委托、对券商成交	委托报盘程序、成交接收程序、行情转换程序、点对点通信程序	对券商通信机
交易管理模块	系统管理程序、交易管理程序、日终清算程序	系统管理、清算操作机
电话银行模块	语音平台、电话银行	电话银行平台机
实时备份	实时备份程序(可选)	实时备份服务器
交易中间件	交易中间件	中间件通信机

(2) 银行端各地市分行所需的软件及安装点统计如表 8-5 所示。

表 8-5　各地市分行所需的软件及安装点统计表

项　目	内　容	安装点
电话银行模块	语音平台、电话银行	电话银行平台机
通信中间件	通信中间件	前置通信机

(3) 券商端所需的软件及安装点统计如表 8-6 所示。

表 8-6　券商端所需的软件及安装点统计表

项　目	内　容	安装点
行情发送	券商接收机程序	银行通信机
委托发送、成交回报	委托发送、成交回报程序	银行通信机
分支管理	分支管理程序	银行通信机

8.2.2　系统的可靠性

在设计"银券一户通"系统时，本着银行端程序尽量少改动、系统操作简单、安全实用、便于交易规则改动和便于业务扩展的基本思想，组织大量证券和银行软件人员参与软件设计与测试，同时邀请证券公司和银行的业务及计算机人员参与系统设计、部分程序设计及产品验收。该系统吸收了 JZ 公司多年在证券和银行交易方面的研究成果和开发经验，同时听取了部分证券公司与银行的要求。

JZ 公司及其"银券一户通"系统具有以下明显优势和可靠性。

1) 银行端程序改动少

银行主机只需有资金查询、资金部分冻结、解冻、入账(存取款)、取流水功能(这几种基本功能目前的主机程序都有)即可。

2) 程序支持股民在银行进行股东卡开户

只要银行能争取到代开股东卡的资格，股民就可以在银行进行股东卡开户，便于银行争取股民。

3) 系统采用优秀的券商分支系统

允许股民在共享席位的银行与证券公司间进行多方开户，分红、派息、配股将会按各方股份数自动完成。这一要求目前其他软件商基本不能满足，但这一点又是券商特别强调的业务。

4) 日终操作简单

证券交易系统的日终程序众多，操作烦琐，对熟悉证券的人员都算是头疼的事。为了便于银行人员操作和迅速适应工作，我们将编成 "批处理" 程序，操作员只需按一下鼠标，整个日终处理就可以自动完成。当然，操作员可根据情况更改 "批处理" 或单独只执行某一步，或重复执行某些步骤。这一方法很受券商与银行的欢迎。

系统采用开放、安全的中间件技术，极大地方便了银行的证券业务扩充。公司将提供各种平台的 API 接口，银行的网上银行、金融机具等都可以轻松接入。银行的网上银行、金融机具只需要按中间件接口要求连接上中间件就可以开办证券交易。

5) 系统与各种银行主机具有良好的融合性

本系统是建立在 SCO UNIX 操作系统上的应用平台，核心数据库采用 Sybase 数据库系统(Informix 正在移植中)，并且 JZ 公司是国内首家推出基于 Sybase 数据库系统平台的证券交易系统的 IT 公司，程序模块性好，只需对程序做少量改动即可与各种银行主机相连。另外，JZ 公司有大批有丰富银行软件开发经验的工程师，对各种银行主机都有丰富的经验，开发出的软件极易与各种银行主机相连。

6) 对多变的交易规则适应性强

在证券部门工作的人都知道，中国交易所的交易规则改动频繁，程序设计得不好或软件商对规则改动信息了解迟钝，一旦证券交易规则改动，证券业务极可能因不适应交易规则而出现停市的恶劣现象。由于 JZ 公司是国内证券软件的龙头，每次交易所规则变动，公司都会提前得到交易所通知，有充分的时间修改、测试程序，使系统与多变的证券交易规则保持紧密的同步。另外，JZ 公司开发证券软件多年，积累了丰富的证券软件经验，设计的证券软件适应性强，有时交易所交易规则改动，客户只需对系统参数做简单改动。

7) 公司产品稳定

JZ 公司从事证券软件开发多年，从无客户因 JZ 软件原因出现停市的现象发生。

8) 公司有基于事务级的实时备份软件

实时备份对实时性很强的证券交易显得极其重要。JZ 公司有基于事务级的实时备份软件供客户选择，这种实时备份软件投入少、切换快、对主服务器负载小，是一种性价比很高的实时备份软件。

9) 公司可提供网上交易一整套服务

公司网上交易及电子商务部已有与 "银券一户通" 系统相衔接的产品，便于银行快速开通网上炒股业务。

10) 公司稳定性强

公司成立多年来，一直发展壮大，从未出现过其他公司出现的不断分裂现象，这样保持了公司的稳定性和对客户服务的稳定性。

11) 可为客户提供其他方面的技术支持

本公司是众多网络及计算机设备的代理，可为客户提供强有力的后续技术支持与其他有关的解决方案。

8.2.3 系统的安全性(安全机制)

1. "银券一户通"冲正处理说明

"银券一户通"系统具有一整套完备的冲正机制,在账务处理的过程中,系统会根据当时的交易情况对出错账务进行自动回滚和冲正,实时地保证交易数据的完整和一致。

当交易未完成或出现差错时,系统会对原交易进行回滚或冲正。以下举例说明。

委托买入:交易流程如图 8.16 所示。

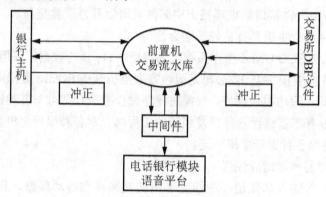

图 8.16　委托买入交易流程图

一笔正常的委托买入流程为电话银行输入委托→中间件接收→写入前置机交易流水库中→前置机检查交易状态→与银行的通信程序→向银行主机发冻结交易→主机冻结成功→返回前置机→通过报盘程序将交易报到交易所 DBF 文件中→成功写入后,回写交易处理标志→返回委托合同号→电话银行报语音。

前置机与银行主机的交易冲正处理:电话银行输入委托→中间件接收→写入前置机交易流水库中→前置机检查交易状态→与银行的通信程序→向银行主机发冻结交易→主机冻结成功→返回前置机→前置机处理失败→发冲正交易给银行主机→主机将原交易恢复→电话银行报失败语音。

委托报盘与系统的冲正处理:电话银行输入委托→中间件接收→写入前置机交易流水库中→前置机检查交易状态→与银行的通信程序→向银行主机发冻结交易→主机冻结成功→返回前置机→通过报盘程序将交易报到交易所 DBF 文件中→写入失败后,回写交易失败处理标志→发冲正交易给银行主机→电话银行报失败语音。

在委托报盘程序上设计有委托重发和成交重报功能,当交易所卫星或券商处系统出现错误异常时,委托自动报盘程序可以手工把未发送或发送出错的委托重新报到交易所 DBF 中。

冲正过程中,系统会自动记录冲正流水,进行资金股份的账务处理。

委托卖出:交易流程图和处理过程参照委托买入。

2. "银券一户通"系统加密处理

"银券一户通"系统是一套完整的证券交易柜台系统,并且该系统是在 JZ 的证券交易柜台软件 JZ 20 的基础之上开发成功的,其中的加密处理完全按照中国证券监督管理委员

会的交易规定及目前国内处理证券交易的通用模式进行设计，加密的具体内容如下。

(1) 密码加密：系统的密码包括股东交易密码、资金密码、银行存折密码、柜员密码等。在该系统中，密码在进入系统存放时为扩容对称加密，过程调用时使用重叠对称加密。举例如下。

前端输入密码后，系统使用加密密钥及当时的操作柜员代码进行重叠加密，将加密后的密码作为参数对过程进行调用。写入数据库后，系统对该加密密码重新整理，扩容加密(原 6 位密码存放到数据库后为 20 位)。读出密码时以相反顺序进行。

(2) 前端与中间件之间的通信加密：电话银行、网上银行、柜台等外围前端系统与交易中间件之间的通信由中间件及中间件 API 进行加密和解密，并且保持交易数据的不落地状态(中途交易过程不写入任何外部或数据库文件中)。

(3) 点对点通信程序：交易数据采用增量传送，通信包文以加密方式进行传送，到达接收点时由接收点过程进行解密。

在银行端选用安全性较好的 UNIX 与 Sybase 操作系统和数据库系统，与银行网络相连时对 UNIX 系统进行一些配置，使外界无法远程访问前置机，同时银行前置机采用双网卡，一端与银行通信，另一端与券商通信，中间将网关进行屏蔽。券商端采用双网卡与双协议，与银行通信使用 TCP/IP 协议，进入券商网络使用 IPX 协议，外界无法访问券商业务网。同时双方都使用路由器加强合法性保护。

与券商的通信处理全部采用客户机/服务器方式，面向连接的 TCP/IP 数据报文传送方式，交易数据直接到达对方的通信接收端口，不访问对方系统，交易过程通过加密认证校验对方的报文。

8.2.4　系统的可扩充性

采用消息中间件实现各分布式数据库之间的消息包传递，从而完成异地股票买卖、资金存取、个人资料查询等业务。消息中间件同时完成独立于业务的加密、压缩及其反向功能。通过与消息中间件独立的业务描述脚本来统一处理本地及从远程结点传来的请求。

当要开展新业务时，只要编写局部的新业务脚本即可，从而使得新业务的开展非常容易。对于第三方厂家的系统则提供一个统一的接入接口。为了确保安全性，每个第三方厂家必须领取各自的接入许可证，该许可证是免费发放的，但它能确保提供的接口只能为领取相应许可证的厂家使用。许可证和身份认证、日志记录一起在保证安全性、操作的留痕性和不可抵赖性的同时，使交易系统具有良好的开放性和可扩展性。

采用强大的后台数据库服务器，将它与可伸缩、互备份、具有负载均衡能力的业务中间件结合起来，为证券交易提供可靠而宽阔的跑道。如果必要，还可以将后台数据库分割为一个交易数据库服务器和若干个历史数据库服务器，从而使耗时的历史数据查询操作同实时性要求很高的交易事务处理相分离，做到后台的负荷分担。多种后台与多种前台之间可以通过若干个中间件进行无缝连接，为客户提供完全透明的一体化服务。

对银行端采用模块化结构，因此，如果需要扩充，只需要加入新的服务功能模块即可，对于现有的设备无须任何改动，即可完成。

JZ 系统采用独立的新交易市场方案来支持"创业板"证券交易业务，可以方便地支持"创业板"特有的交易规则，而对现有的沪市、深市主版业务没有任何影响。

8.2.5 系统与其他相关系统的接口设计

"银券一户通"系统与其他相关系统的接口主要有与银行主机的交易接口、第三方公司的中间件接口和与证券公司的交易接口。

与银行主机的交易接口：主要处理日间的资金冻结、解冻、余额查询、开户、销户、修改参数及日终清算等交易的接口设计。与银行主机之间的通信根据银行主机的品种采用不同的通信方式，主要有 TCP/IP、SNA、远过程调用等，其形式为 C/S 方式。例如，在中行广西分行采用的是 TCP/IP 异步 C/S 方式与主机进行通信，在农行福建省分行采用的是远过程调用的方式实现主机与证券前置机之间的交易通信。

第三方公司的中间件接口：第三方公司与主交易服务器的数据交换必须通过交易中间件来实现，第三方公司通过调用中间件提供的 API 与交易主服务器交换数据。这样既可以减轻主交易服务器的通信负载，也可以防止对主交易服务器的破坏。通过中间件技术的引入及有效的通信防火墙机制，彻底解决了银行主机、主交易服务器、券商系统的安全。

与证券公司的交易接口：与证券公司采用点对点的 DBF 增量传送方式，在银行端产生与交易所相同的 DBF 文件，通过点对点的通信程序将交易发送到证券公司，证券公司再将交易合并后发送到交易所，这样设计既保证了银行证券系统的独立性，又使得券商系统不需做任何修改即可将交易数据进行组。

8.2.6 制定的措施

JZ 公司根据银行方面的特殊情况及银行的业务和现有情况，依据中国人民银行和证券会的要求，利用银行原有的设备基础，根据 JZ 公司的软件特点，制定了以下措施。

(1) 利用银行现有的资源使用情况。在银行主机端放置一台前置机服务器，该服务器只是一台高档的 PC，用于存放交易基本数据，服务器上将运行现有的银行端的银行主机通信程序、委托报盘程序、成交回报程序等。通过这些程序，系统将交易发送到银行主机进行账户校验、资金划转、清算入账，并且将委托数据传入券商的交易所委托库中，接收来自券商处的交易所实时成交数据。

(2) 在银行端放置行情接收机。它负责接收交易所的实时行情数据，并将行情数据转入前置机数据库中，在利用银行现有资源的前提下设计了两套行情接收方案。

卫星接收机：需向卫星公司申请和购买接收装置。申请一条单独的行情 DDN，使用 JZ 的点对点行情传送程序将证券公司的行情实时接收过来。根据银行的现有情况，其已经运用了 JZ 公司开发的股票质押贷款系统，所以在银行端已经拥有了行情接收机系统，"银券一户通"系统可以直接利用银行系统内部的网络或通过 DDN 专线，或使用 JZ 的点对点行情传送程序直接接收行情。因此此项在可选内容之内。

(3) 为了安全起见并根据银行的实际情况，JZ 公司设计了交易中间件、主要是为了把它提供给第三方开发公司。该程序以 JZ 著名的 3 层交易系统的核心中间件程序为蓝本进行编写。第三方开发公司可以使用交易中间件提供的 API 方便地与交易系统挂接。

(4) 在银行端加一台系统管理及清算处理机。该机用于对系统交易参数的管理、交易数据查询、日终清算、清算报表等。

(5) 银行可以在原有电话银行中加入股票委托模块，JZ 交易中间件将提供丰富的 API 接口与后台数据库连接，也可以使用 JZ 的全套电话委托系统，直接建立起完整的存折炒股电话银行系统。

8.3 系统投资

1. 硬件投资

根据具体项目实施要求和当前市场价格确定。

2. 软件投资

1) 券商托管股份，银行管理资金模式

银行部分的软件投资情况如表 8-7 所示。

表 8-7　银行部分的软件投资情况(一)

项　　目	内　　容	价格/元
银行前置管理及处理	历史资料数据库系统、主机通信程序、系统监控程序	
行情、成交、清算传输处理	行情转换传输程序、成交传输、清算数据传输程序、点对点通信程序	
资金管理模块	系统管理程序、日终资金清算交收程序	
合计		

对于券商部分，修改券商交易系统，支持银行账户交易及清算交收。

2) 银行管理股份和资金模式

银行部分的软件投资情况如表 8-8 所示。

表 8-8　银行部分的软件投资情况(二)

项　　目	内　　容	价格/元
银行前置机	证券交易数据库系统、主机通信程序、系统监控程序	
行情、委托、对券商成交	委托报盘程序、成交接收程序、行情转换程序、点对点通信程序	
交易管理模块	系统管理程序、交易管理程序、日终清算程序	
交易中间件	交易中间件	
合计	必需部分	

券商部分的软件投资情况如表 8-9 所示。

表 8-9　券商部分的软件投资情况

项　　目	内　　容	价格/元
行情发送	券商接收机程序	
成交回报、委托发送	委托发送、成交回报程序	
分支管理系统(可选)		
合计		

3) 省行数据集中，地市行电话银行连接省行"银券一户通"系统

每连接一个地市行，投资情况如表 8-10 所示。

表 8-10　每连接一个地市行的投资情况

项　　目	内　　容	价格/元
行情传输	传输实时行情数据供查询	
交易中间件	处理交易及客户资料查询	
合计		

4) 系统维护费用

系统维护费用如表 8-11 所示。

表 8-11　系统维护费用

项　　目	内　　容	价格/(元/年)
每套主系统	免费维护一年，第二年开始收取	
每个地市行	免费维护一年，第二年开始收取	

8.4　项目总体实施

1. 项目组织管理分工图

项目组织管理分工图如图 8.17 所示。

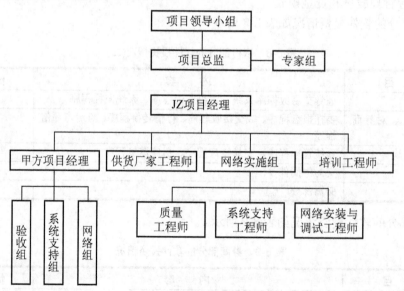

图 8.17　项目组织管理分工图

由图 8.17 可知，在项目领导小组的直接指挥下，项目总监负责在项目领导小组与 JZ 项目经理之间的实时联系与监控，并负责与有关项目专家组联系，随时准备迅速地解决所

有可能出现的问题。

JZ 项目经理直接对整个项目的领导负责，包括与甲方项目经理相互协调配合，领导网络实施组进行项目的具体实施，负责协调安排培训工程师对甲方进行有关项目的培训。其中网络实施组成员包括质量工程师、系统支持工程师、项目安装与调试工程师，具体负责工程实施。

2. 项目实施进度

由于 "银券一户通" 系统是一套完整的证券交易系统，又是银行的一项新的中间业务服务系统，因此在开发及实施的过程中要按照证券公司工程实施方法及银行中间业务工程实施方法进行系统的开发和实施工作。

项目的实施计划和实施进度(以合同签订日起计算)如下。

1) 准备工作

进度：第 1 周。

(1) 各方的硬件设备到位。

(2) 调通银行与所连券商间的通信线路。

(3) JZ 公司与银行安排好专职的软件开发人员，银行同时安排一定的业务人员参与需求设计及后期的业务测试和项目验收。

2) 开发实施

进度：第 2～3 周。

(1) JZ 公司与银行软件人员到位。搭好开发环境，做好系统详细需求、分析和设计。

(2) 定好各方面的数据接口和数据结构，写出系统需求说明书和总体设计书，开始程序设计并完成程序的编写。

(3) 程序编写的同时要完成局部模块功能的调试及程序修改。

(4) 整个系统程序(包括与模拟券商间)的联调及程序修改。

3) 测试计划

进度：第 4～5 周。

(1) 由 JZ 公司提交测试计划书及测试报告。

(2) 由业务人员与技术人员共同在开发环境中测试。

(3) 单独由业务人员在开发环境中测试(包括功能测试、操作细节测试、容错能力测试、压力测试)。

(4) 在生产环境中测试。

4) 工程安装使用

进度：第 6～7 周。

(1) 将程序及设备切换至生产环境。

(2) JZ 公司完成对客户业务及技术人员的培训。

(3) JZ 公司向客户移交各种文档。

(4) 生产环境中处理内部人员业务。

(5) 银行完成软件验收。

(6) 正式开始对外宣传和对外营业。

5) 人员配备

(1) 程序开发由深圳总公司负责开发。

(2) 工程安装和测试期间,当地分公司派2或3名工程师参加。

(3) 维护由公司技术支持部、全国各地分公司、办事处负责。

(4) 以后每个地市的安装、测试和投入运行进度为1周。

3. 项目质量控制管理与测试

项目的质量控制管理主要包括以下几点。

(1) 控制整个施工过程,确保每一道工序井井有条,并保证工序与工序之间的协调配合。

(2) 密切掌握每天的工程进展和质量,发现问题及时纠正。

(3) 严格控制特殊工作环境的安全管理,决不给银行的已成设施造成损害。

为了实现上述目标,JZ公司特针对银行制定了一套全面质量管理的措施,概括为以下几点。

(1) 实行施工责任人负责制。由总工程师和用户的专业技术人员负责监督,由施工负责人组成质量控制小组,负责工程进度和工程质量。

(2) 填写施工日志。每个施工小组的小组长每天都要在日志表上如实填写每天的施工进展情况,分队负责人填写质量检查情况。

(3) 每道工序完成后,由公司总工程师和用户负责人进行检验,并填写施工过程质量检验表,由检验负责人签字。

测试包括以下内容。

(1) 安装及系统测试。JZ将为客户提供所需设备的安装技术资料、安装规程,提供设备测试的内容,方法及必要的测试指标。

(2) 集成测试。系统集成商将负责整个系统的测试工作。

(3) 移交测试。JZ公司提供必要的测试。移交测试包括障碍测试、性能测试、处理机通信测试、各类人机命令可靠性测试、工艺检查。

试运转验收测试计划和技术内容

提供网络测试计划和技术内容,试运转验收测试包括:障碍测试、性能和功能测试、人机命令测试。

(4) 终验测试。提交测试计划技术内容直到用户满意。

通过严格的质量控制与管理,JZ公司能够做到工程质量可靠,工艺完善,线路排列整齐如一,网络性能高效稳定。

4. 人员保障情况

软件开发项目组人员如表8-12所示。

表8-12 软件开发项目组人员一览表

序号	项目职责	人员	公司职务	主要职责范围
1	项目领导		JZ公司 董事长	全面负责项目领导工作

续表

序号	项目职责	人员	公司职务	主要职责范围
2	项目总协调		JZ 总工	全面负责项目实施的协调工作与技术总负责
3	商务经理		商务经理	客户联络,商务洽谈及协调工作
4	项目经理		银行事业部经理	具体负责项目的设计、设备调配、工程实施等工作
5	软件开发组主要成员		系统工程师	软件开发
			系统工程师	软件开发
			系统工程师	软件开发
			系统工程师	软件开发
			系统工程师	软件开发
			系统工程师	软件开发
			系统工程师	软件开发
			系统工程师	软件开发
			系统工程师	软件开发
			系统工程师	软件开发

5. 项目经理保障

项目经理负责处理该项目,与甲方项目负责人紧密配合,联系解决所有与项目有关的问题、事件和进程,协调工程中牵涉的各个方面,确保工程按计划顺利完成。有认证资格的工程师将被具体地指派到各自的项目,以协助项目经理,确保工程按计划顺利完成。具体的保障项目有以下几点。

1) 提供满足用户需求的方案设计

为保证系统的全局性和完整性,共同进行需求分析,保证技术设计的准确性和实用性,使得系统较长时期内满足各项业务需要。

2) 提供一个优质的产品系统

在系统验收前为一个完整的监督过程,包括规章制度、各环节的控制监督,由专人处理和系统工程进度同步。

3) 完成对用户网络的技术开发

在本阶段中完成各子系统的测试计划和简要用户操作手册,包括以下内容:分解合同中服务项目;合同及有关法则的审核;建立客户初步服务计划;监督过程和反馈;技术难点及其解决;应及时掌握合同技术环节的反馈变化;系统性能安装调试(网络、测试、联调);系统的试运行和文档的编制;项目经理每周写一份总结,涉及用户认可的事,应有用户签字。

资源双方全面协调、调配设备,安装调试(网络、测试、联调、系统)。各个子系统经过测试后,投入试运行,并对整个系统进行联调,检测参数传递的正确性和数据的共享情况,总体测试完成后,把系统移交给用户使用。

该阶段要求完成模块开发卷宗、系统实施报告、用户操作手册、测试分析报告、项目开发总结报告。

4) 日常工作紧急响应

各地分支机构 24 小时随时响应，包括远程登录维护，并且可备后备机，以供随时替换。必要时，在电话维护的同时，4 小时之内可以到场维护。JZ 总部技术支持 10 余部电话，24 小时随时提供服务，包括远程登录维护。

5) 工程验收

合同签署后，项目经理将立即准备一份详细的项目计划。此计划包括：对各个场地的首次考察及后续考察时间；各个场地的软件、设备清单和逾期交付时间；各个场地在安装前的准备项目，安装时需要的条件，需要安装的软件、设备，安装时必须在场的人员等；不同阶段实行验收测试的日期和验收标准。

6) 验收测试进度会议

项目经理将与客户的项目负责人定期举行验收测试进度会议，会议情况将通报给有关人员。会议的频率和时间将取决于项目的进程。一般来说安装前举行一次，在安装验收测试期间，将每周举行一次或多次验收测试会议。

测试计划将提交给客户并获得认可，测试计划描述对各种设备进行的测试内容。验收测试在安装工作完成后的短期内进行。

8.5 技术支持情况

8.5.1 技术支持组织和管理流程

技术支持组织和管理流程如图 8.18 所示。

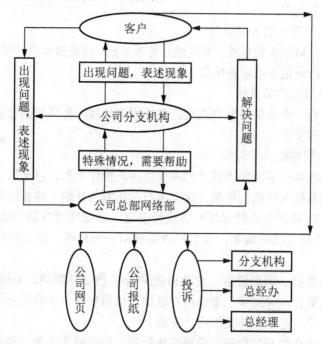

图 8.18 技术支持组织和管理流程图

8.5.2 各方面支持情况

公司在多年的发展中，建立了一个强大的用户服务网络，及时为用户提供功能更强大、性能更优越的系统升级版本。同时，用户在任何时间都能随时与公司总部或遍布全国各地的各分公司、办事处工程技术人员取得联系，以便及时解决用户在应用领域的各项业务或技术问题。公司提供的服务如下。

1. 技术支持

(1) 公司保证在保修期内为用户提供免费的修理服务，及时解决硬件和软件系统中存在的各种问题。

(2) 对网络规划、设备安装、系统软硬件配制、系统维护、应用软件开发及使用等方面保证提供及时、可靠的技术支持。

(3) JZ 公司愿与银行共享在网络系统管理、数据库系统管理和应用软件开发方面的成功经验，并与银行相互配合，开创系统集成领域的新天地。

(4) 根据银行的具体情况，公司可以提供多种形式的技术指导和支援，包括技术咨询、技术讲座直至现场解决问题，必要时可提供需要的网络设备、主机系统及相关的软件环境，供银行进行实验和演示。

(5) 所有技术支持工作可由专人负责，统一安排，协商解决。

(6) 银行在使用 JZ 产品时如遇到问题,无论是软件、硬件还是网络，都可以从 JZ 公司得到电话支持与帮助。银行可以指定一名主要联系人及两名替补联系人与 JZ 服务中心联系。一旦接到银行的请求电话，JZ 服务中心的专家将在规定时间内通过电话解决或回答银行的问题。

2. 替换硬件零部件

JZ 公司分别在北京、广州设有相应的零备件中心，为用户就近、方便、快速地更换零部件。替换的零部件通常已按 JZ 公司的更换规则进行了必要的升级，以优化用户的系统性能。公司派工程师到现场为用户替换零部件。

3. 版本升级与增强

JZ 公司的增强版本包括新的功能和特征和对已发现问题的修正及对新硬件平台的支持。用户会收到最新的软件和存放在盘里的有关文件及使用说明、修补软件(Patches)和维护版本(Maintenance Release)。用户还可以得到最新的和任何经 JZ 发放许可的非随机软件的修补软件和维护版本。

4. 软件协助支持服务

作为 JZ 公司的客户，使用"银券一户通"系统，在第一年内享受免费维护服务，以后每年需向公司交适当的维护费。在维护期间，公司的电话反应不迟于半小时。有必要让技术人员到现场解决时，公司技术人员会在 4 小时内到位。随着公司系统的升级，客户系统在维护期间将会得到免费升级。公司目前有以下几种方式解决用户的问题。

(1) 如附近城市有分公司、办事处，一小时内派就近办事处技术人员及时到现场处理。

(2) 公司提供一定的紧急备件(若设备是从本公司购买)。

(3) 专用的用户咨询电话，有问题时可随时与公司技术人员联系。

(4) 总公司技术支持部实行 1 周 24 小时值班制度，为银行提供全天候的技术服务。

另外，公司配备 60 个业务熟练、技术过硬的工程师，随时为 JZ 公司在全国的客户提供及时、优质的服务。

5. 技术支持人员保障

JZ 公司为实施"银券一户通"系统项目，提供售前、售中及售后技术支持人员保障。详细人员各单表省略。

6. 技术支持的时间保障

JZ 技术支持热线电话有 10 余部，24 小时开通，技术支持人员 1 周 24 小时待命，随时准备回答用户提出的各种问题。对于通过电话无法解决的问题，JZ 公司将立即派出系统工程师赶到用户现场，为用户解决问题。具体响应时间如下。

(1) 用户定义优先权电话响应、现场响应。

(2) 紧急情况(如用户系统瘫痪)：立刻回答用户提出的问题，4 小时内赶到。

(3) 严重情况(如用户系统严重故障)：8 小时内回复。

(4) 一般情况(如用户系统一般故障)：24 小时内回复，尽早响应。

(5) 远程分析(Remote Dial-in Analysis)：必要的话，用户可以采用 JZ 公司的远程分析服务，通过适当的网关，JZ 公司问题解决中心的专家对用户的系统进行远程诊断，加速问题的解决。

 **本章小结**

本章是关于银行"银券一户通"系统的方案设计书。"银券一户通"系统利用银行现有的储蓄业务网为银行储蓄用户提供使用银行账户资金直接进行证券交易的服务，实现客户银行储蓄账户上的资金可以直接进行目前任何一种证券交易类型的委托申报及撤销功能，如股票、基金、国债、申购、分红、派息、配股等。股民通过银行的电话银行、网上银行等方式进行银行储蓄账户的证券交易。日终后，系统将根据交易所返回的成交数据对资金进行清算。银行可以使用单独席位号或与证券公司使用共享的席位号进行交易。

该系统是在证券业务管理软件和银行相关软件的基础上开发实现的，是一套严密的点对点中间业务系统，是建立在银行业务系统和券商业务系统之间的系统。"银券一户通"系统的开通，对于储户(同时也是股民)、银行和证券商都有很大的意义。

本章的编写主旨是通过案例介绍，使学生掌握银行、证券等金融行业领域有关证券"一户通"、银行"一卡通"等应用系统平台的集成设计。

 **习题**

1. "银券一户通"系统方案的处理模式可分为哪几种模式？它们各有什么特点？

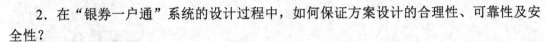

2．在"银券一户通"系统的设计过程中，如何保证方案设计的合理性、可靠性及安全性？

3．简述"银券一户通"系统的项目实施过程。

4．如何在大型软件应用系统中进行必要的技术支持的组织与管理工作？

5．假设你是某公司技术部门的网络工程师，现要求为广发证券公司设计一套可行的网络在线证券系统。请试着调查、分析，完成方案设计。

第 9 章

银行灾难备份与恢复系统的规划设计方案

内容要点

- 本章首先介绍了与计算机系统灾难备份有关的概念，然后由国外灾难备份技术发展趋势引出银行灾难备份与恢复系统的规划设计。其备份系统方案中包括找寻规划中的制约条件、规划的基本原则确立、分析银行的应用需求、所采用的备份策略及就规划设计的实施任务如何实施的问题。

学习目的和要求

- 学会计算机系统灾难备份的基本概念，理解其系统组成、各种数据备份方式、国内外的发展技术。
- 要求能运用方案所介绍的原则方法去设计灾难备份与恢复系统，运用案例中项目管理的思想实施一个备份系统建设管理。

导入案例

数据大集中和灾难备份

目前，中国金融信息化正处于数据集中即将完成、数据应用逐渐开始的关键阶段，这一阶段银行信息化建设的效果，将直接关系到几年后我国金融业在全球化竞争中的成败。数据集中带来了风险的集中，而风险的集中又让我们无法回避另一个话题——灾难备份。本导入案例将介绍当前银行信息化中的两个热点技术——数据大集中和灾难备份技术。

1. 数据大集中的实施案例

中国银行系统大集中的目标是将二级分行的数据集中到省行的数据处理中心，加强省行的金融监管力度；实现主要业务的全省连网；同时将各地市二级分行的主机逐渐变成网络结点机，承担网络结点设备和本地特色业务。

1) 系统的设计原则

主机系统采用总行推广的 ES/9000 系统(见图 9.1)。系统的设计原则如下。

(1) 网点运行在 Sm@rtACE 平台上，实现主机的各项业务功能。

(2) 中间结点机采用 AS/400 作为网络设备，连接前端 ACE 和后台 ES/9000。前端系统的交易请求以"穿透"方式连接到 ES/9000 系统，即 AS/400 只相当于路由器，交易请求直接穿过它。

(3) AS/400 能够实现本地特色业务。前端系统能够自由地进行 ES/9000 主机业务和 AS/400 本地业务，同时在前端进行系统的统一整合。

(4) 通过前端进行会计和储蓄等业务系统的整合，实现统一的会计和储蓄系统，同时实现综合柜员制。

(5) 通过前端提供的一台服务器带多个机构的功能，实现前端的地区集中。

(6) 系统具有良好的可扩展性和可维护性，同时具有良好的可推广性。系统的设计原则要求中间结点机可以是 AS/400、RS/6000 或 Cisco 路由器，保证系统可以应用于其他系统结构下。

2) 系统整体架构

本系统实现后的总体架构为，采用 ES/9000 直接连接 CT 方式运行，其他二级行采用 ES/9000 穿透 AS/400 连接 Sm@rtACE 的方式实现。

ES/9000 系统是中国银行开发的数据大集中业务系统，首先在河北省分行试点。河北中行综合业务系统以城市为数据中心，在全省范围内连网的只有信用卡业务网，其整体架构如图 9.1 所示。应用系统实际情况复杂，各种机型、操作系统、体系结构并存：石家庄省行地区采用 ES/9000 集中式业务系统，主机端为 ES/9000，网点为 PC 服务器和 PC 工作台，运行 IBM CT 系统。其他二级行地区采用 AS/400 作为主机，运行神州数码客户端开发运行平台 Sm@rtACE，支持网点的客户机/服务器方式业务系统；同时还存在着大量 UNIX 系统的单机网点应用。

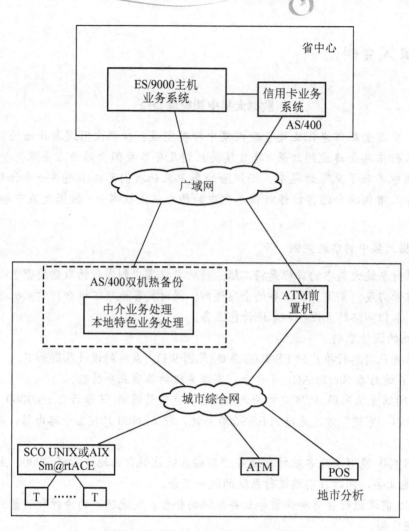

图 9.1　中行数据大集中的系统整体架构

2．灾难备份系统案例

数据大集中意味着风险的集中，又让我们无法回避另一个话题——灾难备份。

追述 2001 年震惊世界的"9.11"事件(见图 9.2)，随着纽约世贸大厦的轰然倒塌，1 000 多家公司蒙受毁灭性打击，造成的直接经济损失超过 1 000 亿美元。在 1 000 多家公司中，凡是做了异地备份的，当天就在其他地方恢复办公，没有做备份的，有的当时就消失了，有的逐渐倒闭和消亡。统计表明，至少有一半以上的没做备份的公司经过这场灾难后完全垮掉了。与此同时，世界金融界也创造了两个奇迹，这就是位于世贸大厦第 25 层的摩根士丹利(Morgan Stanley)银行，尽管其一层楼面都被化为灰烬，但它却在第二天神话般地宣布全线营业，追其原因是该银行在离纽约数英里的新泽西州的蒂内克建立了一个完善的灾难备份中心，凭借着该中心完整无缺的数据挽救了摩根士丹利银行的生命。作为灾难备份系统的另一成功案例是德意志银行，尽管"9.11"恐怖袭击摧毁了德意志银行设在纽约世贸大厦的办公中心，使其顿时失去了与世界金融市场的业务联系，不过几乎与此同时，其远在爱尔兰的备份系统立即启用，德意志银行在当天继续完成了超过 3 000 亿美元的巨额交易。上述两个案例都说明了灾难备份系统所发挥的巨大威力。

图9.2 "9.11"事件

人类无法避免天灾人祸，而当信息系统日益成为国家的重要基础设施时，任何天灾人祸对信息系统的破坏都有可能影响到国家安全、人民利益、社会稳定，关系到每一位老百姓的切实生活。

表9-1所示为各种行业停机一小时所造成的损失。另据有关机构统计，对关键业务运行要求最高的银行业，每次计算机系统宕机导致的损失平均为1 000万美元，同时还会导致对公司声誉无法估量的无形资产损失，而采取灾难备份方案总共花费平均只有100万美元。

表9-1 各行业停机造成的损失

业 务	行 业	停机一小时的损失/万美元
经纪业务经营	金融	645
信用卡授权	金融	260
付费收看	媒体	15
居家购物(TV)	零售	11.3
目录销售	零售	9
预定航班	交通	9
电子票务销售	媒体	6.9
ATM费用	金融	1.45

事实上，早在2003年8月，中央办公厅颁布的27号文件就要求，各基础信息网络和重要系统建设要充分考虑抗毁性与灾难恢复，国家为此圈定了必须建立灾难备份基础设施的8个重点行业，而金融业列为这8个行业之首。中央银行早在此文件发布之前，于2002年8月30日下发的《中国人民银行关于加强银行数据集中安全工作的指导意见》中明确规定：为保障银行业务的连续性，确保银行稳健运行，实施数据集中的银行必须建立相应的灾难备份中心。

图9.3描述了一个简要的灾难备份技术和银行业的灾难备份系统。

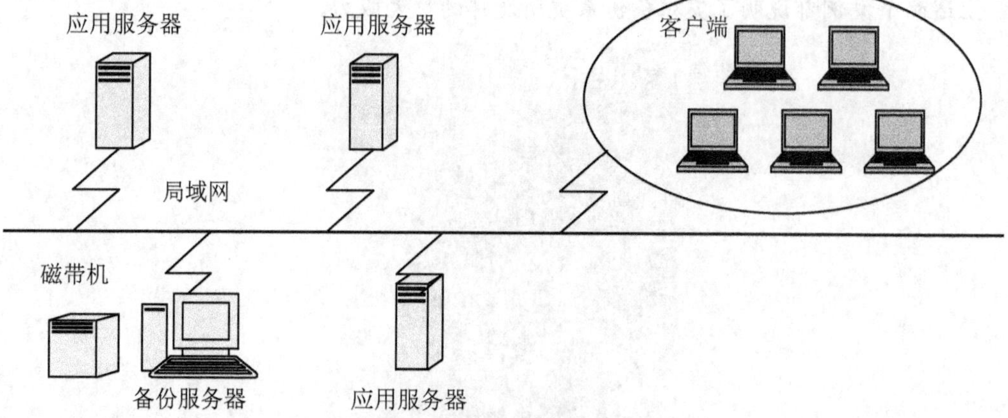

图 9.3 典型的灾难备份系统

9.1 灾难备份概述

随着计算机技术和通信技术的高速发展，以计算机和通信技术为基础的金融电子化系统得到了飞速发展。某银行分行(以下称为××分行)为了发挥计算机城市综合网系统的最大优势，在市场竞争中保持本银行现有的科技优势，能够给大行业、大企业提供全省范围内的优质服务，加强城市综合网系统的安全运行，规划将××分行全省范围内的客户数据账务信息，集中到省分行运行中心统一处理，这是计算机应用技术发展的必然，也是××分行业务发展的需要。

随着数据集中处理的实施，可以预计，银行的业务运作、经营管理将越来越依赖于计算机网络系统的可靠运行。本银行所提供金融服务的连续性及业务数据的完整性、正确性、有效性，会直接关系到整个银行的生产、经营与决策活动。一旦因自然灾害、设备故障或人为因素等原因引起计算机网络系统停顿，导致信息数据丢失和业务处理中断，将会给××分行造成巨大的经济损失和声誉损害，使其受到致命的打击。

将全省客户账务数据集中统一处理，因数据集中处理伴随而来的运行风险将因为灾难的发生而大大增加。生产运行主机系统及其配套设备一旦发生故障，就会导致在全省本类银行范围内所有营业柜台停止营业的风险，使会计、储蓄、信用卡三大主营业务的停业，××分行面临的将是灾难性打击。因此，生产运行系统的灾难备份系统就显得格外重要。一旦实施全省数据集中，灾难备份系统应该与生产运行应用系统(全省集中)同步投入使用，保证全省数据集中处理系统的运行安全。

9.1.1 计算机系统灾难备份简介

1. 计算机系统灾难定义

计算机系统灾难是指造成重要业务数据丢失，使业务中断了不可忍受的一段时间的计算机系统事故。这些事故会使银行丧失全部或部分业务处理能力，使企业营业收入下降、信誉降低和形象受损，甚至威胁其生存。

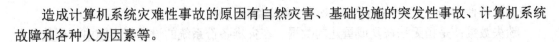

造成计算机系统灾难性事故的原因有自然灾害、基础设施的突发性事故、计算机系统故障和各种人为因素等。

2．与灾难备份相关的基本概念

灾难备份：指为了减少灾难发生的概率，以及减少灾难发生时或发生后造成的损失而采取的各种防范措施。

灾难恢复：是一个在发生计算机系统灾难后，在远离灾难现场的地方重新组织系统运行和恢复营业的过程。

灾难恢复的目标：一是保护数据的完整性，使业务数据损失最少，甚至没有业务数据损失；二是快速恢复营业，使业务停顿时间最短，甚至不中断业务。

灾难备份中心：一个拥有备份系统与场地，配备了专职人员，建立并制定了一系列运行管理制度、数据备份策略和灾难恢复程序，可以承担灾难恢复任务的机构。

灾难应急方案：指在发生计算机系统灾难事件时，为了尽可能地减少损失，而对计算机应用系统采取的抢救措施、故障隔离措施、恢复过程及工作人员救护和撤离计划等。

灾难恢复方案：是一套为保证在计算机系统发生灾难后恢复业务运行而预先制定的一套技术措施、管理方法和处理步骤。它是在充分考虑经济、技术、管理和社会条件的可行性的基础之上，提出的最佳灾难恢复策略。

3．灾难备份数据分析

从数据用途角度分析，一般可将需要备份的数据分为系统数据(System Data)、基础数据(Infrastructure Data)、应用数据(Application Data)、临时数据(Temporary Data)；根据数据存储与管理方式又可分为数据库数据(Database Data)、非数据库数据(Non-Database Data)、孤立数据(Orphan Data)、遗失数据(Lost Data)。

系统数据：主要是指操作系统、数据库系统安装的各类软件包和应用系统执行程序。系统数据在系统安装后基本上不再变动，只有在操作系统、数据库系统版本升级或应用程序调整时才发生变化。系统数据一般都有标准的安装介质(软盘、磁带、光盘)。

基础数据：主要是指保证业务系统正常运行所使用的系统目录、用户目录、系统配置文件、网络配置文件、应用配置文件、存取权限控制等。基础数据随业务系统运行环境的变化而变化，一般作为系统档案进行保存。

应用数据：主要是指业务系统的所有业务数据，对数据的安全性、准确性、完整性要求很高而且变化频繁。

临时数据：主要是指操作系统、数据库产生的系统运行记录、数据库逻辑日志和应用程序在执行过程中产生的各种打印、传输临时文件，随系统运行和业务的发生而变化。临时数据对业务数据的完整性影响不大，增大后需要定期进行清理。

数据库数据：是指通过数据库管理系统来进行存取和管理的数据。

非数据库数据：是指通过文件等非数据库管理系统来进行存取和管理的数据。

孤立数据：是指从最后一次业务数据备份后到灾难发生、系统运行停止前未备份的数据。这部分数据通常需要通过人工等方法重新录入系统中。一般情况下，孤立数据越多，系统恢复的时间就越长，业务的停顿时间也就越长。孤立数据的多少与数据备份的周期有很大关系。

对于数据库数据，可通过逻辑日志来恢复全部或部分孤立数据；对于非数据库数据，

则需通过其他方法(如缩短备份周期)来减少孤立数据。

遗失数据：是指无法恢复或重建的数据。在灾难备份系统的设计与实施中，要重点考虑的就是防止遗失数据的产生或减少遗失数据的数量，以及如何快速查找遗失数据，等等。

从各种数据的数据量增长速度、数据变化频率等方面考虑，应用数据、临时数据、基础数据、系统数据都具有不同的特点，如图 9.4 所示。

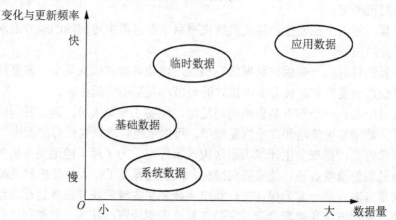

图 9.4　各种数据的数据量增长速度与数据变化频率关系图

因此从数据备份角度讲，上述各种不同的数据类型需采取不同的备份策略，如采取相应的数据备份技术及不同的备份周期、重点保护应用数据等。

4.　灾难备份系统的组成

灾难备份系统一般由可接替生产系统运行的后备运行系统、数据备份系统、终端用户切换到备份系统的备用通信线路等部分组成。

在正常生产和数据备份状态下，生产系统通过人工或网络传输方法向备份系统传送需备份的各种数据。备份中心、生产中心及终端用户的关系如图 9.5 所示。

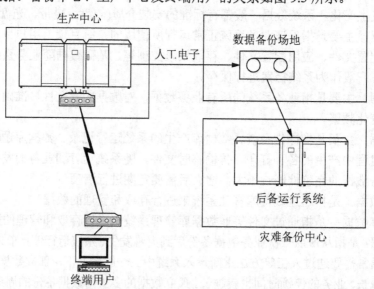

图 9.5　正常情况下备份中心、生产中心及终端用户的关系图

灾难发生后,备份系统将接替生产系统继续运行,备份中心、生产中心及终端用户三者之间的关系如图 9.6 所示。此时重要营业终端用户将从生产主机切换到备份中心主机,继续对外营业。

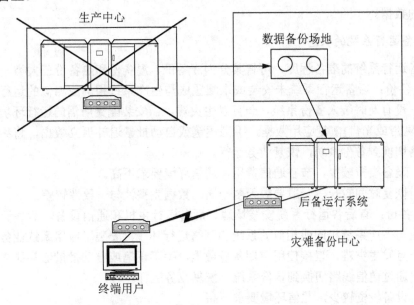

图9.6 灾难发生后备份中心、生产中心及终端用户的关系图

5. 数据备份方式简介

目前比较实用的数据备份方式有本地备份异地保存、远程磁带库与光盘库、远程关键数据+定期备份、远程数据库复制、网络数据镜像、远程镜像磁盘 6 种。

1) 本地备份异地保存

本地备份异地保存是指按一定的时间间隔(如一天)将系统某一时刻的数据备份到磁带、磁盘、光盘等介质上,然后及时地传递到远离运行中心的、安全的地方,并保存起来。

2) 远程磁带库与光盘库

远程磁带库与光盘库是指通过网络将数据传送到远离生产中心的磁带库或光盘库系统。本方式要求在生产系统与磁带库或光盘库系统之间建立通信线路。

3) 远程关键数据+定期备份

本方式定期备份全部数据,同时生产系统实时向备份系统传送数据库日志或应用系统交易流水等关键数据。

4) 远程数据库复制

在与生产系统相分离的备份系统上,建立生产系统上重要数据库的一个镜像副本,通过通信线路将生产系统的数据库日志传送到备份系统,使备份系统的数据库与生产系统的数据库数据变化保持同步。

5) 网络数据镜像

网络数据镜像是指对生产系统的数据库数据和重要的数据与目标文件进行监控与跟踪,并对这些数据及目标文件的操作日志通过网络实时传送到备份系统,备份系统则根据操作日志对磁盘中的数据进行更新,以保证生产系统与备份系统的数据同步。

6）远程镜像磁盘

利用高速光纤通信线路和特殊的磁盘控制技术将镜像磁盘安放到远离生产系统的地方，镜像磁盘的数据与主磁盘数据以实时同步或实时异步方式保持一致。磁盘镜像可备份所有类型的数据。

6. 后备运行系统的状态

按后备运行系统的准备程度，可将其分为冷备份、温备份和热备份三大类。

(1) 冷备份：后备运行系统未安装或未配置成与生产系统相同或相似的运行环境，应用系统数据没有及时装入备份系统。一旦发生灾难，需安装配置所需的运行环境，用数据备份介质(磁带或光盘)恢复应用数据，手工逐笔或自动批量追补孤立数据，将终端用户通过通信线路切换到备份系统，恢复业务运行。

优点：设备投资较少，节省通信费用，通信环境要求不高。

缺点：恢复时间较长，一般要数天至一周，数据完整性与一致性较差。

(2) 温备份：有后备运行系统安装场地、后备运行主机和通信设备。后备运行系统已安装配置成与生产系统相同或相似的系统和网络运行环境，安装了应用系统业务，定期备份数据。一旦发生灾难，直接使用定期备份数据，手工逐笔或自动批量追补孤立数据，或将终端用户通过通信线路切换到备份系统，恢复业务运行。

优点：设备投资较少，通信环境要求不高。

缺点：恢复时间长，一般要十几小时至数天，数据完整性与一致性较差。

(3) 热备份：后备运行系统处于联机状态，生产系统通过高速通信线路将数据实时地传送到备份系统，保持备份系统与生产系统数据的同步，也可定时在备份系统上恢复生产系统的数据。一旦发生灾难，不用追补或只需追补很少的孤立数据，备份系统可快速接替生产系统运行，恢复营业。

优点：恢复时间短，一般要几十分钟到数小时，数据完整性与一致性最好，数据丢失可能性最小。

缺点：设备投资大，通信费用高，通信环境要求高，平时运行管理较复杂。

9.1.2　国外灾难备份技术发展趋势

1. 业务连续性要求的提法与灾难恢复目标的变化

建立灾难备份中心的最初目的是以最合理的代价保护应用数据的完整性与安全性，在灾难发生后尽快恢复运行，减少业务停顿时间，尽可能不中断或不影响业务的正常进行，使灾难造成的损失降到最小。即不管两个系统相离多远，当一个数据中心出现问题时，另一个数据中心应能迅速地接替运行，既要保证业务数据的完整性，又要保证关键业务的连续性。

随着商业银行的业务发展及竞争的日益加剧，国外商业银行又提出了业务连续性的要求。这种要求的产生背景如下。

(1) 商业银行承诺向客户提供"3A"(即 Anytime、Anywhere、Anyways)服务。由于家庭银行、企业银行、网络银行、电话银行、ATM/POS 等电子银行的出现，客户不受银行终端用户的上下班时间及位置的限制，享受银行提供的金融服务。

(2) 随着银行金融服务和金融市场的拓展，商业银行比较注重银行间的相互连网。这样，当客户外出时，无须携带大量现金，也无须在当地银行、外币找换店及酒店兑换外币，可直接在当地自助设备上提取当地货币，还可办理各种存取款、转账、申请结单或支票等业务，既节省了时间，又极大地方便了客户。由于时差等原因，要求银行服务具有连续性。

(3) 在开放的金融市场环境下，为适应市场需求，发达国家的商业银行从注重规模效益转为重视深度效益。注重客户关系及客户价值是变革的关键，而深度效益的内涵是对详细客户信息和市场信息的组织和分析，利用数据仓库(Data Warehouse)、数据采掘(Data Mining)技术从业务数据中提取可供决策用的辅助信息。数据仓库是将银行各自分散的原始数据(如主机中的账务数据)汇集和整理成为单一的管理信息数据库、客户信息数据库，面向专题和时间组织数据，并对数据进行集成。使用数据采掘技术从数据仓库中提取隐藏的预测性信息，为银行提供完整、及时、准确的商业决策信息，为银行经营决策人员提供辅助决策支持。它要求原始数据具有实时性、连续可用性，并具有较好的完整性与长时间的延续性。

保持业务的连续性要求灾难恢复系统实现更高的目标：除了以最合理的代价保护应用数据的完整性与安全性、在灾难发生后尽快恢复运行、减少或尽可能消除业务停顿时间外，还应做到以下几点。

(1) 保证业务的连续性与延续性，即保证业务数据的连续性，为银行的决策支持系统提供连续完整的基本数据。

(2) 缩小或取消应用系统用于批处理和数据备份(如磁带备份)的时间，保证关键业务服务 24 小时不中断，使应用系统的服务时间达到 1 周 24 小时，满足银行互联及客户的需求。

(3) 为业务发展及应用开发提供与生产系统完全一致的开发与测试环境，如测试日期问题、开发测试新应用程序等。

2. 灾难备份技术的发展趋势

灾难备份技术的发展趋势主要有 3 个方面。

(1) 采用实时热备份技术。实时热备份技术具有一次性投资昂贵、通信费用高等缺点，但具有最好的数据完整性与业务连续性保证。随着商业银行的业务发展及竞争需要，银行的业务连续性要求将越来越高，采取实时热备份技术来实现灾难备份是未来的发展趋势。

(2) 外包方式：灾难恢复计划涉及业务风险分析、方案选择、实施、测试、培训、演习等内容，是一项既复杂又烦琐的工作。采用外包方式则可将灾难恢复计划交给专业计算机公司来完成，银行则可专心从事银行的生产与经营。

(3) 开发灾难恢复计划辅助工具：灾难恢复计划是一项系统工程。开发灾难恢复计划的辅助工具与系统是非常必要的，包括备份策略决策系统、灾难恢复指引系统、自动运行管理系统等。

3. 灾难恢复计划辅助工具的应用

1) 备份策略决策系统

备份策略决策系统应以风险及损失分析为基础，同时考虑成本、恢复速度、防灾种类、

数据的完整性等因素，通过科学的分析及决策方法来确定应采用的备份策略。

2) 灾难恢复指引系统

通过将相应的灾难恢复处理流程编成相应的在线指引性软件系统，在灾难发生后指导管理维护人员如何一步一步地依照设定好的步骤，准备相应的资源，执行相应的操作，从而准确地进行灾难恢复。灾难发生后的恢复工作是一项复杂的系统工作，不是仅凭经验就可以做好的，恢复工作必须依照严格的操作指南来完成，以保证整个系统恢复工作的有序进行。

3) 自动运行管理系统

运行自动化是指通过软硬件等措施，实现生产系统及备份系统的全部或部分自动操作。这样既可减少人员的投入，又可减少由于人为失误而带来的损失，从而提高整个系统的安全性与可靠性。

9.2 备份系统规划的制约条件

9.2.1 技术上的制约因素

备份系统规划技术上的制约因素主要有以下几个方面。

(1) 灾难恢复技术比较复杂。开放系统(××分行系统属于开放系统)远程备份可采用EMC 或 STK 的远程磁盘镜像技术或者数据库管理系统厂商的热备份技术，如 Informix HDR/CDR。IBM 公司在 RS 6000 计算机上有系统一级的热备份技术 HAGEO。HP 公司在HP 9000 计算机上有硬件级的远程磁盘阵列镜像技术 HP SureStore E-XP256。这些技术的实施都比较复杂，需要进行高层次的培训及熟悉的操作管理，并在实际使用方面加以多方面的考虑和规划。

(2) 应用系统需要改造。现在运行的城市综合网系统在系统结构、信息组织及运行方式等方面未充分考虑数据备份及灾难恢复的需求。例如，城市综合网系统的数据库 SAVDB，存放了储蓄业务、信用卡业务的所有客户账户信息、会计信息、报表数据和各种标准数据，有发生变化频繁的支持日常业务交易的数据(流水账、明细户主账、综合户主账等)，有发生不频繁的数据(明细账、总账、报表等)，也有基本不发生变化的数据(科目字典、利率表、机构编码表等)。这些数据存放在一起，造成每天有 70%以上的数据在重复备份，既占用大量数据存储资源(磁带、硬盘空间)，需要计算机主机硬件资源频繁的升级或更换，又占用了比较多的数据备份及恢复时间，造成数据全省集中潜在的危机。

9.2.2 管理和认识方面的制约因素

(1) 在灾难备份中心的运行管理上，尚无成熟的规章制度，无经验可谈，需要借鉴国内外的成熟经验，在实践中不断摸索。

(2) 灾难备份中心的建设尽管看起来主要涉及众多技术方面的问题，但灾难备份中心的建设是一项浩大的系统工程，需要各部门的参与，而绝不仅仅是技术部门的事，灾难备份中心的建设应该由管理的决策高层来决定和推动。

9.2.3 投资方面的制约

要建立一个技术比较先进、功能完备的灾难备份中心，具体说来，就是建立一个能在较短时间(如在 3 小时以内)，接替生产运行系统工作并保持生产运行系统的运行性能的灾难备份系统。其投资是巨大的，因为灾难备份系统应该具有生产运行系统的所有投资，还要加上与生产运行系统实时联网的设施环境的投资。

9.3 规划的基本原则

由于存在着各种制约条件，要确定一个理想的灾难备份与恢复策略是非常困难的，必须综合考虑各方面的因素。所以灾难备份规划的制定应遵守以下基本原则。

9.3.1 侧重于保护业务数据安全

灾难备份的目标有两个：一是保护数据的完整性，尽量减少业务数据丢失，最好没有业务数据丢失，从而减少业务风险；二是快速恢复营业，使业务停顿时间最短。

要实现保证业务连续性的目标，资金投入要比保护数据完整性的目标大得多，而数据是银行的"生命线"，因此在制定灾难备份策略时应侧重于保护业务数据安全，将确保数据安全作为灾难备份的首要目标。

9.3.2 充分利用已有资源

要充分利用已有的机器设备、机房等资源。尽可能少投入新增设备购买资金。如要投资，也要与其他的工作项目一起综合利用资源，如软件测试、新技术实验等。

9.3.3 灾难预防措施与灾难备份策略相结合

灾难备份作为银行计算机信息系统安全技术机制的一个重要组成部分，与灾难预防措施有着密切的联系。采用灾难预防措施可以大大地减少灾难性故障发生的概率，是启用灾难恢复系统，还是在运行中心进行现场恢复，要做全面的、综合的考虑，做出最优的决策。

9.3.4 目前管理运行上可行，又要考虑将来的发展变化

目前，本银行正处于从专业银行向国有商业银行转化的体制改革之中，总行科技部也正在进行灾难备份建设的总体规划。因此灾难备份中心建设的策略是：既要在目前管理运行上是可行的，又要能适应将来的发展变化。

9.4 需求分析

9.4.1 计算机系统灾难产生的原因、案例及成因分析

1. 灾难产生的原因

(1) 自然灾害：造成计算机灾难的自然灾害有火灾、水灾、雷击、台风、地震、鼠害

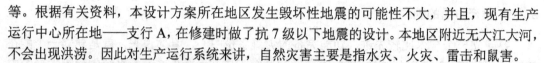

等。根据有关资料，本设计方案所在地区发生毁坏性地震的可能性不大，并且，现有生产运行中心所在地——支行A，在修建时做了抗7级以下地震的设计。本地区附近无大江大河，不会出现洪涝。因此对生产运行系统来讲，自然灾害主要是指水灾、火灾、雷击和鼠害。

(2) 计算机系统故障：引起计算机系统故障的因素有以下几点。

① 主机系统故障：主要指数据库系统故障、系统软件故障、硬盘损坏、网卡故障、电源故障、应用系统缺陷和其他故障。

② 主机房故障：主要指主机房电源故障、主机房通信故障、主机房水灾、主机房火灾、主机房鼠害。

③ 整幢楼房故障：主要指整幢楼房电源故障、整幢楼房火灾或水灾、整幢楼房其他灾害。

(3) 人为因素：应用系统缺陷、误操作、人为蓄意破坏、外来暴力事件等都将直接影响系统的安全运行。

图9.7所示为Unisys公司统计的1998年以来世界范围内计算机系统灾难统计。

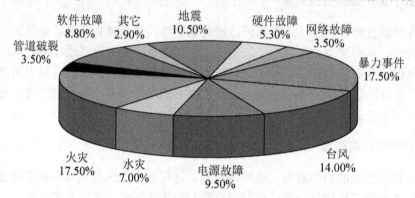

图9.7　计算机系统灾难统计图

2. 国外银行和公司计算机灾难案例

(1) 1997年4月下旬，在香港零售银行业占有一半以上市场的汇丰银行和恒生银行由于电源系统发生故障导致中枢计算机系统停机，造成该行130年以来最严重的事故。故障期间，这两家银行的800多部自动柜员机暂停服务2小时，同时柜台服务和电话银行服务也受到严重的影响。这次重大事故立刻成为传媒的焦点，给两行业务和信誉造成了极大损失。

(2) 1996年1月，美国加利福尼亚州南部的洛杉矶发生6.6级地震，造成300亿美元的损失。

(3) 1995年1月17日，日本神户地区大地震摧毁了1 700多部计算机系统，造成1 000多亿美元的损失。

(4) 1992年4月，美国芝加哥市中心商业区河水倒灌电力管道，致使200家计算机中心受损。

(5) 1990年8月美国纽约Con Edison电力公司发生火灾，致使120多家计算机中心遭受损失。

3. 对本银行计算机灾难成因的分析

根据对各分行调查的材料统计分析，1997年6月以前，全国本银行计算机应用系统发生的故障排序如下。

(1) 通信线路出现故障最频繁。一旦出现故障，轻则影响数个网点，重则影响大部分，甚至整个地区。例如，某直辖市通信线路出现故障致使银行 ATM 全部停业 3 天，某计划单列市电信局更换设备考虑不周，全市线路处于瘫痪状态整整 7 小时。

(2) 引起计算机系统停顿的内部因素，一是数据库管理系统存在缺陷，二是数据库厂商与机器厂家在产品兼容性等方面工作未做好，一旦出现问题，相互推诿责任，常常出现数据库系统瘫痪现象，导致业务中断。例如，沿海、沿江一些省分行全部采用 Informix-Online 作为数据库平台，但数据库系统经常瘫痪，时间在十几分钟到数小时之间，在某一分行竟长达 2 天。

(3) 某些地区电网周波不稳定，常常损坏中心机房 UPS 等设备。

(4) 某些地区雷击和火灾对银行计算机系统构成了直接威胁。例如，沿海某县行由于雷击，使网络设备和供电设备遭到严重破坏，损失高达 70 万元；某分行信托公司由于接线板短路引发火灾，大楼受到严重破坏，计算机设备全部报废，证券部停业，在社会上造成了很坏的影响；某分行一县支行大楼发生火灾，整幢大楼全部被烧毁，幸亏一名技术人员冒着生命危险从金库中抢出数据备份磁带，从而避免了毁灭性的损失。

(5) 由于应用系统缺陷、后台人为误操作等造成系统停机的现象也不同程度地存在。例如，某计划单列市分行由于应用软件缺陷导致停机 1.5 小时；某二级分行技术人员由于误删数据库停机长达半天；某二级分行由于轧账出错，致使停机长达 8 小时。

(6) 由于管道破裂引起机房进水的情况存在。例如，某行由于水管破裂使配电柜险遭损坏；某行因水管破裂使一台 U6000 主机受淹，幸好未开机而未受到严重损坏。

9.4.2　业务连续性要求分析

1. 国外研究分析资料

(1) 调查到的国外各行业可以承受的最长停顿时间如下：

银行业为 2.0 天；

商业业为 3.3 天；

工业业为 5.0 天；

保险业为 5.6 天。

(2) 美国明尼苏达大学调查资料显示，若没有灾难备份措施，停顿 14 天后，企业面临的危机和恶果：75%的业务完全停顿；43%的业务再也无法重新进行；29%的公司在两年内倒闭。

2. 本银行各种业务最大允许停顿时间要求分析

1) 允许停顿时间因素分析

(1) 不同的业务系统允许的停顿时间不同。面向客户的实时性业务系统及功能要求停顿时间短，内部的信息处理业务系统停顿时间可以稍长。

(2) 不同的时间段允许的停顿时间不同。周末、中午、夜晚可容忍的业务系统停顿时间可以稍长，但要求业务量高峰期、月末、季末、年末的业务系统停顿时间短。

(3) 不同的分行允许的停顿时间不同。经济发达地区的公民金融意识强，业务系统可

容忍停顿时间短，欠发达地区的容忍停顿时间可以稍长。

(4) 客户对不同的灾难造成的停顿时间的心理承受能力不同。对于区域性灾难，如地震、机房火灾、公共数据网大面积瘫痪等，客户心理上可以承受，而对于由于银行自身原因，如系统故障造成的系统频繁停顿，客户心理上比较难于接受。

2) 计算机应用系统数据分析

操作系统、数据库管理系统、业务应用软件一旦被装入，若不进行版本升级或功能改造，一般不会改动。主机系统配置参数、数据库系统配置参数、网络设备配置参数一旦配置完毕，若不做系统性能调整等工作，也不会经常发生变化，但与业务系统的正常运转密切相关。

每天的交易流水等关键数据随时都可改变，并且是业务系统数据的基础，通过它可派生出其他业务数据，如总账、分户账、明显账等，因此关键数据是否正确、完整，对于保证业务系统数据的完整性、正确性、一致性，是至关重要的。

3) 业务系统等级划分

根据前面的分析，可以按各种业务系统由于其处理的业务类型、数据存储方式、处理方式、实时性要求、每天处理的业务量、单位时间内处理的业务量、与其相连的网点与系统个数等条件，将业务系统划分为关键业务系统、重要业务系统、一般业务系统。

关键业务系统：业务数据集中存放，所连网点及系统较多，对保证整个企业的正常运转至关重要；一旦业务中断，将会立刻使银行提供的服务及正常运作受到相当严重的影响。并且在特殊时期(如月末、年末、业务量高峰期)中断造成的影响更大，不仅经济损失大，企业信誉降低，而且有可能要承担潜在的法律责任。

目前本银行的关键业务系统主要有城市综合业务网络系统、清算系统等。

重要业务系统：业务中断将对整个企业的正常、有效运转产生较严重的影响。

目前本银行的重要业务系统主要有内部企业网系统、总账传输系统、会计稽核系统、国际业务处理系统、房改业务处理系统等。

一般业务系统：业务中断将不会立刻对整个企业的正常运转产生严重影响，一旦中断，可以容忍在数天或数周内恢复。

目前本银行的一般业务系统主要有人事档案系统、工程预决算系统等。

4) 各种业务系统最大允许停顿时间要求分析

业务中断持续时间越长，损失越大。不同的时期(如日终、月末、季末、年末、业务高峰期)中断也是造成灾难损失的一个重要时间因素，且业务种类不同，造成的损失也不同。

9.4.3 业务交易备份需求

(1) 对数据集中处理城市综合网系统，全省本类银行营业柜台基本业务不能办理的时间不超过 24 小时。

(2) 在 24～48 小时内，后台主机所有业务应用系统恢复运行；所有的会计柜台网点，60%的储蓄网点恢复业务，40%的 ATM 网点恢复业务。

(3) 在 48～72 小时内，100%的储蓄业务要恢复业务，90%的 ATM 网点要恢复业务，稽核中心业务恢复工作。

(4) 由于通信线路的限制，如果支行 A 运行中心在短时间内不能恢复正常工作，则不

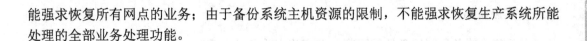

能强求恢复所有网点的业务；由于备份系统主机资源的限制，不能强求恢复生产系统所能处理的全部业务处理功能。

9.5 备份策略及实施策略

9.5.1 备份策略

(1) 根据不同的业务系统等级，采用不同的应用数据备份方式。

对于数据集中处理城市综合网系统，采用热备份方式；对汇划清算系统，由于其本身具有故障后援功能，则采用定期备份的温、冷备份方式；对其他业务系统，近期暂时不考虑进行灾难备份，待时机成熟后，再逐渐进行。

(2) 在同一系统中，根据数据的变化频率与重要程度，采用不同的应用数据备份方式。

在城市综合网系统中，系统处理的数据可以大致分为客户账务数据、会计信息数据、系统标准数据和会计报表数据，由于客户账务数据是非常重要的数据，因此要采取实时热备份方式，而对其他数据，采用定期温备份方式即可。

(3) 对系统数据、基础数据、临时数据等，采用跟随变动、人工管理的备份方式。

在系统数据方面，备份系统主机的操作系统、数据库产品随生产系统主机的操作系统、数据库产品的升级而升级，应用系统程序代码，因变动比较频繁，使用检测工具对程序代码变动进行检测，及时对备份系统的应用程序代码进行替换，随时与生产系统的程序代码保持一致；在基础数据方面，当生产系统改变后，制定完善的工作流程，保证备份系统也能得到及时的改变，可采用数据替换方式，也可采用人工再次修改的手工方式；在临时数据方面，采用定期定时备份方式。

(4) 支行 B 备份中心备份系统具有的功能如下。

① 能对城市综合网系统、汇划清算系统，进行数据备份和恢复，在生产运行系统发生灾难损坏后，能在较短时间内运行起来，接替生产系统的工作，保证银行业务的正常运行。

② 对于汇划清算系统，备份系统应本身具有一定的故障后援功能，能备份好前一天的数据并及时恢复到备份计算机主机里。

③ 对于城市综合网系统，要能备份实时的业务交易数据，特别是通存通兑数据、ATM 存取款交易数据、POS 转账交易数据、证券转账交易数据等。

④ 在灾难发生，恢复城市综合网系统、汇划清算系统的运行时，灾难备份系统应提供查找丢失数据、恢复交易数据的手段和操作流程。

(5) 建立的灾难备份中心系统的基本性能如下。

① 满足业务交易运行的需要。当它接管运行系统工作时，运行性能不会明显下降。

② 可以在 8 小时内恢复系统后台运行、恢复部分前台业务交易。

③ 当运行中心生产运行系统恢复正常后，可以在 6 小时内顺利切换回生产运行系统。

④ 备份网络系统建设的目标是：备份中心的网络在生产中心发生灾难事件时能够通过专线、卫星、拨号线等方式连接本地区 60%的网点及全省地市行的网络，能满足本地区、地市行数据复制、软件测试的需求，建立多条链路、多种链路连接的生产中心与备份中心之间的高速可靠信道。

9.5.2 实施策略

由于前述的各种制约条件的限制，在实施灾难备份方案时，灾难备份的实施应采取以下策略。

1) 以灾难预防为重点

无论是否建立灾难备份中心，灾难预防都是第一位的。因此，积极采取有效的灾难预防措施，加强运行管理和灾难风险管理教育，对系统认真地进行灾难风险评估分析，针对影响系统安全的薄弱环节，制定整改措施，防止人为灾难发生。另外，要根据现有条件制订较完善的应急计划，即使发生灾难，也能最大限度地减少损失。

2) 有步骤、分阶段地实施

以"先重点、后全面"为工作的指导方针，分清轻、重、缓、急，有步骤、分阶段地实施，不断总结经验，逐步推广。

灾难备份规划的实施应优先考虑高等级业务系统和关键业务系统。因为关键业务系统对于银行的经营管理是至关重要的。

3) 积极研究新策略

积极研究"投资少、实用性强"的灾难备份策略，少花钱，多办事，办好事。对于城市综合网系统，要尽快开展磁带定期备份和关键数据实时备份的可行性研究、应用软件开发和试点工作，把这一既能有效地保护数据安全，又能减少投资的灾难备份策略早日应用到实际工作中。

9.6 实 施 任 务

实施前的主要目标是解决关键业务系统的灾难备份问题，摸索建设和管理灾难备份中心的经验。其主要任务如下。

(1) 采取有效的灾难预防措施，加强运行管理，确保计算机系统安全。认真执行"中国某银行计算机系统安全运行管理试行办法"，切实加强运行管理，防范灾难性事故发生。适当地采取一些系统运行监控、自动化运行管理措施和手段，减少人为差错导致的故障，及早发现灾难性故障苗头，及时采取相应的处理措施。

灾难备份中心的建设需要一个过程，在目前阶段，做好磁带备份异地存放工作，制订出周密的应急计划，通过加强管理，将灾难风险控制到很小的程度。同时，加快备份系统的建设，使备份系统尽快投入运行。

(2) 建设灾难备份中心。由于灾难备份中心是一个以前本银行没有的部门，因此近两三年灾难备份中心的工作有：落实灾难备份中心的工作环境和人员；启动数据冷备份工作，分阶段实施数据温备份工作。

(3) 制定备份中心的灾难恢复方案。制定数据集中处理综合业务网络系统、汇划清算系统灾难恢复方案。

(4) 建设灾难备份通信网络。通信网络建设是灾难备份的基础工程，应该首先进行建设。

在生产系统网控中心与灾难备份中心之间准备数据实时备份用的是高速通信链路。现在的情况是：支行 A 与支行 B 之间有 2Mb/s 带宽的无线通道一条，128Kb/s 的 DDN 通道两条；以后，还可以将无线通道的带宽扩展到 4Mb/s，128Kb/s 的 DDN 有线通道扩展到 8 条。在支行 B 备份中心，还要准备比较齐备的网络通信设备，以备备份系统运行使用。

(5) 结合灾难恢复开发新的应用软件。

① 对综合业务网络系统进行维护和改造。

- 开发关键数据及时备份与数据恢复软件。
- 增加孤立数据追补功能。
- 完善业务数据完整性与一致性检查功能。

② 新开发软件和旧系统进行整合时，应考虑灾难备份问题。

新开发系统应考虑系统易于数据备份与恢复，有完善的数据完整性与一致性检查功能，有方便、高效、安全的孤立数据恢复功能。旧系统如果没有考虑数据备份与恢复的功能，则应该在系统整合方案中，把易于数据备份与恢复，有完善的数据完整性与一致性检查功能，有方便、高效、安全的孤立数据恢复功能等作为十分重要的方面提出来。在开发整合过程中应注意以下几个方面。

- 根据孤立数据恢复方法和数据完整性、一致性检查方法，设计孤立数据恢复功能和数据完整性、一致性检查功能。
- 应用系统应设有灾难恢复状态。在灾难恢复状态下，只允许网点终端用户利用原始凭证等方法进行数据完整性、一致性检查和孤立数据恢复，不允许 ATM、POS 等自助设备做任何交易。
- 对整个业务系统进行分析，找出系统的关键文件(如交易流水)，对其进行实时热备份，并增加向前、向后恢复功能，使系统具有通过交易流水等关键数据方便地恢复应用数据的功能。
- 在开发新系统的过程中，应针对各种备份技术所能处理的数据类型，对各种关键数据进行适当集中与调整。例如，一个交易尽可能只读写一个数据库，报表、单据等输出文件最好用数据库数据的形式来组织，这样使得数据的备份与恢复更加容易。
- 在应用系统安全方案设计时，在确保系统安全的前提下，应考虑能容易地恢复或生成加密密钥等敏感数据。

(6) 建立灾难防范组织机制。灾难备份还有一个比较重要的方面是建立灾难防范组织机制。银行要成立灾难恢复工作领导小组，研究业务发展中不断出现的新问题，制定出相应的备份工作政策措施，对全行工作进行指导、协调。成立灾难恢复工作办公室，由一名主管行长负责，参加人员包括科技、业务、行政等相关人员，负责灾难备份管理工作，以及检查、培训、模拟演练等工作。

(7) 建立健全灾难恢复管理制度。根据总行灾难备份总体规划的规定，结合本银行的实际情况，制定以下灾难恢复管理制度。

灾难报告制度：主要规定灾难的认定条件及报告程序等。

灾难恢复审批制度：主要规定各级领导的审批权限及审批程序等。

灾难通知程序：主要规定一旦灾难发生，通知业务部门、技术人员的方式等。

灾难恢复处理流程：主要规定运行中心发生灾难后，灾难备份中心的系统恢复、数据恢复、网络切换等处理流程，技术、业务、后勤人员如何协调配合等。

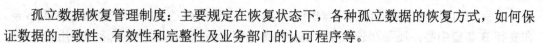

孤立数据恢复管理制度：主要规定在恢复状态下，各种孤立数据的恢复方式，如何保证数据的一致性、有效性和完整性及业务部门的认可程序等。

备份系统日常运行管理制度：主要规定灾难备份中心在正常状态下，备份系统的运转方式、备份介质的保管、工作人员的工作职责及该中心与运行中心的关系与联系制度等。

备份系统替代运行状态下的运行制度：主要规定在替代运行状态下，备份系统的运行方式、各种安全措施及安全制度的具体落实和执行、人员职责及与业务部门的联系、协调制度等。

数据一致性认可程序：主要规定切换到备份中心及回切到生产运行中心后，数据一致性认可的方法和程序等。

生产系统复原后的回切处理流程：主要规定生产运行中心复原后的回切制度处理流程。回切制度应规定生产运行中心复原的认定条件、生产中心接管的程序，以及相应呈报、审批、检查、验收手续等。回切流程应规定应用系统如何回切到运行中心，如何保证数据的完整性、有效性、安全性等。

备份系统测试、演习制度：主要规定备份系统的测试、演习方法及策略等。

9.7　实　施　方　案

9.7.1　业务量分析

数据集中城市综合业务网络系统处理业务的交易量如下。

(1) 每天处理业务 30 万～50 万笔。

(2) 每笔交易平均写磁盘数据量为 0.5KB。

(3) 每笔交易平均数据通信量为 1KB。

(4) 业务量高峰：上午的 9:00～10:30，下午的 2:30～4:30，业务高峰时的业务量占整个业务量的 60%左右。

9.7.2　业务分析

在城市综合业务网络系统中，业务可以分为以下几类。

关键业务：各储种储蓄取现、转账，信用卡、储蓄卡网点/ATM 取现与转账、POS 消费，代收代付业务，对公业务，日终转账等。

重要业务：各储种储蓄存款、信用卡存款、通存通兑业务、综合业务/内部业务等。

一般业务：查询余额、查询科目余额、查询明细、电话查询、账表打印等。

9.7.3　数据类型分析

城市综合业务网络系统的数据可以分为系统数据、基础数据、临时数据和应用数据 4 种类型。

系统数据：即 UNIX 操作系统、Informix 数据库管理系统的各类软件包、城市综合业务网络系统执行程序、系统密钥与银行密钥。这些数据安装到系统之后基本上不再变动，只有在版本升级或应用程序维护、修改时才发生变化。这些数据一般都有标准的安装介质

（如软盘、磁带、光盘）。

　　基础数据：主要有 Informix 用户、工作用户目录及工作目录、系统内核参数配置文件、网络配置文件、Informix 数据库服务器配置文件、MCS 应用系统参数配置文件、物理设备(如磁盘驱动器、磁带机设备名)等。基础数据随城市综合业务网络系统运行环境的变化而变化，一般作为系统档案进行保存。

　　临时数据：主要有 UNIX 操作系统日志，各种硬件消息日志，Informix-Online 消息日志及数据库逻辑日志，应用程序在执行过程中产生的各种打印、查询和传输中的临时文件，应用系统产生的消息日志等，这些临时数据随系统运行和业务的发生而变化。临时数据增大后，需要定期做必要的保存并进行清理。

　　应用数据：主要是指城市综合业务网络系统的所有业务数据，对数据的安全性、准确性、完整性要求很高而且变化频繁。业务数据种类如表 9-2 所示。

表 9-2　业务数据种类表

数据类型	存储形式	变化频率	是否关键
系统密钥/银行密钥	特殊	不变	是
标准数据	数据库	基本不变	是
分户账	数据库	较快	是
明细账	数据库	较快	是
总账	数据库	较快	是
流水账	数据库	快	是
报表	文件	较快	否
系统参数表	数据库	快	是
待冲正表	数据库	快	是
消息日志	文件	快	否
职员表	数据库	慢	否
登记簿	数据库	较快	否

　　系统数据、基础数据构成了城市综合业务网络系统运行的软件环境，其关键性程度高，但变动较少，便于备份和恢复。

　　系统密钥和银行密钥数据安全保密性要求极高，需要特殊方法来保存。

　　临时数据的作用有其时限性，其增大后会严重影响系统的性能，要定期进行清理。但业务流水、系统运行记录等临时文件可根据业务需要进行备份保存。

　　应用数据中，分户账、流水账、待冲正表和系统参数表最关键，一般可以通过这些数据生成大多数其他业务数据。

9.7.4　灾难备份系统设计方案

　　1. 备份系统计算机资源分配

　　1) 城综网系统

　　数据集中处理城综网系统后台生产环境由以下部分构成(见图 9.8)：储蓄、信用卡生产

机(由数据库服务器和应用服务器构成);会计、房信生产机;清分交换生产机;ATM 前置机;证券前置机、Call Center 前置机等;业务数据查询系统生产机。

由于城市综合网系统具有面向客户、影响面大、实时性要求强、交易量大的特点,备份端的处理能力应能够支持较长时间段内较大业务量的及时处理,因此,在备份中心内为城综网环境配备了同样结构、处理能力相匹配的主机系统。具体硬件分布和处理能力对比分别如表 9-3 和表 9-4 所示。

表 9-3　城市综合网主机系统硬件分布表

地点	硬件	生产端		备份端	
		机型	CPU 数量/个	机型	CPU 数量/个
本地区	储蓄、信用卡生产机	IBM S80(DB Server)	6	IBM S7A	8
		IBM R50(AP Server)	4		
	会计、房信生产机	IBM S7A	12	IBM R50	4
	清分交换生产机	IBM SP2 结点(R40)	8	IBM R30*	4
	ATM 前置机	IBM SP2 结点(R40)	8	IBM R30*	4
	证券前置机、Call Center 前置机等	IBM R30*	4	IBM R30*	4
	业务数据查询系统生产机	IBM R30*	4	IBM R30*	4
二级分行	储蓄、信用卡生产机	HP V2200(DB Server)	8	HP T600	8
		IBM R30*(AP Server)	4		
	会计、房信生产机	HP V2200	6	HP T600	4

表 9-4　城市综合网处理能力对比表

地点	硬件	生产端		备份端		备份能力比率
		机型	tpmC	机型	tpmC	
本地区	储蓄、信用卡生产机	IBM S80/6	39 046.3	IBM S7A/8	24 809.3	57.76%
		IBM R50/4	5091.7			
	会计、房信生产机	IBM S7A/12	34139	IBM R50/4	5091.7	14.91%
	清分交换生产机	IBM SP2 结点(R40/8)	5774	IBM R30*/4	2950	51.09%
	ATM 前置机	IBM SP2 结点(R40/8)	5774	IBM R30*/4	2950	51.09%
	证券交换机、Call Center 前置机等	IBM R30*/4	2950	IBM R30*/4	2950	100%
	业务数据查询系统生产机	IBM R30*/4	2950	IBM R30*/4	2950	100%
二级分行	储蓄、信用卡生产机	HP V2200	28 500	HP T600/8	21 000	66.99%
		IBM R30*/4	2950			
	会计、房信生产机	HP V2200	21 500	HP T600/4	14 000	65.12%

系统连接方式如图 9.8 所示。

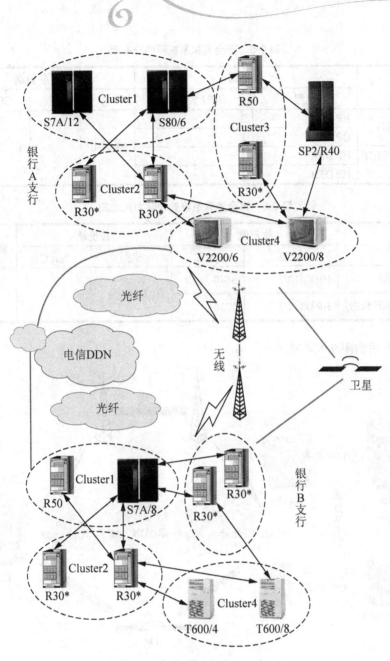

图 9.8　城综网系统连接方式图

2) 资金清算系统

本地区投入使用的资金清算系统由省分行资金清算系统和省分行营业部资金清算系统组成。其中，省分行资金清算系统主机放置在 A 机房，省分行营业部资金清单系统放置在 B 机房。鉴于 A 机房与 B 机房同时瘫痪的可能性很小，可以在 B 机房(备份中心)考虑一套共用备份机。由于该系统业务量很少、实时性不强，因此在备份端考虑使用单台主机进行备份。

其硬件分布和处理能力对比如表 9-5 和表 9-6 所示。

表 9-5　资金清算系统硬件分布表

地点	生产端		备份端	
	机型	CPU 数量/个	机型	CPU 数量/个
省分行(A 机房)	HP K410	2	HP H30	1
	HP K410	2		
省分行营业部(B 机房)	HP D350	1		
	HP D350	1		

表 9-6　资金清算系统处理能力对比表

地点	生产端		备份端		备份能力比率
	机型	tpmC	机型	tpmC	
省分行(A 机房)	HP K410/2	3640	HP H30/1		
省分行营业部(B 机房)	HP D350/1	1730			

其连接方式如图 9.9 所示。

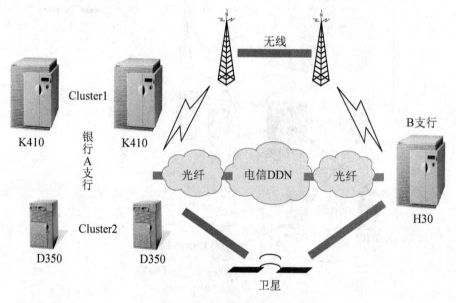

图 9.9　资金清算系统连接方式图

3) 企业内部网系统

　　企业内部网系统是银行的内部管理系统,面向银行内部,不与客户发生直接关系。本地区投入使用的企业内部网系统由省分行企业内部网系统和省分行营业部企业内部网系统组成,两套系统均放置在 A 机房的生产机房。由于该系统由总行直接推广,可选择的操作系统平台十分有限,而且该系统实时性要求弱、业务量较小,因此,在备份端使用高端 PC服务器进行备份。

　　其硬件分布如表 9-7 所示。

表 9-7　企业内部网系统硬件分布表

地点	生产端		备份端
	机型	CPU 数量/个	机型
省分行	IBM F50	4	高端 PC Server
	IBM F50	4	
省分行营业部	HP LC3	2	
	HP LC3	2	

其连接方式如图 9.10 所示。

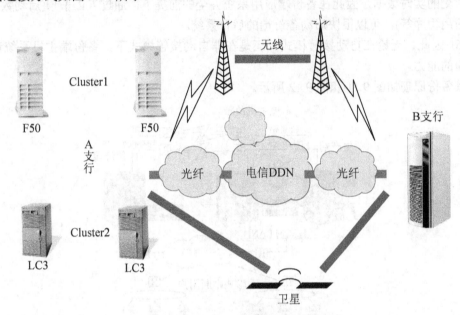

图 9.10　企业内部网系统连接方式图

2. 数据备份方案

1) 城综网系统

城综网系统的数据尤其是核心交易数据，是银行面向客户服务的根本。因此，这些数据是否能够正确的提供，对保证前台业务顺利开展的意义至关重大。受现阶段不同厂家灾难备份技术的限制和银行可投入资金量的限制，考虑对本地区的生产系统采用热备份方式，对二级分行的生产系统采用温备份方式。具体描述如下。

① 地区备份系统。地区后台生产系统由储蓄及信用卡业务处理子系统、会计及房信业务处理子系统、清分交换子系统、ATM 前置机、证券业务及 Call Center 前置机、业务数据查询子系统构成。其中，储蓄及信用卡业务处理子系统、会计及房信业务处理子系统为关键子系统。由于非关键子系统的数据可以通过其他方式恢复，因此只对关键子系统的数据进行热备份。

储蓄及信用卡业务处理子系统、会计及房信业务处理子系统在生产端和备份端都使用了 IBM RS/600 系列主机，因此，采用基于该系列主机的 HAGEO 灾难备份技术来实现热备份。其备份原理如下。

(1) HAGEO 以 HACMP 为基础,以磁盘变动映象表为依据,以同步或异步方式实现远程热备份。

(2) 远端备份系统可自动接管,也可人为干预后再接管。

(3) 在自动接管模式下,当生产主机出现故障后,备份启动顺序是:本地备份机→远端备份机。

(4) 在自动接管模式下,当生产端发生灾难时,远端备份机会自动启动后台主机上应提供的资源。

(5) 在非自动接管模式下,当生产端发生灾难时,由于远端备份机上已经存储了灾难发生时刻的实时数据,因此在备份端应用系统齐全的前提下,通过人工干预(启动数据库、启动应用程序等),可以很快启动备份端的后台系统。

(6) 因此,无论在自动接管模式,还是在非自动接管模式下,备份端主机系统都具有热备份的能力。

其备份原理如图 9.11 和图 9.12 所示。

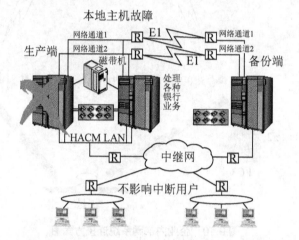

图 9.11 地区备份系统原理图(本地主机故障)

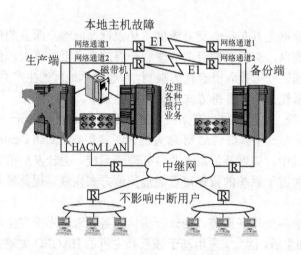

图 9.12 地区备份系统原理图(生产端故障)

② 二级分行备份系统。二级分行后台生产系统由储蓄及信用卡业务处理子系统、会计及房信业务处理子系统构成，两个子系统均为关键子系统。

储蓄及信用卡业务处理子系统、会计及房信业务处理子系统在生产端和备份端都使用了 HP 9000 系列主机。由于没有适合于银行现有应用系统、基于该系列的热备份软件产品，因此，采用远程恢复 Informix 数据库零级备份+逻辑日志的方法实现温备份。其备份原理如下。

(1) 备份开始前，将生产端生产数据库的零级备份恢复到备份端相应备份机中，保持起始状态一致。

(2) 备份端零级恢复完毕后，定期将生产端的连续逻辑日志传送到备份端进行滚动恢复，使备份端的数据保持在距生产端一定时间延迟周期内。

(3) 生产端发生灾难后，备份端存储的数据与实际生产数据存在一定时间的差距。这些数据需要通过人工追补等方式进行补充。

其备份原理如图 9.13 所示。

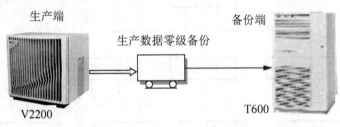

步骤1，数据库生产数据零级备份

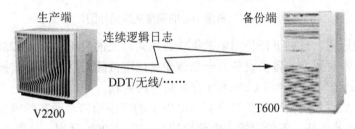

步骤2，传递连续逻辑日志实现恢复

图 9.13　二级分行备份系统原理图

2) 资金清算系统

由于资金清算系统自身具有"故障恢复"的功能，若本地系统发生严重故障或崩溃，数据无法恢复，可以从相邻结点恢复所有的交易数据。同时，该系统由总行统一推广，软件版本较为固定。因此，在该系统的灾难备份方案中，除提供主机软硬件备份，并安装应用软件和本地基本数据外，不做专门的数据备份。

3) 企业内部网系统

企业内部网系统是内部管理系统，实时性要求不高，而且所有数据均可在内部追溯得到。因此，除在备份端提供必要的硬件备份外，在数据备份上，以生产端数据备份介质的异地存放为主进行，不做专门的数据备份。

3. 备份系统网络设备连接方案

1) 备份中心的现有网络现状分析

(1) 网络设备。备份中心是省分行的运行中心所在地,主机 SP2 的网卡仍然是 FDDI 卡,所以采用了 IBM 8250 FDDI 集线器,再由 IBM 8250 连接在 Chipcon 的交换机 Galactica 上,再通过 Galactica 的以太网模块与集线器相连接,集线器连接了各种前置机与路由器,路由器通过 DDN 或 X25 端口连接各营业网点与地市分行。

备份中心的网络连接拓扑图如图 9.14 所示。

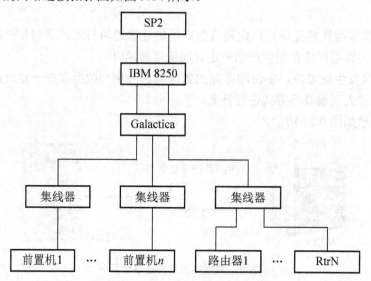

图 9.14　备份中心的网络连接拓扑图

运行中心搬迁后,只剩下拓扑图中的集线器及其以上的设备。IBM 8250 FDDI 集线器现已停止生产,没有冗余的备份设备,一旦该设备出现故障,则 SP2 的连接访问将存在严重问题。Chipcon 公司的交换机 Galactica 存在同样的问题。

中心的交换机或集线器在购买时只有 10Mb/s 的交换端口,现在的网络发展已经达到 100Mb/s,而且技术成熟。备份用的主机使用的是 HP V2200 系列,使用的是 10/100Mb/s 自动适应网卡,如果采用现有设备,可使 HP V2200 的网卡降到 10Mb/s。

(2) 备份中心的通信资源分析。

① 支行 B 仍然有 64Kb/s、9.6Kb/s 的 X25 线路各 3 条,有 X25 线路的部分网点修改配置后能连通到备份中心。在支行 A 顶楼的通信设备无损坏的情况下,部分连接了无线网的网点也可迁回到支行 B 备份中心。但由于是点对点的通信信道,所以无线通信迁移需要一定量的时间。

② 支行 A 与支行 B 路之间的通信是无线 2Mb/s 的信道及两条 128Kb/s 的有线 DDN,将来还可以将支行 A 到备份中心的无线广域网带宽扩展到 4Mb/s,有线 DDN 扩展到 8 条 128Kb/s,带宽达到 1Mb/s。

③ 支行 B 的电话数量较少(现在总共有 15 部左右)。对于一个中心来说,作为 DDN 备份的数量过少。

市区内有 300 个柜台营业网点,如果备份 60% 的网点(300×60%=180),如果依靠电话保证 100 个网点，DDN 结点机保证 60 个网点，X25 保证 25 个网点，则能够满足备份 60% 的重要营业网点的通信。所以备份中心需要 100 部通信备份电话及两个 90 结点机。DDN 结点机保证的网点依赖于电信部门的重写数据，由省市分行两网合并的情况来看，电信的管理机制和现有的技术状况不可能完全保证重写数据正确，同样再由备份中心写回到生产中心时也可能产生错误，为此对申请电信重写数据需要慎重考虑，建议不在非常情况下不要使用。

2) 建设备份中心所需的网络设备及预算

(1) 交换机：光纤集线器两台、以太网交换机两台。以太网交换机需要支持 FDDI 模块。

(2) 路由器：75 系列路由器 2 台，3640 路由器 3 台，2511 路由器 10 台。

(3) DDN 结点机：根据备份数量来确定选择 90 或更高档次的结点机。

(4) 无线 4Mb/s 设备：无线网点汇集后，直接指向支行 A。如果无线网点指向备份中心，需要重新指向备份中心。该工作耗费大量时间(大于 48 小时)。

(5) X25 端口：现在只有 4 条(64Kb/s、9.6Kb/s 各两条)端口，需要增加 64Kb/s、9.6Kb/s 端口各两条。

(6) 电话备份、拨号调制解调器：100 部电话(清算综合网合计)。

费用概算如下。

综合布线：40 万元。

交换机：50 万元×2=100 万元。

路由器：25 万元×3+4 万元×10+200 万元×2=515 万元。

调制解调器：80 万元×0.4=32 万元。

无线 4Mb/s 设备：120 万元。

128Kb/s 高速 DDN：8×2500×12=24 万元(年租用费用)。

合计：807 万元(固定费用)+年租金 24 万元(年租用费用)。

其中，DDN 结点机的费用必须与电信部门商谈，价格待定。

3) 新建后的网络结构

网络结构如图 9.15 所示。其中备份中心需要设立 DDN 结点机。结点机与电信局的机房以光纤相连。发生切换时，网络科通信根据重点保障的网点情况，向电信部门申请重写端口数据，将网点 DDN 重新指向支行 B 的备份中心，实现重要网点的物理线路切换。

4) 网络备份的分类

系统日常的生产数据复制，要求支行 A 与备份中心之间有 4Mb/s 左右的无线带宽和 1Mb/s 的有线带宽作为保证。

可能在多种情况下使用到备份中心的网络或备份中心与生产中心之间的高速有线、无线通道。但无论在哪种情况下，需要针对备份中心的网络完成如下日常工作。

(1) 各种应急情况下，需要将故障情况及时汇报处长，并联系有关的公司、电信部门。

(2) 对日常的交换机、路由器、电信设备等进行检查、维护。

(3) 有关资料的准备。例如，DDN、X.25、无线资料的准备等，特别是准备好在不同灾害程度情况下，需要申请电信保证的网点结点机端口资料与备份中心对应的结点机资料。

(4) 对路由器、交换机进行事先配置，以便在备份应急时备用。

(5) 电话作为备份的重要手段，必须在各种情况下保证。

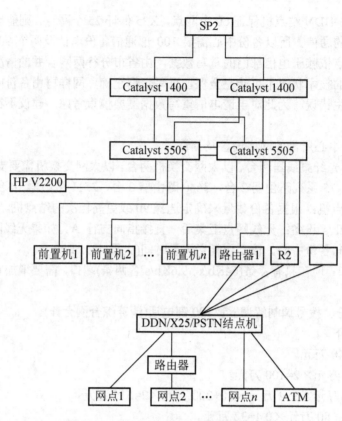

图 9.15　支行 B 备份中心规划网络结构图

(6) 备份中心与生产中心之间的无线、有线信道需要重点保证。

5) 案例分析

详细的案例分析如下，Case 号与表 9-8 对应。

表 9-8　网点通信情况分析表

案例	事件描述	应急方案	上报	联系单位	可用资源	应急措施	恢复时间	恢复网点统计
Case1	主机宕机，网络正常	主机切换，网络迁回	处长	系统科	现有的网络资源	(1) 修改中心局域网的 IP 地址(包括二级行的 Motorola 路由器)和中心路由器； (2) 清算，利用支行 B X.25 进行迁回； (3) 支行 B 局域网做相应的调整； (4) 建立 A 机房到支行 B 的路由； (5) 二级行只用支行 B 的卫星系统，不占用 A 机房到支行 B 的迁回带宽	4 小时	90%的网点

续表

案例	事件描述	应急方案	上报	联系单位	可用资源	应急措施	恢复时间	恢复网点统计
Case2	主机、网络严重损坏	启用备份中心	处长	电信局公司	备份中心所有网络资源	(1) 二级行主用卫星系统； (2) 启用电话备份保障重要网点； (3) 电信局对支行 B 结点机 DDN、X.25 写数据； (4) 利用专线和备份措施恢复大部分网点	自行恢复 12 小时	所有二级行、所有郊县支行、20%的城区网点
							电信局设置参数	城区 70%的网点
Case3.1	光纤中继故障，无线中继正常	主用无线中继	处长	电信局公司	无线中继、卫星系统、支行 B 电话和 X.25 专线资源、无线网络	(1) 电信局尽量快速地修复光纤中继； (2) 无线中继作为主用； (3) 二级行主用卫星系统； (4) 城区尽量使用无线网络； (5) 启用支行 B 电话备份进行网络迂回	光纤中继顺利切换到无线中继	所有二级行、所有郊县支行、40%的城区支行
							启用备份措施	60%的城区网点
Case3.2	光纤和无线中继均严重故障	主用无线网络和卫星系统，利用网络迂回	处长	电信局公司	无线网络、卫星系统、A 机房和支行 B 间的 4Mb/s 高速通道、支行 B 的电话和 X.25 专线资源	(1) 电信局抢修光缆； (2) 电信局和银行共同抢修无线中继措施； (3) 利用无线备份网络(扩频和窄带无线网络)； (4) 二级行主用卫星系统； (5) 启用支行 B 的电话备份措施，通过 4Mb/s 高速通道进行迂回； (6) 电信局变更 X.25 端口参数(事先要讨论)	自行恢复 12 个小时	所有二级行、所有郊县支行、40%的城区网点
							电信局修改参数	65%的城区网点
Case3.3	结点机全部故障	更换结点机，启用备份措施，进行网络迂回	处长	电信局公司	无线网络、卫星网络、A 机房和支行 B 的电话备份、A 机房和支行 B 间的 4Mb/s 高速通道、专线(DDN、X.25)资源、支行 B 节点机	(1) 协助电信局进行结点机故障的诊断和更换； (2) 利用无线备份网络(扩频和窄带无线网络)； (3) 二级行主用卫星系统； (4) 启用 A 机房的电话备份保障重要网点； (5) 启用支行 B 的电话备份，通过4Mb/s 高速通道进行迂回； (6) 电信局变更 X.25 参数(事先要讨论)； (7) 电信局改对支行 B 结点机进行参数设置(若结点机在很长时间内都没恢复)	自行恢复 12 小时	所有二级行、所有郊县支行、45%的城区网点
							电信局修改参数	80%～90%的城区网点(不包括ATM网点)

续表

案例	事件描述	应急方案	上报	联系单位	可用资源	应急措施	恢复时间	恢复网点统计
Case3.4	结点机部分故障	更换结点机，启用备份措施，进行网络迁回	处长	电信局公司	无线网络、卫星网络、A机房和支行B的电话备份、A机房和支行B间的4Mb/s高速通道、支行B结点机	(1) 协助电信局进行结点机故障的诊断和更换；(2) 利用无线备份网络(扩频和窄带无线网络)；(3) 二级行主用卫星系统；(4) 启用A机房的电话备份保障重要网点；(5) 启用支行B的电话备份，通过4Mb/s高速通道进行迁回	12小时(不涉及电信局修改参数部分)	所有二级行、所有郊县支行、90%的城区网点
Case3.5	中心网络设备大面积或全部故障	调用备用设备	处长	公司	机房现有备份设备、库房备用设备、支行B备份中心设备、公司备件	(1) 准备所有网络设备的最新配置备份文件；(2) 各方调集所有所需设备；(3) 分类别、分人进行网络设备的恢复运行；(4) 对网络设备的硬件、软件、配置等方面进行维修	12小时	90%的城区网点
Case3.6	中心网络设备部分故障	调用备用设备	处长	公司	机房现有备份设备、库房备用设备	(1) 与设备供应商联系，要求技术支持；(2) 查找故障原因，确定恢复方法(本地直接恢复或更换备用设备)；(3) 恢复设备的正常工作	4小时	95%的网点

Case1：所有的网点与支行 A 连通，综合网主机切换到备份中心。应急方案如下。

(1) 市内网点的迁回。现在的中心局域网内采用的是静态与动态路由相结合的方式。静态路由使用在 ATM 以 DDN 通信的 Cisco 3640 路由器及 Motorola 路由器，其余的 Cisco 路由器之间使用 EIGRP 动态路由。一旦发生切换，网点不可能修改路由，同时考虑切换后的修改，所以只能在中心修改 IP 地址及路由。应急措施如下。

① 小型机断开连接或修改 IP 地址，使之不在 98 网段上。

② 修改局域网内的 EO 口 IP 地址，使之不在 98 网段上，同时修改动态路由网段 (Network 98.0.0.0)，清分路由。

③ 修改 ATM，以 DDN 互联网点的路由。

④ 确认信道是否以 Multilink PPP 方式连通，确认双方的路由器软件版本在 11.3 或以上。(这步是切换之前必须先做好的工作)

⑤ 在与支行 B 连接的路由器上增加到支行 B 备份中心的路由。

⑥ 在支行 B 备份中心的路由器上增加支行 A 的路由。

⑦ 修改前置机 IP，与修改后的路由器在一个网段，并增加到备份中心的路由。网关是与备份中心直连的路由器。

⑧ 支行 B 主机增加到网点的路由，使用默认路由，网关是与支行 A 直连的路由器 E0 口的 IP 地址。

日常工作中，支行 A 与备份中心之间的通道用做数据复制。

(2) 二级行综合网连接迁回。

① 修改 Motorola 路由器 EO 口地址，与修改后的 Cisco 路由器在同一网段。

② 在 Motorola 路由器上增加到备份中心的路由。网关是与支行 B 直连的路由器 E0 口的 IP 地址。

③ 在备份中心的清分主机上增加到二级行的路由，网关是与支行 A 直连的路由器 E0 口的 IP 地址。

(3) 清算的迁回。

① 利用清算系统的软件功能实现迁回。

② 利用支行 B 的 X25 端口进行迁回。

这类情况的网络切换将耗时 180 分钟。

Case2：机房遇到较大灾害，主机、网络通信均不能正常工作，主机、网络需要切换到备份中心。

由于支行 B 备份中心的通信设备及电信部门提供的带宽等原因，不能保证所有网点的连通。即使建立了 DDN 结点机，保证连通的网点也只在 100 个左右，加上有 X25 的网点，也只能保证 30%网点的通信。

(1) X25 网点(包含使用 X25 的 ATM 点)保证 35 个营业网点、25 个 ATM 网点。

(2) DDN 请电信部门保证部分重要网点(保证全部地区行、城区县支行及市内的 60 个重要网点)。

(3) 电话保证 60 个网点的通信。

市区内可恢复的营业网点、ATM 数量在 170 个左右，同时保证所有的地区行、城区县支行的交易和所有的清算交易。

因此，必须事先规划在这种情况下保证哪些网点(需要考察这些网点的业务重要性与网络通信的可能性，两者结合选定网点)，一旦有该情况发生，及时与电信部门联系，请电信部门重写数据，将网点的 DDN 端口重新指向备份中心。同时请电信、有关公司尽快修复支行 A 的结点机。在小型机及网络通信正常的情况下，请电信部门再将 DDN 数据恢复，将通信切换回支行 A。

这样的切换影响范围大、切换时间长，对社会的影响很大。对市内及郊县的网点要分门别类地加以区分，选择备份切换时重点保证的网点，并将相关路由器、交换机的配置做好，切换时加强领导与协调工作，这样才可保证重要网点的通信切换。

Case3：分为 6 种情况。

(1) 电信局与支行 A 之间的光纤线路长时间中断，无线备份可正常工作。

① 无线中继备份带宽有 12Mb/s 或更高。

基本情况：当从 A 机房到电信分局的无线中继带宽达到 12Mb/s 时，整个中继可以满足所有二级行、郊县支行和 70%的城区网点、ATM 的数据传输需求和 100 部电话的语音传输需求。再加上一些同城的无线备份做保证，可使整个业务不受大的影响。

应急措施如下。

- 与电信局联系，协调光纤主干的尽快恢复。
- 将所有安装有无线备份网点的无线线路切换为主用，以节省中继带宽。
- 根据事先确定的方案，除 100 部重点保障电话外，由 A 机房模块局切断其余电话的出口，以节省中继带宽。
- 如还出现中继带宽拥塞的情况，按事先确定的顺序逐步关闭非重点的储蓄网点以保证主要网点和业务的正常运行。

恢复操作：在光纤恢复后，首先恢复营业网点的正常营业；其次恢复分局内电话的畅通；最后再将一部分网点由无线切换形式为有线形式。

② 无线中继备份带宽有 4Mb/s。

基本情况：如从 A 机房到电信分局的无线中继带宽只有 4Mb/s 时，中继只能满足部分数据的传输需求。整个业务会受到一些影响。

应急措施如下。

- 与电信局联系，协调光纤主干或无线中继备份的尽快恢复。
- 为节省中继带宽，二级行到省分行的通信线路全使用卫星备份线路。因其带宽仅有 64kb/s，为确保生产，像企业网等管理网只有暂停或限制使用。
- 将所有安装有无线备份网点的无线线路切换为主用，以节省中继带宽。
- 根据事先确定的方案，除 100 门重点保障电话外，由 A 机房模块局切断其余电话的出口，以节省中继带宽。
- 部分网点和郊县支行采用电话拨号、X25 迂回的方式通过备份中心与主机通信。
- 按事先确定的顺序逐步关闭非重点的储蓄网点以保证主要网点和业务的正常运行。

恢复操作：在中继恢复后，首先恢复城区网点的正常营业；其次恢复各二级行至主用线路，恢复企业网等非生产网；再次恢复楼内电话的正常使用；最后将一部分网点由无线切换为有线形式。

(2) 电信局与支行 A 之间的光纤线路长时间中断，且无线中继备份线路几乎在同一时间也中断。

出现的后果：导致利用专线通信的城区网点停止营业；A 机房电话备份措施将失效；二级行卫星信道通信负载迅速增加，甚至发生拥塞致使不能正常通信。

可用资源：A 机房与支行 B 机房的 4Mb/s 无线 E1 通道；支行 B 的电话资源和专线资源(特别是 X.25 资源)；二级行的卫星通信系统；无线备份网络，包括扩频无线网和 800Mb/s 窄带无线网。

应急措施如下。

统一领导，统一调度，协调配合，做到处乱不惊、有条不紊。充分利用现有资源，对网络结构不做实质性和大的改动，确保重点保障的网点和其余大部分网点在最短时间内分批恢复营业。

应急措施如下。

① 上报领导，联系相关部门、单位和公司。

② 分工合作，各司其职，并行处理：电信局抢修光缆；电信局和银行共同抢修无线中继设施；内部网络的恢复工作(以下单独讨论)。

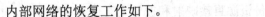

内部网络的恢复工作如下。

● 主用无线备份网络(市区内无线备份和二级行的卫星备份)。

情况估计分析：城区现已有无线扩频网点 22 个，即将新增网点 60 个，无线 800Mb/s 窄带网点 8 个，共 90 个，能使城区重要网点在较短的时间内恢复；15 个二级行拥有卫星备份措施，能够在较短的时间内保障这些二级行的通信正常，切换速度较快，业务影响不会太大；启用无线备份网络的可操作性强。实施步骤如下：通知城区支行科技科和二级行科技处；准备好各种资料；下属科技部门负责有线与无线的切换；中心机房配合网点建立无线链路，修改路由。

● 启用支行 B 的电话备份措施。

情况估计分析：网点拨号至支行 B，利用支行 B 的 80 部电话和拨号路由器，采用迂回办法实现与 A 机房的通信。大部分工作是改变网点有关的拨号参数，其恢复时间较长，但可操作性较强。实施步骤为城区科技科负责修改网点前台机拨号程序的参数，启用电话备份；支行 B 拨号路由器添加到 A 机房的路由，监督和配合网点拨号链路的建立；支行科技科把城区和郊县路由器拨号端口调整到指向支行 B 的端口(端口拨号参数早已设置好)，使用电话拨号备份与支行 B 建立连接，从而迂回到 A 机房达到恢复营业的目的。

● 电信局变更 X.25 端口参数。

情况估计分析：使有 X.25 的网点通过支行 B 迂回到 A 机房，同时也可恢复一定数量采用 X.25 的 ATM 网点，其恢复时间很大程度上取决于电信局的反映和实施速度，可操作性较强。实施步骤为向电信局提交要修改的 X.25 参数(关于修改参数的事应在之前与电信局协商好)，包括原 ATM、综合网、清算所用的 X.25；修改 A 机房和支行 B 相关路由器的路由；有 X.25 的网点建立起连接并正常营业后，可留出一部分电话让其他一些储蓄网点恢复营业。

响应修复情况分为两种。

有线没恢复，无线恢复：首先恢复重要保障网点的专线通信状况，一部分网点仍然使用迂回办法进行营业。

有线恢复，无线没有恢复：情况与(1)相似。

(3) 结点机全部故障。

当中心机房所有结点机出现故障，且无法迅速恢复使用，将造成全省所有与中心机房通过租用电信部门的有线信道连接的网点(包括本市区内所有 ATM)、备份中心无法正常工作。此时，仍能保证网点正常工作的有：本市区内的部分具备无线备份的网点；所有二级行运行中心将通过卫星备份线路保持与中心机房的连接。综上所述，对于中心机房的全部结点机故障，各二级分行、备份中心、本市区内部网点将通过本身的备份无线通道迅速恢复正常工作，可能造成严重不良影响的是本市(包括各郊县)的大部分网点和全省清算网点。应急措施如下。

① 尽快与电信部门和有关公司取得联系，对故障设备进行相应的维修和替换。

② 对于具备无线备份线路的各网点，迅速启用相应的无线备份线路。

③ 对于没有无线备份的网点，将通过拨号备份直接与中心机房恢复连接。采取这种方式，整个恢复速度快，影响面小，但无法保证所有网点都能恢复工作。

④ 采用各网点具备的 X.25 和拨号备份资源直接映射和拨号到支行 B 备份中心，再通过生产中心和备份中心之间的无线备份线路进行迂回。这种方式建议当结点机故障在短时间内无法恢复时，对措施③中剩余的网点进行通信恢复(包括所有全省所有清算网点)。

⑤ 如果短时间内结点机不能恢复正常，经有关领导同意，将采取通过电信部门改写数据，将各网点的 DDN 线路对端从支行 A 改至支行 B 备份中心，然后从支行 B 备份中心通过无线通道迂回至中心机房的方式。采取这种方式的缺点是，整个 DDN 数据的改写完全依靠电信部门，整个改写过程中的效率和准确率都无法保证，优点是能恢复所有无法正常工作的网点的通信。

(4) 结点机部分故障。

当中心机房部分结点机出现故障，且无法迅速恢复使用时，将造成全省部分与中心机房通过租用电信部门的有线信道连接的网点(包括本市区内所有 ATM)、备份中心无法正常工作。应急措施如下。

① 快速判断故障原因，对于部分模块或电源故障，将迅速更换相应备份设备。

② 尽快与电信部门和有关公司取得联系，对故障设备进行相应的维修和替换。

③ 对于存在无线备份线路的网点，可及时使用备份的无线线路。

④ 对于没有无线备份的网点将通过拨号备份直接与中心机房恢复连接。

⑤ 对于具有 X.25 和拨号备份资源的网点，可直接映射和拨号到支行 B 备份中心，再通过生产中心和备份中心之间的无线备份线路进行迂回(包括全省所有清算网点)。

(5) 中心网络设备大面积或全部故障。

出现的后果：网点与主机间无法通信，所有交易将中断。

应急措施如下。

① 准备好所有设备的配置备份文件。

② 调用备用设备进行恢复。

③ 调用支行 B 设备进行恢复。

④ 有问题的设备经解决后也可充当备份设备的作用。

(6) 中心网络设备部分故障。

基本情况：网络设备出现故障可能是由多方面引起的，其影响也因所处的位置不同而有所差异，恢复办法也因故障原因而有所不同。

应急措施如下。

① 与设备供应商联系，要求技术支持。

② 查找故障原因，确定恢复方法(本地直接恢复或更换备用设备)，详见《网络应急方案》。

③ 恢复设备的正常工作。

9.7.5 备份中心组织结构设置和日常工作

1. 备份中心组织结构设置

1) 备份中心的组织机构

灾难备份中心的组织机构如图 9.16 所示。

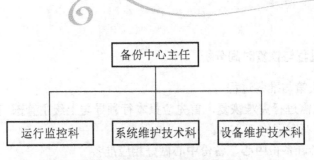

图9.16　备份中心组织机构图

鉴于备份中心工作的内容与工作的性质，其自然是科技处工作的一部分。它可以是科技处的一个科，也可以是科技处下的一个副处级单位。

备份中心主任：负责备份中心的综合管理工作，在科技处的统一安排下，带领备份中心的全体工作人员，维持备份系统的安全运行。备份中心主任可设1人。

运行监控科：对备份系统的所有设备进行定时检查，对冷备份数据进行及时的恢复，监控检查实时备份数据的正确性。这些工作的关键是24小时不间断记录。运行监控科可设人员4人，3人倒班，1人机动。

系统维护技术科：负责备份系统的安装调试，开发备份系统管理软件，对运行监控科发现的运行错误进行及时排除。系统维护技术科可设技术员3人。

设备维护技术科：负责备份系统所有硬件设备(PC、UPS电源、通信设备、发电机等)的保养和维修。设备维护技术科可设技术员2人。

2) 备份中心人员需求

从前面分析得出，备份中心应配置工作人员10人。

3) 备份中心其他需求

因为备份中心所在地支行B与科技处和支行A运行中心相距较远，而备份中心与科技处之间的工作联系比较频繁，如备份数据介质的传送、到支行A开会等，所以，应确定专用工作交通车一部。随着备份中心工作的全面开展及建设阶段众多工作的开展，为方便在星期六、星期日和节假日期间的工作联系，应安排移动电话3部。

2. 日常工作内容

(1) 备份中心备份系统运行所涉及的设备(主机、通信设备、PC前置机、打印机及预留电话等)都通电启动，保持运行状态。

(2) 将生产运行系统日终处理做的Informix数据库零级备份(包括城市综合网系统与汇划清算系统)磁带，用交通工具在上午9：00前，运送到支行B备份中心；并及时恢复到备份中心备份系统的主机里。

(3) 安排人员每天对各种设备的运行状态进行检查，并做好记录。如果有辅助工具，则使用工具进行检查；如果有关键数据实时备份监测管理程序，则安排人员进行定时监测检查记录。

(4) 进行备份系统辅助管理软件工具的研究与开发，对备份中心的硬件设备及软件错误进行维修和排错。

9.7.6　系统恢复过程与恢复时间分析

1) 系统恢复决策与准备过程

一旦灾难发生需进行灾难恢复，首先应报本行领导与上级主管部门及所属灾难备份中心。此过程预计所花时间约 1 小时。

2) 相关人员奔赴备份中心、备份中心做好相应准备

生产运行中心人员携带有关工作资料与印章乘坐交通工具赶赴备份中心所在地——支行 B，同时支行 B 备份中心按计划做好各种准备工作。此过程所花时间，大约 1 小时。

3) 网点切换

重要业务网点进行网络切换与备份中心建立通信连接，此过程可以与步骤 2)同时进行。切换网点时间预计约 3 小时。

4) 恢复大量业务数据

从备份介质恢复大量业务数据，时间花费预计约 4 小时。此过程将作为备份中心日常工作定期来做，因此正常情况下不会花费时间。

5) 孤立数据恢复

(1) 若数据备份采用的是关键数据备份实时方式，通过人工追账恢复少量孤立数据方式，则约花费 1 小时。

(2) 若通过流水批量追账恢复孤立数据，此过程所花时间约 3 小时。

(3) 若通过人工追账方式，进行孤立数据恢复，则约花费 5 小时。

6) 数据完整性、一致性检查

通过系统相关功能或手工方式，进行数据一致性检查，在前台网点开始对外营业前，使用各种软件检查工具对当天发生的交易数据进行统计检查，务必将由于灾难发生生产运行系统毁坏期间丢失的数据查找出来，如果找不到，也应统计出什么网点丢失多少数据。此过程所花时间约 1 小时。

7) 批准正式启用灾难备份系统

灾难备份中心准备就绪后，等待有关领导批准、确认，灾难备份中心即可接替被备份分行生产中心继续运行。此过程所花时间约 1 小时。整个恢复过程所花时间约 8～15 小时。

9.8　备份中心建设项目管理

灾难备份中心建设是一个系统工程，灾难备份项目的设计与实施必须进行预先规划和过程管理。

9.8.1　灾难备份项目方案的设计要求

灾难备份项目方案设计报告应包括以下内容。

1) 应用系统现状综述

应用系统现状综述主要是分析应用系统的数据处理与存储方式，所使用的各种资源(如主机机型、操作系统、数据库和应用系统版本号、磁带机型号、打印机类型等)，数据备份

格式，局域网、城域网、广域网的拓扑结构、通信端口、通信介质等，系统环境配置参数，各种业务的业务量分析、实时性要求，联机磁盘容量等。这个工作现已基本完成。

2) 灾难恢复技术分析

对采用的恢复技术从工作原理、工作方式、数据完整性、孤立数据多少、网络带宽需求、系统资源需求、故障恢复功能、恢复速度、是否要求对称、对系统的性能影响、是否能一备多、客户化复杂程度、易管理性、成本费用等方面进行具体分析。本次规划将进行这项工作。

3) 应用软件开发需求分析

对应用软件系统能否满足灾难恢复的要求做出具体分析，若需进行再次开发，应对其具体开发方案、费用等做出详细说明。

4) 网络设计方案

网络设计方案包括数据备份线路及网络设备、网点线路备份方案等。

5) 恢复的主要过程及采用的策略

恢复过程主要包括主机系统恢复、网络切换、孤立数据恢复、应用重启等方面。

主机系统恢复：包括备份中心系统和应用环境的配置方法和过程，各种业务系统的恢复顺序、数据一致性与完整性检查方法及回切到原运行中心的恢复过程。

网络切换：对各种类型的网点提出相应的网络切换策略，并应对操作难易度、切换过程等做出具体描述。

孤立数据恢复：对灾难发生造成的孤立数据的恢复方法和过程做出具体说明。

应用重启：分析应用重启过程，包括网点的通知、各类人员的工作流程等。

6) 所需资金预算

对建立备份中心所需要的基础设施(如机房、电源设备、专用空调、保安系统、通信线路、计算机设备、网络设备、其他设备)、人员费用及其他费用做出详细预算。

9.8.2 灾难备份项目实施

灾难备份项目经批准后，就可精心组织，进行各方面的实施准备工作，一旦条件成熟可进行具体实施。实施工作包括以下任务：备份中心的建设；通信网络建设；设备安装调试；应用软件开发；工作人员的招聘与技术培训；规章制度的制定；灾难恢复计划的开发。

9.8.3 灾难恢复计划的测试、试运行和维护

通过测试、试运行可检验灾难恢复系统功能是否达到设计要求。测试和模拟试运行可以检验灾难恢复计划文档资料的完整性，恢复策略的正确性，可以提高工作人员的操作熟练程度。应选择适当的灾难恢复计划测试策略。通过测试可以提高灾难恢复计划的质量，改进灾难恢复过程，可以使各部门配合井然有序。同时由于应用系统环境如系统环境、网络配置、应用系统恢复的优先级不断变化，灾难恢复计划也应随之进行修改。

9.8.4 灾难备份项目的验收与投产

备份系统建成和完成目标系统的相应测试后，应向上级部门提出申请进行验收。

系统验收主要针对以下几方面进行：系统是否达到了设计目标；恢复计划文档资料是

否齐全且内容翔实；恢复过程是否科学、有效；管理机构设置是否合理，规章制度是否健全等。

待上级部门验收合格并经领导同意后，系统即可投入正式运行。

 本章小结

灾难备份与恢复系统，对于 IT 而言，就是为计算机信息系统提供的一个能应付各种灾难的环境。当计算机系统在遭受如火灾、水灾、地震、战争等不可抗拒的自然灾难及计算机犯罪、计算机病毒、掉电、网络/通信失败、硬件/软件错误和人为操作错误等人为灾难时，灾难备份与恢复系统将保证用户数据的安全性(数据灾难备份与恢复)，甚至一个更加完善的灾难备份与恢复系统，还能提供不间断的应用服务(应用灾难备份与恢复)。可以说，容灾系统是数据存储备份的最高层次。

数据备份是容灾的基础，是指为防止系统出现操作失误或系统故障导致数据丢失，而将全部或部分数据集合从应用主机的硬盘或阵列复制到其他的存储介质的过程。传统的数据备份主要是采用内置或外置的磁带机进行冷备份。但是这种方式只能防止操作失误等人为故障，而且其恢复时间也很长。随着技术的不断发展，数据的海量增加，不少企业开始采用网络备份。网络备份一般通过专业的数据存储管理软件结合相应的硬件和存储设备来实现。

对于像银行、金融等行业机构中的计算机信息系统，建设其数据备份与恢复显得更为重要，所以本章以此为案例完整地描述了一套有关银行灾难备份与恢复系统的规划设计方案，以供参考学习。

 习题

1．什么是计算机灾难？

2．灾难备份数据从数据角度分析一般可分为哪几种？根据存储与管理方式又可分为哪几种？

3．简述灾难备份系统的组成。

4．目前比较实用的数据备份方式可分为哪几种？

5．简述业务连续性要求的提法与灾难恢复目标的变化。

6．灾难备份技术的发展趋势是什么？

7．备份系统规划技术上的制约因素主要有哪几个方面？

8．灾难类型有哪几方面？

9．由于各种制约条件的限制，在实施灾难备份方案时，应采取哪些措施？

10．参照本章银行灾难备份系统总体规划方案，结合某行的实际情况，完成一个灾难备份与恢复管理系统的设计。

第 10 章

高速宽带无线接入网项目的方案设计

- 本章以无线通信行业的高速宽带 LMDS 系统为例，介绍了其技术背景、系统结构和传输方式等相关知识，并用具体的无线接入网成功的案例指导如何详细地设计并实施一个 LMDS 系统方案。

- 进一步了解现代互联网技术的发展方向和未来的核心领域。认识 LMDS 系统的优势所在并了解其核心特色技术。学习宽带无线接入项目的具体实施方案，掌握方案中的重点步骤和方案中涉及的设备及设备所包含的核心技术、使用的相关互联网协议。

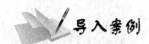

某港口无线通信应用方案

1. 应用背景

随着我国经济的快速发展，经济对河运、海运的依赖日益提高，港口建设发展迅速，内陆港和对外进出口港都对自己的港口业务建设提出了数字化的要求，港口规模也不断扩大。集装箱码头、保税区是货物的集散地，同时也是海关监管的重要场所，其重要物资越来越多。面对越来越繁重的工作，传统的人工巡查方式难以胜任。数字化视频监控系统成为目前各大港口实现安全生产，减轻现场人员的劳动量和劳动强度，及时发现各种危险状况，制止事故发生的主要工具。

因为港口具有特殊的地理位置和独特的物流集散功能，所以有线网络在很多场合无法完全满足需求。在通常情况下，由于港口面积较大，需要监控的点位置分散，利用传统的有线连接方式，线路铺设成本高昂，而且施工周期长。随着港口的进一步扩大，当增加或调整监控点位置时，需要重新铺设光纤，原来铺设的光纤资源不能回收和重新利用，使应用整体成本急剧上升。

一个港口典型场景如图10.1所示。它包括停泊区、港口、码头、货场、保税区等，其周边都属于高安全性地区。例如，储油罐、车库、机房、港口作业区对防火、防盗要求性都比较高，如何打造一个完善的安全港，解决好这些重点地区的安全问题至关重要。

图 10.1　某港口场景图

目前，搭建视频监控系统是解决以上问题最直接、有效的手段。其主要价值在于：提高了企业安全生产的能力，可以及时发现各种危险状况，制止事故的发生。此外企业管理者也可以更方便地了解企业运行状况。

近年来，无线视频监控解决方案，已经成为港口视频监控系统的全新选择。无线网络相对于有线网络具有先天优势，已经在各行业的无线视频监控系统中被广泛应用。

2．解决方案

本案例提供了全面的港口视频监控网络解决方案，其推出的无线网状网设备能同时提供稳定的无线传输和宽带的无线接入，满足电信级的企业用户的视频传输和宽带上网需求，具备综合业务提供能力。无线网状网方案自身的技术特点，弥补了无线网桥类方案的不足，将成为室外无线宽带接入和无线视频监控承载网络的主流技术。

本案例提供的是一个专业的点对点、点对多点的无线专用网络。通过在产品上的多功能研发，确保无线视频数据可以稳定地通过无线网传输。港口无线网络视频监控系统主要由 3 部分组成：无线视频承载网络、视频采集前端系统和监控中心后台系统。方案示意如图 10.2 所示。

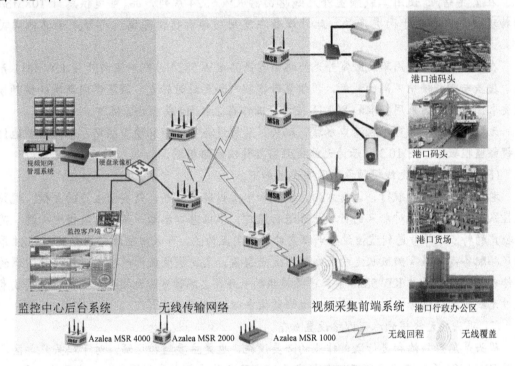

图 10.2　港口无线网络视频监控系统图

1) 无线视频承载网络

无线视频承载网络采用了先进的无线网状网技术。作为新兴无线组网模式，无线网状网具有诸多技术优点，如数据分发弹性、处处存在、数据传输高带宽。在欧美国家已经使用无线网状网技术开展"无线城市"的建设，在国内无线网状网技术也已经依靠其技术优势在公共安全和企业视频监控等领域得到应用。

 知识链接

无线网状网技术是 2004 年开始被全球广泛使用的新一代无线网络技术，能同时提供稳定的无线传输和无线宽带接入，满足企业和电信级用户的视频传输/宽带上网需求。无线网状网解决方案可全面取代无线网桥类方案，成为无线宽带接入市场的主流技术。

无线网状网技术将传统的无线网络结构从点、线扩展到面：AP(点)→网桥(线)→网状网(面)。无线网状网也称为"多跳联"(Multi-hop)"网络，它是一种与传统无线网络完全不同的新技术。网状网技术设备通过无线互联，形成回程链路，进而形成大规模、独立于有线系统的无线数据网络。

无线网状网技术适合港口环境特点和未来业务的发展方向，能在建设高品质、高性能的无线视频监控网络的同时，为未来"无线港口"的目标奠定基础。无线视频承载网的网络结构设计上采用了先进的分层结构，增强了无线网络的可管理性、可靠性和可扩展性。

在重要结点，使用二载频室外无线路由器 KW 5824 系列产品，可提供总计 108Mb/s 的物理带宽，领先于同类产品，此外设备在发射功率和传输距离上都领先于其他同类产品。

在一般结点，使用单载频室外无线路由器产品 KW 5824 系列和室内产品 KW 5811 系列，覆盖与回程使用不同的载频，提供高带宽接入和无延时转发，满足不同环境的视频接入要求。系统覆盖采用标准的 802.11 技术，工作在 2.4GHz 或 5GHz 频段。

无线网状网产品可以在港口水域、码头、陆域设施等复杂环境下组网，承载这些地区的视频监控数据。图 10.3 所示为无线视频监控传输网络框图。

(1) 港口水域的无线视频承载网络设置如下。

港口水域供船舶航行、调转方向、锚泊和水上过驳作业等，是安全生产的关键。视频监控系统主要任务是对船只的行驶状况进行监控。根据港口水域一般距离监控中心远、范围较广的特点，并考虑到监控设备点以室外的固定点为主，可采用室外型设备 KW 5824 系列产品配备高增益窄瓣板状定向天线进行定点覆盖，实现视频数据的接入，而视频图像的回传也完全可以通过 KW 5824 系列产品提供的长距离、高带宽、无损耗无线多跳转接技术通过无线回程链路传输到距离较远的视频监控中心。

(2) 码头的无线视频承载网络设置如下。

码头是船舶靠泊和进行装卸作业的必要设施，也是主要监控区域。对于码头装卸区，使用 KW 5824 系列产品安装于装卸机高处，使用高增益宽瓣定向天线对工作区进行覆盖，视频设备可以直接使用有线与 KW 5824 系列产品相连，也可以通过无线模块接入 KW 5824 系列产品上。

(3) 陆域设施的无线视频承载网络设置如下。

陆域设施包括市场、铁路、道路及为港口作业服务的各种设施及建筑物。此环境主要监控点以室内为主，可以选择室内设备 KW 5811 系列与室外设备 KW 5824 系列产品混合组网的方案。使用室内设备 KW 5811 系列产品对室内进行覆盖，在室外使用 KW 5824 系列产品进行覆盖，并对 KW 5811 产品进行回程。

2) 视频采集前端系统

视频采集前端系统示意如图 10.4 所示。

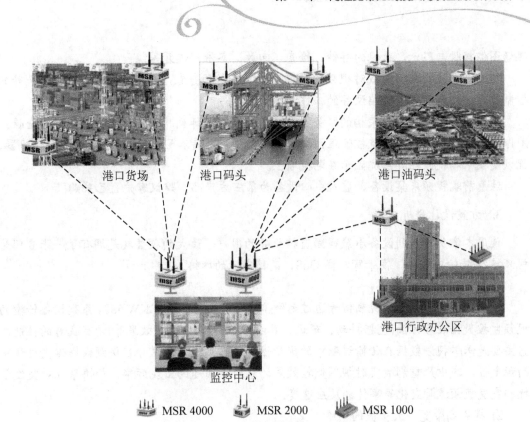

港口货场　　　　港口码头　　　　　港口油码头

港口行政办公区

监控中心

MSR 4000　　MSR 2000　　MSR 1000

图 10.3　无线视频监控传输网络框图

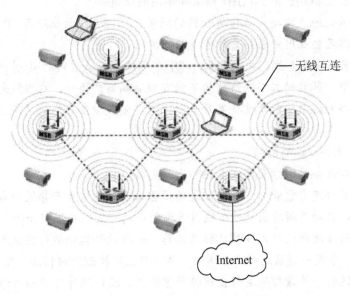

无线互连

Internet

图 10.4　视频采集前端系统示意图

在以上的视频采集前端方案中，模拟摄像机、云台、视频服务器、无线模块等设备器材都在实际项目的无线网络中有过应用，可根据用户的投资和现场情况灵活选择。

3) 监控中心后台系统

监控中心主要由视频解码器、矩阵电视墙、监控服务器、硬盘录像机等组成，可完成

现场图像接收与显示，录像的存储、检索、回放、备份、恢复等。

用户可在监控中心完成对视频的数据存储、转发和查看，并发出对于云台、镜头等的控制指令，控制和调整远端设备的工作状态。

图像储存可采用通用架构的服务器设备，使用磁盘阵列构架保证数据容量和安全性。图像的显示可以通过安装监控管理系统的计算机进行观看和管理，也可以通过视频解码器、视频交换机和视频矩阵系统显示在电视墙上。

注意前端视频采集设备、监控中心设备为第三方产品，建议客户自己采购。

3. 方案设计分析

使用本案例中系列设备承载视频监控业务的用户，最大的收益就是拥有了一张专门为视频接入/传输定制的，高带宽、高 QoS、高稳定性的网络。

1) "友好"的网络

无线传输设备保障了视频信号通过无线传输的稳定性，通过 KW 5824 系列设备传输的视频监控数据在各方面(包括抖动、延迟、吞吐量、静/动态视频效果等)均有良好的性能。它主要是保障视频数据在传输过程中的优先性，保障无线承载信号在视频数据传输过程中的稳定性，减少严重影响实时视频监控效果的重传等问题的出现频率，加快系统对突发干扰和突发视频流量变化等事件的反应速度。

2) 提供高带宽、大覆盖的网络

带宽：室外型无线路由器最大可提供两个载频 108Mb/s 物理层带宽，并可以灵活分配，使各个载频工作在 2.4 GHz 和 5.0 GHz 频段和不同的信道。

覆盖：对于偏远地点需要无线传输数据的场景，提供专业的长距离(50km)无线传输设备，该设备可以满足企业用户长距离传输视频的需求。

网络架构：采用三层无线网状网架构，将有线网络中普遍应用的 IP 骨干路由技术引入无线网状网构架中。落后的二层网络架构不能有效地隔离广播包，广播报文将占用大量无线链路资源。三层网络架构对于需要高带宽、稳定视频监控信号传输的企业用户，是最好的选择。

3) 高稳定性业务永续的网络

系统从网络和设备两个方面保证系统的高稳定性。

无线网络具有快速自愈能力。如果最近的设备由于流量过大而导致拥塞或无线链路故障，那么数据可以自动重新路由到一个通信流量较小的邻近结点进行传输。

产品软件采用模块化设计，各模块独立工作，并有软件模块运行健康度实时监控程序对系统进行监控。当某一模块运行不正常时，系统会立即检测到该信息，并对此进行修正，保证模块的正常运行。若该模块运行出现较严重问题，检测程序可单独对该模块进行重新启动，恢复其运行状态，不影响关键模块的运行。

4) 安全的无线网络

产品具有 802.1x 认证功能和 AES 加密功能。通过 EAP 的扩展认证方式，支持 X.509、EAP-SIM、EAP-TLS、EAP-TTLS 等，同时支持 MAC-LIST 和 2 或 3 层 ACL，可以解决无线网络终端的移动性和不确定性所带来的认证和安全需求，使网络安全和可控。

5) 管理简单，高技术、低门槛

设备配置方式多样，初级用户可通过直观、易用的全中文 Web 管理界面对设备进行配置和管理；高级用户可通过命令行进行各项参数的微调。系统还可提供功能强大的无线网络管理系统，支持实时监控网络状态、及时发现网络故障、故障告警、远程设备配置、远程批量系统升级等功能。

10.1　前　　言

作为当今通信的前沿领域，对数据通信、多媒体通信的需求已在各个领域、各个行业增长势头显著。国际电子信息技术的行业巨头纷纷进入这一领域，未来的传输网络将向语音、数据、音频、视频综合一体化网络方向跃进。

在信息产业已成为国民经济支柱产业的新经济时代，我国信息产业在机遇与挑战面前的发展前提就是建立具有国际水准的电信基础设施。本案例中的高速互联网络是我国第一个 IP over DWDM 全光纤 IP 骨干网。它作为一个综合多业务平台，在考虑高速率、高效率、高性能的骨干通信网的同时，还需要突破市场屏障，迅速建立一个建设速度快、线路质量高、提供全面服务的接入网络，并不断扩大市场份额，最终实现全国性的公用高速互联网络的建设目标。

美国某公司(以下称为×公司)作为世界著名的无线通信产品供应商，以其在数字微波通信和扩频通信领域的深厚经验，针对当前接入网络实际情况和未来网络的发展趋势，同时考虑到组建未来通信系统要具有安全可靠的传输链路、先进的网络管理系统及大容量信息传输的需求，最新提出区域多点传输服务(Local Multipoint Distribution Services, LMDS)系统，以满足全球电信运营商对宽带无线、大容量(千兆级)、综合业务接入网的通信要求。

10.2　LMDS 系统介绍

10.2.1　LMDS 的技术背景

当前，随着因特网的快速发展，层出不穷的功能和丰富多彩的新应用使得对带宽的需求与日俱增，与此同时，各种各样高速率的接入方式也不断涌现。而宽带固定无线接入技术作为宽带接入技术的一种新的发展趋势，近几年异军突起。

目前，已经投入商业运行的宽带无线接入技术主要有直播卫星系统和多路多点分配业务两种，但是其数据传输是单向的，用户在发送信息时还要使用另外的网络，而且带宽还是有限的。而一种新兴的宽带无线技术 LMDS 逐渐发展起来。它具有更高的带宽和双向数据传输的特点，可提供多种宽带交互式数据及多媒体业务，且成本进一步降低，使用更为方便。

LMDS 工作在 28GHz 的波段附近，可用的频谱带宽为 1GHz 以上，因此几乎可以提供任何种类的业务，支持语音、数据、音频、视频业务和 ATM、TCP/IP、MPEG2 等标准。

X 公司的 LMDS 系统主要提供给无线宽带载波服务商。LMDS 技术非常适用于市区使用，是一种非常有前途的接入技术，具有极大的市场潜力。LMDS 运营商可以为用户提供与光纤通信相媲美的宽带业务。

LMDS 系统的发展历程如下。

X 公司是最早研制开发 LMDS 系统设备的厂商之一，并且 X 公司与许多世界知名通信设备制造商(如西门子)和载波运营公司(如 Winstar)结成战略伙伴关系，共同发展无线宽带接入和 LMDS 解决方案。

1998 年，X 公司发布了 155 兆 LMDS 扇区子系统，由该扇区子系统组成的 LMDS 基站系统容量达 3 720 Mb/s。

1999 年，X 公司发布了 200 兆 LMDS 扇区子系统，由该扇区子系统组成的 LMDS 基站系统容量达 4 800 Mb/s。

1999 年 1 月 7 日，X 公司成功地完成为 Winstar 通信公司点对多点无线接入解决方案提供的 LMDS 系统测试，并率先在美国华盛顿特区提供商业服务。在 1999—2000 年，X 公司的 LMDS 系统在美国 50 个主要城市投入商用运行。

X 公司提供的 LMDS 系统基于一个星形拓扑结构，使用基于蜂窝的数字微波传输技术，向用户提供宽带电话业务和宽带多媒体业务。特别是对语音提供最小的延迟和对数据提供最小的比特误码率。

X 公司的 LMDS 系统特点和优势如下：易于安装、范围广、带宽管理、内置网络管理、多种用户接口、极宽的频段为 10～40GHz。

10.2.2 LMDS 系统结构

LMDS 系统由一个或多个有理分布可覆盖所需地域的基站组成。每个基站都可容纳数量非常多的有可视路径的远端终端。每个基站都由独立的扇区组成，这些扇区在围绕基站的 360°范围内提供 15°～90°的覆盖范围。每一个基站都提供通过一个高速骨干(Backbone)链路到公众交换网上。扇区由一个或多个室内单元(Indoor Device Unit，IDU)和一个一体化的射频/天线室外单元(Outdoor Device Unit，ODU)组成。每个射频/天线室外单元包括聚焦喇叭天线(Lensed-horn Antenna)。根据扇区的大小，水平波束角度为 15°、22.5°、30°、45°、60° 和 90°。每个扇区天线包括一个水平和一个垂直极化喇叭天线。室内单元是一个标准机架安装的机架设备，带有备份电源供给和供插板使用的空余插槽。所有的插板都是可备份的。

LMDS 系统提供频谱利用率极高的调制方式，可以使用户得到最高的带宽利用率。另外，LMDS 系统既支持频分多址(Frequency Division Multiple Access，FDMA)，也支持从远端站来的上行链路的时分多址(Time Division Multiple Access，TDMA)。

每一个远端站均包括一个一体化的射频/天线室外单元和室内单元。室内单元包括一个 1U(1U≈0.044 米)高的机架、电源供给、一个调制解调器和一个远端控制器，并根据具体要求带有用户接口(例如，ATM 宽带网的点对多点系统的远端室内单元带有 4 个 ATM UTP-5 接口)。

LMDS 系统结构示意如图 10.5 所示。

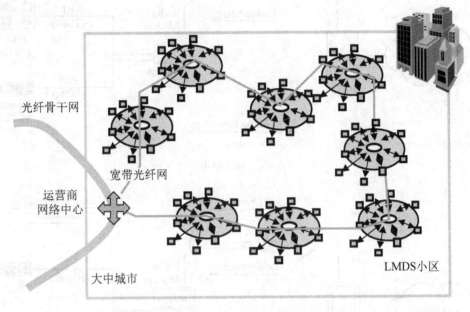

图 10.5　LMDS 系统结构示意图

3 种远端 ATM 业务模块(E1 CES、E1 FR、10Base-T)应用示意如图 10.6 所示。

10.2.3　LMDS 系统传输方式

系统使用一个基于 ATM 信元复用的连续载波从基站到远端站方向传送数据。每个扇区使用一个或多个下行载波发送这些信元到远端站，这些载波以不同的频率发射，以避免干扰。远端站可以使用 FDMA 或 TDMA 体制发送信息到基站。当远端站使用 FDMA 上行链路时，每一个远端终端通过不同的载波同位于基站的一块解调板通信。当远端站使用 TDMA 上行链路时，每个远端终端共享一个单独载波的不同时隙。

基站从 OC-3 网络接口恢复 ATM 信元。业务承载信元传送到 6 个调制器接口中的一个。带内网络管理信元被发送到基站的处理器中。业务承载单元被调制，使用 QPSK、16QAM 或 64QAM，并通过扇区的室外单元广播出去。

每个远端终端调谐接收基站的其中一个载波。这里，解调器恢复数据和时钟，生成一个 ATM 信元流。远端终端只处理在信元路由表中有的 ATM 信元。所有剩余的信元送到其他的远端终端，并在此端被忽略。

每个远端站被规定使用 FDMA 或 TDMA 方式回传给基站。当远端终端到基站链路使用 FDMA 方式时，发射端的调制解调器工作在一个连续的载波模式。每个远端终端与在扇区终端的一个特定的解调器维持一个连续的链路。链路的净负荷是带 FEC 编码的 ATM 数据。

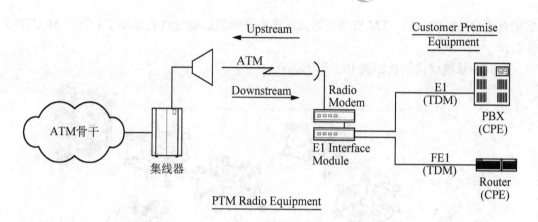

(a) EI CES

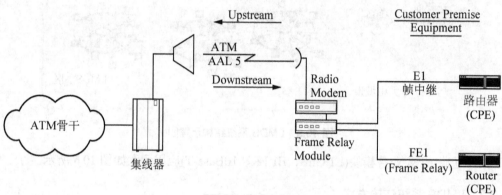

(b) EI FR

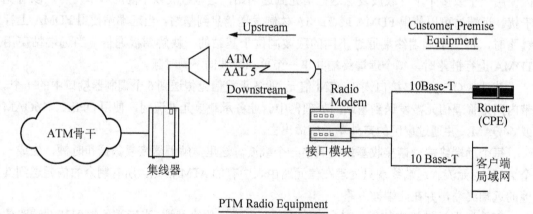

(c) 10Base-T

图 10.6　3 种远端 ATM 业务模块应用示意图

如果远端终端到基站链路使用 TDMA 方式时，发射端的调制解调器工作在一个突发载波模式。网络定时被精确地保持，来获得最佳性能和减少丢失突发帧的概率。每个从远端站来的突发帧包括一个前同步、独立字、FEC 编码和 2 或 4 个 ATM 信元的净负荷。

其传输方式如图 10.7 所示。

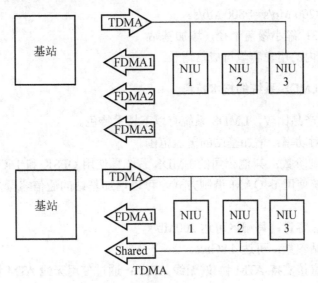

图 10.7　LMDS 系统传输方式

注：FDMA 开销少、效率高，容量分配固定，适合于恒定速率业务；TDMA 一点多址，需要同步和定时，预分配时隙，支持带宽按需分配，适合于不定和突发业务。

10.2.4　LMDS 系统构成特点及扩容升级

LMDS 系统构成特点如下。

(1) 系统采用扇区制结构，模块化设计。

(2) 每扇区可含 1～5 个载波，单载波容量的 40 Mb/s。

(3) 扇区容量为 200Mb/s，可寻址 150 个用户远端。

(4) 扇区天线角度有多种选择：15°、22.5°、30°、45°、60°、90°。

(5) 每基站可由 1～24 面扇区组成。

(6) 每基站可选择不同天线角度的扇区任意组合，覆盖 15°～360°的范围。

(7) 基站容量为 4.8 Gb/s，可寻址 3 600 个用户远端。

基于以上特点，系统方便扩容升级。下面以一个单基站系统(周围 360°范围全覆盖)的扩容升级为例进行说明。

(1) 基本配置：4 个 90°单载波扇区子系统；扇区容量= 40 Mb/s；基站容量= 4× 40Mb/s= 160Mb/s。

(2) 扩容方案 1：增加载波。

方式：每扇区增加 4 块调制(MOD)板。

扇区容量=5×40 Mb/s=200 Mb/s。

基站容量=4×200 Mb/s=800 Mb/s。

(3) 扩容方案 2：细化扇区

方式：采用 15° 扇区天线更换原 90° 扇区天线，增加 20 个 15° 的 5 载波扇区子系统。

扇区容量=200 Mb/s。

基站容量=24×200 Mb/s=4 800 Mb/s。

(4) 扩容方案 3：缩小覆盖半径，增加基站

单位地域面积内的用户容量可成倍增长。

10.2.5　X 公司的 LMDS 系统的技术特色

和其他公司的产品比较，LMDS 系统有以下技术特色。

(1) 更高的发射功率：增加基站的覆盖范围。

(2) 更高的调制阶数：其他公司的 LMDS 系统只使用 QPSK 和 16QAM 调制方式。X 公司的 LMDS 系统使用 64QAM 调制方式，可以增加基站的通信容量，大大提高频谱利用率。

(3) 更高的扇区容量：每扇区可达 200Mb/s。

(4) 更高的基站容量：可达 4.8Gb/s。

(5) 在远端站直接支持 ATM 协议(无线 ATM)：通过使用无线 ATM 协议，可以使链路效率得到提高。

(6) 在同一的系统同时提供 FDMA 和 TDMA 接入方式：可以充分利用这两种接入方式的优势。TDMA 接入方式提供按需分配带宽，FDMA 接入方式用于租用线服务。

(7) 提供混合接入远端站：在一个远端站提供 FDMA 和 TDMA 接入方式和软件设置接入方式，可以充分利用这两种接入方式的优势，大大提高信道利用率。一般 TDMA 的信道利用率在 50%～65%左右，而 X 公司采用 FDMA 和 TDMA 混合接入的方式使信道利用率在 85%以上。

(8) 提供自动发信功率控制(Automatic Transfer Power Control，ATPC)：减少了网络干扰，增加了频率复用率，提高了网络容量。

10.3　LMDS 宽带无线接入网成功案例

10.3.1　宽带网络运营商美国 Winstar 公司

宽带网络运营商中的成功案例代表有美国 Winstar 公司，对其接入网情况介绍如下。

(1) 光纤骨干已连接美国各主要城市。

(2) 用户接入采用 38G、28G 点对多点宽带固定无线接入。

(3) 大容量宽带网已覆盖全美 2 亿人口和 80%的商业市场。

(4) 服务主要定位于美国中小企业(50～100 人)。

(5) 支持 IP、ATM、帧中继，多业务(语音、数据、音频、视频等)接入。

(6) 1998 年全美发展排名第二的网络运营商。

Winstar 公司采用 LMDS 系统的接入解决方案如图 10.8 所示。

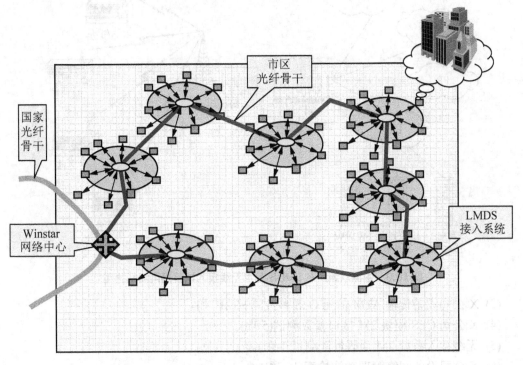

图 10.8　Winstar 公司采用 LMDS 系统的接入解决方案

10.3.2　移动通信运营商奥地利 telering 公司

移动通信运营商中的成功案例代表有奥地利 telering 公司，对其接入网情况介绍如下。

(1) 在维也纳市提供个人通信服务。

(2) 基站控制器和多个移动基站采用无线方式连接。

(3) 接入方式：26G 点对多点。

(4) 移动通信向第三代发展(UMTS)。

(5) UMTS 传输格式不同于传统透明 E1，速率大于 E1。

(6) 移动通信网传输平台向 ATM 发展。

(7) 移动通信服务商可利用已有网络资源提供综合网络服务。

(8) X 公司的 LMDS 系统成为电信核心网络的接入平台。

10.3.3　中国联通广东 LMDS 宽带无线接入试验网

受中国联通公司委托，原信息产业部北京电话交换设备质量监督检验中心于 2000 年 2 月 17 日～20 日对中国联通广东分公司的 LMDS 宽带无线接入试验网进行了工程验收测试。其网络拓扑图如图 10.9 所示。

测试大纲(分为 7 大部分 49 小项)。

(1) X 公司基站与 ATM 交换机接口物理层测试(3 项)。

(2) X 公司基站 ATM 信元结构测试(6 项)。

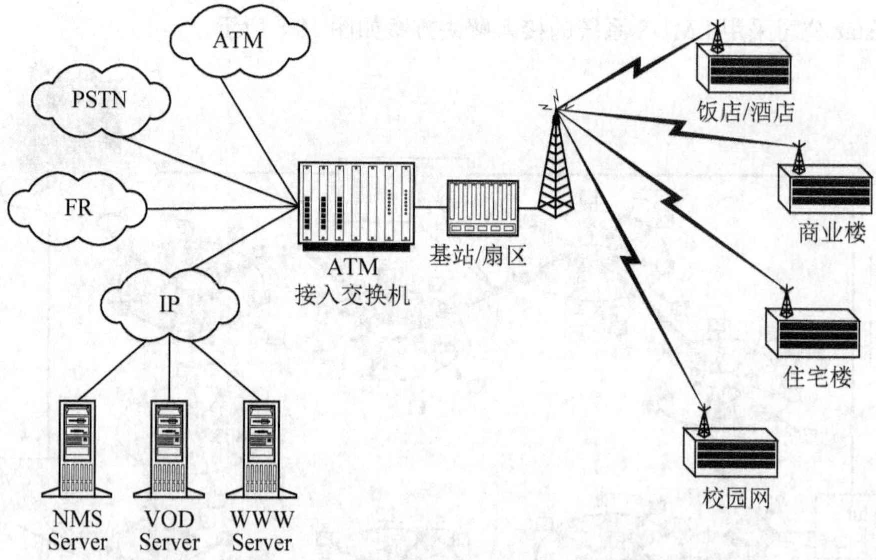

图 10.9　中国联通广东 LMDS 宽带无线接入试验网网络拓扑图

(3) X 公司设备传输 ATM 信元 QoS 参数测试(21 项)。

(4) X 公司 CES 模块 2M 接口参数测试(5 项)。

(5) 无线接入系统 2M 误码性能测试(1 项)。

(6) X 公司设备网络管理功能检查(10 项)。

(7) 无线接入系统业务开通能力检查(3 项)。

测试结果：49 个项目全部合格。

10.4　高速宽带无线接入网的建设策略

10.4.1　使用 X 公司的 LMDS 系统组网的优势

(1) 建网初期投资小，周期短，组网快速灵活。

(2) 通信质量好，通信容量高。

(3) ATM 端口直接连到用户大楼，可提供多种业务接入。

(4) 便于管理维护，出现故障后恢复周期短。

(5) 覆盖范围大，蜂窝可进一步延伸。

(6) 系统具有伸缩性，便于升级、扩容，适应未来发展需要，保证用户投资。

10.4.2　接入网现状

传统接入网提供的业务比较单一，主要是电话/传真和低速率数据，物理连接主要为普通双绞线或多对双绞线铜缆，现在通信业务已经从窄带向宽带业务(高速数据、图像)领域延伸，传统模拟、窄带系统已成为电信新业务发展的瓶颈。

某电信运营商企业，建设初期的具体情况是，在大部分城市只具备有限的光纤通信网络，如果要向公众开放业务，采用有线的方法势必需要建立大规模的光缆、铜缆网络，不

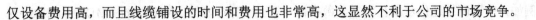

仅设备费用高，而且线缆铺设的时间和费用也非常高，这显然不利于公司的市场竞争。

而采用 X 公司的 LMDS 无线宽带接入系统，具有通信容量高，可提供多种用户业务、建网速度快、线路可靠性高，投资更节省等一系列优点。采用建立多个基站的办法，可以覆盖整个城域网范围内的接入网建设。

10.4.3 LMDS 系统网络设计指南

从总体上来看，成功地实施 LMDS 系统取决于考虑和衡量技术、市场和资金因素，具体如下。

(1) 确定服务对象。

(2) 分析人口数据、流动性和潜在用户的优先性。

(3) 确定和优化网络覆盖。

(4) 确定、跟踪和计划设备的价格、租用价格。

(5) 平衡运营的成本和收益。

 补充知识

LMDS 系统的相对劣势

(1) LMDS 服务区覆盖范围较小，不适合远程用户使用。LMDS 采用无线通信单元来覆盖半径通常为 2～5km 的地理区域。

(2) 通信质量受雨、雪等天气影响较大。LMDS 系统单元的大小受"降雨衰减"(Rain Fade) 效应的限制。此外，墙壁、山丘乃至枝叶茂盛的树木也会阻挡和反射信号并使信号失真，从而对单台发射机形成相当大的阴影区。

(3) 基站设备相对比较复杂，价格较贵，所以在用户少时，平均每个用户成本较高。LMDS 自身的特点决定它更适合于大城市或其他人口比较稠密的地区。

具体使用 X 公司的 LMDS 系统时，需要考虑以下问题。

(1) 系统容量。X 公司的 LMDS 系统的基本配置是每基站 4 个扇区，最多可扩容到 24 个扇区。每个扇区根据使用的载频数、接入方式、调制方式不同而容量不同，单扇区最大容量为 200Mb/s，单基站的最大容量为 4.8Gb/s。

另外，在一个大中规模城市中，使用 LMDS 系统通常需要建立多个类似蜂窝分布的多基站系统，这时整个系统的总容量较大，可采用频率重用、极化隔离等手段提高频谱利用率。

(2) 微波传播问题。X 公司的 LMDS 系统工作频率在 10、24、26、28 或 38GHz 频段。通常通信半径为 2～5km。在系统设计时应充分考虑到微波传输的特点，确定通信链路裕量，保证系统正常通信。

(3) 网络规划。在网络规划时，应充分考虑到用户的分布和需求，合理地设计骨干网络结构和布置各个基站的位置，确定基站的扇区数和接入方式，并为以后的扩容做好准备。

(4) 网络接点设备。网络接点设备通常根据运营商的骨干传输网络和交换网络来确定。

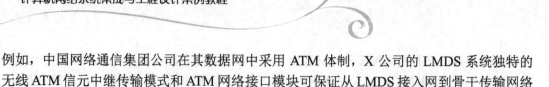

例如，中国网络通信集团公司在其数据网中采用 ATM 体制，X 公司的 LMDS 系统独特的无线 ATM 信元中继传输模式和 ATM 网络接口模块可保证从 LMDS 接入网到骨干传输网络和交换网络的最佳连接。

(5) 远端设备。远端设备采用的接入方式、调制方式、发射频率和功率都应根据系统的容量和范围来确定。

(6) 网络接口设备。远端的接口设备往往是多样化的，X 公司的 LMDS 系统的远端设备可提供多种接口模块(E1 电路仿真、E1 帧中继、以太网等)，以满足用户的要求。

(7) 网络管理。一个成功的电信运营通信系统离不开功能完善的网络管理系统。X 公司的 LMDS 系统的网络管理系统 Tel-View 功能强大，并且基于开放标准，可以与其他基于网络管理标准的网络管理互融互通。

10.4.4 关于高速宽带无线接入网发展计划的建议

该电信网络采用目前世界上先进的密集型光波复用(Dense Wave length Division Multiplexing, DWDM)光纤通信传输技术和千兆路由交换技术组建的新一代开放的电信网络。它与传统的电信网络不同，是以基于分组交换的数据通信为基础，提供各种基于 IP 的基础电信业务及电信增值业务的信息服务。

该宽带高速骨干通信网初期覆盖范围为东南部 15 个城市(北京、天津、济南、徐州、南京、上海、杭州、福州、厦门、广州、深圳、长沙、武汉、郑州、石家庄)，主要提供高速、大信息量的信息疏通与转接。主要业务包括以宽带数据网络端口为基础提供宽带批发业务，提供接入网、互联网的 IP 互联的成套技术方案和利用带宽特点提供的各种业务服务、开通 IP 电话等。

接入网是电信网的重要组成部分，同时也是发展和制约用户和业务发展的关键问题，这一点在网络建设规划初期显得尤其重要。接入网的目标是成为满足用户综合业务接入发展需要的数字化宽带接入网，接入网的建设应以市场需求及发展为导向，既能满足当前需要，又能适应未来业务发展的需要。

从企业本身的使命、网络的构成特点及接入网的目标可以总结出，所设计的接入网的发展应把握以下主要原则：快速覆盖；低成本覆盖；快速提供业务；高速宽带接入；综合业务接入；平滑升级和扩容；高可靠性。

LMDS 系统在美国享有"无线光纤"(Wireless Fiber)的美誉。它不但具有与光纤媲美的传输质量，同时具有部署快、工程总造价低、具有开放性接口、ATM 架构支持综合业务接入等特征，特别适合于像 CNCnet 这样的新兴网络运营商在接入网中采用。在接入网领域中，它彻底打破了"有线为主、无线为辅"的传统思想，已经成为新兴电信运营商的参与市场竞争的有力工具。例如，美国的新兴电信运营商 Winstar 就是一个以宽带无线接入手段大获成功的典型范例。Winstar 是目前世界上最大的固定无线频谱的持有者，拥有美国前 60 个市场及 10 个海外市场的执照。利用 LMDS 宽带无线接入技术，该公司在不到两年的时间里，在美国、欧洲、亚洲和南美的 70 个市场提供服务。目前，Winstar 的宽带网络已覆盖了全美两亿人口及 80%以上的国内主要市场，其全球化的宽带光纤网正在大规模建设中。1999 年 12 月 15 日，Winstar 在纽约宣布，Microsoft 公司及几家大投资公司计划向 Winstar 投资 9 亿美元，以支持 Winstar 的商业计划，扩建其宽带网络并拓展其产品服务。不可否认，宽

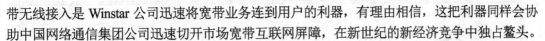

带无线接入是 Winstar 公司迅速将宽带业务连到用户的利器，有理由相信，这把利器同样会协助中国网络通信集团公司迅速切开市场宽带互联网屏障，在新世纪的新经济竞争中独占鳌头。

总的来说，近期发展应以网络规划、业务规划为主，迅速实现业务范围内的覆盖，抢占宽带业务的制高点；长远发展应以网络优化、完善网络管理系统、开辟新业务为主，把该通信网络建设成为具有世界先进水平的高速互联网络。

10.5　高速宽带无线接入网 LMDS 的详细设计及实施方案

10.5.1　用户需求分析

1) 基站数量及系统容量

LMDS 系统接入半径为 5km，其具体配置如表 10-1 所示。

表 10-1　LMDS 系统具体配置

系统配置规模	每基站扇区数目/个	每扇区载频数目/个	系统容量/Mb/s
最大	24	5	4800
标准	4	5	200
最小	1	1	40

2) 可接入用户远端数量及容量

每扇区可寻址 150 个用户远端。标准系统配置情况下可接 600 个用户远端。

每用户远端 FDMA 最大容量为 40 Mb/s，TDMA 的最大容量为 20 Mb/s

3) 频段

可提供 10～40GHz 的全频段设备。由于试验频率待定，本方案以 26 GHz(24.549 ～ 26.061 GHz)为例进行说明。

4) 远端上行调制方式

远端上行调制方式采用混合接入(FDMA，TDMA)方式。

5) 基站网络接口

基站网络接口为 OC-3c / STM-1，ATM。

CNnet LMDS 试验网络图如图 10.10 所示。

6) 用户远端接口

STS-3，ATM 155 或 ATM 25。配接 ATM 业务模块后可提供 E1 CES、E1 FR、10Base-T、POTS 等接口。

7) 试验网络具体描述

LMDS 试验网络总共由两个基站(每站 4 个扇区)、10 个远端站和相应的网络管理和计费系统组成。基站 A 设在某处附近，基站 B 设在某处国际企业大厦附近。ATM 设备或核心网络边缘接入路由器等网络设备与基站 B 共站址。基站 A 至网络中心的传输由 X 公司提供 18GHz SDH 微波设备。基站系统可提供至 PSTN、ATM、FR 或者其他 PSDN 网络的标准接口，远端站可提供至用户的 POTS、ISDN、以太网、E1、N×64Kb/s 及其他应用接口。试验网络如图 10.10 所示，其中双线框以内设备由 X 公司负责解决。

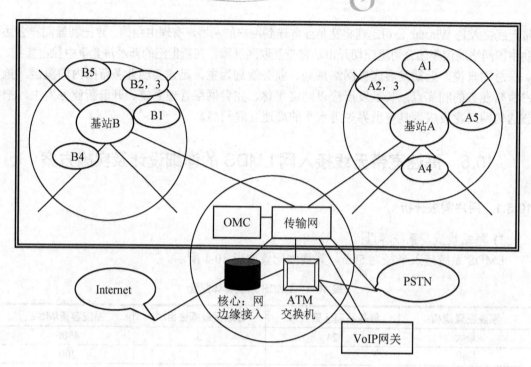

图 10.10 CNCnet LMDS 试验网络图

远端站接口如表 10-2 所示。

表 10-2 远端站接口

远端站	POTS	E1	10/100 Base-T	ISDN BRI	ISDN PRI	ATM 155Mb/s	FR(E1)
A1，B1	2	1	2	*	*		1
A2，B2	2	1	1				
A3，B3		1	1				
A4，B4		1	1				
A5，B5		1	1			*	

注："*"表示 LMDS 可支持此项业务，但需选购其他数据接入设备以实现此项要求。

基站接口如表 10-3 所示。

表 10-3 基站接口

基站	ATM 155/51/25Mb/s	E1	FR(E1)	10/100 Base-T
基站 1	1	*	*	*
基站 2	1	*	*	*

注："*"表示 LMDS 可支持此项业务，但需选购其他数据接入设备以实现此项要求。

10.5.2 系统设计及说明

1) 26 GHz LMDS 频率规划

依据 ETSI 频段设计，应符合以下标准。

(1) EN 301 021　　　　　　　　　　　　　TDMA operation

(2) EN 301 080　　　　　　　　　　　　　FDMA operation

(3) T/R 13-02 B　　　　　　　　　　　　 CEPT Recommendation

(4) RegTP 321 ZV 040 26 GHz PMP　　　　 Germany

频率参数如下。

(1) 低段(Band 1)频率：　　　　　　　　　24.549～25.053 GHz。

(2) 高段(Band 3)频率：　　　　　　　　　25.557～26.061 GHz。

(3) 收发间隔(T/R Separation)：　　　　　　1 008 MHz。

(4) 波道大小：　　　　　　　　　　　　　504 MHz。

(5) 子波道大小：　　　　　　　　　　　　56 MHz。

其具体参数如表 10-4 所示，频率规划图如图 10.11 所示。

表 10-4　各子波道具体参数

子波道	低段频率	高段频率	带宽	单位
1(A，A′)	24 549～24 605	25 557～25 613	56×2	MHz
2(B，B′)	24 605～24 661	25 613～25 669	56×2	MHz
3(C，C′)	24 661～24 717	25 669～25 725	56×2	MHz
4(D，D′)	24 717～24 773	25 725～25 781	56×2	MHz
5(E，E′)	24 773～24 829	25 781～25 837	56×2	MHz
6(F，F′)	24 829～24 885	25 837～25 893	56×2	MHz
7(G，G′)	24 885～24 941	25 893～25 949	56×2	MHz
8(H，H′)	24 941～24 997	25 949～26 005	56×2	MHz
9(I，I′)	24 997～25 053	26 005～26 061	56×2	MHz

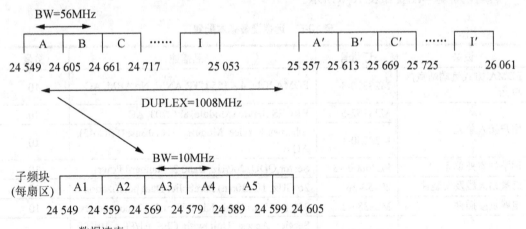

图 10.11　频率规划图

2) 基站

(1) 共设两个基站(基站 A 和基站 B)。

(2) 每基站由 4 个 90°扇区组成。

(3) 整个系统共包含 8 个扇区子系统。

扇区子系统设备配置如表 10-5 所示。

表 10-5　扇区子系统设备配置

设备	订货号	产品描述	数量
扇区室内单元	M28391-4	Sector IDU Subsystem, DC, R	8
	M28268-2	ODU Power Supply Shelf, DC, Redundant	8
	M28259-1	ODU Combiner Card	16
	M28267-1	Modulator Card	16
	M28547-1	FDMA Demodulator Card	12
	M28543-1	Sector ATM Controller Card	16
基站室外单元	PL26000-11	Sector ODU, 26GHz, Band 1, Standard Power	16
基站天线及安装件	M65241-90V	Sector Antenna , 26 GHz, 90 dgrs, NR, TXV, RXH	8
	M65241-90H	Sector Antenna , 26 GHz, 90 degrs, NR, TXH, RXV	8
电缆及接插件	M28387-2	250 ft (75 m) Cable Kit & N-male (2) connectors.	16
ATM 接入设备	MX4/1 O	ATM OC-3 Access Unit, 4*OC-3 to 1*OC-3	1
	MX4/1 E	ATM OC-3 Access Unit, 4*OC-3 to 1*STM-1	1

3) 远端

远端设备基本配置如表 10-6 所示。

表 10-6　远端设备基本配置

设备	订货号	产品描述	数量
FDMA 方式远端站室内单元	M28270-3	FDMA IDU, 4×155 UTP, ANSI, No ABM, AC	10
用户接入单元	M28252-5	E1 CES Service Module, 8xG.703, AC	10
	M28250-1	Ethernet Service Module, 4×10Base-T(RJ-45), AC	10
远端站室外单元	PL26000-13	Sector ODU, 26GHz, Band 3, Standard Power	10
远端站天线及安装件	29450-261	26 GHz, 1ft (30cm) Parabolic, Dual polarization	10
电缆及接插件	M28387-2	250 ft (75 m) Cable Kit & N-male (2) connectors.	10
综合业务接入单元	MS100	Service Access Unit with CES E1/FR、10/100 Base-T	10
	MS 20	Service Access Unit with POTS Interfaces	4

4) 产品手册

产品手册基本配置如表 10-7 所示。

表 10-7　产品手册基本配置

订货号	产品描述	数量
M68398-1	PMP Documentation CD, Release 2.0 CD with complete release 2.0 manual set Including: *Point-to-Multipoint System Manual *Sector Installation/Maintenance Manual *Remote Installation/Maintenance Manual	1

10.5.3　网络管理系统实施方案

1) X 公司提供的两个系统和网络管理软件产品：网络管理系统(Network Management System，NMS)和本地站点管理者(Local Site Manager，LSM)。

(1) 网络管理系统。本程序可使用户从一个中心位置完整地看见整个网络。通过访问每一台设备，点对多点网络管理系统程序能报告系统参数在正常基准之外的变化。从一张高分辨率的地图到具体的每台设备，网络故障的定位都非常简单。另外，告警按时间标记并被记录在一个文件中，可以浏览、打印或存在软盘上。设备的配置能够浏览和修改，包括站外告警(连接到室内单元设备的告警 I/O 接口)，诸如温度、电池充电失败、开门等。许多用户可配置的参数使本软件包可以定制以适合特殊的网络需要。X 公司开发的网络管理软件运行在 HP UNIX 工作站上，管理着点对多点的元素，包括基站和远端。每 4 000 个远端需要配置一台工作站。

本软件需要以下附加软件构成软件运行环境：HP UX OS 10.20 or Greater、Network Node Manager 5.0 or Greater、Oracle 7 Workgroup Server。

本软件需要以下硬件设备构成一套完整的网络管理系统：HP Unix Class C Workstation、128 MB of Memory、Dual Disk Drives (minimum 6 GB)、CD-ROM Drive、External Tape Drive、HP Laser Printer、Serial Line Printer。

网络管理系统基本配置如表 10-8 所示。

表 10-8　网络管理系统基本配置

订货号	产品描述	数量	
		正常	保护
91101	Tel-View 用户网络管理软件单复制	1	

(2) 本地站点管理者。本地站点管理者是一套基于 PC、Windows 98 的软件产品，它采用界面友好的 Windows 下拉菜单，用户可以方便地完成 LMDS 系列无线设备的配置、测试、维护及故障诊断。本地站点管理者可以通过 PC 的 COM 端口与室内单元连接，完成配置和故障的诊断。对于那些有远程设备的用户来说，本地站点管理者的内置拨号特性是一个福音，只要将室内单元连接一台 Hayes 兼容的调制解调器，通过一条标准的电话线路就可以浏览或重新配置链路的运行参数。

本地站点管理者的基本配置如表 10-9 表示。

表 10-9 本地站点管理者的基本配置

订货号	产品描述	数量	
		正常	保护
92101	Local Site Manager 软件单复制	1	

2) 网络管理系统的工作原理、管理能力、扩容方式

X 公司的网络管理系统是一套基于分布式结构的网络管理软件，即该产品可以在多个地理位置的多台设备上实现系统管理功能，因为这些设备全部都有到一台中央 Oracle 数据库服务器的连接。

网络管理系统运行在一台 UNIX 工作站上。每台工作站可以实现 4 000 个网元的管理，如果网元继续增加，就需要增加第二台工作站并连接到同一个数据库上，这样网络管理系统的管理能力就又增加了 4 000 个网元。每个用户远端是一个网元，每块扇区插卡也是一个网元，因此每台工作站可以管理大约 25 个基站系统设备，其中每个基站由 4 个扇区组成，每个扇区连接了 15 个远端(即每基站连接了 60 个远端)。

第二台网络管理系统工作站投入使用时，需要在一台专用的、独立的服务器设备上安装 Oracle 数据库并使用客户机/服务器结构将多台网络管理系统工作站连接到 Oracle 服务器上。

采用这种方法，多台工作站可以连接到一起来管理数以万计的网元设备。

每个基站都有一条到网络管理系统的独立的、永久建立的 PVC 连接，网络管理系统通过它使用 SNMP 轮询(类似于心脏跳动)不断地与基站轮流通信，如果基站有问题将会被网络管理系统及时发现。

每个基站都有一条永久连接到所辖的每个远端。基站监测远端的状态并报告到网络管理系统工作站，网络管理系统工作站并不直接轮询远端，这就避免了网络管理系统工作站的过多负荷。因此，工作站并不轮询数千个网元，而仅仅轮询 25 个单元(基站)。

3) 网络管理系统访问基站/扇区的方式

(1) OC-3c 网络接口中的随路网络管理系统方式。网络管理系统分配到一条专用的 PVC 连接，通常作为首要连接。

(2) 拨号 RS-232 方式。这个端口连接一个拨号调制解调器，通常作为第二连接或备份的网络管理系统连接。

(3) 10/100Base-T 以太网连接方式。这种连接使通过路由器连接到一个广域网成为可能。通常作为第二连接或备份的网络管理系统连接。

注意：OC-3c、NMS RS-232、NMS 以太网 3 种接口在扇区机架后面板上。

4) 网络管理系统的 Q3 适配器

X 公司的 Q3 适配器在管理站和 SNMP 网元之间提供一个桥接功能。适配器使用 TCP/IP 和 TP-4/CLNP 作为传输媒介，它扮演了一个类似网关的角色，功能包括将 SNMP 请求转换成 CMIP/CMISE 请求，将 SNMP 陷阱变换成 CMISE，等等。Q3 适配器还内含一套 GDMO 定义，它描述了每个对象的实例、类和遗传特性。

CMIP = Common Management Information Protocol

CMISE = Common Management Information Service Elements

GDMO = Guidelines for Definitions of Managed Objects

5) 在网络管理系统平台上的二次开发

Tel-View 网络管理系统可以合并到用户的应用中。X 公司可以提供管理系统库的有关信息，以使用户可以创建自己的应用程序。网络管理系统是一个基于 Windows 98 的 PC 软件工具，因此它不能被合并到用户的应用中。

6) LMDS 系统计费

LMDS 系统的计费一般在网络交换机上实现，基站本身不具有计费功能。LMDS 网络管理系统可记录用户占用信道的时间信息，可作为计费参考。

10.5.4　基站与网络中心的微波传输解决方案

基站与网络中心的微波传输解决方案，主要以提供的 Tel-Link 155 SDH 微波设备实现，具体产品配置与描述如表 10-10 所示。

表 10-10　具体产品配置

产品描述	数量
SDH 微波 Tel-Link 155	2
天线，18GHz，0.6m 直径	2
中频电缆	100

10.6　LMDS 宽带无线接入网工程安装指南

X 公司在数字微波领域的卓越科技制造出了当今世界上体积最小、重量最轻、系统容量最大的 Tel-Link 点对多点微波系统，设备的高集成度在提高系统可靠性的同时，也使设备安装容易，调测简单，降低了用户的工程造价。

LMDS 宽带无线接入是 X 公司 Tel-Link 点对多点微波系统的一种典型应用，因此，LMDS 宽带无线接入网工程安装也应遵循 Tel-Link 点对多点微波系统的工程安装指导，下面分别从几个方面加以说明。

1. 现场勘验及基础工程

现场勘验对确保工程质量、工程进度及有效地控制工程成本都非常重要，对整个 LMDS 宽带无线接入网工程来说尤其重要。具体地讲，有以下几点需注意。

1) 天线抱杆的位置及尺寸

由于 LMDS 系统是一套高频段的微波系统，因此要保证所有远端天线与扇区天线之间为视通(Line-of-Sight)。X 公司的 LMDS 系统设备要求天线抱杆直径 5～10cm，有效安装长度为 1m(远端天线)或 2m(扇区天线)，抱杆需竖直(垂直于地面)安装。

2) 机房条件及供电

机房条件及供电均应符合 X Tel-Link Broadband Point-To-Multipoint (PMP) Equipment Specifications 中对使用环境及供电的要求。这里要注意，选择交流供电或直流供电要与所安装的设备电源输入对应。

3) 中频电缆布线

合理布线应充分考虑到电缆的总长度、曲率半径及抗风性。

4) 接地与防雷

无线系统对接地与防雷的要求较高，中频电缆入户需加装宽频(通频带应大于 500MHz)避雷器，设备应良好接地(接地电阻小于 1Ω)。

2. 扇区设备安装

1) 扇区天线及室外单元

X 公司的扇区天线及扇区室外单元为一体化射频(Radio Frequency，RF)单元安装，设计小巧紧凑(带备用保护单元的双射频单元体积仅为 81cm×29cm×20cm)，质量小(带安装支架总质量仅为 11kg)。由于设计精密，安装时应严格按照安装说明书操作。连接中频电缆时应保证良好接触并缠好防水自粘胶带。如果采用的中频电缆较粗、较硬，曲率半径较大(如 Andrew LDF5-50A)，为使安装调试方便，应在该电缆与扇区室外单元之间加接一根曲率半径小的短电缆(Pigtail)，电缆型号可选择 Beldon 9913 或 RG-8。注意，在扇区室外单元侧电缆要预留 1m，以便于调试及将来更换设备。

2) 扇区室内单元

X 公司的扇区室内单元设计成标准 19 英寸机柜安装，高度为 7U(体积为 31cm×45cm×43cm)。所有电路板为插板式设计，方便安装及更换，所有插板均可带电插拔。所有插板需插入对应的槽位。扇区室内单元与中频电缆之间要加装宽频避雷器，如果采用的中频电缆较粗、较硬，曲率半径较大(如 Andrew LDF5-50A)，为使安装调试方便，应在该电缆与扇区室内单元之间加接一根曲率半径小的短电缆。

3. 远端设备安装

1) 远端天线及室外单元

X 公司的远端天线及室外单元为一体化安装，设计小巧紧凑(直径仅 30 cm)，重量轻。由于设计精密，安装时应严格按照安装说明书操作。连接中频电缆时应保证良好接触并缠好防水自粘胶带。如果采用的中频电缆较粗、较硬，曲率半径较大(如 Andrew LDF5-50A)，为使安装调试方便，应在该电缆与远端室外单元之间加接一根曲率半径小的短电缆，电缆型号可选择 Beldon 9913 或 RG-8。注意，在远端室外单元侧电缆要预留 1 米长度，以便于调试及将来更换设备。

2) 远端室内单元

X 公司的远端室内单元设计成标准 19 英寸机柜安装，高度为 1U。所有电路板为插板式设计，方便安装及更换，所有插板均可带电插拔。所有插板需插入对应的槽位。扇区室内单元与中频电缆之间要加装宽频避雷器，如果采用的中频电缆较粗、较硬，曲率半径较大(如 Andrew LDF5-50A)，为使安装调试方便，应在该电缆与扇区室内单元之间加接一根曲率半径小的短电缆。

4. 天线对准

1) 扇区天线的对准

扇区天线是聚焦喇叭天线，其方位角和仰角是由方案设计确定的，因此实际调整扇区天线时，应将扇区天线的中轴瞄准所覆盖区域的中央，以达到最佳覆盖效果。

2) 远端天线的对准

远端天线是抛物面天线，其方向角和仰角较窄，需完全对准扇区天线以达到最佳接收效果。天线接收电平有两种方法进行监测。

(1) 在远端室外单元上有与接收电平对应的对准监测端口，可接上一块电流表，调整天线方位角和仰角，使电流指示最大即可。注意，要使用这项功能，应先用配置计算机将室外单元的对应软件设置项设成有效。

(2) 在远端室内单元的配置端口上接上一台装有本地站点管理者软件的PC或便携计算机，可直接监测室外单元接收电平。

5. 设备参数远程配置

在 LMDS 网络的扇区或远端的室内单元上连接一台 PC 或便携计算机，使用本地站点管理者配置软件可对全网所有设备的参数进行监测和修改。

综上所述，LMDS 宽带无线接入网的建设是一个技术先进、大规模的系统工程。LMDS宽带无线接入网作为一个高技术、高效益的网络，将为实现一个技术先进、设备众多、应用丰富的高层应用网络系统提供完美的多媒体接入手段。它的实施将会为数据通信基础建设带来一次迅速切入市场的机会，提供建设电信级的宽带无线接入网络的高质量解决方案。

习题

1. 简述现在 LMDS 所运用的领域及其发展趋势。
2. LMDS 系统的结构有什么特点？
3. LMDS 系统传输数据的具体过程是怎样的？
4. 简要说明如何对 LMDS 系统进行扩容升级。
5. 试分别说明 LMDS 系统使用的优缺点和安装所需的条件。
6. 总结性说明 LMDS 无线接入网工程的安装步骤和需要注意的细节。

第11章

基于物联网的智能家居系统设计

内容要点

- 本章首先分析了智能家居系统的一般构成及控制系统在智能家居的地位，并通过传统智能家居的特点进行分析，指出了目前市场上的智能家居系统的局限性，提出了基于短距离无线网络的现代智能家居系统是将来的发展趋势。接着对智能家居控制的系统构架及相关关键技术进行了分析和比较，指出基于 IEEE 802.15.4 的 ZigBee 技术是目前适合无线家居控制系统的无线标准，并对该标准进行了深入研究。然后从系统和应用的角度来研究智能家居控制网络，设计了一个基于近距离无线技术的智能家居控制演示系统，包括主控制器与传感器、摄像头监控、开关控制等功能结点的设计。

学习目的和要求

- 学习计算机网络发展的新技术领域——物联网技术的有关概念；了解基于物联网的智能家居系统的应用，掌握常用智能家居技术及其差异；理解智能家居系统的一般构成，并学会对其控制系统与功能结点的设计。

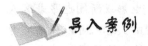

走进比尔·盖茨的高智能豪宅

20 世纪最伟大的计算机软件行业巨人——Microsoft 公司的比尔·盖茨耗费巨资和数年建造起来的大型科技豪宅，堪称当今智能家居的经典之作。高科技与家居生活精美对接，成为世界的一大景观，如图 11.1 所示。

图 11.1　比尔·盖茨的高智能豪宅外景

高智能豪宅的特点如下。

1) 手机遥控——不进门也能指挥家中一切

主人在回家途中只需用手机接通别墅的中央计算机，用数字按键与计算机沟通，启动遥控装置，就可以指挥家中的任何设备，如开启空调、简单烹煮、浴缸水的调温，或嘱咐厨房的工作人员准备晚餐等，做好一切准备。

2) 电子胸针为客人打造舒适环境

能有幸受到比尔·盖茨邀请，到其智能豪宅作客的人并不多，但每一个来过这里的客人都会受到宾至如归的接待。而做到这些完全不用比尔·盖茨操心，因为整个建筑根据不同的功能分为 12 个区，各区通道口都装有机关来访者通过时特制的胸针就会产生客人的各种信息，包括指纹等，这些信息会被作为来访资料储存到计算机中。地板中的传感器能在 15cm 范围内跟踪到人的足迹，当感应到有人到来时就自动打开系统，离去时就自动关闭系统。

具体过程是：客人从一进门开始，就会领到一个内置微晶片的胸针，通过它可以自动设定客人偏好的温度、湿度、灯光、音乐、画作、电视节目和电影爱好等条件；无论客人走到哪里，内置的感测器就会将这些资料传送到 Windows NT 系统的中央计算机，计算机根据资料满足甚至预见客人的需求。当客人走进大厅，空调系统会将室温调整至客人最感舒适的温度；灯光系统同时增减明暗亮度；藏在壁纸后方的扬声器会响起客人喜爱的旋律；墙上的 LCD 荧幕，会自动显示客人喜欢的名画或影片；就算在游泳池中，也会从池底"冒"出如影随形的音乐；当外面变暗时，电子胸针会发出一个移动光带，使前面的光线渐渐变强，而身后光线渐渐消失，陪客人走完这幢房子；音乐也和客人一起移动，尽管听上去音

乐无所不在，但事实上，房子里的其他人会听到完全不同的音乐；电影或新闻也跟着客人在房子里移动，如果客人接到电话，只有离客人最近的电话机才会响。客人可以使用随身携带的触控板，随时调整房间内的环境。小小胸针随时显示客人所处的位置，将客人所处的环境调整到宾至如归的境地。当然，整个建筑，包括车道上的所有照明系统也是全自动的。

3) 房屋的安全系数也是足够保证

门口安装了微型摄像机，除主人外，其他人进门均由摄像机通知主人，由主人向计算机下达命令，开启大门，发送胸针，方可进入。来访者如果没有胸针，就会被系统确认为入侵者，计算机就会通过网络报警。所以，聪明的小偷绝不会光顾这个代表顶尖科技的房屋。

当一套安全系统出现故障时，另一套备用的安全系统则自动启用；当主人需要时，只要按下"休息"开关，设置在房子四周的报警系统便开始工作，如果需要的话，隐藏在暗处的摄像机能拍摄到房屋内外的任何地方；当发生火灾等意外时，住宅的消防系统可通过通信系统自动对外报警，显示最佳营救方案，关闭有危险的电力系统，并根据火势分配供水。

4) 供电电缆、数字信号传输光纤均隐藏在地下

在比尔·盖茨的家中，如果足够细心，会发现墙壁上看不到任何电缆与插座，因为长达 53km 的电缆、84km 的光纤全部被埋在地板下方；其供电系统、"光纤数字神经系统"将主人的需求与计算机、家电完整连接，并且用共同语言彼此对话，让计算机能够接收手机、收讯器与感应器的信息，而卫浴、空调、音响、灯光等系统均能"听得懂"中央计算机的指令。

5) 有随时可以召开网络视频会议的会议室

智能化最高的会议室，可随时高速接入互联网，24 小时为比尔·盖茨提供一切需要的信息。他可以随时召开网络视频会议，与同事商议公司大事。同时，这个房间内的计算机还可以通过遍布整个建筑物内的传感器，自动记录整座住宅的动静。

6) 宽敞实用的一体化工作室客厅

比尔·盖茨住房的人性化还体现在他的工作室与客厅连成一体，内设视频显示器和大壁炉。这个大型接待室可以让比尔·盖茨无所顾忌地邀请他的朋友，举办可以接待 200 人的酒会或商务会议。然而，这还不是它的特别之处，让人更为称奇的是客厅背景竟然是一个水族宫，水族宫游弋的海洋生物除海豚外，还有一条鲸鲨。

7) 其他令人叹为观止的智能设备

(1) 大门装有气象情况感知器，可以根据各项气象指标，控制室内温度和通风情况。

(2) 厨房内有全自动烹调设备。商业级厨房可为 100 多人提供饮食服务。还有一个可容纳 24 人的专用餐厅来享受壁炉晚餐。

(3) 厕所安装了一套检查身体的计算机系统，若发现异常，计算机会立即发出警报。

(4) 车道旁边的一棵 140 岁的老枫树受到特别关照。先进的传感器能根据树的情况，实现全自动浇水和施肥。

11.1　智能家居概述

11.1.1　智能家居的发展及应用前景

近几年，在各大公司和媒体的强大概念宣传攻势下，智能家居行业逐渐形成，可用的、接近现实需求的产品不断增加，集成商、开发商及装修公司已经积累了很多经验。如何建立一个高效率、低成本的智能家居系统已成为当前社会的一个热点问题。而国家政府机构及各大信息家电生产厂商不失时机地开展了中国智能家庭网络的标准化制定工作，为中国智能家居的发展提供了一个开放的标准化平台，指明了智能家居研究领域正确的发展方向。

但是，此行业仍存在几个问题。首先，定位偏高，目前智能家居的用户是中上档次的人群，而这类人群毕竟是少数，因此降低定位，让智能家居进入寻常百姓家，可扩大市场范围；其次，没有切实分析用户需求，否则就只是房地产开发商售楼时一个宣传卖点。

智能家居系统可以理解为利用计算机、网络和综合布线技术，通过家庭信息管理平台将与家居生活有关的各种通信设备、家用电器和家庭保安装置经由家庭总线技术连接到一个家庭智能化系统上，从而形成一个有机的整体(数字家庭网络系统)，进行集中的或异地的监视、控制和家庭事务性管理，并保持这些家庭设施与住宅环境的和谐与协调。而无线网络技术的应用已经成了智能家居系统的一个新选择。一般家庭无线网络通信有以下几个特点：传输的数据量比较小，因而无须太大的传输速度；信息的实时性好，时延短，尤其在安防信息上；网络的容量大，因家庭中各种设备、电器很多；无论采用何种方式建立家庭网络，都必须保证数据传送过程中的安全性和可靠性，不易被人窃取和破坏。在智能家居系统中，无线网络技术应用于家庭网络已成为势不可挡的趋势，这不仅仅因为无线网络可以提供更大的灵活性、流动性，省去了花在综合布线上的费用和精力，而且更符合家庭网络的通信特点，同时随着无线网络技术的进一步发展，也必将大大促进家庭智能化、网络化的进程。

一个标准的智能家居需要覆盖多方面的应用，但前提条件一定是任何一个普通消费者都能够非常简单、快捷地自行安装部署，甚至扩展应用，而不需要专业的安装人员上门安装。一个典型的智能家居系统通常需要下列设备(见图 11.2 与图 11.3)。

无线网关：是所有无线传感器和无线联动设备的信息收集控制终端。所有传感、探测器将收集到的信息通过无线网关传到授权手机、计算机等管理设备，另外控制命令由管理设备通过无线网关发送给联动设备。例如，家中无人时门被打开，门磁侦测到有人闯入，则将闯入报警通过无线网关发送到主人手机，手机收到信息，发出震动铃声提示，主人确认后发出控制指令，电磁门锁自动落锁并触发无线声光报警器发出报警。

无线智能调光开关：该开关可直接取代家中的墙壁开关面板，它不仅可以像正常开关一样使用，更重要的是它已经和家中的所有物联网设备自动组成了一个无线传感控制网络，可以通过无线网关向其发出开关、调光等指令。其意义在于用户离家后无须担心家中所有的电灯是否忘了关掉，只要用户离家，所有忘关的电灯会自动关闭。或者在用户、准确睡觉时无须逐个房间去检查灯是否开着，需要做的只是按下装在床头的睡眠按钮，所有灯光会自动关闭，同时夜间起床时，灯光会自动调节至柔和，从而保证睡眠的质量。

无线温湿度传感器：主要用于探测室内、室外温湿度。虽然绝大多数空调都有温度探测功能，但由于空调的体积限制，它只能探测到出风口空调附近的温度，这也正是很多消费者感觉其温度不准的重要原因。有了无线温湿度探测器，用户就可以确切地知道室内准确的温湿度。其现实意义在于当室内温度过高或过低时能够提前启动空调，调节温度。例如，当用户在回家的路上时，家中的无线温湿度传感器探测出房间温度过高，会启动空调自动降温，等用户回家时，家中已经是一个宜人的温度了。另外无线温湿度传感器对于用户早晨出门也有着特别意义。当用户呆在空调房间时，用户对户外的温度是没有感觉的，这时候装在墙壁外的温湿度传感器就可以发挥作用，它可以告诉用户现在户外的实时温度，根据这个准确温度，用户就可以决定自己的穿着，而不会出现出门后才知道穿多或者穿少的尴尬了。

无线智能插座：主要用于控制家电的开关。例如，通过它可以自动启动排气扇排气，这在炎热的夏天对于密闭的车库是一个很好的应用。当然它还可以控制任何家电，只要将家电的插头插上无线智能插座即可，如饮水机、电热水器等。

无线红外转发器：主要是用于家中可以被红外遥控器控制的设备，如空调、电动窗帘、电视等。通过无线红外转发器，用户可以远程无线遥控空调，也可以不用起床就关闭窗帘等。这是个很有意义的产品，它可以将传统的家电立即转换成智能家电。

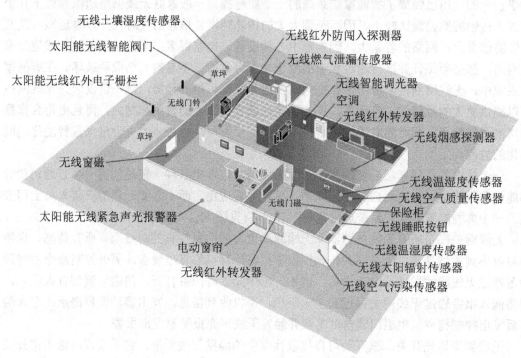

图 11.2 一个典型的智能家居系统布局示意图

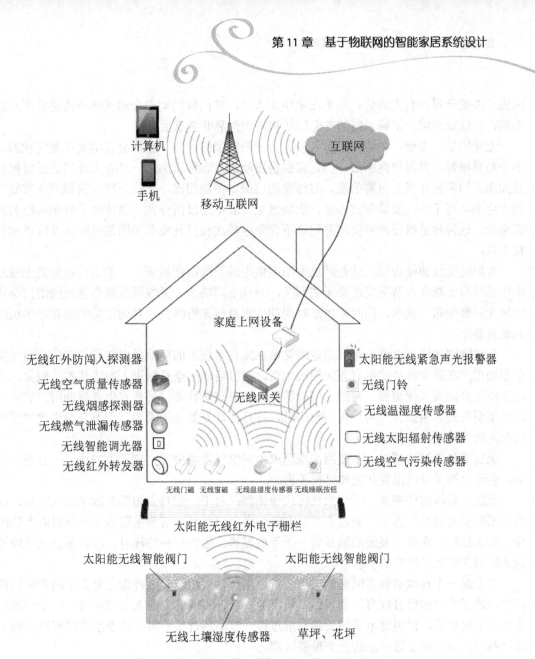

图 11.3　一个典型的智能家居系统的无线组网方式

无线红外防闯入探测器：主要用于防非法入侵。例如，当按下床头的无线睡眠按钮后，关闭的不仅是灯光，同时也会启动无线红外防闯入探测器自动设防，此时一旦有人入侵就会发出报警信号，并可按设定自动开启入侵区域的灯光吓退入侵者。或者当用户离家后它会自动设防，一旦有人闯入，会通过无线网关自动提醒用户的手机并接收用户手机发出的警情处理指令。

无线空气质量传感器：主要探测卧室内的空气质量是否混浊，这对于要回家休息的用户很有意义，特别是有婴幼儿的家庭尤其重要。它通过探测空气质量告诉用户目前室内空气是否影响健康，并可通过无线网关启动相关设备，优化调节空气质量。

无线门铃：对于大户型或别墅很有价值。出于安全考虑，大多数人睡觉时会关闭房门，此时有人来访按下门铃，在房间内很难听到铃声。而这种无线门铃能够将按铃信号传递给

床头开关提示用户有人造访。另外在家中无人时，按门铃的动作会通过网关传递给用户的手机，而这对于用户了解家庭的安全现状和来访信息非常重要。

无线门磁、窗磁：主要用于防入侵。当用户在家时，门、窗磁会自动处于撤防状态，不会触发报警，当用户离家后，门、窗磁会自动进入布防状态，一旦有人开门或开窗就会通知用户的手机并发出报警信息。与传统的门磁、窗磁相比，无线门磁、窗磁无须布线，装上电池即可工作，安装非常方便，安装过程一般不超过两分钟。另外对于有保险柜的家庭来说，这种传感器还能够侦测并记录下保险柜每次被打开或者关闭的时间并及时通知授权手机。

太阳能无线智能阀门：这是通过太阳能供电的无线浇灌系统。一般工作流程是土壤湿度传感器将土壤含水情况发送给无线网关，一旦土壤缺水，无线网关就会发出控制指令并通知无线智能阀门供水，同时将供水时间和供水量传递给网关，并通过网关保存在手机或其他设备上。

无线睡眠按钮：这是个可以固定或粘贴在床头木板上的电池供电装置，它的作用主要是帮助用户在睡觉时关闭所有该关闭的电器，同时启动安全系统进入布防状态。例如，启动无线红外防闯入探测器、窗磁、门磁等进入预警布防状态。另外它也能帮助用户启动夜间的照明模式。例如，当用户夜间起床时，打开的灯光就会很柔和，而不会像进餐时那么明亮，即使这是同一盏灯。

无线燃气泄漏传感器：主要用来探测家中的燃气泄漏情况，它无须布线，一旦燃气泄漏，会通过网关发出报警并通知授权手机。

无线太阳辐射传感器、无线空气污染传感器：对于一些对太阳辐射敏感的人来说，这种传感器具有特别的意义，通过它可以准确知道出门前是否需要采取防太阳辐射或者防污染、防尘措施，而唯一要做的就是看一下手机屏幕，因为户外的辐射、污染等情况已经通过无线网关传到了用户的手机上。

以上是一个典型的物联网智能家居系统，当然物联网带来的神奇之处在于用户可以根据自身的需要自由组合或自己动手做，所有的安装都不需要专业人员的参与，一个普通的消费者即可完成，而整过系统的安装完成过程一般不超过半小时，这也是物联网型智能家居产品与传统智能家居产品的一个重要区别。

11.1.2 基于物联网的智能家居系统应用意义及硬件要求

现代社会，商品经济竞争日益激烈，工作节奏不断加快。对于全身心投入竞争的人们，家务工作方面必然力不从心，家务管理因此就显得尤为重要。智能家居控制器不仅可以提供智能控制方案，使家庭主人在处理家务方面，既快捷又省力，还提供舒适、健康的环境，可以监视室内的温度、湿度，进而控制空调机的运行，达到人工模拟大自然的气息，使人们将来足不出户就能体验和享受到身临大自然的美好境地。另外，它还加大了处理紧急情况的力度，增强了住户无人在家时的安全感，使人们能够全身心地投入工作，从而提高生活质量。住宅智能化控制的开发与建设是 21 世纪发展的必然趋势。信息技术的大力普及和应用，极大推动了住宅小区智能化建设的进程，更为住宅小区智能化提供了可靠的技术保障，实施起来更加容易和简捷。智能信息家电及智能家居系统具有安网作为主干网，实现交互式数字视频业务。其系统硬件要求如下。

（1）小区物业管理智能化系统的硬件有信息网络、计算机、公用设备、计量仪表和电子器材等。系统硬件应具有先进性，避免短期内因技术陈旧造成整个系统性能不高和过早淘汰。

（2）在充分考虑先进性的同时，硬件系统应立足于用户对整个系统的具体需求。应优先选择先进、适用、技术成熟的产品，最大限度地发挥投资效益。

（3）无论是系统设备还是网络拓扑结构，都应具有良好的开放性。网络化的目的是实现设备资源和信息资源的共享。因此，计算机网络本身应具有开放性，并应提供标准接口。用户可根据需求，对系统进行拓展或升级。

（4）计算机网络选择和相关产品的选择要以先进性和适用性为基础，同时考虑兼容性。系统设备应优先选择根据已有国际标准设计、生产的标准化设备，避免因兼容性差造成系统难以升级或拓展。

（5）随着社会的不断发展和进步，住宅小区物业管理智能化系统的规模、自动化程度会不断扩大和提高，用户的需求会不断变化。因此，系统的硬件应充分考虑未来的可升级性。

11.1.3　系统软件要求及通信技术

1）系统软件要求

系统软件是小区物业管理智能化系统的核心，它的功能好坏直接关系到整个系统的水平。系统软件包括计算机及网络操作系统、应用软件及实时监控软件等。

（1）系统软件应具有很高的可靠性和安全性。

（2）系统软件操作方便，采用中文图形界面和多媒体技术，使系统具有处理声音及图像的能力。用户操作界面要适应不同层次住户及物业公司人员的素质。

（3）系统软件应符合国家、行业标准及国际标准，便于多次升级和支持新硬件产品。

（4）系统软件应具有功能上的可扩充性。对使用的元件的耐压要求比较高。目前国际上采用电力线作为连网介质推出的解决方案有 X-10、CEbus 等。

2）智能家居系统的通信技术

家庭网络的通信主要以物理媒体层的实际电磁信号为主要传输载体，所以物理媒体层传输介质是整个家居网络的物质基础。因而家庭网络通信媒体的选用是很重要的。目前，家庭网络的通信媒体主要有以太网(双绞线)、电话线、电力线、无线射频、红外线、电缆和光纤等，但当前主要以双绞线、电话线和电力线为主，家庭无线网络主要采用红外、无线方式等，灵活、方便和可移动计算将成为未来发展的方向。

根据接入设备的类型及实际需要，家庭局域网可以用有线或无线方式实现，也可以用混合型网络实现。以下分别对这几种方案进行比较。

有线通信方式主要利用家庭中的电话线、有线电视线、电力线等已经存在的配线进行通信。

（1）电话线网络。计算机厂商与消费电子厂商成立了一个名为 HomePNA(家庭电话线网络联盟)的组织来推广利用电话线建立家庭网络。它通过在电话线加载高频载波信号来实现信息的传递，可以同时满足电话业务、家庭内部数据传输，二者互不干扰，可以达到 1Mb/s 的传输速率。该方案采用 802.3 标准，支持 QoS 机制，HomePNA 在 MAC 层制定了 8 种优先级，改进了冲突解决技术，保证音频类实时数据延迟控制在 10～20ms。电话线网络利用

住宅内现有电话线路的家庭网络，具有较好的发展前景，因为电话应用已经普及，施工和安装比较方便，通过频分多路技术可以使一根电话线利用不同频率同时传输数据、Internet信息和声音。相对其他技术而言，基于电话线路的连网产品价格较低，数据传输不容易受到干扰。利用电话按键可实现简单、方便、廉价的远程控制。

(2) 电力线网络。采用电力线作为传输介质一般使用窄带通信方式和扩频通信方式，在家庭网络中适合采用扩频通信方式。使用电力线的最大优点在于不用改动家庭布线，利用现有的插座就可以实现家用电器的方便连网，因此施工和安装更为方便。但对于家庭中所使用的手持移动设备，无法采用电力线连入家庭网络。它的缺点在于传输速率只有300Kb/s，噪声和干扰比较大，不能满足数字视频和音频信号的传输，保密性较差，而且没有统一的标准。此外由于信号与家用电器在同一对线上传输，其安全、方便、高效、快捷、智能化、个性化的独特魅力，对于改善现代人类的生活质量，创造舒适、安全、便利的生活空间有着非常重要的意义。

国家智能家居建设纲要中，对于住宅小区智能家居系统在系统功能方面有一定的要求。智能化系统示范工程，按不同标准，应分别做到以下功能。

(1) 一星级标准如下。

① 安全防范子系统：出入口管理及周界防越报警；闭路电视监控；对讲与防盗门控；住户报警；巡更管理。

② 信息管理子系统：对安全防范系统实行监控；远程抄收与管理或 IC 卡；车辆出入与停车管理；供电设备、公共照明、电梯、供水等主要设备监控管理；紧急广播与背景音乐系统；物业管理计算机系统。

③ 信息网络子系统：为实现上述功能科学合理布线；每户不少于两对电话线和两个有线电视插座；建立有线电视网。

(2) 二星级标准如下。

二星级除应具备一星级的全部功能之外，在安全防范子系统和信息管理子系统的建设方面，功能及技术水平应有较大提升。信息传输通道应采用高速宽带数据网作为主干网。物业管理计算机系统应配置局部网络，并可供住户连网使用。

(3) 三星级标准如下。

三星级应具备二星级的全部功能。其中信息传输通道应采用宽带光纤用户接入。有线和无线技术，既是相互竞争的，也是相互补充的，既有各自的优点，也有各自的缺点，目前是多种技术混合和共存的局面。但随着无线技术的发展成熟，无线技术必将取代有线技术，成为最终的发展趋势。

目前，无线网络技术主要可分为射频技术、红外线技术、IEEE 802.11b 和 IEEE 802.11a协议技术、Home RF 协议、ZigBee 技术、蓝牙技术。其中射频(RF)技术已很成熟。它的成本低廉，穿透性较好，但抗干扰能力差，安全性差，最致命的缺陷是它没有统一的标准，各公司的通信协议都不一样；红外线技术也比较成熟，但必须直线视距连接，限制太大，并不适合通常意义上的家庭网络；IEEE 802.11 是 IEEE 最初制定的一个无线局域网标准，主要用于办公室局域网和校园网，由于它在速率和传输距离上都不能满足人们的需要，IEEE 小组又相继推出了 IEEE 802.11b 和 IEEE 802.11a 两个新标准，但无论是 IEEE 802.11b还是 IEEE 802.11a，它们都是一种高速率传输协议，用在家居系统上有些大材小用，而且价格昂贵，因此更适于办公室的无线网络；Home RF 无线标准是由 Home RF 工作组开发的，旨在使计算机与其他电子设备之间实现无线通信的开放性工业标准，由于 Home RF 网络没有密码，因而它的安全性较差，且抗干扰能力也很差；而 ZigBee 技术和蓝牙技术都属于 IEEE 802.15 协议，在一定的范围内有重叠，但各自的技术特点决定了其应用的侧重点仍有很大的不同。ZigBee 作为一种低功耗、低数据速率、低成本的技术，更适合于家庭自动化、安全保障系统及进行低数据率传输的低成本设备，而蓝牙更适合于语音业务及需要更高数据量的业务，如移动电话、耳机等。

11.1.4　系统设计原则和功能目标

1) 远程家居智能管理系统设计原则

优秀的家庭自动化产品应该具有以下设计原则。

标准化：家庭自动化产品应当依照国际上流行的相关协议进行设计，充分保证各厂家产品间的兼容性和相互操作能力。

开放性：目前，在智能住宅、家庭自动化、家电网络领域尚处于一家一户自行开发的局面，而实际上用户不可能全部使用同一厂家生产的产品，这将极大地阻碍互连、互通和长远发展。因此，家庭自动化系统应该具有开放的协议、统一的接口。

模块化：采用模块化的设计可以适应各种场合的需要，保障用户的利益并允许系统的逐步到位。模块之间遵循一定的协议，可以相互通信和协调。

实用性：人们购买家庭自动化产品是为了享有更加便利、舒适的生活，绝非追逐潮流。

普及化：家庭自动化系统应该面向低成本、高性能的目标设计。住户对价格较为敏感，所以智能住宅采用的技术要较为经济。同时，家庭自动化系统应该能最大程度地兼容用户原有的电器设备，保护用户投资。

简洁易用：高科技带来的应该是一种享受，而绝不是一种负担。好的家庭自动化产品应该简便易用、用户界面友好，并且不需要使用者花太多的精力就能掌握。

2) 系统功能目标

智能家居控制系统由基于电话网络的远程控制和本地集中控制两大部分组成。具体功能目标如下。

(1) 远程控制实现人在异地能通过电话网络对家中的电器设备进行控制的功能。

(2) 本地集中控制实现在近距离通过键盘控制家用电器设备的工作状态。

(3) 安全防盗报警。

(4) 三表(电表、水表、气表)的数据采集。

(5) 实时时钟显示的功能。

11.2　ZigBee 技术

ZigBee 技术是主要应用于自动控制的一种近距离、低复杂度、低功耗、低数据速率、低成本的双向无线通信技术。它主要工作在无须注册的 2.4GHz ISM 频段，数据速率为 20～250Kb/s，最大传输范围在 10～75m，典型距离为 30m。基于 ZigBee 的无线模块由高度集成的天线、电池及频率控制器组成。在以 ZigBee 构成的无线个人局域网(Wireless Personal Area Network，WPAN)网络中能支持高达 254 个用户结点，外加一个全功能器件或主器件，可实现双向通信。ZigBee 主要通过降低收发信机的忙闲比及数据传输的频率，降低帧开销，以及实行严格的功率管理机制，如关机及睡眠模式等方式来降低设备的综合功耗。IEEE 802.15.4 定义了两个物理层标准，分别是 2.4GHz 物理层和 868/915MHz 物理层。两个物理层都基于直接序列扩频技术(Direct Sequence Spread Spectrum，DSSS)，使用相同的物理层数据包格式，区别在于工作频率、调制技术、扩频码片长度和传输速率不同。ZigBee MAC 层的设计则主要考虑到尽可能地降低成本，容易实现，可靠的数据传输，短距离操作及非常低的功耗。在 ZigBee 网络中传输的数据可分为 3 类，周期性数据(如家庭中水、电、气三表数据的传输)、间断性数据(如电灯、家用电器的控制即安防报警数据的传输；还有反复性的低反应时间的数据如无线鼠标、游戏杆传输的数据)。为了提高传输数据的可靠性，ZigBee 采用了载波侦听多址/冲突避免(CSMA/CA)的信道接入方式和完全握手协议。

ZigBee 联盟成立于 2002 年 8 月，由英国 Invensys 公司、日本三菱电气公司、美国 Motorola 公司及荷兰飞利浦半导体公司组成，如今已吸引了上百家芯片公司、无线设备公司和开发商的加入。

11.2.1 ZigBee 的技术参数

ZigBee 的技术参数如表 11-1 所示。2.4 GHz 波段为全球统一的无须申请的 ISM 频段，有助于 ZigBee 设备的推广和生产成本的降低。2.4 GHz 的物理层通过采用 16 相高阶调制技术，能够提供 250 Kb/s 的传输速率，有助于获得更高的吞吐量、更小的通信时延和更短的工作周期，从而更加省电。

表 11-1 ZigBee 的技术参数

中心频率/MHz	信道编号	频率数量	信道间隔/MHz	速率/Kb/s	调制方式	频率上限/MHz	频率下限/MHz
869.3	$k=0$	1	—	20	BOSK	868.2	868.0
$906+32(k-1)$	$k=1$，2，…，26	10	2	40	HPSK	928.0	902.0
$2405+(k-11)$	$k=11$，12，…，26	16	5	250	O-QPSK	2483.5	2400.0

11.2.2 ZigBee 协议栈

ZigBee 协议栈[5]采用分层结构，包括物理层(PHY Layer)、媒体接入控制层(MAC Layer)、网络层(NWK Layer)和应用层(APS Layer)，如图 11.4 所示。

网络层及其以上层协议由 ZigBee 联盟制定，IEEE 组织负责定制物理层和 MAC 层标准。应用层包括应用对象终端设备和应用接口层，且最多只能包含 31 个应用对象。应用接口层主要负责把不同的应用映射到 ZigBee 网络层上，其中包括安全与鉴权、多个业务数据流的会聚、设备发现及业务发现。网络层主要考虑采用基于 Ad hoc 技术的网络协议，包含以下功能：通用的网络层功能，拓扑结构的搭建和维护，命名和关联业务，包含寻址、路由和安全。同 ZigBee 协议标准一样，非常省电；有自组织、自维护功能，以最大程度地减少消费者的开支和维护成本。ZigBee 协议的 MAC 层协议包括以下功能：设备间无线链路的建立、维护和取消；确认模式的帧传送与接收；信道接入控制；帧校验；预留时隙管理；广播信息管理。ZigBee 协议 MAC 层定义的 4 种帧结构为数据帧、标志帧、确认帧和 MAC命令帧，如图 11.5 所示。

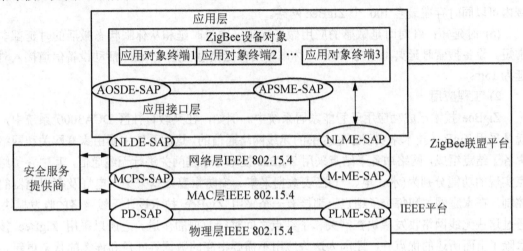

图 11.4　ZigBee 协议栈结构

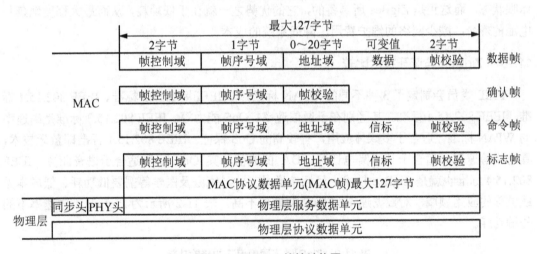

图 11.5　ZigBee 的帧结构图

11.2.3　ZigBee 的技术特点、优势及工程应用

1) ZigBee 的技术特点及其优势

(1) 安全性：ZigBee 提供了数据完整性检查和鉴权功能，加密算法采用 AES-128，同时各个应用可以灵活确定其安全属性。

(2) 可靠性：采用了碰撞避免机制，同时为需要固定带宽的通信业务预留了专用时隙，避免了发送数据时的竞争和冲突。MAC 层采用了完全确认的数据传输机制，每个发送的数据包都必须等待接收方的确认信息。

(3) 成本低：模块的初始成本估计在 6 美元左右，且 ZigBee 协议是免专利费的。

(4) 省电：由于工作周期很短、收发信息功耗较低，并且采用了休眠模式，ZigBee 技术可以确保两节五号电池支持长达 6 个月到 2 年的使用时间，当然不同的应用功耗是不同的。

(5) 网络容量大：一个 ZigBee 网络可以容纳最多 254 个从设备和一个主设备，一个区域内可以同时存在最多 100 个 ZigBee 网络。

(6) 时延短：针对时延敏感的应用做了优化，通信时延和从休眠状态激活的时延都非常短。设备搜索时延典型值为 30ms，休眠激活时延典型值是 15ms，活动设备信道接入时延为 15ms。

2) 工程应用

ZigBee 技术已成功应用于智能家居系统中。例如，在某教育社区 DCA3000 系统中，就是采用 ZigBee 技术来实现家庭内部的无线网络通信的。这款系统主要由家庭网关和网络中各子结点组成，网络中各子结点采用 ZigBee 技术与家庭网关进行无线通信，其中各子结点实现的功能分别为(水、电、气)三表数据采集、安防报警数据采集、电灯及家用电器的控制。在家庭网关和每个子结点上都接有一个采用 ZigBee 技术设计无线网络的收发模块，通过这些无线网络收发模块在网关和子结点之间进行数据的传送。之所以采用 ZigBee 技术除了上面所述的优点外，还因为这些应用不需要很高的数据吞吐量和连续的状态更新。更为重要的是，系统中子结点采用电池供电，因而需要极低的功耗且在通常状态下应具有休眠状态，而这正是 ZigBee 所具备的，它的优势之一就在于低功耗，从而最大程度地延长电池的寿命，减少网络的维护费用，降低系统的成本。

11.2.4 ZigBee 与蓝牙技术比较

IEEE 委员会制定了 3 种不同的 WPAN 标准，即 IEEE 802.15.3 标准、IEEE 802.15.1 标准、IEEE 802.15.4 标准。其区别在于通信速率、QoS 能力等。IEEE 802.15.3 标准是高速率的 WPAN 标准，适合于多媒体应用，有较高的 QoS 保证。IEEE 802.15.1 标准即蓝牙技术，具有中等速率，适合于从蜂窝电话到 PDA 的通信，其 QoS 机制适合于语音业务。IEEE 802.15.4 标准也就是 ZigBee 技术，目标市场是工业、家庭及医学等需要低功耗、低成本无线通信的应用领域，对数据速率和 QoS 的要求不高。表 11-2 所示为 ZigBee 不同速率下的传输功耗。

表 11-2 ZigBee 不同速率下的传输功耗

速率/转换功率	1mW(0dBm)	10mv(10dBm)	100mW(20dBm)
250Kb/s	13m	29m	66m
28Kb/s	23m	54m	134m

ZigBee 与蓝牙技术有许多相似点，但 ZigBee 的优点更显而易见。首先，蓝牙的传输距离小于 10m，这在大一点的家庭住宅中是一个极大的障碍，因而很难构成无线通信网络，而 ZigBee 的传输范围在 10~75m，非常适合家庭网络的建立；其次，在一个蓝牙网络中最多可容纳 8 个结点，ZigBee 可容纳 255 个结点，而一般每个家庭网络中需要 100~150 个设备结点；最后，蓝牙模块的成本较高，这也成为其没有广泛应用的原因之一。此外蓝牙

的功耗与 ZigBee 相比要大很多，而 ZigBee 则成本低廉，而且功耗极低，如表 11-3 所示。虽然蓝牙的传输数据速率比 ZigBee 快，但 ZigBee 的 250kb/s 的传输速率在家庭网络中已足够使用。可以说，采用 ZigBee 技术所架构的无线智能家居系统网络，由于低成本、低功耗、较远的覆盖范围及在全球范围内的通用，使其成为智能家居系统中的又一亮点，必将给现代智能家居系统带来一场新的变革。

表 11-3　ZigBee 与蓝牙的比较

比较方面	蓝牙	ZigBee
PHY	FHSS	DSSS
协议层	250KB	28KB
电池	可充	不可充
设备/网络	8	2^{16}
连接速度	1Mb/s	250Kb/s
有效距离	10m	30m

11.2.5　ZigBee 的应用领域

ZigBee 技术将主要嵌入消费性电子设备、家庭和建筑物自动化设备、工业控制装置、计算机外部设备、医用传感器、玩具和游戏机等设备中，应用于小范围的基于无线通信的控制和自动化等领域中。ZigBee 联盟预测的主要应用领域包括工业控制、消费性电子设备、汽车自动化、农业自动化和医用设备控制等。通常，符合如下条件之一的应用，均可以考虑采用 ZigBee 技术做无线传输。

(1) 设备成本较低，传输的数据量较小。

(2) 设备体积较小，不便放置较大的充电电池或者电源模块。

(3) 没有充足的电力支持，只能使用一次性电池。

(4) 无法做到频繁地更换电池或者反复地充电或者很困难。

(5) 需要较大范围的通信覆盖，网络中的设备非常多，但仅仅用于监测或控制。

11.3　基于 ZigBee 技术的智能家居系统构架

11.3.1　基于 ZigBee 技术的拓扑结构

基于 ZigBee 技术的智能家居系统的拓扑选择涉及许多设计方案的权衡。该网络自身也是一个动态系统，不断与外界环境相互影响。人们的移动、不间断地使用电器和外界的干扰源等都可以影响网络性能。对电池供电的设备来说，复杂的设计目标就是保存电池消耗。通常拓扑结构的选择要考虑以下几个问题：首先，要考虑最糟情况下和一般情况下的连通性拓扑应用需要的结点密度和周围环境状况；其次，考虑评估可选择的情况；最后，还要考虑系统的可升降性和权衡能耗/资源的限制。本智能家居系统的实际情况如下。

(1) 传感器结点由电池供电，而家庭网关通过电源供电，所以应该尽量减少传感器结点的工作量，以节约传感器结点用电。

(2) 智能家居中接入的主要是传感器和开关，网络中数据量不大，没有必要采用复杂的网络拓扑来保证数据通信。因此，星形拓扑结构完全能满足要求，并且实现简单，不涉及路由寻址等功能。基于 ZigBee 技术的智能家居系统的网络拓扑结构如图 11.6 所示。家庭网关和若干个无线通信 ZigBee 传感器结点模块组成星形结构的家庭传感器网络。其中，家庭网关是全功能设备，充当网络协调器，由它主导网络的建立，监督网络的正常运行。它配置较多的存储空间，完成网络初始化、数据采集、设备控制等功能。另外，它配置 16 位本地地址给设备，以节省带宽。其他的无线通信 ZigBee 子结点模块则是精简功能设备，完成传感器状态采集，查询响应、控制设备等，它们只能与家庭网关之间进行通信，相互之间不能进行通信。

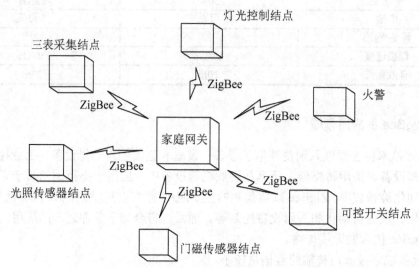

图 11.6　基于 ZigBee 技术的智能家居系统网络拓扑结构

11.3.2　家庭网关

智能家居中的各传感器开关结点与家庭网关互连成家居内部信息网，内部信息网还需要和外部网络连通，否则无法实现小区集中化管理、设备诊断和更新，以及远程配置和维护，用户也无法对家中的设备进行远程控制和管理。家庭内部信息网和外部网络互联，有两种选择：一是公用电话网，二是因特网。这就对应着两种设备，电话接口和家庭网关。电话接口的数据传输能力和控制功能都十分有限，扩展性不好，因此，采用家庭网关的方式比较可取。家庭内部信息网的通信协议比较简单，要实现它与外部 TCP/IP 的互连，必须实现协议的转换，这是家庭网关一个非常重要的作用。从结构上来看，家庭网关就是外部 TCP/IP 网络与家庭内部信息网络的一个连接点。家庭网关并不仅仅是一个简单的协议转换设备，更是一个对外的家庭内部网络控制接口，一方面是因为家庭内部通信协议功能远不如 TCP/IP 功能强大，另一方面也是因为家庭内部网络的接口规范和协议缺乏统一的标准。家庭网关要做到对外的控制接口，需要考虑以下几个问题。

(1) 功能接口，必须有一个完备的接口，能够通过该接口实现智能家居的全部功能。

(2) 数据帧格式，包括内部网络的数据帧格式、协议的基本层次和各层次头部信息格式的确定，协议的指定必须充分考虑到未来的发展和扩充。

(3) 传输方式，包括数据帧的丢失、超时和校验等情况的处理，尽量做到与物理介质无关，在不同的物理介质上运行，只需要修改最底层的物理协议即可。

家庭网关是一个由硬件和软件共同组成的功能实体，通常采用 PC 实现。因为 PC 功能强大，支持多种设备接口，还包括操作系统和应用软件、网络支持等，能很方便地实现控制和网关功能。但是以 PC 做家庭网关也有不足，体积大、功耗大且成本高，因此 PC 并不是家庭网关的最佳选择。可以采用嵌入式系统来实现家庭网关，嵌入式系统面向应用，可以根据实际需要定制软硬件和接口，使它的功能、可靠性和成本等方面更适应要求。但相对于 PC 来说，嵌入式系统不仅包括软件开发，还要完成硬件开发，难度增大。家庭网关从功能结构上分，主要包括功能实现、数据处理平台和网络接口控制器 3 部分。实现的功能包括对传感器结点的管理、与外界的信息交互、集成家庭服务、人机界面和对内通信。

对传感器结点的管理：必须基本实现对传感器结点状态变化的管理、自动对传感器结点进行操作、生成管理日志。状态变化包括传感器结点的添加、移除和异常情况的管理。自动对传感器结点进行的操作包括传感器结点的初始设定、传感器结点工作状态的更改(停用、启动等)、对传感器结点发布命令(报警等)。生成管理日志应该包括所有可以采集得到的家庭事务，如传感器结点状态的改变、中继器的报告数据等。

与外界的信息交互：必须基本实现对外部数据的认证、外部指令的执行、内部状态的汇报。

集成家庭服务：根据系统和用户需求，开发各种应用程序，并整合传感器结点，使其完成特定的服务。例如，对传感器结点的重载，光照强度传感器可以用于灯光的控制服务，也可用于窗帘的开关服务等。

人机界面：必须基本实现传感器结点初始设定界面、家居管理界面。其简单性、易用性和灵活性关系到整个系统性能的发挥，对用户的接受程度有很大的影响。

对内通信：包括和中继器之间的通信，规定一套实现以上各种功能的通信协议。

11.3.3　传感器结点

在家庭环境中布置传感器结点以无线通信方式组织成网络，传感器结点负责监视周围一定范围内的环境，接收信号，并进行数据处理和通信。它集成传感器件、数据处理单元和通信模块，并通过自组织的方式构成网络。借助于传感器结点中各类型的传感器件，可以测量家庭内部和周边环境的温度、湿度、光强度、入侵等。

网络信息管理的核心部分为物理接口，作为家庭网关和传感器结点之间的桥梁，物理接口完成家庭网关和传感器结点间的通信，并且能使家庭网关和传感器结点之间相互理解通信的内容。所以家庭网关和传感器结点都配置同样的无线收发模块作为物理接口。除了无线收发模块之外，传感器结点还包括具有一定处理能力的 MCU 芯片，单片机根据预先

写入的程序，能够采集传感器信息、转发命令、状态信息和控制设备，并能对子网上的结点进行统筹管理，维护整个传感器系统的运转状况。传感器结点包括两个模块：功能模块和能耗模块。

1. 功能模块

功能模块由 3 部分组成，包括应用：负责对传感器结点的信号采集功能、通信行为等进行初始化，

网络协议栈：负责模拟传感器结点中无线通信的各层协议。

传感模块：也称为传感协议栈，负责检测和处理来自传感器信道的信号，将其送往上层应用。

2. 能耗模块

结点的能量产生和能量消耗过程，主要包括电池、无线收发设备、数模转换器和信号采集设备等硬件，如图 11.7 所示。

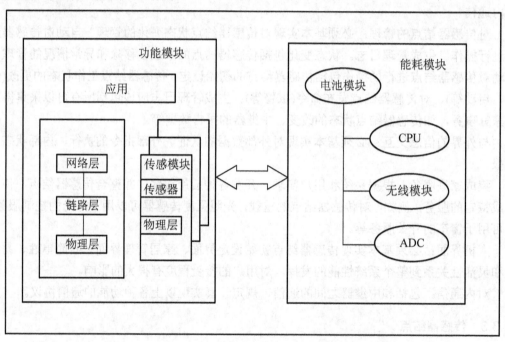

图 11.7　传感器结点模型体系结构

11.3.4　ZigBee 网络的构成

1. 设备分类及功能

在 ZigBee 的网络中，支持两种类型的物理设备：全功能设备和精简功能设备。全功能设备的特点：支持任何拓扑结构；可以成为网络协调器或路由；能和任何设备通信。精简功能设备的特点：只用在星形拓扑中；不能成为网络协调器；只能和网络协调器通信；实现非常简单。

此外，ZigBee 网络按照结点类型来分，支持 3 种结点：主结点、路由结点及终端结点。

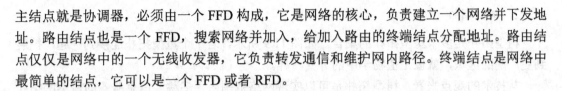

主结点就是协调器，必须由一个 FFD 构成，它是网络的核心，负责建立一个网络并下发地址。路由结点也是一个 FFD，搜索网络并加入，给加入路由的终端结点分配地址。路由结点仅仅是网络中的一个无线收发器，它负责转发通信和维护网内路径。终端结点是网络中最简单的结点，它可以是一个 FFD 或者 RFD。

2．地址分配模式

所有 ZigBee 设备均将有一个 64 位的 IEEE 地址，这是全球唯一的设备地址，需要得到 ZigBee 联盟的许可和分配。在子网内部，可以分配一个 16 位的地址作为网内通信地址，以减小数据包的大小。地址分配模式有两种。

(1) 星形拓扑：网络号加设备标志，在此采用这种分配模式。

(2) 点对点拓扑：直接使用源/目的地址。

这两种地址分配模式，决定了每个 ZigBee 网络协调器可以支持 64 000 多个设备，而各协调器可以互连，从而可以构成更大规模的网络，逻辑上网络规模取决于频段的选择、结点设备通信的频率及该应用对数据丢失和重传的容纳程度。

11.3.5　ZigBee 的网络拓扑结构

ZigBee 的网络拓扑结构有 3 种：星形网络、树形网络、网状网络。下面对这 3 种拓扑网络进行描述和介绍，并比较、选定智能家居所选用的拓扑网络。

1．星形网络

如图 11.8 所示为一个辐射状系统，数据和网络命令都通过中心结点传输。如果用通信模块构造星型网络，只需要一个模块被配置成中心结点，其他模块可以配置成终端结点。

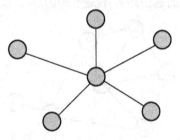

图 11.8　星型拓扑网络

星型路由拓扑的最大优点是结构简单。这种简单是指很少有上层协议需要执行、较低的设备成本、较少的上层路由信息和管理简便。中心结点可以承担许多管理工作。但是这种简单也有弊端。因为需要把每个终端结点放在中心结点的通信范围之内，这必然会限制无限制网络的覆盖范围，并且星形拓扑很难实现高密度的扩展。集中的信息涌向中心结点，容易形成热点，导致网络拥塞、丢包、性能下降等。到目前为止，星形拓扑是最常见的网络配置结构，被大量用在远程监测和控制中。

2. 树型网络

树型拓扑是多个星型拓扑的集合。如图 11.9 所示，若干个星型拓扑连接到一起，扩展到更广阔的区域，就像是植物学中的分支一样。

从技术的观点来看，树型拓扑是可以实现网络范围内"多跳"信息服务的最单的拓扑结构。树型拓扑最值得注意的地方就是它保持了星型拓扑的简单性：较少的上层路由信息、较低的存储器需求，这样成本必然也较低。

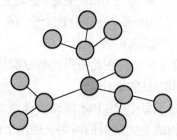

图 11.9　树型网络

然而，树型结构也不能很好地适应外部的动态环境。树型结构的最佳应用是在稳定的无线电射频环境中，也可以很好地用在一些简单的低数据量的大规模集合的应用之中。如果应用需要有一定的覆盖范围，网络有一定的稳定性和扩展性，树型结构将是一种简单的选择。

3. 网状网络

网状网络是一个自由设计的拓扑，具有很高的适应环境的能力。网络中的每个结点都是一个小的路由器，都具有重新路由选择的能力，以确保网络最大限度的可靠性，由图 11.10 可以看出网络中任意两个结点的通信路径不是唯一的。

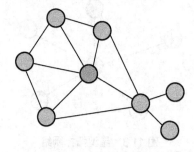

图 11.10　网状网络

网状拓扑与星型、树型相比，更加复杂，其路由拓扑是动态的，不存在一个固定可知的路由模式。这样信息传输时间更加依赖瞬时网络连接质量，因而难以预计。更重要的是，即使对于一个经验丰富的网络设计师来说，定性地分析网状算法也是一件极具挑战的工作。网络设计师通常在需要高度可靠、可实现的场合应用网状结构。

4. 智能家居的网络拓扑选择

建立一个网络的前提和基础是选择一个合理的网络拓扑，网络拓扑的结构可以决定网络的成本、速度、特点和实现的功能。像家庭这样的小型局域网通常采用的是星型网络，其成本低廉、结构简单、连接容易、容易扩充和管理。星型网络结构的特点是对中心结点的依赖性很大，中心结点出现问题，可能造成整个网络的瘫痪。家庭内部无线网络连接距离较短，一般在 100m 以内，家用电器位置容易改变，家庭电器的数量也容易变化，网络中的信息传达主要在无线数字家居服务器和其他室内终端之间。根据家庭网络的这些特点及无线技术最大传输距离 150m，星型网络结构完全满足家庭网络需要。通过使用证明，星形家庭网络组网简单，使用可靠。

11.4　智能家居中的硬件设计

11.4.1　ZigBee 协议栈的体系结构

相对于其他无线通信标准，ZigBee 协议栈显得更为紧凑和简单。如图 11.11 所示，ZigBee 协议栈的体系结构由底层硬件模块、中间协议层和高端应用层 3 部分组成。

1. 底层硬件模块

底层硬件模块是 ZigBee 技术的核心模块，所有嵌入 ZigBee 技术的设备都必须包括底层硬件模块。它主要由射频、ZigBee 无线射频收发器和底层控制模块组成。ZigBee 标准协议定义了两个物理层标准，分别是 2.4 GHz 物理层和 868/915 MHz 物理层。两个物理层都基于直接序列扩频技术，使用相同的物理层数据包格式；区别在于工作频率、调制方式、信号处理过程和传输速率。

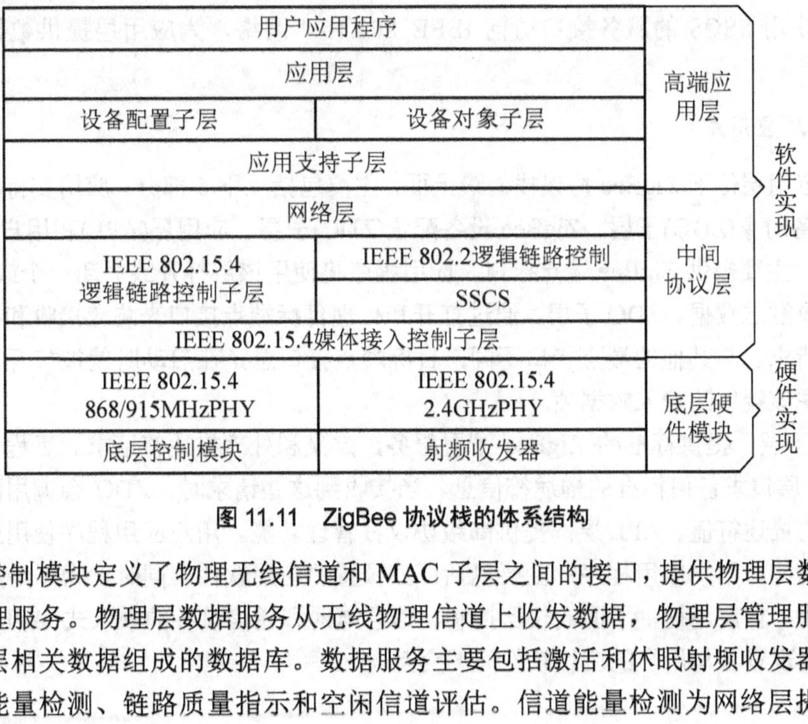

用户应用程序		高端应用层	软件实现
应用层			
设备配置子层	设备对象子层		
应用支持子层			
网络层		中间协议层	
IEEE 802.15.4 逻辑链路控制子层	IEEE 802.2逻辑链路控制		
	SSCS		
IEEE 802.15.4媒体接入控制子层			硬件实现
IEEE 802.15.4 868/915MHzPHY	IEEE 802.15.4 2.4GHzPHY	底层硬件模块	
底层控制模块	射频收发器		

图 11.11　ZigBee 协议栈的体系结构

底层控制模块定义了物理无线信道和 MAC 子层之间的接口，提供物理层数据服务和物理层管理服务。物理层数据服务从无线物理信道上收发数据，物理层管理服务维护一个由物理层相关数据组成的数据库。数据服务主要包括激活和休眠射频收发器、收发数据、信道能量检测、链路质量指示和空闲信道评估。信道能量检测为网络层提供信道选择依据。它主要测量目标信道中接收信号的功率强度，由于这个检测本身不需要进行解码操作，所以检测结果是有效信号功率和噪声信号功率之和。链路质量指示为 MAC 层或者应用层提供接收数据帧时无线信号的强度和质量信息。与信道能量检测不同的是，它要对信号进行解码，生成一个信噪比指标。这个信噪比指标和物理层数据单元一起提交给上层处理。空闲信道评估用来判断信道是否空闲。ZigBee 协议标准定义了 3 种空闲信道评估模式：第一种是判断信道的信号能量，若信号能量低于某一个门限量，则认为信道空闲；第二种是判断无线信道的特征，这个特征主要包括两方面，即扩频信号和载波频率；第三种模式是前两种模式的综合，同时检测信号强度和信号特征，给出信道空闲判断。

2. 中间协议层

中间协议层由 IEEE 802.15.4 MAC 子层、IEEE 802.15.4 逻辑链路控制(Logical Link Control，LLC)子层、网络层及通过业务相关汇聚子层(Service Specific Convergence Sublayer，SSCS)协议承载的 IEEE 802.2 LLC 子层(选用协议层)组成。MAC 子层：使用物理层提供的服务实现设备之间的数据帧传输，而 LLC 子层在 MAC 子层的基础上，在设备间提供面向连接和非连接的服务。MAC 子层提供两种服务：MAC 层数据服务和 MAC 层管理服务。前者保证 MAC 协议数据单元在物理层数据服务中的正确收发；后者维护一个存储 MAC 子层协议状态相关信息的数据库。网络层：负责建立和维护网络连接。它独立处理传入数据请求、关联、解除关联和孤立通知请求。SSCS 和 IEEE 802.2 LLC：只是 ZigBee 标准协议中可能的上层协议，并不在 IEEE 802.15.4 标准的定义范围之内。SSCS 为 IEEE 802.15.4 的 MAC 层接入 IEEE 802.2 标准中定义的 LLC 子层提供聚合服务。LLC 子层可以使用 SSCS 的服务接口访问 IEEE 802.15.4 网络，为应用层提供数据链路层的服务。

3. 高端应用层

高端应用层位于 ZigBee 协议栈的最上面，主要包括以下 5 部分：应用支持(APS)子层、ZigBee 设备对象(ZDO)子层、ZigBee 设备配置(ZDC)子层、应用层(APL)和用户应用程序。APS 子层：主要提供 ZigBee 端点接口。应用程序将使用该层打开或关闭一个或多个端点，并且获取或发送数据。ZDO 子层：通过打开和处理目标端点接口来响应接收和处理远程设备的不同请求。与其他的端点接口不同，目标端点接口总是在启动时就被打开并假设绑定到任何发往该端口的输入数据帧。

ZDC 子层：提供标准的 ZigBee 配置服务，定义和处理描述符请求。远程设备可以通过 ZDO 子层请求任何标准的描述符信息。当接收到这些请求时，ZDO 会调用配置对象以获取相应的描述符值。APL 层：提供高级协议栈管理功能。用户应用程序使用此模块来管理协议栈功能。用户应用程序：主要包括厂家预置的应用软件。同时，为了给用户提供更广泛的应用，该层还提供了面向仪器控制、信息电器和通信设备的嵌入式 API，从而可以更广泛地实现设备与用户的应用软件间的交互。

11.4.2　ZigBee 硬件的实现

随着 ZigBee 标准的发布，世界各大无线芯片生产厂商陆续推出了支持 ZigBee 的结点模块。图 11.12 为 ZigBee 单芯片硬件模块结构图。微处理器通过 SPI 总线和一些离散控制信号与射频收发器相连。微处理器充当 SPI 主器件，而射频收发器充当从器件。控制器实现了 IEEE 802.15.4 媒体接入控制子层和 ZigBee 协议层，还包含了特定应用的逻辑，并且使用 SPI 总线与射频收发器交互。

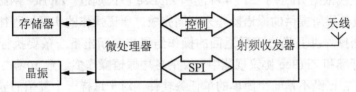

图 11.12　ZigBee 单芯片硬件模块结构图

总结起来，一个典型的 ZigBee 结点模块至少必须具备以下组件。

(1) 一片带 SPI 接口的微处理器，如 ATmega128、PIC18F 和 HCS08 等。微处理器主要用于处理射频信号、控制和协调各部分器件的工作，具体地说，就是负责比特流调制和解调后的所有比特级处理、控制射频收发器等。

(2) 一个带有所需外部元件的射频收发器，如 Freescale 公司推出的 MC13192 和 Chipcon 公司推出的 CC2420 等。射频收发器是 ZigBee 设备的核心，任何 ZigBee 设备都要有射频收发器。它与用于广播的普通无线收发器的不同之处在于体积小、功耗低，支持电池供电的设备。射频收发器的主要功能包括信号的调制与解调、信号的发送和接收，以及帧定时恢复等。

(3) 一根天线，可以是 PCB 上的引线形成的天线或单根天线。近程通信中最常用的天线有单极天线、螺旋形天线和环形天线。对于低功耗应用，建议使用范围最佳且简单的 1/4 波长单极天线。天线必须尽可能靠近集成电路连接。如果天线位置远离输入引脚，则必须与提供的传输线匹配(50Ω)。Freescale 公司推出的 ZigBee 结点模块的应用模型如图 11.13 所示。

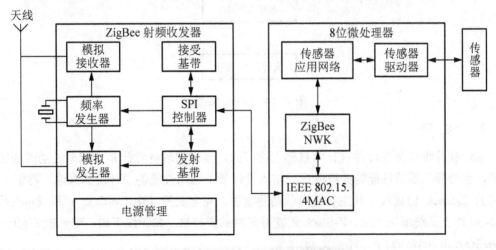

图 11.13　ZigBee 结点模块应用模型

11.5　系统的软件设计及运行结果

11.5.1　Z-Stack 平台软件结构及开发环境

1. Z-Stack 平台软件结构

ZigBee 协议栈依据 IEEE 802.15.4 标准和 ZigBee 协议规范。ZigBee 网络中的各种操作需要利用协议栈各层所提供的原语操作来共同完成。原语操作的实现过程往往需要向下一层发起一个原语操作并且通过下层返回的操作结果来判断出下一条要执行的原语操作。IEEE 802.15.4 标准和 ZigBee 协议规范中定义的各层原语操作多达数 10 条，原语的操作过程也比较复杂，它已经不是一个简单的单任务软件。对于这样一个复杂的嵌入式通信软件来说，其实现通常需要依靠嵌入式操作系统来完成。挪威半导体公司 Chipcon(目前已经被TI 公司收购)作为业界领先的 ZigBee 一站式方案供应商，在推出 CC2530 开发平台时，也向用户提供了自己的 ZigBee 协议栈软件——Z-Stack。这是一款业界领先的商业级协议栈，使用 CC2530 射频芯片，可以使用户很容易地开发出具体的应用程序来。Z-Stack 使用瑞典公司 IAR 开发的 IAR Embedded Workbench for MCS-51 作为集成开发环境。Chipcon 公司为自己设计的 Z-Stack 协议栈中提供了一个名为操作系统抽象层 OSAL 的协议栈调度程序。对于用户来说，除了能够看到这个调度程序外，其他任何协议栈操作的具体实现细节都被封装在库代码中。用户在进行具体的应用开发时只能够通过调用 API 接口来进行，而无权知道 ZigBee 协议栈实现的具体细节。

Z-Stack 由 main( )函数(见图 11.14)开始执行，main( )函数共做两件事：一是系统初始化，二是开始执行轮转查询式操作系统。

图 11.14　main( )函数

2. 开发环境

系统软件设计是在硬件设计的基础上进行的，良好的软件设计是实现系统功能的重要环节，也是提高系统性能的关键所在。结点设计基于通用性及便于开发的考虑，移植了 TI公司的 Z-Stack 协议栈，其主要特点就是兼容性，完全支持 IEEE 802.15.4 和 ZigBee 的CC2430 片上系统解决方案。Z-Stack 还支持丰富的新特性，如无线下载，可通过 ZigBee 网状网络(Mesh Network)下载结点更新。

1) 系统初始化

系统上电后，通过执行 ZMain 文件夹中 ZMain.c 的 ZSEG int main( )函数实现硬件的初始化，其中包括关总中断 osal_int_disable(INTS_ALL)、初始化板上硬件设置 HAL_BOARD_INIT( )、初始化 I/O 口 InitBoard(OB_COLD)、初始化 HAL 层驱动 HalDriverInit( )、初始化非易失性存储器 sal_nv_init(NULL)、初始化 MAC 层 ZMacInit( )、分配 64 位地址 zmain_ext_addr( )、初始化操作系统 osal_init_system( )等。

硬件初始化需要根据 HAL 文件夹中的 hal_board_cfg.h 文件配置寄存器 8051 的寄存器。TI 官方发布 Z-Stack 的配置针对的是 TI 官方的开发板 CC2430DB、CC2430EMK 等，如采用其他开发板，则需根据原理图设计改变 hal_board_cfg.h 文件配置。例如，本方案制作的实验板与 TI 官方的 I/O 口配置略有不同，其中状态指示 LED2 需要重新设置 LED2 控制引脚口、通用 I/O 口方向和控制函数定义等。

当顺利完成上述初始化时，执行 osal_start_system( )函数开始运行 OSAL 系统。该任务调度函数按照优先级检测各个任务是否就绪。如果存在就绪的任务则调用 tasksArr[ ]中相对应的任务处理函数去处理该事件，直到执行完所有就绪的任务。如果任务列表中没有就绪的任务，则可以使处理器进入睡眠状态，实现低功耗。osal_start_system( )一旦执行，则不再返回 main( )函数。

2) OSAL 任务

OSAL 是协议栈的核心，Z-Stack 的任何一个子系统都作为 OSAL 的一个任务，因此在开发应用层的时候，必须通过创建 OSAL 任务来运行应用程序。通过 osalInitTasks( )函数创建 OSAL 任务，其中 TaskID 为每个任务的唯一标识号。任何 OSAL 任务必须分为两步：一是进行任务初始化；二是处理任务事件。任务初始化主要步骤如下。

(1) 初始化应用服务变量。

const pTaskEventHandlerFn tasksArr[ ]数组定义系统提供应用服务和用户服务变量，如 MAC 层服务 macEventLoop、用户服务 SampleApp_ProcessEvent 等。

(2) 分配任务 ID 和分配堆栈内存。

void osalInitTasks(void)主要功能是通过调用 osal_mem_alloc( )函数给各个任务分配内存空间，并给各个已定义任务指定唯一的标志号。

(3) 在 AF 层注册应用对象。

通过填入 endPointDesc_t 数据格式的 EndPoint 变量，调用 afRegister( )，在 AF 层注册 EndPoint 应用对象。

通过在 AF 层注册应用对象的信息，告知系统 afAddrType_t 地址类型数据包的路由端点，如用于发送周期信息的 SampleApp_Periodic_DstAddr 和发送 LED 闪烁指令的 SampleApp_Flash_DstAddr。

(4) 注册相应的 OSAL 或 HAL 系统服务。

在协议栈中，Z-Stack 提供键盘响应和串口活动响应两种系统服务，但是任何 Z-Stask 任务均不自行注册系统服务，两者均需要由用户应用程序注册。值得注意的是，有且仅有一个 OSAL 任务可以注册服务。例如，注册键盘活动、响应可调用 RegisterForKeys( )函数。

(5) 处理任务事件。

处理任务事件通过创建"ApplicationName"_ProcessEvent( )函数处理。一个 OSAL 任务除了强制事件(Mandatory Events)之外还可以定义 15 个事件。

SYS_EVENT_MSG(0x8000)是强制事件。该事件主要用来发送全局的系统信息，包括以下信息。

AF_DATA_CONFIRM_CMD：用来指示通过唤醒 AF DataRequest( )函数发送的数据请求信息的情况。ZSuccess 确认数据请求成功的发送。如果数据请求是通过 AF_ACK_REQUEST 置位实现的，那么 ZSuccess 可以确认数据正确的到达目的地。否则，ZSuccess 仅仅能确认数据成功的传输到了下一个路由。

AF_INCOMING_MSG_CMD：用来指示接收到的 AF 信息。

KEY_CHANGE：用来确认按键动作。

ZDO_NEW_DSTADDR：用来指示自动匹配请求。

ZDO_STATE_CHANGE：用来指示网络状态的变化。

3) 网络层信息

ZigBee 设备有两种网络地址：一个是 64 位的 IEEE 地址，通常又称 MAC 地址或者扩展地址(Extended Address)，另一个是 16 位的网络地址，又称逻辑地址(Logical Address)或者短地址。64 位长地址是全球唯一的地址，并且终身分配给设备。这个地址可由制造商设定或者在安装的时候设置，由 IEEE 来提供。当设备加入 ZigBee 网络被分配一个短地址时，其在所在的网络中是唯一的。这个地址主要用来在网络中辨识设备、传递信息等。

协调器(Coordinator)首先在某个频段发起一个网络，网络频段的定义放在 DEFAULT_CHANLIST 配置文件里。如果 ZDAPP_ CONFIG_ PANID 定义的 PAN ID 是 0xFFFF(代表所有的 PAN ID)，则协调器根据它的 IEEE 地址随机确定一个 PAN ID。否则，根据 ZDAPP_CONFIG_ PANID 的定义建立 PAN ID。当结点为路由器或者终端设备时，设备将会试图加入 DEFAULT_ CHANLIST 所指定的工作频段。如果 ZDAPP_ CONFIG_ PANID 没有设为 0xFFFF，则路由器或者终端设备会加入 ZDAPP_ CONFIG_ PANID 所定义的 PAN ID。

设备上电之后会自动形成或加入网络，如果想设备上电之后不马上加入网络或者在加入网络之前先处理其他事件，可以通过定义 HOLD_AUTO_START 来实现。通过调用 ZDApp_Start UpFromApp( )来手动定义多久时间之后开始加入网络。

设备如果成功地加入网络，会将网络信息存储在非易失性存储器(NV Flash)里，掉电后仍然保存，这样当再次上电后，设备会自动读取网络信息，这样设备对网络就有一定的记忆功能。对 NV Flash 的动作，通过 NV_RESTORE( )和 NV_ITNT( )函数来执行。

有关网络参数的设置大多保存在协议栈 Tools 文件夹的 f8wConfig.cfg 里。

Z-Stack 采用无线自组网按需平面距离矢量路由协议 AODV，建立一个 Hoc 网络，支持移动结点，链接失败和数据丢失时，能够自组织和自修复。当一个路由器接受到一个信息包之后，NMK 层将会进行以下的工作：首先确认目的地，如果目的地就是这个路由器的邻居，信息包将会直接传输给目的设备；否则，路由器将会确认和目的地址相应的路由表条目。如果对于目的地址能找到有效的路由表条目，信息包将会被传递到该条目中所存储的下一个跳地址；如果找不到有效的路由表条目，路由探测功能将会被启动，信息包将会被缓存直到发现一个新的路由信息。

ZigBee 终端设备不会执行任何路由函数，它只是简单地将信息传送给前面的可以执行路由功能的父设备。因此，如果终端设备想发送信息给另外一个终端设备，在发送信息之间将会启动路由探测功能，找到相应的父路由结点。

11.5.2　软件结构及接口定义

1. 软件结构的总体结构

软件分为 3 层：系统平台层、协议层和应用层。系统平台层通过 API 应用程序接口来给协议层提供服务。协议层则实现了基于 802.15.4 的物理层和链路层及基于 ZigBee 的网络层协议。应用层通过 API 来调用协议层提供的服务，实现网络的管理和数据传输等任务。

2. 接口定义

接口提供上下层相邻模块之间交互的方式。其一般有两种方式：直接函数调用方式和基于消息的方式。直接函数调用就是上层模块直接调用下层模块的函数，优点是效率比较高，缺点是上下层模块的耦合性太强。基于消息的方式相当于间接函数调用，因为本质上还是通过调用下层模块的函数来实现服务，但是上层模块完全不知道下层模块是如何实现的，仅是发出消息要求服务，然后再从通过消息来得知服务的结果。这样的接口方式可降低模块间的逻辑耦合，接口比较清晰，付出的成本和执行效率比较低。所以在模块接口方式的选择上应充分考虑硬件电路的时间要求及软件整体模块的结构性和移植性。

11.5.3　主结点的软件流程

这里主要对软件的设计流程做介绍，没有具体的介绍软件设计的细节，重点是突出整体的设计思想。所设计的程序实现的功能有：系统初始化，包括 MCU 的初始化和 CC2430 的初始化；通信协议栈的实现；系统应用程序的实现。系统的应用程序可分为数据采集端应用程序和接入点的应用程序。

1. 系统主程序设计

网络协调器结点及结点的程序流程图，分别如图 11.15 和图 11.16 所示。主程序源代码见附录。在网络协调器中先初始化液晶及射频芯片，然后程序开始初始化协议栈并打开中断。之后程序开始格式化一个网络。之后程序进入应用层，处理函数 apsFSM 监控空中的 ZigBee 信号。如果现在有结点加入网络，则液晶和串口输出都会给结点分配网络地址。同样函数 apsFSM( )里接收结点发送过来的温度等传感器采集到的数值及一些按键操作，并在液晶上显示出来，也同时从串口发送出来。

2. 中断和初始化程序设计

图 11.17 和图 11.18 分别为 CC2430 中断处理过程与 MCU 初始化过程的流程图。

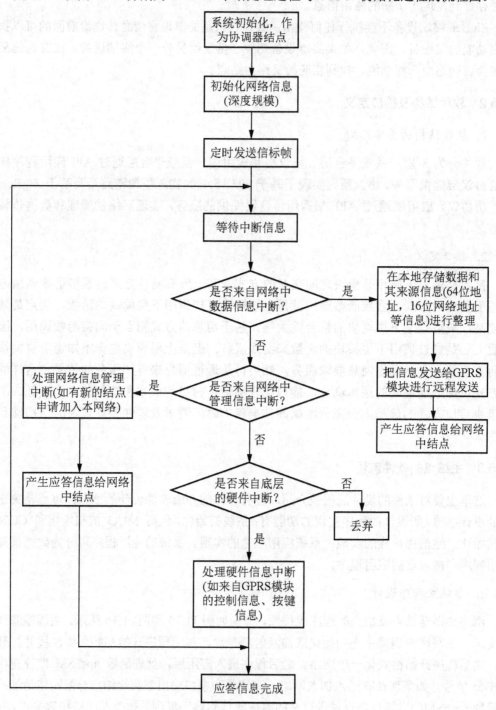

图 11.15　网络协调器结点流程图

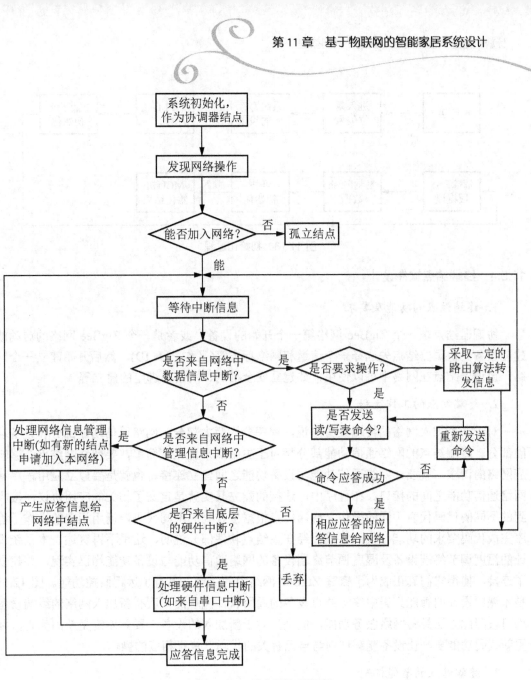

图 11.16　结点程序流程图

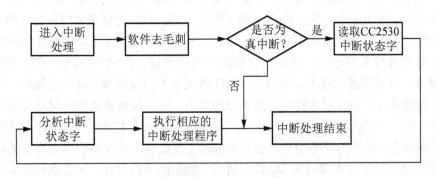

图 11.17　中断处理过程

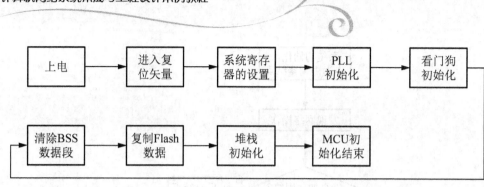

图 11.18　初始化过程

11.5.4　终端结点软件设计

1. 终端结点的功能及要求

协调器结点是一个 ZigBee 网络第一个开始的设备，或者是一个 ZigBee 网络的启动或建立设备。协调器结点先选择一个信道和网络标志符(又称 PAN ID)，然后开始建立一个网络。协调器结点在网络中可以使用，如建立安全机制、网络中绑定的建立等。

2. 终端结点的工作流程

对于一个加入网络的终端设备来说，程序分为两大部分：网络通信功能部分和设备功能部分。终端结点的网络通信功能部分相对于主结点来说比较简单，要使终端结点能够响应网络的请求，就要在网络通信功能与设备功能之间建立连接，也就是要建立应用程序和网络通信功能之间的接口。在程序中，连接的建立其实就是定义了相关的应用协议，接收到的不同的代码代表不同的操作，终端结点根据接收到的不同代码，调用相应的操作子程序完成代码要求的功能。代码格式已经在主结点软件部分说明，这里不再赘述。本系统设计的温度调节终端设备及湿度调节终端设备的网络通信功能与设备功能均已实现，并建立了连接，使得它们真正成为了家庭 ZigBee 网络中的结点，具有了远程监控功能。图 12.13 是本课题设计的智能家居中终端结点设备的通用软件流程图，所有新加入网络的终端设备均可按照此方法具备网络服务功能，但是，对于新加入的设备，要具体定义新的代码，并更新代码功能表，让设备能够识别与自己有关的代码，执行相应的操作。

3. 终端结点的节能机制

在无线系统中，网络的节能是一个非常重要的问题。用户往往希望终端设备上的电池能够经久耐用，不用经常更换。ZigBee 网络的节能机制正好可以满足用户的这种需求，终端设备电池使用时间可长达两年。我们可以在许多方面采取措施来降低终端的能耗，既可以在硬件方面进行专门设计，也可以在软件上进行改进。在硬件方面，可以利用低功耗 CMOS 器件、低功耗显示技术、低功耗 MCU 等采取专门措施来降低终端能耗；在软件方面，可以通过对各个协议层的优化达到节能的目的。网络层的能量效率问题是无线网络节能问题研究的一个热点，但是对于网络层节能的研究及应用主要集中在有路由功能的无线网络，在无路由网络中效果不明显。因此本课题主要根据所设计终端结点设备的特点，对 ZigBee 无线通信协议栈物理层和 MAC 层进行了相应的节能设计，从而降低终端通信子系统的功耗，以延长系统工作的时间。

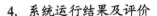

4. 系统运行结果及评价

1) 系统运行结果

本系统作为智能家居的简化系统(没有包括智能家居全部功能)，证明了无线控制网络在家居控制中的可行性和优势，为进一步家居系统的开发和实用化提供了初步的基础。系统完成了无线智能家居主结点和两个终端结点的设计，实现了控制功能、数据查询功能、无线监控功能。系统基本包括一个无线家居控制系统所具有的基本功能，成功地完成了可靠的无线控制。然而整个系统还不是很完整，需等待其他成员完成各自的任务，然后进行总体整合的调试，使整个系统能够协调、稳定的工作。

ZigBee 新一代 SOC 芯片 CC2430 是真正的片上系统解决方案，支持 IEEE 802.15.4 标准、ZigBee、RF4CE 和能源的应用。其拥有庞大的快闪记忆体，多达 256 字节，CC2430 是理想 ZigBee 专业应用。它还支持 RemoTI 的 ZigBee RF4CE，是业界首款符合 ZigBee RF4CE 兼容的协议栈。其内存将允许芯片无线下载，支持系统编程。此外，CC2430 结合了一个完全集成的、高性能的射频收发器与一个 8051 微处理器，8kB 的 RAM，32、64、128、256kB 闪存，以及其他强大的支持功能和外设。CC2430 提供了 101dB 的链路质量、优秀的接收器灵敏度和健壮的抗干扰性、4 种供电模式、多种闪存尺寸，以及一套广泛的外设集——包括两个 USART、12 位 ADC 和 21 个通用 GPIO 等。除了优秀的射频性能、选择性和业界标准增强 8051MCU 内核，支持一般的低功耗无线通信，CC2430 还可以配备 TI 的一个标准兼容或专有的网络协议栈(RemoTI、Z-Stack 或 SimpliciTI)来简化开发，使用户更快地获得市场。CC2430 可以用于的应用包括远程控制、消费型电子、家庭控制、计量和智能能源、楼宇自动化、医疗及更多领域。

2) 系统评价

系统特性如下所示。

(1) 强大无线前端。

- 2.4 GHz IEEE 802.15.4 标准射频收发器。
- 出色的接收器灵敏度和抗干扰能力。
- 可编程输出功率为＋4.5 dBm，总体无线连接 102dBm。
- 极少量的外部元件。
- 支持运行网状网系统，只需要一个晶体。
- 6mm×6mm 的 QFN40 封装。
- 适合系统配铬符合世界范围的无线电频率法规：欧洲电信标准协会 ETSI EN300 328、EN 300 440(欧洲)、FCC 的 CFR47 第 15 部分(美国)和 ARIB STD-T-66 (日本)。

(2) 低功耗。

- 接收模式：24mA。
- 发送模式 1dBm：29mA。
- 功耗模式 1(4μm 唤醒)：0.2 mA。
- 功率模式 2(睡眠计时器运行)1μA。
- 功耗模式 3(外部中断)：0.4μA。

- 宽电源电压范围(2～3.6V)。

(3) 微控制器。

- 高性能和低功耗 8051 微控制器内核。
- 32、64、128 或 256KB 系统可编程闪存。
- 8KB 的内存保持在所有功率模式，且硬件调试支持。

(4) 外部设备。

- 强大五通道 DMA。
- IEEE 802.15.4 标准的 MAC 定时器，通用定时器(一个 16 位，两个 8 位)。
- 红外发生电路。
- 32kHz 的睡眠计时器和定时捕获。
- CSMA/CA 硬件支持。
- 精确的数字接收信号强度指示和 LQI 支持。
- 电池监视器和温度传感器。
- 8 通道 12 位 ADC，可设置分辨率。
- AES 加密安全协处理器。
- 两个强大的通用同步串口。
- 21 个通用 I/O 引脚。
- 看门狗定时器。

(5) 应用范围如下。2.4GHz IEEE 802.15.4 标准系统、RF4CE 遥控控制系统(需要大于 64KB)、ZigBee 系统/楼宇自动化、照明系统、工业控制和监测、低功率无线传感器网络、消费电子方面、健康照顾和医疗保健方面。

11.6　家居四表抄送系统的典型应用

随着信息技术的飞速发展，家居设施、工业控制的智能化、自动化水平越来越高，室内家用计量仪表、工业自动化控制仪表中的数据自动抄收已逐渐成为人们追求的目标。水、电、气、热等公共事业管理部门也希望新技术的应用能解决长期困扰的抄表难、收费难等问题，从而实现节省人力、减少企业流动资金占用、方便用户及提高管理水平的目的。现在国内外抄表系统主要有人工抄表系统、IC 卡预付费抄表系统、有线抄表系统及无线抄表系统。人工抄表、人工收费的手工结算的效率低、误差大，已不适应企业管理现代化的要求。用户、收费人员窃气、窃水、窃电、作弊、拒交费用时有发生，造成各类费用不能及时、准确地收缴。IC 卡预付费抄表也存在一些问题：IC 卡表具直接与用户接触，极易造成人为破坏；不能及时监控，未能完全解决盗用及表具损坏、故障问题；管理部门不能准确知道用户的实际使用情况。有线抄表系统也存在很多自身无法解决的问题，涉及布管问题、穿线问题，需要预先设计；施工周期长、工程安装成本及维护成本高；系统的扩展升级和与其他网络的兼容等。由于线路的铺设和维护都十分麻烦，因而，这种系统也受到很大的限制。人们开始考虑使用无线的方案，然而，由于现有一般无线方案的成本及工作的可靠性都还存在着相当多的问题，无线方案的实施当然也就难以普及。低成本的 ZigBee 无线网络技术的出现，无疑将为小区物业管理实现真正智能化做出重要贡献。

11.6.1 家居四表抄送系统方案

在家庭内采用 ZigBee 的无线数据传输技术，将数据收集到一个 ZigBee 网关中，然后借助 GPRS 远程的无线通信技术，把获得的数据送到远程的服务器，同时，远程服务器可以访问和控制任何一个在 ZigBee 网络中的设备，来实现远程控制等功能。在系统中、终端模块完成数据的读写存储，然后等待时机把获得的数据再通过无线信道发送到网络当中，同时接受网络中的信息，如果本结点是一个网络中的路由结点，还要负责网络中信息的路由。网关模块是整个网络的发起者，管理整个网络的深度和整个网络的规模，存储 ZigBee 网络中各个结点的信息，担当起 ZigBee 网络中协调器的角色，主要任务就是收集 ZigBee 网络中各个结点发出的信息，存储于本地，经过处理后，通过 GPRS 模块把数据发送到远程服务器上。同时，它能够接收和解析从远程服务器上传来的命令信息，来控制整个 ZigBee 网络。远程服务器能够上网，有数据库管理系统，接收和分析来自网关模块的信息；同时，能够通过网络发出命令信息，被网关模块接收。其主要功能就是，数据存储、接收和远程控制。本典型应用设计中的星形网络，由一个网络协调者和若干个网络终端设备构成。网络协调者负责网络的管理工作，而终端设备一方面采集模拟数据，同时把这些模拟数据通过无线网络发送给协调者。在硬件平台选型时，可能并非是成本最低的方案，但却是选择了功能相对较强的处理器。网络协调器的 MCU 选择 32 位的 ColdFire521X 系列，网络终端的 MCU 选择 HCS08 微处理器。

11.6.2 四表抄送系统家居智能结点的工作原理

系统上电后，完成初始化组网。完成初始化的结点进入相应的低功耗模式。此后，家庭网关以 SPI 中断的方式唤醒处在等待模式的结点，然后进行通信。处于停止模式的微型结点被实时中断(中断周期为固定间隔加上随机时延)唤醒，进行传感器状态采集，并设定下一次实时中断的随机时延。处于停止模式的微型结点被报警信号 IRQ 中断唤醒，该结点首先进行低电压检测，电压正常的情况下向家庭网关上传报警信息。通信过程中，微型结点发送连接请求，若是失败，则随机延时后重新发送连接请求。通信连接成功以后，若是通信失败，家庭网关随机延时一段时间后再重新发起连接，连续 3 次通信失败，则判定相应的微型结点异常，家庭网关通知拆除该微型结点。微型结点在等待和停止模式下具有低电压检测功能，若检测到低电压，则会发出告警信号给家庭网关。数据采集终端由 PC、CC2430 等组成；远程用户终端由 MC9SO8GB60、CC2430、水表传感器、电磁阀及电源监控部分等组成。系统工作原理：当用户用水时，传感器测试到用水量并将其转化为电脉冲信号输入到单片机系统中，单片机系统进行计数，并从所存金额中扣除用水量；数据采集终端的 PC 可以随时发出抄表指令对用户用水金额进行读取。当用水的金额不足时，单片机系统通过 LCD 显示器和蜂鸣器提示用户及时到管理中心存入金额；否则当金额为零时，单片机将发出关断电磁阀指令来停止用户用水，缴纳金额后再发出打开电磁阀指令，用户才能正常用水。存入金额的过程也是无线通信的过程，即系统管理中心将用户缴纳的金额通过串口发送给单片机，单片机将此值通过射频发射模块发射出去，用户端通过射频接收模块将此值存入单片机系统。该系统的软件由数据采集终端程序和远程用户终端程序组成，

均包括初始化程序、发射程序和接收程序。初始化程序主要是对单片机、射频芯片、SPI等进行初始化；发射程序将所建立的数据包通过单片机 SPI 接口送至射频发射模块输出；接收程序完成数据的接收并进行处理。

SPI 通信程序如下。

```
uintl6 drv read_spi l( uint8 addr){  /*SPI 读函数*/
uint16_w;  /* w[O]是高字节,w[1]是低字节*/
uint8_ temp_value;  /*用来暂存 SPI 数据寄存器的值*/
temp_value = SPI1S; /*清空状态寄存器*/
temp_value = SPI1D; /*清空接收数据寄存器*/
irq_value = IRQSC;  /*保存 IRQSC 的值*/
MC13192_ IRQ_SOURCE = irq_value&~(0x06);
 /*禁止 MC13192 产生中断请求*/
AssertCE /*使能 MC13192 的 SPI 接口*/
SPI1D =addr&0x3F)l 0x80;
 /*写入要访问的 6 位地址,设置读*/
while(!(SPI1S_ SPRF));
 /*等待接收满标志,SPI1S_SPRF 置 1*/
Temp_value=SPI1 D;
SPI1D =addr;
while(!(SPI1S_SPRF));
((_ uint8_ *)&w)[0]=SPI1D; /*将高字节存入 w[0]*/
```

1. 四表抄送系统家居智能结点

本系统主要由家庭网关和网络中各子结点组成,网络中子结点采用 ZigBee 技术与家庭网关进行无线通信。其中子结点实现的功能分别为(水、电、气、热)四表数据采集。在家庭网关和每个子结点上都接有一个采用 ZigBee 技术设计的无线网络收发模块,通过这些无线网络收发模块在网关和子结点之间进行数据的传送。星型网之间组成家庭骨干网,然后通过基于 ZigBee 主器件家庭网关与小区监控网连接,最终由小区网与公共服务网络相连,实现对家庭设备的远程和本地的实时控制。本次实现采用间接接入的组网方式,基于主控制器的设备组成星型网,主控制器和无线网关之间组成对等网。下面给出了无线抄水表模块和无线抄电表模块的组成原理图。

2. 无线抄水表模块

无线抄水表模块包括水表脉冲信号采集部分、MCU、无线发射与接收部分、按键显示部分等。无线抄水表组成原理框图如图 11.19 所示。

无线抄水表功能要求如下。

(1) 脉冲信号采集功能。现在的数字远传水表可以将水流转换成脉冲信号,通常有每脉冲 10L 和每脉冲 100L 两种形式,可以通过脉冲信号的采集来实现计量功能。

(2) 无线接口功能。无线水表需要无线接口来实现各个用户水表计量信息的集中抄录,可以采用 ZigBee 无线网络技术。

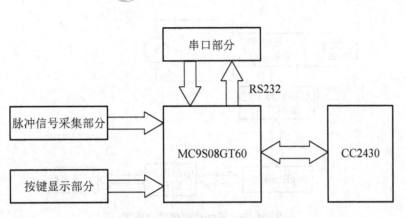

图 11.19　无线抄水表组成原理框图

(3) 监控器功能。各个用户水表的信息最终要通过抄表器传送到统一监控系统上来。设计的无线水表抄表系统包括一个监控器和几个终端水表，使用 ZigBee 技术来实现无线通信，这样各个中间水表也可以具有路由功能，方便网络信息的传递。在硬件方面，主板包括一个 ZigBee 无线通信模块和一个脉冲信号采集器。ZigBee 无线通信模块选择 Freescal 公司的解决方案，使用 MC9S08GT60+CC2430 来实现 ZigBee 通信，自己通过设计模块实现。脉冲信号采集器主要通过 CPU 的通用外部中断来采集脉冲信号。这样设计功耗很低，CPU 可以在空闲的时候处于休眠状态。在软件方面，通过对 ZigBee 协议栈的操作，实现 ZigBee 无线通信。监控器需要把监控信息上传到上位机，也可以处理来自上位机的命令。

3. 无线抄电表模块

无线抄电表模块由两部分构成：电能测量与处理部分和无线接收/发送部分。而硬件具体实现的功能则由写入单片机的程序来决定。无线抄电表系统的硬件结构电能数据采集模块的核心是美国 ADI 公司的一款高精度单相有功电能计量芯片 ADE7753。该芯片集成了数字积分、参考电压源和温度传感器。它提供了一个和有功能量成比例的脉冲输出(CF)和数字系统校准误差电路(通道偏置校准、相位校准及能量校准)。该芯片适用于单相电路中有功功率、无功功率和视在功率的测量。ADE7753 有电流和电压两个通道，共两路模拟量输入，分别是电流通道 V1P、V1N 和电压通道 V2P、V2N。电压信号经可编程放大器(PGA)放大和模数转换器进行 A/D 转换变为数字信号，然后，电流信号经电流通道内的高通滤波器 HPF 滤除 DC 分量并数字积分后，与经相位校正后的电压信号相乘，产生瞬时功率；此信号经低通滤波 LPF2 产生瞬时有功功率信号。利用功率偏差校准寄存器的值对有功功率进行校准，放入采样波形数据寄存器中，然后对采样波形数据寄存器的值进行累加，将功率累加值(电能值)存放在电能寄存器中，经 DOUT 引脚输出。电流和电压采集电路把交流电变为可供 ADE7753 输入的电压。在电流通道中，通过 di/dt 微分电流传感器实现电流/电压变换。无线抄电表原理框图如图 11.20 所示。

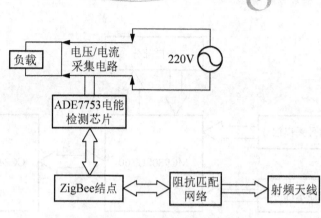

图 11.20　无线抄电表原理框图

4. 模块中 ZigBee 结点信息处理描述

CC2430 与 MCU 的接口简单，只需 4 线的 SPI、一个 IRQ 中断请求线和 3 个控制线。SPI 用于 CC2430 和 MCU 之间的双向数据通信，MCU 对 CC2430 的配置和控制命令也通过 SPI 进行。CC2430 发生的事件通过 IRQ 管脚通知 MCU，并由 MCU 做相应的仲裁处理。CC2430 有两种数据传递方式：数据分组模式数据在片上 RAM 中缓存，以分组的形式发送与接收；数据流模式数据以字为单位进行处理，然后发射和接收。芯片主要由模拟接收发射部分、数字调制解调部分、片内频率合成器、电源管理部分及 MCU 接口部分组成。从天线接收进来的射频信号经过两次下变频之后变成两路正交信号(I 和 Q)，片内集成的 CCA(空闲信道评估)模块根据接收到的基带信号的能量进行空闲信道评估检测。CCA 和前端的 LNA(低噪声放大器)都要受到 AGC(自动增益控制)的控制。数字接收端通过差分码片检测(DCD)后经过相关器对直接序列扩频进行解扩，经过符号同步检测和包处理以后最终得到接收到的数据，通过 SPI 接口传送到 MCU。要发送的 128 字节信号由 MCU 通过 SPI 接口传送到 CC2430 的发送缓冲器中，头帧和帧检测序列由 CC2430 产生，根据 EEE 802.15.4 标准，所要发送的数据流的每 4 个比特被 32 码片的扩频序列扩频，扩频以后的信号送到相位开关调制器上，以 O-QPSK 的方式通过直接上变频调制到载波后通过天线发射出去。

本章小结

目前，无线传输技术种类多样，各有优势。ZigBee 作为一种新出现的无线通信技术，以其协议简单、成本低、功耗小、组网容易等特点，在家用系统控制、楼宇自动化、工业监控领域具有广阔的市场空间。本章研究该技术在智能家居行业的应用方案，这在家居行业的技术发展和应用方面的研究具有前沿性和实用性。本章中主要完成的工作有以下几部分。

(1) 在分析传统智能家居特点与不足的基础上，提出了设计智能家居系统应该主要考虑的因素，并建立了智能家居模型。

(2) 通过对比的方法分析了蓝牙与 ZigBee 无线技术的特点及应用领域，阐明了选用

ZigBee 无线技术作为智能家居的组网技术原因及优势。

(3) 通过对 ZigBee 技术各个协议层及网络拓扑结构的分析，并结合智能家居系统网络的特点，设计了智能家居星型网络拓扑结构。

(4) 采用模块化的思想，设计了主结点与网关的硬件接口，并制定了网关与主结点间的通信协议，解决了主结点的可移植性问题，提高了主结点应用的灵活性。

(5) 分别设计了具有温度调节功能和湿度调节功能的终端结点设备，并进行了硬件搭接与测试，根据主结点与终端结点不同的功能特点，分别设计、编写了主结点与终端结点的软件流程，并对系统进行了相应的测试。

(6) 根据终端结点要求低功耗的特点，通过对 ZigBee 物理层、媒体访问控制层的设置，实现了节能要求，提高了电池寿命。

本智能家居系统设计采用遵循 IEEE 802.15.4 标准的低功耗无线收发器 CC2430，开发无线数字家居，开发出两个典型无线传感器网络结点，实现家庭无线监控网络。经过运行测试和应用验证，系统运行正常可靠。本研究成果具有良好的通用性，为 ZigBee 无线技术在智能家居中的应用可行性提供了理论依据。本章的结论具有重要的理论价值和实际价值。

随着 ZigBee 技术的发展，市场上基于 ZigBee 技术的模块越来越多，我们还可以从以下方面加以改进。

(1) 增加无线模块与不同处理器接口设计，以适应目前多种处理器的应用需求。

(2) 改进硬件电路，优化程序设计，提高系统性能。

(3) 协议标准的研究工作还需要得到更多相关技术的支持，要立足于国内的发展情况，建立适合于我国无线电标准和行业市场情况的技术标准。

 习题

1．物联网的概念是什么？

2．物联网具备哪些特征？

3．传感网的概念及功能是什么？

4．物联网的实现步骤是什么？

5．物联网的技术体系框架是什么？

6．何谓"智慧地球"？请查阅资料。

7．全球物联网产业发展规模如何？我国重点发展物联网产业的城市有哪些？其发展应用领域有哪些？ 请查阅资料。

8．"感知中国"提出的背景是什么？请查阅资料。

智能家居系统之硬件电路设计样图摘录

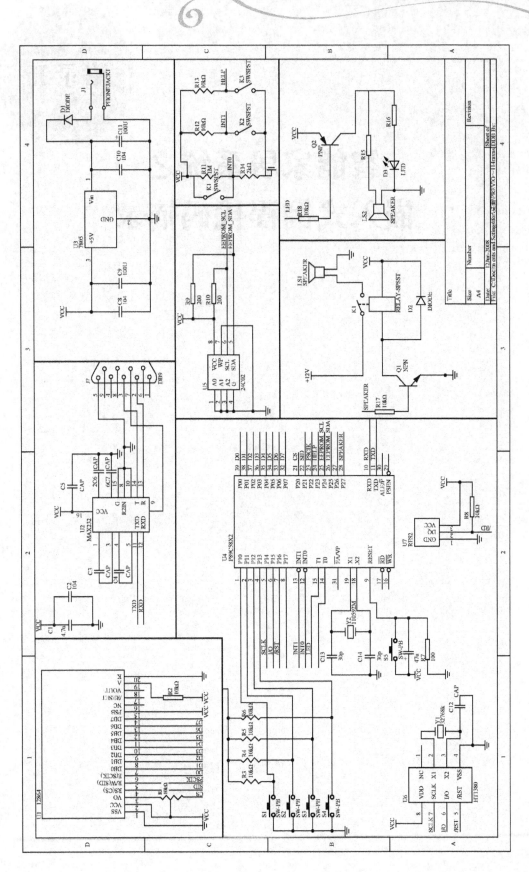

智能家居系统之
嵌入式例程代码摘录

```
/************************************************
文件名称:DS18B20 C 语言驱动程序
功能描述:读取温度数据,并可以重写报警数据和配置寄存器
注意事项:使驱动适用于 12M 晶阵条件下,如果晶阵频率改变,请调整延时时间
************************************************/
#include <reg52.h>
#include <math.h>
#define uchar unsigned char
#define uint  unsigned int
//-----------------------------
//DS18B20 函数声明段
//-----------------------------
bit DS18B20_Init();                     //初始化 DS18B20 函数声明
void DS18B20_Write(uchar data Wrt_data);//DS18B20 写字节函数声明
uchar DS18B20_Read();                   //DS18B20 读字节函数声明
void DS18B20_Delay(uchar data Time);
//-----------------------------
//IO 端口定义段
//-----------------------------
sbit DS18B20_DB=P3^7;                   //定义温度传感器数据总线
//===============================
//函数功能:DS18B20 采集温度数据子程序
//名    称:DS18B20_GetTmp()
//全局变量:无
//出口参数:温度数据 Tmp_data
//===============================
uint DS18B20_GetTmp()
{
    uint data Tmp_data;         //温度数据
    uchar data a,b;             //低字节温度数据,高字节温度数据
    DS18B20_DB=1;               //数据线拉高
    DS18B20_Init();             //初始化 DS18B20
    DS18B20_Write(0xcc);        //跳过 ROM 匹配
    DS18B20_Write(0x44);        //发转换温度指令
    DS18B20_Init();             //初始化 DS18B20
    DS18B20_Write(0xcc);        //跳过 ROM 匹配
    DS18B20_Write(0xbe);        //发读温度命令
    a=DS18B20_Read();           //读入低字节温度数据
    b=DS18B20_Read();           //读入高字节温度数据
    Tmp_data=b;
  Tmp_data<<=8;
  Tmp_data=Tmp_data+a;
  return(Tmp_data);            //返回温度数据
}
//===============================
//函数功能:DS18B20 初始化程序
```

```
//名      称:DS18B20_Init()
//全局变量:无
//返回内容:0 指未找到传感器,1 指找到传感器
//=================================
bit DS18B20_Init()
{
    bit bdata Common_bit;
    DS18B20_DB=1;                      //数据线拉高
    DS18B20_Delay(8);                  //稍做延时
    DS18B20_DB=0;                      //数据线拉低
    DS18B20_Delay(250);                //延时 500μs
    DS18B20_DB=1;                      //数据线拉高
    Common_bit=DS18B20_DB;             //转换为输入口
    DS18B20_Delay(40);                 //延时 80μs
    if(DS18B20_DB==1) return(0);       //返回 0,说明器件不存在
    else
    {
        DS18B20_Delay(100);            //延时 200μs
        DS18B20_DB=1;                  //数据线拉高
        Common_bit=DS18B20_DB; //转换为输入口
        return(1);                     //返回 1,说明器件存在
    }
}
//=================================
//函数功能:DS18B20 写 1 字节子程序
//名      称:DS18B20_Write()
//全局变量:无
//入口参数:写入的数据 Wrt_data
//=================================
void DS18B20_Write(uchar data Wrt_data)
{
uchar data Bit_cnt;
for(Bit_cnt=8;Bit_cnt>0;Bit_cnt--)//写入数据位数
{
    DS18B20_DB=0;                      //数据线拉低
    DS18B20_DB=(Wrt_data&1);           //发送当前位
    DS18B20_Delay(10);                 //延时 20μs
    DS18B20_DB=1;                      //数据线拉高
    Wrt_data>>=1;                      //数据右移
}
}
//=================================
//函数功能:DS18B20 读 1 字节子程序
//名      称:DS18B20_Read()
//全局变量:无
//出口参数:读出的数据 Rd_data
//=================================
```

```
uchar DS18B20_Read()
{
uchar data Bit_cnt,Rd_data;
bit bdata Common_bit;                    //临时位变量
for(Bit_cnt=8;Bit_cnt>0;Bit_cnt--)//读数据循环
{
    DS18B20_DB=0;                        //数据线拉低
    Rd_data>>=1;                         //数据右移
    DS18B20_DB=1;                        // 给脉冲信号
    Common_bit=DS18B20_DB;               //转换为输入口
    if(DS18B20_DB)
Rd_data=(Rd_data|0x80);                  //最低位写1
    DS18B20_Delay(5);                    //延时 10μs
}
return(Rd_data);
}
//================================
//延时程序
//================================
void DS18B20_Delay(uchar data Time)
{
while(Time--);
}
```

参 考 文 献

[1] 韩希义. 计算机网络基础[M]. 北京：高等教育出版社，2006.

[2] 李联宁. 物联网技术基础教程[M]. 北京：清华大学出版社，2012.

[3] 杨威，王杏元. 网络工程设计与安装[M]. 北京：电子工业出版社，2003.

[4] 严耀伟，王方. 计算机网络技术及应用[M]. 北京：人民邮电出版社，2009.

[5] 刘化君. 计算机网络原理与技术[M]. 北京：电子工业出版社，2005.

[6] 谢希仁. 计算机网络[M]. 5 版. 北京：电子工业出版社，2008.

[7] 黄叔武，杨一平. 计算机网络工程教程[M]. 北京：清华大学出版社，1999.

[8] 刘习华. 网络工程[M]. 重庆：重庆大学出版社，2004.

[9] 彭澎. 计算机网络实用教程[M]. 北京：电子工业出版社，2002.

[10] 陈月波. 实用组网技术实训教程[M]. 北京：科学出版社，2003.

[11] 石炎生，郭观七. 计算机网络工程实用教程[M]. 2 版. 北京：电子工业出版社. 2011.

[12] 王维江，等. 网络应用方案与实例精选[M]. 北京：人民邮电出版社，2003.

[13] 周俊杰. 大学校园网解决方案[J]. 网管员世界，2004(7).

[14] 北京蓝科泰达科技有限公司. PlusWell Cluster 容错软件技术白皮书. 2005.

[15] 北京天融信公司. 天融信 VPN 系统整体解决方案技术白皮书. 2004.

[16] 周俊杰. 武汉大学校园网(三期工程)解决方案. 2003.

[17] 周俊杰. 武汉市青山区教育城域网络系统工程设计书. 2004.

[18] 周俊杰. 华中师大资讯广场大楼综合布线系统方案设计. 2005.

[19] 周俊杰. In multimedia teaching network the applications and technologies comparison for terminal equipment[J]. ICECE，2011：6615-6619.

[20] 周俊杰. 校园网中三种常用认证计费技术的对比分析[J]. 网络安全技术与应用，2009(9).

[21] 周俊杰. 试析基于 TCP/IP 的全数字语言学习系统[J]. 计算机与信息技术. 2009(10).

[22] 秦智. 网络系统集成[M]. 北京：北京邮电大学出版社，2011.

[23] 赵腾任. 计算机网络工程典型案例分析[M]. 北京：清华大学出版社，2004.

[24] 杨威，苑戎. 一种基于 Agent 的电子学习体系模型的研究[J]. 计算机工程与应用，2004(11).

[25] 孙学康，刘勇. 无线传输与接入技术[M]. 北京：人民邮电出版社，2011.